Der Wärme- und Kälteschutz in der Industrie

Von

Dr.-Ing. habil. J. S. Cammerer
Tutzing

Zweite verbesserte Auflage

Mit 118 Textabbildungen
und 107 Zahlentafeln

Springer-Verlag Berlin Heidelberg GmbH 1938

ISBN 978-3-662-36185-6 ISBN 978-3-662-37015-5 (eBook)
DOI 10.1007/978-3-662-37015-5

Ursprünglich erschienen bei Julius Springer in Berlin 1938
Softcover reprint of the hardcover 2nd edition 1938

Vorwort zur zweiten Auflage.

Bei der Bearbeitung der zweiten Auflage, die sich an eine 1933 erschienene französische Ausgabe des Buches anschließt, konnten viele theoretische Darlegungen der ersten Auflage (1928) eingeschränkt werden, nachdem inzwischen die Regeln für die Prüfung von Wärme- und Kälteschutzanlagen (1930) und die Richtlinien zur Bemessung von Wärme- und Kälteschutzanlagen (1931) des Vereins Deutscher Ingenieure die Grundlagen des praktischen Wärmeschutzes festgelegt haben.

Der gewonnene Raum wurde zur Aufnahme von Sonderaufgaben der Wärmeschutztechnik, zur Vermehrung der Berechnungstafeln und zur ausführlicheren Behandlung der Dämmstoffe benutzt. Die Fortschritte der vergangenen 10 Jahre erforderten aber auch sonst zahlreiche neue wichtige Abschnitte, z. B. über den Wärmeaustausch mit dem Erdreich oder die Verluste bei unterbrochener Betriebsweise. Der Wärmeschutz im Bauwesen, so sehr er auch für industrielle Aufgaben (Kühlräume, Trockenräume, Herstellungsräume) wichtig ist, konnte verhältnismäßig knapp durch die Beschreibung der wichtigsten physikalischen Gesetzmäßigkeiten und einige allgemeine Wärmeleitzahltabellen erledigt werden, da der Verfasser hierüber kürzlich „Die konstruktiven Grundlagen des Wärme- und Kälteschutzes im Wohn- und Industriebau" (Berlin: Julius Springer 1936) geschrieben hat. Desgleichen mag dem Praktiker die Sammlung: „Die deutschen Patente des Wärme- und Kälteschutzes", Heft 1, Klasse 47f (München: J. Pfeiffer 1936) eine wünschenswerte Ergänzung bei seinen Arbeiten bedeuten.

Eine sorgfältige Durchsicht aller Zahlenangaben nach dem heutigen Stand der Forschung ist selbstverständlich. So sind nur wenige Seiten der ersten Auflage unverändert geblieben.

Soweit sich das Buch auf eigene Untersuchungen des Verfassers stützt, ist er der Stiftung zur Förderung von Bauforschungen beim Reichsarbeitsministerium, Berlin, und der Vereinigten Korkindustrie A.G., Berlin-Schöneberg zu vielfachem Dank für die gewährte Unterstützung verpflichtet. Ferner dem Leiter des Forschungsheims für Wärmeschutz München, Herrn Dr.-Ing. Raisch für oftmaligen Gedankenaustausch über wissenschaftliche Fragen. Nicht zuletzt möchte der Verfasser an dieser Stelle seine früheren Mitarbeiter, die Herren Dipl.-Ing. O. Luke, Saarbrücken, und Dipl.-Ing. W. Dürhammer, Berlin-Zehlendorf, erwähnen, die ihm bei zahlreichen Versuchen und Berechnungen behilflich gewesen waren, auf denen dieses Buch im Lauf der Jahre aufgebaut wurde.

Tutzing, Mai 1938.

Dr.-Ing. habil. **J. S. Cammerer.**

Inhaltsverzeichnis.

I. Die Grundlagen der Wärme- und Kälteschutztechnik.

II. Die Berechnung und Anwendung des Wärme- und Kälteschutzes in der Industrie.

Anhang.

Anhänge.

Erster Teil.

Die Grundlagen der Wärme- und Kälteschutztechnik.

(Formeln, physikalische Gesetze, Stofflehre, Meßtechnik.)

A. Die physikalischen Gesetzmäßigkeiten.

1. Allgemeine Erläuterung des Wärmeaustauschvorganges.

Zwischen zwei Körpern von verschiedener Temperatur findet unvermeidlich ein Wärmeaustausch statt, der mit keinem Mittel gänzlich verhindert, sondern nur in seiner Stärke beeinflußt werden kann. Aufgabe der Wärmeschutztechnik ist es, durch Schichten von entsprechenden physikalischen Eigenschaften, die man zwischen die beiden Körper bringt, den Wärmestrom möglichst herabzumindern.

Am Wärmeaustauschvorgang sind daher stets drei Körper beteiligt:
der vor Wärme- oder Kälteabgabe zu schützende Körper,
der die Wärme oder Kälte entziehende Körper,
der Dämmstoff.

Alle Betrachtungen und Formeln in der Folge bleiben sinngemäß in Geltung, gleichgültig in welcher Richtung der Wärmestrom verläuft, d. h. unabhängig davon, ob es sich um ein Problem des „Wärme"- oder „Kälte"-Schutzes handelt.

Meist befinden sich die drei Körper in verschiedenem Aggregatzustand. Nachstehend ein Überblick:

Aggregatzustand	Energieträger	Dämmstoff	Energieaufnehmender Körper
fest	Elektrischer Heizwiderstand, Eis, feste Wärmespeicher	Alle Wärme- und Kälteschutzmittel	Konstruktionsteile, Erdreich usw.
flüssig	Wasser, Öl, Lauge, Sole usw.	—[1]	Wasser (bei Schiffen)
gasförmig	Luft, Heizgase, Wasserdampf, Kaltdämpfe usw.	Luft (in Luftschichten, Luftkanälen, Luftzellen)	Luft der Umgebung

[1] Zuweilen wird die Aufgabe eines Wärmeschutzes, einen Körper vor Temperaturänderungen zu bewahren, auch dadurch gelöst, daß man Flüssigkeiten oder Gase geeigneter Temperatur vorbeiströmen läßt. Dies ist aber ein Problem der Heizung

Ein Wärmeaustauschvorgang ist auf dreifache Weise möglich:

Durch Wärmeleitung. Die Wärme wandert in einem Stoff durch Weitergabe von Teilchen zu Teilchen, die hierbei als ruhend gedacht werden. Bei Gasen sind allerdings auch im Falle reiner Wärmefortleitung nach der kinetischen Gastheorie die Moleküle in zickzackförmiger Bewegung und ihre Geschwindigkeit ist je nach der Temperatur verschieden. Indem nun Moleküle verschiedener Geschwindigkeit miteinander zusammenstoßen, tauschen sie die Unterschiede ihrer Bewegungsenergie aus und diesen Vorgang nennt man Wärmeleitung.

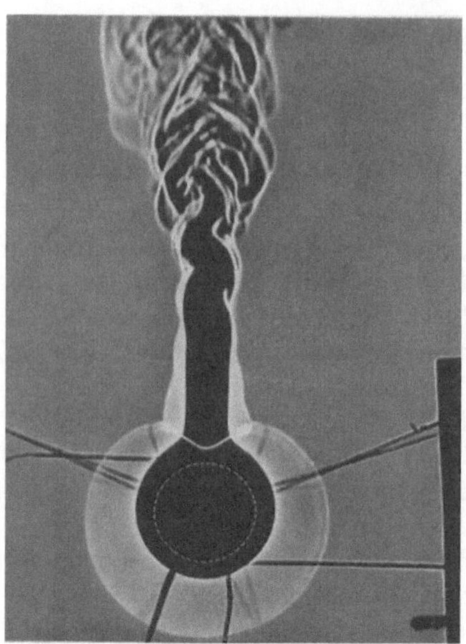
Abb. 1. Luftkonvektion an einem heißen Rohr. (Nach E. Schmidt.)

Durch Konvektion. In tropfbaren oder gasförmigen Flüssigkeiten können die leicht beweglichen Stoffteilchen die in ihnen aufgespeicherte Wärme durch Ortsänderung mit sich führen. Diese Ortsänderung kann sowohl durch äußere Kräfte hervorgerufen werden — aufgezwungene Strömung, z. B. in Luft bei Windanfall —, sie kann aber auch von inneren Ursachen herrühren (Verschiedenheiten der Temperatur, hierdurch bedingte Unterschiede des spezifischen Gewichts und Auftrieb der wärmeren Teilchen) — freie oder natürliche Strömung. Der Vorgang der Konvektion wird durch Abb. 1 sehr anschaulich gemacht[1].

Durch Strahlung. Die Wärmeübertragung durch Strahlung findet stets, auch bei niedrigen Temperaturen, statt, sobald sich zwei Körper verschiedener Temperatur gegenüberstehen, die durch einen strahlungsdurchlässigen Körper, z. B. Luft, getrennt sind. Die Wärme wird hierbei an der Oberfläche des strahlenden Körpers in strahlende Energie verwandelt, durchsetzt die strahlungsdurchlässige Schicht und wird beim Auftreffen auf den zweiten, nichtdurchlässigen Körper teils in Wärme zurückverwandelt, absorbiert, oder als Wärmestrahlung zurückgeworfen,

---

bzw. der Kühlung, nicht ein solches des Wärmeschutzes, der grundsätzlich auf eine Verminderung des Wärmeausgleiches abzielt, nicht auf eine Abführung unerwünschter bzw. auf einen Ersatz verlorener Energien.

[1] Mit Genehmigung des Autors (Prof. E. Schmidt, Danzig) aus dem Aufsatz entnommen: Luftbewegung an warmen Körpern in streifendem Licht. Forschg. Ing.-Wes. Bd. 3 (1932) Heft 4.

reflektiert. Die Wärmeübertragung durch Strahlung[1] ist an keinen stofflichen Träger gebunden, sie erfolgt auch im Vakuum.

In der Regel wirken diese drei Möglichkeiten des Wärmeaustausches zusammen. Reine Wärmeleitung findet vor allem in festen Körpern statt; da aber am Wärmeaustauschvorgang fast immer auch flüssige oder gasförmige Körper beteiligt sind, so kommt meist auch eine Wärmeübertragung durch Konvektion und Strahlung in Frage.

2. Wärmeschutztechnische Maßeinheiten und Grundgrößen.

Die wärmeschutztechnischen Maßeinheiten und Grundgrößen seien am einfachsten technischen Fall, dem Wärmeaustausch durch die Wand eines beheizten Wohnraumes im Winter dargelegt. Bezeichnungsübersicht vgl. Abb. 2.

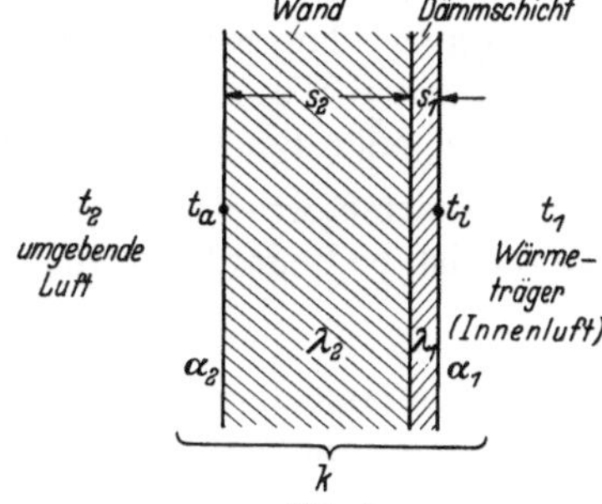

Abb. 2. Bezeichnungsübersicht der Grundgrößen.

Der Vorgang zerfällt in drei Teile:

1. Der Wärmeübergang von der Innenluft an die Wand,
2. die Wärmefortleitung von der inneren Oberfläche der Wand bis an deren äußere Oberfläche,
3. der Wärmeübergang von der äußeren Oberfläche an die umgebende Luft.

Für die Aufstellung von Formeln werden folgende Maßeinheiten benutzt:

Für die Wärmemenge: Kilokalorie (kcal) bzw. Grammkalorie (cal)[2],
für die Temperatur: Grad Celsius (° C),
für die Länge: Meter (m) bzw. Zentimeter (cm),
für die Zeit: Stunde (h) bzw. Sekunde (sec).

Die Anzahl der Kalorien, welche durch die Wand übertragen werden, ist abhängig von

der Zeit, während welcher der Wärmeaustausch anhält,
der Fläche, durch die er stattfindet,
dem Temperaturunterschied, der den Wärmeaustauschvorgang auslöst,
dem Widerstand, den der Wärmeaustausch auf seinem Wege findet.

Dieser Widerstand ist entsprechend den vorgenannten drei Teilvorgängen von folgenden physikalischen Grundgrößen bestimmt:

[1] Die Wärmestrahlen unterscheiden sich bekanntlich von anderen Strahlungsarten, wie den Lichtstrahlen, den Röntgenstrahlen, den ultravioletten Strahlen und den elektrischen Wellen nur durch ihre Wellenlänge.

[2] Unter einer Kilokalorie bzw. Grammkalorie versteht man bekanntlich die Wärmemenge, welche 1 kg bzw. 1 g Wasser von 14,5° C um 1° C auf 15,5° C erwärmt.

Der Wärmeübergang vom Wärmeträger an die innere Oberfläche der Wand ist abhängig von der

Wärmeübergangszahl,

unter der man die Wärmemenge versteht, die pro Einheit der Zeit, der Fläche und des Temperaturunterschiedes zwischen Wärmeträger und Oberfläche übertragen wird und die je nach den Verhältnissen (Art und Bewegungszustand des Wärmeträgers, Beschaffenheit der Begrenzungswand, Temperatur usw.) verschieden sein kann. Die Wärmeübergangszahl wird in Formeln mit dem griechischen Buchstaben α bezeichnet und ihre Dimension wird in der Technik durch

$$\text{kcal/m}^2\text{h}^\circ$$

ausgedrückt. Die vorkommenden Größenunterschiede betragen etwa 3,0 kcal/m²h° bei sehr langsam strömenden Gasen oder bei ruhiger Luft an einer Wand und 40000 kcal/m²h° bei Wasser und Sattdampf in Rohren oder Behältern unter günstigen Verhältnissen.

Die Wärmefortleitung in der Wand von der inneren Oberfläche zur äußeren ist bedingt durch die Wanddicke und die

Wärmeleitzahl

des Stoffes, aus dem die Wand besteht. Die Wärmeleitzahl wird mit λ bezeichnet und gemessen in

$$\text{kcal/mh}^\circ.$$

Diese Größe spielt in der gesamten Wärmeschutztechnik die wichtigste Rolle. Man versteht unter der Wärmeleitzahl jene Wärmemenge, die in der Zeiteinheit durch zwei gegenüberliegende Flächen eines Würfels aus dem betreffenden Stoff von 1 m Kantenlänge fließt, wenn die Temperatur dieser beiden Flächen um 1° C verschieden ist, und die übrigen Seitenflächen des Würfels gegen Wärmeabgabe geschützt sind. Ihre Größenordnung kann wie nebenstehend gekennzeichnet werden.

Zahlentafel 1.
Die Wärmeleitzahl von Stoffen.

Stoff	Wärmeleitzahl in kcal/mh°
Metalle:	
Kupfer	330
Aluminium	175
Eisen und Stahl	35—70
40% Nickelstahl	9
Natürliche Gesteine	2,0 — 5,2
Feuerfeste Steine	0,6 —12
Baustoffe	0,15 — 2,5
Wärmeschutzmaterialien	0,028— 0,15
Luft	0,02

Für den Wärmeübergang von der äußeren Oberfläche der Trennschicht an die umgebende Luft gilt wieder eine Wärmeübergangszahl (α), die in ihrer Definition der Wärmeübergangszahl an der inneren Oberfläche entspricht, aber natürlich in ihrer zahlenmäßigen Größe meist verschieden davon ist.

Bei ruhiger Luft beträgt der Mindestwert etwa 3,0 kcal/m²h°, bei heftigem Sturm bis zu 100 kcal/m²h°.

Statt den Wärmeaustauschvorgang in diese drei Teile zu zerlegen, kann man ihn auch zusammenfassend auf den Temperaturunterschied zwischen Wärmeträger und Außenluft beziehen und man nimmt dann als Grundgröße die

Wärmedurchgangszahl,

das ist jene Wärmemenge, die je Zeit-, Flächen- und Temperatureinheit — letztere bezogen auf den Gesamtunterschied zwischen Wärmeträger und Luft — ausgetauscht wird. Sie wird mit dem lateinischen Buchstaben k bezeichnet und in

kcal/m²h°

gemessen. In Industrie und Bauwesen pflegt die Wärmedurchgangszahl, soweit Wärmeschutz (nicht Heizung) in Frage kommt, etwa zwischen 0,2 bis 3,5 kcal/m²h° zu liegen. Ihr rechnerischer Zusammenhang mit den Teilgrößen, den Wärmeübergangszahlen und der Wärmeleitzahl wird später gezeigt werden.

Nochmals zusammenfassend:

Die Wärmeübergangszahl α gibt die Einheit des Wärmeübergangs zwischen einem flüssigen oder gasförmigen und einem festen Körper.

Die Wärmeleitzahl λ kennzeichnet die spezifische Stoffeigenschaft für die Wärmefortleitung von Teilchen zu Teilchen.

Die Wärmedurchgangszahl k bezeichnet den Einheitswärmeaustausch für den gesamten Weg zwischen Wärmeträger und umgebender Luft.

Grundgröße	Bezeichnet durch den Buchstaben	Dimensionen	Maßgebender Temperaturunterschied (vgl. Abb. 2 u. 4)
Wärmeübergangszahl . . .	α	kcal/m² h °	$t_1 - t_i$ bzw. $t_a - t_2$
Wärmeleitzahl	λ	kcal/m h °	$t_i - t_a$
Wärmedurchgangszahl . . .	k	kcal/m² h °	$t_1 - t_2$

Die sämtlichen vorstehenden Dimensionen sind im sog. technischen Maßsystem angeführt. In physikalisch-wissenschaftlichen Arbeiten wird die Wärmeleitzahl im physikalischen Maßsystem angegeben[1], das sich auf den Zentimeter als Längeneinheit, die Sekunde als Zeiteinheit und die Grammkalorie als Wärmeeinheit stützt. Die Umrechnung derartiger Angaben, die bei Wärmeschutzmitteln ohne weiteres daran

[1] An Stelle der Grammkalorie je Sekunde wird auch zuweilen die elektrische Leistungseinheit Watt benutzt. Dann muß die Wärmeleitzahl in W/cm° mit dem Faktor 86,0 multipliziert werden, um die Wärmeleitzahl in kcal/m h° zu erhalten.

erkenntlich sind, daß hinter dem Komma der Wärmeleitzahl mehr als eine Null steht, wird durch Multiplikation mit dem Faktor 360 vorgenommen, es ist also

Wärmeleitzahl im technischen Maßsystem =
360 × Wärmeleitzahl im physikalischen Maßsystem.

Im Bauwesen hat man schließlich zur Kennzeichnung des Wärmeschutzes von Wänden noch den Begriff der

„gleichwertigen Vollziegelwandstärke" (cm)

eingeführt, da die jeweils notwendige Stärke bzw. die dadurch verwirklichte Schutzwirkung dieses altbewährten Baustoffes allgemein bekannt ist, so daß die gleichwertige Vollziegelwandstärke ein sehr anschauliches Maß ist, ob eine Neukonstruktion wärmetechnisch günstig bzw. ausreichend ist. Diese Größe gilt aber nur für den „Dauerzustand" einer Wärmeströmung, also nicht für Anwärme- und Auskühlvorgänge.

Zahlentafel 2. Wärmeschutztechnische Maßeinheiten und Stoffwerte in England und Amerika.

a) Umrechnungsfaktoren für englische Maßeinheiten.

Deutsche Einheiten	Englische Einheiten	Abkürzung	Multiplikationsfaktor zur Umrechnung in	
			deutsche Größen	englische Größen
Kilogramm . .	pound	lb	0,454 kg	2,205 lb
Kilokalorie . .	british thermal unit	BTU	0,252 kcal	3,97 BTU
Meter	foot	ft	0,3048 m	3,28 ft
Meter	inch	in	0,0254 m	39,37 in
Stunde	hour	h	1	1
° Celsius . . .	degrees Fahrenheit	° F	$^5/_9$ (Temp. Fahr. — 32°)	
Quadratmeter	square foot	sq. ft	0,0929 m²	10,76 sq. ft
	square inch	sq. in	0,000645 m²	1550 sq. in
Kubikmeter .	cubic foot	cb. ft	0,0283 m³	35,34 cb. ft
	cubic inch	cb. in	0,00001639 m³	61020 cb. in

b) Umrechnungsfaktoren für englische Stoffwerte und Rechnungsgrößen.

Grundgröße	Dimension		Multiplikationsfaktor für englische Angaben zur Umrechnung auf deutsche Größen
	deutsch	englisch	
Handelswärmeleitzahl . .	kcal/m h°	$\frac{\text{BTU} \cdot \text{inch}}{\text{sq.ft} \cdot \text{hr} \cdot {}^\circ\text{F}}$	0,124
Wissenschaftliche Wärmeleitzahl	kcal/m h°	BTU/ft · hr · °F	1,49
Raumgewicht	kg/m³	lb/cb. ft	16,02
Druckfestigkeit.	kg/cm²	lb/sq. ft	0,00049
Druckfestigkeit.	kg/cm²	lb/sq. inch	0,0703
Wärmeverlust	kcal/m²h	BTU/sq.ft · hr	2,72
Wärmeübergangszahl . .	kcal/m²h°	BTU/sq.ft · hr °F	4,905
Wärmedurchgangszahl .	kcal/m²h°	BTU/sq. ft · hr · °F	4,905

Nachdem auch für deutsche Verhältnisse wichtige wissenschaftliche und praktische Arbeiten in England und Amerika erscheinen, ist es notwendig, die Umrechnung des englischen Maßsystems in das deutsche anzugeben[1] (Zahlentafel 2).

3. Die theoretische Grundgleichung für die Wärmeströmung in festen Körpern.

Soll ein Raum, der von einer Wand nach Abb. 2 umschlossen ist, dauernd eine höhere Temperatur als die Umgebung besitzen, so muß ihm ununterbrochen die Wärmemenge zugeführt werden, die durch die Wände abfließt. Ist diese Heizung nicht vorhanden, so kühlt der Raum allmählich auf die Umgebungstemperatur aus, ist sie stärker, als der gerade vorhandenen Raumtemperatur entspricht, so wärmt sich der Raum an.

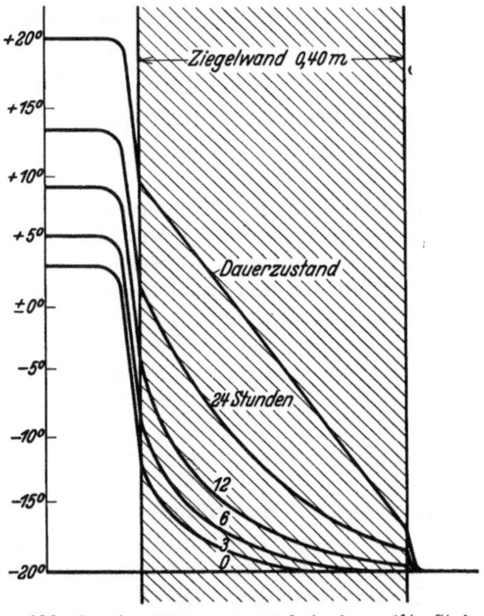

Abb. 3. Anwärmevorgang bei einer $1^1/_2$ Stein starken Ziegelwand.

Man hat also grundsätzlich zwei Arten von Wärmeaustauschzuständen zu unterscheiden: den „Dauerzustand der Wärmeströmung" und den „nichtstationären Zustand der Wärmeströmung".

Im Dauerzustand der Wärmeströmung ändern sich die Temperaturen der Wand nur mit dem Abstand von der Oberfläche, zeitlich bleiben sie aber an allen Stellen der Wand gleich. Beim nichtstationären Wärmeaustausch ändern sie sich örtlich und zeitlich. Abb. 3 zeigt beispielshalber die Temperaturverteilung in einer Ziegelwand beim Anheizen des Innenraumes nach 3, 6, 12 und 24 Stunden und — bei genügend langer Heizung — schließlich für den Dauerzustand.

Die Mehrzahl der Aufgaben der Wärmeschutztechnik bezieht sich auf eine Wärmeströmung, die genügend genau als Dauerzustand bezeichnet werden kann und deren rechnerische Verfolgung einfach ist. Die Berechnung des nichtstationären Zustandes bietet mathematisch stets erhebliche Schwierigkeiten, so daß in der Wärmeschutztechnik praktisch nur dann mit ihm gerechnet wird, wenn Tabellen vorhanden

[1] Nachstehend einige amerikanische Bezeichnungen:
λ = thermal conductivity, α = surface conductance, k = thermal transmittance.

sind, welche die erforderlichen Ermittlungen genügend vereinfachen. Hier sei zunächst eine kurze Darstellung der Grundformel für eine beliebige Wärmeströmung gegeben. In den folgenden Abschnitten werden alle wichtigen Gleichungen für den stationären Wärmeaustausch gebracht, von den Berechnungsweisen für den nichtstationären Zustand aber nur jene, die sich für Wärmeschutzanlagen tatsächlich eingeführt haben oder aussichtsreich sind[1].

Der allgemeine mathematische Ansatz für die Wärmeleitung in einem festen homogenen und isotropen Körper stammt von Fourier und ist auf der Hypothese aufgebaut, die schon vor ihm von I. B. Biot ausgesprochen wurde, daß der Wärmestrom zwischen zwei benachbarten Stellen proportional dem Temperaturgefälle je Längeneinheit ist. Diese Hypothese findet sich für alle Fälle bestätigt, mit Ausnahme sehr verdünnter Gase, und liefert die grundlegende Definitionsgleichung der Lehre von der Wärmeleitung:

---

[1] Zum Studium der allgemeinen mathematischen Grundlagen sei dem Ingenieur, der die Theorie kennenlernen will, das nachstehend erwähnte Buch von H. Gröber und S. Erk empfohlen. Außerdem seien hier zusammenfassend die wichtigsten Arbeiten über den nichtstationären Wärmestrom zusammengestellt, um das Auffinden brauchbarer Unterlagen in Sonderfällen zu erleichtern. Die Zusammenstellung ist einer Dissertation von L. Beuken (Freiberg 1936) entnommen, woselbst auch der Anwendungsumfang kurz gekennzeichnet ist.

1. Gröber-Erk: Die Grundgesetze der Wärmeübertragung. Berlin: Julius Springer 1933.

2. Schlüter: Der Wärmefluß in Wänden bei periodisch schwankender Temperatur der einen Oberfläche. Berichte der Fachausschüsse des Vereins deutscher Eisenhüttenleute. Mitteilungen der Wärmestelle. Nr. 83.

3. Haltmeier: Auskühlung gerader und zylindrischer Wände aus dem stationären Zustand heraus. Dissertation Darmstadt 1926.

4. Esser-Krischer: Die Berechnung der Anheizung und Auskühlung ebener und zylindrischer Wände. Berlin: Julius Springer 1930.

5. Kalous: Die Temperatur- und Wärmebewegung in der Wand bei periodischer Betriebsweise der Zentralheizung. Gesundh.-Ing. 27. Juli 1935 S. 465—471.

6. Schwarz: Temperaturverteilung, Wärmedurchgang und Speicherfähigkeit bei einseitig periodisch beheizten Wänden. Z. techn. Phys. 1925 Nr. 9 und 10.

7. Schmidt: Über die Anwendung der Differenzenrechnung auf technische Anheiz- und Abkühlungsprobleme. Festschrift zu Föppls 70. Geburtstag. Berlin: Julius Springer 1924.

8. Nessi-Nisolle: Méthodes graphiques pour l'étude des installations de chauffage et de réfrigération en régime discontinu. Paris: Dunod 1929.

9. Krainer: Über die Berechnung räumlicher zeitveränderlicher Wärmeströmungen nach dem Näherungsverfahren von E. Schmidt. Feuerungstechn. 15. Jan. 1936.

10. Krainer: Über die Berechnung zeitveränderlicher Wärmeströmungen in Zylindern nach dem Näherungsverfahren von E. Schmidt. Feuerungstechn. 15. März 1936.

11. Schack: Praktische Berechnung zeitlich veränderlicher Wärmeströmungen. Mitteilung Nr. 105 der Wärmestelle des Vereins deutscher Eisenhüttenleute.

$$dQ = -\lambda \cdot dF \frac{\partial t}{\partial n} \cdot dz, \tag{1}$$

darin ist:

Q = die fortgeleitete Wärme,

t = die Temperatur eines Punktes,

n = die Entfernung zweier betrachteter Punkte,

F = die senkrecht zur n-Richtung liegende Fläche, durch die die Wärme strömt,

z = die Zeit, zu der die Temperatur t herrscht.

Aus der Bedingung, daß die in ein Raumelement eines Körpers hineinwandernde Wärme gleich der aus dem Raumelement austretenden ist, abzüglich bzw. zuzüglich der in dem Raumelement durch Temperaturveränderung gebundenen bzw. frei gewordenen Wärme[1], ergibt sich die bekannte Fouriersche Gleichung für die Wärmeleitung in einem festen Körper, die sowohl den nichtstationären wie den stationären Zustand umfaßt:

$$\frac{\partial t}{\partial z} = a \cdot \left(\frac{\partial^2 t}{\partial X^2} + \frac{\partial^2 t}{\partial Y^2} + \frac{\partial^2 t}{\partial Z^2} \right) \tag{2}$$

Darin bedeutet:

X, Y, Z = die räumlichen Koordinaten des Punktes,

a = die sog. Temperaturleitfähigkeit.

Letztgenannte Größe errechnet sich aus der Beziehung:

$$a = \frac{\lambda}{c \cdot \gamma} \tag{3}$$

Hierbei ist:

λ = die Wärmeleitfähigkeit,

c = die spezifische Wärme,

γ = das spezifische Gewicht.

Diese Stoffkonstanten sind in den Gleichungen (1) und (2) als unabhängig von Temperatur und Raum vorausgesetzt. Erstere Annahme trifft allerdings in Wirklichkeit nur mit einer gewissen Annäherung zu.

Sind die Grenzbedingungen der Temperaturverteilung in einem Körper bekannt, so kann man durch Integration der Gleichung (2) den räumlichen und zeitlichen Temperaturverlauf berechnen. Die Durchführung dieser Integration verursacht jedoch, wie schon angedeutet, vielfach außerordentliche mathematische Schwierigkeiten.

[1] Dabei ist angenommen, daß in dem Raumelement selbst keine Wärme erzeugt oder verbraucht wird.

4. Berechnungsformeln der stationären Wärmeströmung (Dauerbetrieb).

Selbst für stationäre Wärmeströmung liegt eine genaue Lösung der Fourierschen Gleichung nur für wenige geometrisch einfache Körper vor, und zwar für:

ebene Fläche,
Hohlzylinder,
Hohlkugel.

Schon beim Hohlquader muß man sich gegebenenfalls mit Näherungsgleichungen oder mit Versuchen behelfen. In der Technik kann man aber die rechnerische Behandlung der meisten Aufgaben genügend genau auf die ebene Fläche und den Hohlzylinder zurückführen, wobei stillschweigend die Voraussetzung gemacht wird, daß die Abmessungen groß genug sind, um die Wärmeabgabe durch die Rand- bzw. Endflächen vernachlässigen zu können.

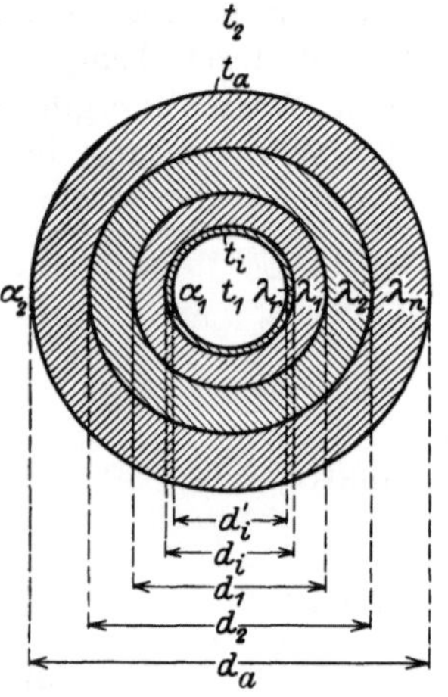

Abb. 4. Bezeichnungsübersicht für den Hohlzylinder.

Für die nachstehenden Formeln ist die seit langem übliche Schreibweise beibehalten, da sie in denjenigen Fällen, in denen man nicht einfach nach den Zahlentafeln des Teiles II dieses Buches rechnen kann, einfacher im Gebrauch ist, als die in den „Regeln für die Prüfung von Wärme- und Kälteschutzanlagen" des Vereins Deutscher Ingenieure gewählte Darstellung, die nur für alle Körperformen formal einheitlicher ist.

a) Der Wärmeverlust durch ebene oder zylindrische Schichten. Bei einem völligen Gleichgewichtszustand des Wärmeaustausches sind die folgenden Wärmemengen untereinander gleich:

1. Die vom Wärmeträger auf die Stoffschichten übertragene Wärme,
2. die durch die Stoffschichten fortgeleitete Wärme,
3. die von den Stoffschichten an die Umgebung übertragene Wärme,
4. die zwischen Wärmeträger und Umgebung ausgetauschte Wärme.

Es bezeichnet (vgl. Abb. 2 und 4):

Q = die je 1 m² Fläche und in 1 Stunde ausgetauschte Wärmemenge in kcal/m²h,

q = die je 1 lfd. m Rohrleitung und in 1 Stunde ausgetauschte Wärme in kcal/mh,

$s_1, s_2 \ldots s_n$ = die Stärke der ersten, zweiten ... n-ten Wandschicht bei ebenen Flächen in m,

s = die Stärke der gesamten Wandkonstruktion in m,

d_i' = der lichte Durchmesser des Rohres in m,

d_i = der äußere Durchmesser des Rohres in m,

$d_1, d_2 \ldots$ = die äußeren Durchmesser der ersten, zweiten usw. Schicht in m,

d_a = der Außendurchmesser der äußersten n-ten Schicht in m,

λ = die Wärmeleitzahl der gesamten Wandkonstruktion in kcal/mh°,

$\lambda_r, \lambda_1, \lambda_2 \ldots \lambda_n$ = die Wärmeleitzahl der Rohrwandung bzw. der einzelnen Wandschichten in kcal/mh°,

α_1 = die Wärmeübergangszahl zwischen Wärmeträger und der Wand in kcal/m²h°,

α_2 = die Wärmeübergangszahl zwischen der Wand und der Umgebung in kcal/m²h°,

t_1 = die Temperatur des Wärmeträgers in °C,

t_i = die Temperatur der an den Wärmeträger grenzenden Wandoberfläche in °C („innere" Wandoberfläche),

t_a = die Temperatur der an die Umgebung grenzenden Wandoberfläche in °C („äußere" Wandoberfläche),

t_2 = die Temperatur der Umgebung in °C,

π = die Kreiskonstante,

ln = der natürliche Logarithmus.

Es berechnet sich dann die vom Wärmeträger an die Wand je Stunde und 1 m² Fläche bzw. je lfd. m des Hohlzylinders übertragene Wärme wie folgt:

Ebene Wand:

$$Q = \alpha_1 \cdot (t_1 - t_i), \tag{4}$$

Hohlzylinder:

$$q = \alpha_1 \cdot \pi \cdot d_i'(t_1 - t_i). \tag{5}$$

Zahlenbeispiel. Der Wärmeverlust einer mit einer Wärmeschutzhülle versehenen Rohrleitung von 200 mm l. Dmr. ist mit

$$q = 220 \text{ kcal/m h}$$

gemessen worden. In der Leitung strömt Sattdampf, so daß sich nach Abschnitt 9, S. 46 die Wärmeübergangszahl zwischen Dampf und Rohr im Mittel etwa zu 10000 kcal/m²h° ansetzen läßt. Es ist der Temperaturunterschied zwischen Dampf und Rohrleitung zu berechnen.

Es ist

$$t_1 - t_i = \frac{220}{10000 \cdot 3{,}14 \cdot 0{,}2} = 0{,}035° \text{ C}.$$

Bei nicht gedämmter Leitung würde der Wärmeverlust in roher Annäherung etwa der zehnfache sein. Die Wärmeübergangszahl würde bei Sattdampf etwa die gleiche bleiben, so daß sich auch hier nur $^1/_3$° C Temperaturunterschied zwischen Dampf und Rohr einstellen würde.

Anders verhält es sich bei niedrigen Wärmeübergangszahlen. In einem nackten Rohr von 100 mm Dmr. ergibt sich z. B. für Heißluft von 300°C bei 20 m/sec Strömungsgeschwindigkeit eine Wärmeübergangszahl von rd. 45 kcal/m²h° und ein Temperaturunterschied von 87,5°C. In diesem Falle würde eine Dämmschicht eine wesentliche Annäherung der Temperatur der Leitung an die des Wärmeträgers erzielen, mittleren Wärmeschutz vorausgesetzt, etwa auf 10°C. Die Rohrtemperatur ist also bei nackter und wärmegeschützter Leitung hier eine ganz andere.

Sinngemäß wird die von der Wandung an die Umgebung je Stunde und 1 m² Fläche bzw. je 1 lfd. m des Hohlzylinders übertragene Wärme:

Ebene Wand:

$$Q = \alpha_2 \cdot (t_a - t_2), \tag{6}$$

Hohlzylinder:

$$q = \alpha_2 \cdot \pi \cdot d_a \cdot (t_a - t_2). \tag{7}$$

Zahlenbeispiel. Die Lufttemperatur in einem Kesselhaus betrage 20° C. Eine Rohrleitung von 318 mm Außendurchmesser besitze einen Wärmeverlust bei 100 mm Dämmstärke von

$$q = 282 \text{ kcal/m h}.$$

Der Temperaturunterschied zwischen Oberfläche der Dämmschicht und Luft sei an einer Stelle ohne merkliche Luftbewegung zu 27°C gemessen. Zu berechnen ist die Wärmeübergangszahl α_2.

$$\alpha_2 = \frac{282}{\pi \cdot 0{,}518 \cdot 27} = 6{,}4 \text{ kcal/m}^2\text{ h }°.$$

Herrscht an einer anderen Stelle des Kesselhauses lebhafter Luftzug, so kann die Wärmeübergangszahl um 50%, also auf etwa 10 steigen, wobei sich der Wärmeverlust trotzdem nur auf

$$q = 290 \text{ kcal/m h}$$

erhöht. Zu berechnen ist die sich in diesem Falle ergebende Oberflächentemperatur. Es ist:

$$t_a - t_2 = \frac{290}{\pi \cdot 0{,}518 \cdot 10} = 17{,}8° \text{ C}.$$

Damit wird:

$$t_a = 17{,}8 + 20 = 37{,}8° \text{ C}.$$

Man wird also infolge der verschieden starken Luftbewegung bei Befühlen die Oberfläche im ersten Falle als ziemlich heiß (47°C) empfinden, im zweiten Falle lediglich als handwarm, obwohl die Dampftemperatur, der Rohrdurchmesser, die Dämmstärke und die Güte des Dämmstoffes an beiden Stellen völlig gleich sind. Ein Rückschluß von dem Wärmeempfinden der Hand beim Befühlen der Oberfläche auf die Güte eines Dämmstoffes ist also nur mit außerordentlichen Einschränkungen möglich. (Vgl. auch Abschnitt 48, S. 246).

Die durch eine homogene Wand bei bestimmten Oberflächentemperaturen der Wand fortgeleitete Wärme schreibt sich:

Ebene Wand:

$$Q = \frac{(t_i - t_a) \cdot \lambda}{s}, \tag{8}$$

Hohlzylinder:

$$q = \frac{\pi \cdot (t_i - t_a)}{\frac{1}{2\lambda} \cdot \ln \frac{d_a}{d_i}}. \tag{9}$$

Besteht die Wand aus verschiedenen im Sinne des Wärmestromes hintereinander liegenden Schichten, so wird:

Ebene Wand:

$$Q = \frac{(t_i - t_a)}{\frac{s_1}{\lambda_1} + \frac{s_2}{\lambda_2} + \cdots + \frac{s_n}{\lambda_n}}. \tag{10}$$

Hohlzylinder (Rohrleitung):

$$q = \frac{\pi \cdot (t_i - t_a)}{\frac{1}{2\lambda_r} \cdot \ln \frac{d_i}{d_i'} + \frac{1}{2\lambda_1} \cdot \ln \frac{d_1}{d_i} + \frac{1}{2\lambda_2} \cdot \ln \frac{d_2}{d_1} + \cdots + \frac{1}{2\lambda_n} \cdot \ln \frac{d_a}{d_{n-1}}} \tag{11}$$

Zahlenbeispiel. Es ist für mittlere Verhältnisse der Anteil zu untersuchen, den bei einer wärmegeschützten Rohrleitung die Rohrwand selbst zur Wärmeschutzwirkung der gesamten Materialschichten beisteuert. Es sei angenommen:

Rohrdurchmesser	150/159 mm,
Dämmstärke	60 mm,
Wärmeleitzahl des Eisens	50 kcal/mh°,
Wärmeleitzahl der Dämmschicht . .	0,09 kcal/mh°.

Dann wird im Nenner des Bruches der vorstehenden Gleichung (11) das Glied für die Rohrwand (Tafel der natürlichen Logarithmen im Anhang)

$$\frac{1}{2 \cdot 50} \cdot \ln \frac{0{,}159}{0{,}150} = 0{,}01 \cdot \ln 1{,}06 = 0{,}01 \cdot 0{,}0583 = 0{,}000\,583.$$

Während das Glied für die Dämmschicht lautet:

$$\frac{1}{2 \cdot 0{,}09} \cdot \ln \frac{0{,}279}{0{,}159} = 5{,}55 \cdot \ln 1{,}75 = 5{,}55 \cdot 0{,}560 = 3{,}11.$$

Der Anteil des Rohres am Nenner beträgt also in ‰

$$\frac{0{,}000\,583 \cdot 1000}{3{,}1106} = 0{,}187‰.$$

Man wird also den Wärmeverlust stets unter Vernachlässigung des Einflusses des Rohres berechnen.

Geht man nicht von den Oberflächentemperaturen der Wand, sondern von den Temperaturen des Wärmeträgers und der Umgebung aus und berechnet die hierbei von diesen ausgetauschte Wärme, so erhält man durch Verbindung von Gleichung (4) bis (11) die Formeln:

Homogene Wand.

Ebene Wand:

$$Q = \frac{t_1 - t_2}{\frac{1}{\alpha_1} + \frac{s}{\lambda} + \frac{1}{\alpha_2}}, \tag{12}$$

Hohlzylinder:

$$q = \frac{\pi \cdot (t_1 - t_2)}{\frac{1}{\alpha_1 \cdot d_i} + \frac{1}{2\lambda} \cdot \ln \frac{d_a}{d_i} + \frac{1}{\alpha_2 \cdot d_a}}. \tag{13}$$

Aus mehreren Schichten bestehende Wand.

Ebene Wand:

$$Q = \frac{t_1 - t_2}{\frac{1}{\alpha_1} + \frac{s_1}{\lambda_1} + \frac{s_2}{\lambda_2} + \cdots + \frac{s_n}{\lambda_n} + \frac{1}{\alpha_2}}, \tag{14}$$

Hohlzylinder:

$$q = \frac{\pi \cdot (t_1 - t_2)}{\frac{1}{\alpha_1 \cdot d_i} + \frac{1}{2\lambda_1} \cdot \ln \frac{d_1}{d_i} + \frac{1}{2\lambda_2} \cdot \ln \frac{d_2}{d_1} + \cdots + \frac{1}{2\lambda_n} \cdot \ln \frac{d_a}{d_{n-1}} + \frac{1}{\alpha_2 \cdot d_a}} . \quad (15)$$

Zahlenbeispiel. Zu bestimmen ist der Kälteverlust je m² und Stunde bei folgender Kühlraumwand (Wärmeleitzahlen s. S. 98 und 127):

20 mm Verputz, $\lambda = 0{,}9$ kcal/m h °.
$^1/_2$ Stein Ziegelvormauerung $\lambda = 0{,}75$ kcal/m h°.
100 mm Korksteinplatten $\lambda = 0{,}04$ kcal/m h°.
$1^1/_2$ Stein Ziegelmauerwerk $\lambda = 0{,}75$ kcal/m h°.

Außerdem sei:

Innentemperatur des Kühlraumes . . . — 10°
äußere Lufttemperatur . . . . + 25°.

Die Wärmeübergangszahlen an den Oberflächen der Wandkonstruktion können wie folgt angenommen werden:

$\alpha_1 = 7$ kcal/m² h°
(ruhige Innenräume vgl. S. 64),
$\alpha_2 = 25$ kcal/m² h°
(freiliegendes Kühlhaus vgl. S. 64).

Es wird dann:

$$Q = \frac{25 - (-10)}{\frac{1}{7} + \frac{0{,}02}{0{,}9} + \frac{0{,}12}{0{,}75} + \frac{0{,}1}{0{,}04} + \frac{0{,}38}{0{,}75} + \frac{1}{25}}$$

$$= \frac{35}{0{,}143 + 0{,}022 + 0{,}16 + 2{,}5 + 0{,}507 + 0{,}04}$$

$$= \frac{35}{3{,}372} = 10{,}4 \text{ kcal/m}^2\text{ h}.$$

Ist die Stärke einer Zylinderwand nicht allzu groß gegenüber dem lichten Durchmesser des Zylinders, so pflegt man der Einfachheit halber den Wärmeaustausch nach der Formel für die ebene Wand zu berechnen mit der Korrektur, daß man der Fläche, durch die der Wärmeaustausch stattfindet, nicht den inneren Durchmesser des Zylinders, sondern das arithmetische Mittel zwischen innerem und äußerem Durchmesser zugrunde legt. Ein Beispiel hierfür ist der Schutz eines Wärmespeichers, wo die Stärke der Dämmschicht nur etwa $^1/_{20}$ bis $^1/_{30}$ des Durchmessers beträgt. Die Genauigkeit dieser Berechnung hängt unter anderem auch etwas von den Wärmeübergangszahlen an den beiden Oberflächen der Wand ab, ist jedoch im allgemeinen schon von einem Durchmesser von 500 mm an 1%, also befriedigend (vgl. auch S. 26).

Für die Berechnung von Wärmeverlusten benutzt man die Gleichungen (12) bis (15), weil sie von den stets überschlägig bekannten Temperaturen des Wärmeträgers und der Umgebung ausgehen.

Formel (4) bis (7) sind für die Berechnung von Oberflächentemperaturen heranzuziehen.

Von den Formeln (8) bis (11) wird vor allem bei der Messung von Wärmeleitzahlen Gebrauch gemacht, weil sie die Kenntnis der nur angenähert bekannten Wärmeübergangszahlen entbehrlich machen und weil sich die Oberflächentemperaturen t_i und t_a sicherer messen lassen als die Temperaturen t_1 und t_2.

Zur leichteren Auswertung der Beziehungen für den Hohlzylinder sind im Anhang die natürlichen Logarithmen für den in Frage kommenden Zahlenbereich 1 bis 4 angegeben.

Über den ungefähren Einfluß der einzelnen Größen auf den Verlust von Wärmeschutzanlagen kann etwa folgendes gesagt werden:

1. Bei Wärmeträgern mit kleiner innerer Wärmeübergangszahl (Heißluft, Heißdampf geringer Geschwindigkeit) wird der Wärmeverlust bis zu 15% geringer als bei Wärmeträgern mit großer innerer Wärmeübergangszahl (Sattdampf).

2. Eine Erhöhung der Dämmstärke von 20 auf 120 mm bei $\lambda = 0{,}09$ bewirkt bei kleinem Rohrdurchmesser (50 mm) eine Verringerung des Wärmeverlustes um 55%, d. h. auf etwa die Hälfte, bei der ebenen Wand um 79%, d. h. auf etwa $^1/_5$. Die Dämmstärke ist also um so wirksamer, je flacher die Krümmung der Fläche ist.

3. Der Wärmeverlust beträgt bei einer sehr schlechten Wärmeleitzahl der Dämmschicht ($\lambda = 0{,}15$) gegenüber einer sehr guten ($\lambda = 0{,}04$) — ziemlich unabhängig vom Krümmungshalbmesser — etwa das $3^1/_2$fache (Dämmstärke 50 mm). Eine gute Wärmeleitzahl ist also von großer Wichtigkeit.

4. Die äußere Wärmeübergangszahl muß genauer berücksichtigt werden als die innere Wärmeübergangszahl. Bei Sturm — äußere Wärmeübergangszahl 80 kcal/m²h° — ist der Wärmeverlust einer Leitung mit gutem Wärmeschutz bis um 30% größer als in Innenräumen (äußere Wärmeübergangszahl etwa 6 bis 9 kcal/m²h°).

b) Die Wärmedurchgangszahl und der Begriff der Wärmeaustauschwiderstände. Nach der auf S. 5 gegebenen Definition der Wärmedurchgangszahl k schreibt sich die Gleichung des Wärmeaustausches zwischen Wärmeträger und Umgebung je Flächen- und Zeiteinheit allgemein:

$$Q = k \cdot (t_1 - t_2)\,. \tag{16}$$

Bei Vergleich mit den Gleichungen (12) bis (15) ergeben sich daraus folgende Beziehungen:

Ebene Wand:

$$\frac{1}{k} = \frac{1}{\alpha_1} + \frac{s_1}{\lambda_1} + \frac{s_2}{\lambda_2} + \cdots + \frac{s_n}{\lambda_n} + \frac{1}{\alpha_2}, \tag{17}$$

Hohlzylinder:

$$\frac{1}{k} = d_i\left(\frac{1}{\alpha_1 \cdot d_i} + \frac{1}{2\,\lambda_1} \cdot \ln\frac{d_1}{d_i} + \cdots + \frac{1}{2\,\lambda_n} \cdot \ln\frac{d_a}{d_{n-1}} + \frac{1}{\alpha_2 \cdot d_a}\right). \tag{18}$$

Bei vorstehender Gleichung (18) ist die Wärmedurchgangszahl auf den Quadratmeter innerer Oberfläche bezogen. Soll die äußere Oberfläche als Grundlage dienen, so ist der Faktor d_i vor dem Klammerausdruck durch den Faktor d_a zu ersetzen.

Die einzelnen Glieder der Gleichung (17) lassen sich in Angleichung an die Formeln der Hydraulik und Elektrotechnik als „Widerstände" auffassen. Setzt man nach einem Vorschlag von M. Jakob

$$R_L = \varphi \cdot \frac{s}{\lambda \cdot F} = \text{Wärmeleitwiderstand,} \tag{19}$$

$$R_ü = \frac{1}{\alpha \cdot F} = \text{Wärmeübergangswiderstand,} \tag{20}$$

$$R_D = \frac{1}{k \cdot F} = \text{Wärmedurchgangswiderstand,} \tag{21}$$

worin F die Fläche ist, durch die der Wärmeaustausch vor sich geht, und der Formfaktor φ die geometrischen Unterschiede zwischen ebener Wand, Hohlzylinder und Hohlkugel berücksichtigt (für die ebene Wand ist $\varphi = 1$), so läßt sich der Gesamtwärmeverlust eines beliebigen Körpers allgemein schreiben:

$$V = \frac{(t_i - t_a)}{R_L}. \tag{22}$$

Für mehrere Schichten gilt:

$$R_L = R_{L_1} + R_{L_2} + R_{L_3} \ldots \tag{23}$$

Ferner ist:

$$R_D = R_{ü_1} + R_L + R_{ü_2}. \tag{24}$$

In Worten ausgedrückt heißt dies also anschaulich:

Der Wärmedurchgangswiderstand
= der Summe aller Teilwiderstände.

Auf dieser Schreibweise bauen sich die Formelangaben in den „Regeln für die Prüfung von Wärme- und Kälteschutzanlagen" des Vereins Deutscher Ingenieure (1930) auf. Das praktische Rechnen, soweit es nicht nach den Zahlentafeln im Teil II, S. 175 bis 187, erfolgen kann, wird aber dadurch keineswegs vereinfacht, weshalb wie erwähnt in diesem Buch bei der altbewährten Schreibweise verblieben wird.

Aus den Gleichungen (11) und (15) läßt sich ersehen, daß eine bestimmte Dämmstärke bei kleinen Rohrdurchmessern einen größeren Wärmeaustauschwiderstand ergibt als bei großen, da in letzterem Falle das Durchmesserverhältnis d_a/d_i kleiner wird. Bei Wärmeschutzhüllen aus zwei Schichten verschiedener Wärmeleitzahlen sollte daher der Stoff mit der geringeren Wärmeleitzahl der besseren Ausnutzung halber nach innen zu liegen kommen. Oft ist dies aber durch die ungenügende Hitzebeständigkeit des besser dämmenden Stoffes unmöglich gemacht.

Würde z. B. ein 50 mm-Rohr mit zwei Schichten von je 30 mm Stärke und Wärmeleitzahlen von 0,1 und 0,05 kcal/mh° umgeben, so ist die Wirkung der Gesamtschicht um 18% größer, wenn der Stoff mit der Wärmeleitzahl 0,05 von außen nach innen verlegt wird. Praktisch wird diese Verbesserung nicht ganz erreicht, da infolge der Temperaturabhängigkeit der Wärmeleitzahl durch die Vertauschung die niedrigere Wärmeleitzahl erhöht, die höhere verringert wird. Für die Verhältnisse von Wärmeschutzmassen sinkt daher diese Verbesserung je nach der Rohrtemperatur auf etwa 13 bis 17% und kann bei sehr temperaturabhängigen Stoffen (z. B. bei Glaswolle) noch mehr eingeschränkt werden.

Bei der ebenen Wand ist die Reihenfolge der Schichten für die Wärmeverluste im Dauerbetrieb in geometrischer Hinsicht gleichgültig. Wenn die Temperaturabhängigkeit der Wärmeleitzahl sehr verschieden ist, wird man aber mit Rücksicht darauf die stark temperaturabhängige Schicht (z. B. eine Luftschicht, S. 135) möglichst in die kältere Zone legen[1]. Die Reihenfolge der Schichten ist für die ebene Wand ferner von wärmeschutztechnischer Bedeutung, wenn es sich um unterbrochene Betriebsweise handelt. Die aufgespeicherte Wärme wird geringer, wenn die besser dämmende Schicht innen liegt, und auch die Anheizung geht rascher vor sich.

c) Der Wärmeaustausch durch Wände mit verschiedenem Aufbau der nebeneinander liegenden Teile. Findet der Wärmeaustausch durch eine Wand statt, die aus nebeneinander liegenden Teilen mit verschiedenen Wärmedurchgangszahlen besteht, so sind sie als ebensoviel verschiedene, voneinander unabhängige Wände aufzufassen und man hat die Wärmeverluste durch die einzelnen Teile zu berechnen und dann zu addieren. Oder man hat die mittlere Wärmedurchgangszahl k_m der Gesamtkonstruktion zu berechnen und mit dieser den Wärmeverlust nach Gleichung (16) zu ermitteln. Bezeichnet man die Gesamtfläche der Wand mit F, die Flächen der einzelnen Teile mit $F_1, F_2 \ldots$, die Wärmedurchgangszahlen sinngemäß mit $k_1, k_2 \ldots$, dann gilt für die ausgetauschte Wärme die Gleichung:

$$F \cdot Q = F \cdot k_m \cdot (t_1 - t_2) = (F_1 \cdot k_1 + F_2 \cdot k_2 + \cdots) \cdot (t_1 - t_2).$$

Hieraus ergibt sich die mittlere Wärmedurchgangszahl der Gesamtkonstruktion zu:

$$k_m = \frac{F_1 \cdot k_1 + F_2 \cdot k_2 \cdots}{F_1 + F_2 + \cdots} \tag{25}$$

Selbstverständlich kann man bei einer Wand, die aus einer stetigen Wiederholung der verschiedenen Teile besteht (wie z. B. bei einem Mauerwerk aus einem tragenden Gerippe und Füllwänden, bei dem sich die einzelnen Felder immer wiederholen), die Berechnung auf eine „Einheitsfläche F" und deren Unterteile $F_1, F_2 \ldots$ beziehen, um hieraus

[1] Doch können mannigfache betriebliche Gründe dagegen sprechen, z. B. Feuchtigkeitsschäden bei Gebäudewänden.

die mittlere Wärmedurchgangszahl k_m zu berechnen und für die Gesamtfläche zugrundezulegen.

Gleichung (25) gilt gleichermaßen für ebene Wände, wie für Hohlzylinder, wenn man im letzteren Falle die Wärmedurchgangszahl auf die innere Oberfläche bezieht [Gleichung (18)] und die einzelnen Teile verschiedener Wärmedurchlässigkeit im Sinne der Rohrachse nebeneinander liegen, wie z. B. bei einer Dämmschicht aus losen Füllstoffen mit äußerem Hartmantel, der auf ringförmigen Stützgliedern ruht, die durch den Füllstoff hindurch bis auf die Rohrleitung gehen (s. Abb. 33, S. 71). Man bezieht in diesem Falle die Berechnung auf ein Einheitsrohrstück mit einer Länge gleich dem mittleren Abstand zweier solcher Stützringe.

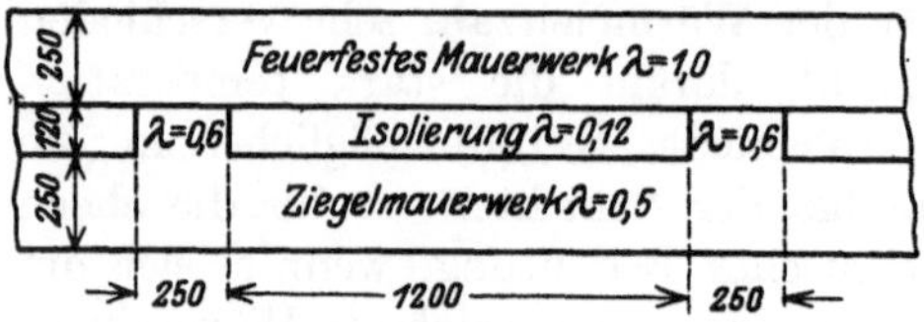

Abb. 5.
Wand aus Teilen verschiedener Wärmedurchlässigkeit.

Zahlenbeispiel. Zu berechnen ist die mittlere Wärmedurchgangszahl einer Ofenwandkonstruktion laut Grundriß der Abb. 5. Es sollen also durch die Dämmschicht senkrechte Stege aus Ziegelmauerwerk gehen, um die äußere Schutzziegelmauer mit dem feuerfesten Mauerwerk zu verbinden. Dabei sei:

$$\alpha_1 = 50 \text{ kcal/m}^2\,\text{h}\,°,$$
$$\alpha_2 = 10 \text{ kcal/m}^2\,\text{h}\,°.$$

Nach der Zeichnung ist, wenn die Einheitsfläche auf 1m Höhe berechnet wird:

$$\text{Einheitsfläche } F = 1{,}00 \cdot 1{,}45 = 1{,}45 \text{ m}^2,$$
$$\text{Teilfläche I } F_1 = 1{,}0 \cdot 1{,}2 = 1{,}20 \text{ m}^2,$$
$$\text{Teilfläche II } F_2 = 1{,}45 - 1{,}20 = 0{,}25 \text{ m}^2.$$

Nach Gleichung (17) berechnet sich aus den in der Abbildung beigeschriebenen Wärmeleitzahlen

$$\frac{1}{k_1} = \frac{1}{50} + \frac{0{,}25}{1{,}0} + \frac{0{,}12}{0{,}12} + \frac{0{,}25}{0{,}5} + \frac{1}{10} = 1{,}87,$$
$$k_1 = 0{,}535.$$
$$\frac{1}{k_2} = \frac{1}{50} + \frac{0{,}25}{1{,}0} + \frac{0{,}12}{0{,}22} + \frac{0{,}25}{0{,}5} + \frac{1}{10} = 1{,}07,$$
$$k_2 = 0{,}935.$$

Damit wird:

$$k_m = \frac{1{,}2 \cdot 0{,}535 + 0{,}25 \cdot 0{,}935}{1{,}45} = 0{,}604 \text{ kcal/m}^2\,\text{h}°.$$

d) Die „gleichwertige" und die „mittlere gleichwertige" Wärmeleitzahl einer zusammengesetzten Schicht. Viele neuzeitliche Wärmeschutzarten bestehen aus Teilen verschiedener Wärmeleitfähigkeit und es ist dann für ein einfaches Rechnen sowie für vergleichbare Gewährleistungen nötig, eine Gesamtwärmeleitzahl der fertigen Wärmeschutzschicht anzugeben. Je nachdem, ob diese nur aus Teilschichten besteht, die im Sinne des Wärmestromes hintereinander liegen, oder ob auch nebeneinander Teile verschiedener Wärmedurchlässigkeit angeordnet sind, nennt man die Gesamtwärmeleitzahl

gleichwertige Wärmeleitzahl, bzw.
mittlere gleichwertige Wärmeleitzahl.

Die Berechnung erfolgt nach folgenden Formeln:

Gleichwertige Wärmeleitzahl verschiedener hintereinander liegenden Schichten:

Ebene Wand:

$$\lambda = \frac{s}{\frac{s_1}{\lambda_1} + \frac{s_2}{\lambda_2} + \cdots + \frac{s_n}{\lambda_n}}, \tag{26}$$

Hohlzylinder:

$$\lambda = \frac{\ln \frac{d_a}{d_i}}{\frac{1}{\lambda_1} \ln \frac{d_1}{d_i} + \frac{1}{\lambda_2} \ln \frac{d_2}{d_1} + \cdots + \frac{1}{\lambda_n} \ln \frac{d_a}{d_{n-1}}}. \tag{27}$$

Mittlere gleichwertige Wärmeleitzahl einer Dämmweise mit verschiedenen nebeneinander liegenden Teilen. Sie ist aus der mittleren Wärmedurchgangszahl der Gleichung (25) zu errechnen:

Ebene Wand:

$$\frac{s}{\lambda_m} = \frac{1}{k_m} - \left(\frac{1}{\alpha_1} + \frac{1}{\alpha_2}\right). \tag{28}$$

Diese Gleichung berücksichtigt, daß die Oberflächentemperaturen der einzelnen Teile nicht gleich sind. Die Rechnung ist aber, besonders beim Hohlzylinder umständlich und kann genügend genau nach den Gleichungen erfolgen:

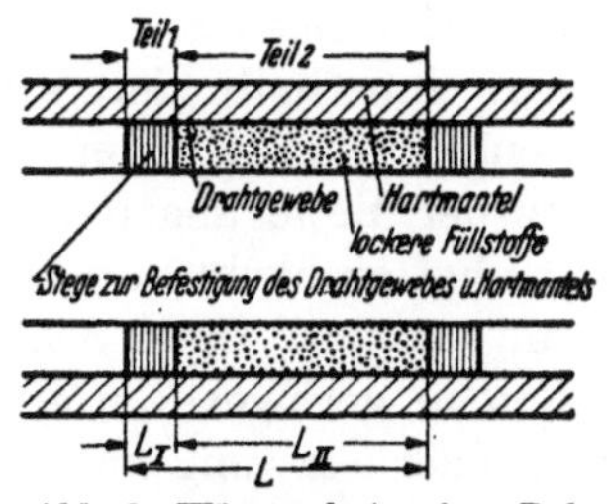

Abb. 6. Wärmeschutz eines Rohres aus nebeneinander liegenden Teilen verschiedener Wärmedurchlässigkeit.

Ebene Wand:

$$\lambda_m = \lambda_I \cdot \frac{F_I}{F} + \lambda_{II} \cdot \frac{F_{II}}{F} + \cdots \lambda_n \cdot \frac{F_n}{F}, \tag{29}$$

Hohlzylinder:

$$\lambda_m = \lambda_I \cdot \frac{L_I}{L} + \lambda_{II} \cdot \frac{L_{II}}{L} + \cdots \lambda_n \cdot \frac{L_n}{L}. \tag{30}$$

Darin bedeutet:

λ_m = die mittlere gleichwertige Wärmeleitzahl in kcal/m h°,

$\lambda_I, \lambda_{II} \ldots \lambda_n$ = die gleichwertige Wärmeleitzahl der einzelnen nebeneinander liegenden Teile in kcal/m h°,

$F_I, F_{II} \ldots F_n$ = die Flächen derselben in m²,
F = die Gesamtfläche bzw. Einheitsfläche in m²,
$L_I, L_{II} \ldots L_n$ = die Längen der bei einem Hohlzylinder nebeneinander liegenden Teile in m,
L = die Gesamtlänge bzw. Einheitslänge gemäß Abb. 6 in m.

e) **Der Temperaturverlauf in Wandschichten.** Für die Prüfung der Temperaturbeständigkeit eines Stoffes, zur Berechnung der in den einzelnen Wandschichten aufgespeicherten Wärme und ähnliche Aufgaben ist die Kenntnis des Temperaturverlaufs im Querschnitt der Dämmschichten notwendig.

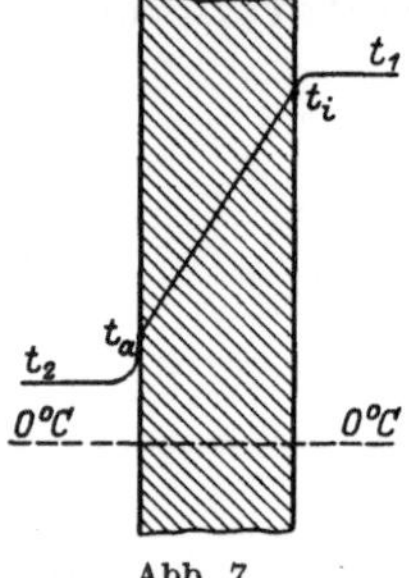

Abb. 7. Temperaturverlauf in einer ebenen Wand.

Wie Abb. 7 zeigt, ist der Temperaturverlauf in einer ebenen Wandschicht linear. Dies ist insofern in Wirklichkeit nicht streng richtig, als die Wärmeleitzahl der meisten Stoffe mit der Temperatur etwas zunimmt, also an den an den Wärmeträger grenzenden Schichten am höchsten ist und gegen die umgebende Luft zu abnimmt. Die Abweichung der wirklichen Temperaturkurve von einer Geraden ist aber praktisch bedeutungslos. Man hat nur mit der Wärmeleitzahl zu rechnen, die für die mittlere Wandtemperatur zutrifft. In der Abbildung ist auch der Temperaturverlauf in der angrenzenden Umgebung angedeutet, und zwar unter der Annahme, daß die Wärmeübergangszahl auf der wärmeren Seite ein Vielfaches von jener auf der kälteren ist. Dies trifft z. B. für die Wände von Öfen zu, während bei Wänden von Häusern das Entgegengesetzte der Fall ist. Demgemäß ergeben sich die Temperaturunterschiede $t_1 - t_i$ und $t_a - t_2$ verschieden, weil auf beiden Oberflächen im Dauerzustand der Wärmeströmung gleichviel Wärme übertragen wird.

Der Temperaturverlauf in den an die Wand angrenzenden flüssigen oder gasförmigen Stoffen ist nur in unmittelbarer Nähe der Wandfläche linear, innerhalb der sog. „Grenzschicht". Darunter versteht man diejenige Schicht einer tropfbaren oder gasförmigen Flüssigkeit, die trotz der Bewegung der Flüssigkeit an der Oberfläche des Körpers in Ruhe haften bleibt und für die daher die Gesetze der reinen Wärmefortleitung gelten. Diese Schicht besteht aber nur aus einer dünnen Haut. Schon in geringer Entfernung setzt ein Wärmetransport durch natürliche oder erzwungene Bewegung der Teilchen ein, wodurch sich der in der Abb. 7 angedeutete Verlauf ergibt. In einer gewissen Entfernung von der Oberfläche[1] besitzt die Flüssigkeit eine gleichmäßige Temperatur.

---

[1] Nach E. Schmidt u. a. beträgt diese Entfernung bei einer senkrechten ebenen Platte in Luft etwa 15 mm.

Um die Temperaturverteilung in einer aus mehreren Schichten zusammengesetzten Wand zu berechnen, hat man von der den Dauerzustand kennzeichnenden Bedingung auszugehen, daß die zwischen dem Wärmeträger und der kalten Umgebung ausgetauschte Wärmemenge gleich der auf die Wand bzw. von der Wand übergehenden und gleich der durch die einzelnen Schichten hindurchgehenden Wärmemenge ist.

Bezeichnet man der Einfachheit halber

$\Delta t = t_1 - t_2 =$ das Gesamttemperaturgefälle zwischen dem Wärmeträger und der kalten Umgebung in °C,

$\Delta t', \Delta t'' =$ den Temperaturunterschied zwischen Wärmeträger, bzw. der umgebenden Luft und den Wandflächen in °C,

$\Delta t_1, \Delta t_2 \ldots \Delta t_n =$ den Temperaturunterschied in den einzelnen Schichten in °C,

so ist demnach unter sinngemäßer Anwendung von Gleichungen (4), (6), (8) und (16):

$$k \cdot \Delta t = \alpha_1 \cdot \Delta t' = \frac{\lambda_1}{s_1} \cdot \Delta t_1 = \frac{\lambda_2}{s_2} \cdot \Delta t_2 = \cdots = \alpha_2 \Delta t''. \tag{31}$$

Hieraus ergibt sich:

$$\Delta t' = (t_1 - t_2) \cdot \frac{1/\alpha_1}{1/k}, \tag{32}$$

$$\Delta t_1 = (t_1 - t_2) \cdot \frac{s_1/\lambda_1}{1/k}. \tag{33}$$

$$\Delta t_2 = (t_1 - t_2) \cdot \frac{s_2/\lambda_2}{1/k}, \tag{33a}$$

$$\vdots \qquad \vdots$$

$$\Delta t_n = (t_1 - t_2) \cdot \frac{s_n/\lambda_n}{1/k}, \tag{33b}$$

$$\Delta t'' = (t_1 - t_2) \cdot \frac{1/\alpha_2}{1/k}, \tag{32a}$$

d. h. das Gesamttemperaturgefälle teilt sich gemäß dem Verhältnis der Wärmeübergangswiderstände bzw. der Teilwiderstände der einzelnen Schichten zum Gesamtwärmeaustauschwiderstand auf.

Sinngemäßes gilt vom Hohlzylinder. Die Temperaturverteilung in der Dämmschicht einer Rohrleitung ist jedoch nicht mehr linear, sondern entspricht einem logarithmischen Gesetz. Die Gleichung der Temperatur t_x einer beliebigen Stelle einer homogenen Wärmeschutzhülle mit den Grenztemperaturen t_i und t_a, welche von der Achse des Rohres die Entfernung x hat, lautet:

$$t_x = t_a + \frac{(t_i - t_a) \cdot \ln \frac{d_a}{2x}}{\ln \frac{d_a}{d_i}}. \tag{34}$$

Die einzelnen Teiltemperaturunterschiede schreiben sich hier:

$$\Delta t' = (t_1 - t_2)\,\frac{\dfrac{1}{\alpha_1 d_i}}{\dfrac{1}{\alpha_1 \cdot d_i} + \dfrac{1}{2\cdot\lambda_1}\cdot\ln\dfrac{d_1}{d_i} + \dfrac{1}{2\cdot\lambda_2}\cdot\ln\dfrac{d_2}{d_1} + \cdots + \dfrac{1}{2\cdot\lambda_n}\cdot\ln\dfrac{d_a}{d_{n-1}} + \dfrac{1}{\alpha_2\cdot d_a}}, \tag{35}$$

$$\Delta t_1 = (t_1 - t_2)\,\frac{\dfrac{1}{2\cdot\lambda_1}\cdot\ln\dfrac{d_1}{d_i}}{\dfrac{1}{\alpha_1 \cdot d_i} + \dfrac{1}{2\cdot\lambda_1}\cdot\ln\dfrac{d_1}{d_i} + \dfrac{1}{2\cdot\lambda_2}\cdot\ln\dfrac{d_2}{d_1} + \cdots + \dfrac{1}{2\cdot\lambda_n}\cdot\ln\dfrac{d_a}{d_{n-1}} + \dfrac{1}{\alpha_2\cdot d_a}}, \tag{36}$$

$$\vdots$$

$$\Delta t'' = (t_1 - t_2)\,\frac{\dfrac{1}{\alpha_2\cdot d_a}}{\dfrac{1}{\alpha_1 \cdot d_i} + \dfrac{1}{2\cdot\lambda_1}\cdot\ln\dfrac{d_1}{d_i} + \dfrac{1}{2\cdot\lambda_2}\cdot\ln\dfrac{d_2}{d_1} + \cdots + \dfrac{1}{2\cdot\lambda_n}\cdot\ln\dfrac{d_a}{d_{n-1}} + \dfrac{1}{\alpha_2\cdot d_a}}. \tag{37}$$

Zahlenbeispiel. Es ist der Temperaturverlauf in einer Ofenwand zu berechnen, die aus drei Schichten von je 25 cm Stärke besteht, in der Reihenfolge:

feuerfestes Mauerwerk,
gebrannte Dämmsteine,
Ziegelmauerwerk.

Diese Anordnung würde man etwa bei Neuanlagen treffen. Derselben sei auch die Anordnung gegenübergestellt:

feuerfestes Mauerwerk,
Ziegelmauerwerk,
Dämmsteine,

wie dies bei nachträglicher Dämmung eines Ofens der Fall sein kann. Die Daten der Anlage sind:

Innentemperatur des Ofens	800° C
Lufttemperatur	20° C
α_1	50 kcal/m² h°
α_2	10 kcal/m² h°
Wärmeleitzahl des feuerfesten Mauerwerks	1,5 kcal/m h°
„ der Dämmschicht bei Anordnung in der Mitte	0,15 kcal/m h°
„ „ „ „ „ außen	0,13 kcal/m h°
„ des Ziegelmauerwerks bei Anordnung außen	0,5 kcal/m h°
„ „ „ „ „ in der Mitte	0,7 kcal/m h°

Es ist dann für Fall I:

$$\frac{1}{k} = \frac{1}{50} + \frac{0{,}25}{1{,}5} + \frac{0{,}25}{0{,}15} + \frac{0{,}25}{0{,}5} + \frac{1}{10}$$
$$= 0{,}02 + 0{,}17 + 1{,}67 + 0{,}5 + 0{,}1$$
$$= 2{,}46.$$

Fall II:

$$\frac{1}{k} = \frac{1}{50} + \frac{0{,}25}{1{,}5} + \frac{0{,}25}{0{,}7} + \frac{0{,}25}{0{,}13} + \frac{1}{10}$$
$$= 0{,}02 + 0{,}17 + 0{,}36 + 1{,}92 + 0{,}1$$
$$= 2{,}57.$$

Der Gesamttemperaturunterschied zwischen Ofeninnern und Außenluft von 780° C verteilt sich dann verhältnisgleich den Teilwiderständen zum Gesamtwärmeaustauschwiderstand wie folgt:

		Fall I:	Fall II:
$\Delta t'$	=	$\frac{780 \cdot 0,02}{2,46} = 6^\circ$ C	$\frac{780 \cdot 0,02}{2,57} = 6^\circ$ C
Δt_1	=	$\frac{780 \cdot 0,17}{2,46} = 54^\circ$ C	$\frac{780 \cdot 0,17}{2,57} = 52^\circ$ C
Δt_2	=	= 530° C	= 109° C
Δt_3	=	= 158° C	= 583° C
$\Delta t''$	=	= 32° C	= 30° C
Gesamttemperaturdifferenz		780° C	780° C

Aus diesen Temperaturunterschieden errechnen sich die Oberflächentemperaturen auf den einzelnen Schichten wie folgt:

Oberflächentemperatur	Fall I	Fall II
Innenfläche der Wand	794	794
Zwischen feuerfestem Mauerwerk und Dämmschicht bzw. Ziegelmauerwerk	740	742
Zwischen Dämmschicht und Ziegelmauerwerk bzw. Ziegelmauerwerk und Dämmschicht	210	633
Äußere Oberfläche der Wand	52	50
Lufttemperatur	20	20

In Abb. 8 ist die Temperaturverteilung für beide Fälle eingezeichnet. Man sieht, daß Fall I den Vorteil viel geringerer Speicherwärme in der Wand hat, weil die Schicht II und III niedrigere Temperaturen besitzt und außerdem die jeweils höher temperierte mittlere Schicht bei Verwendung von Dämmsteinen nur ein Raumgewicht und damit eine Speicherfähigkeit von $1/3$ der Speicherfähigkeit bei Verwendung von Ziegelmauerwerk aufweist.

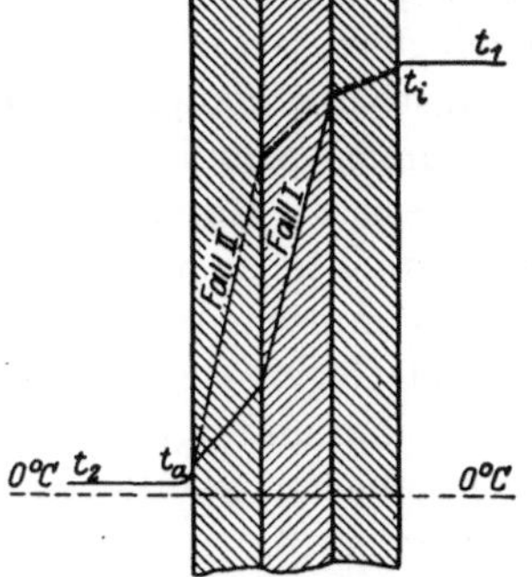

Abb. 8. Temperaturverteilung bei verschiedenartiger Anordnung der Dämmschicht.

Bemerkt sei, daß bei derartigen Berechnungen die Wärmeleitzahl, die ja von der Temperatur abhängt, vorerst nicht genau bekannt ist, sondern nach Abschätzung der vermutlichen Temperaturen mit einem Näherungswert angesetzt werden muß. Unter Umständen hat man daher den Rechnungsgang nach entsprechenden Korrekturen nochmals zu wiederholen.

Von dieser rechnerisch ermittelten Temperaturverteilung können allerdings erhebliche praktische Abweichungen vorkommen, wenn ein Gasdurchgang durch die Stoffschichten stattfindet. Dies kann bei Mauerwerk, beispielsweise eines Siemens-Martin-Ofens, als Folge der Ritzen und Poren eintreten. Fr. Kofler[1] gibt umstehendes Zahlenbeispiel des

[1] Kofler, Fr.: Über Undichtheiten, Wärmeschutz und Beaufschlagung von Siemens-Martin-Kammern. Arch. Eisenhüttenw. Bd. 5 (1931/32) S. 493.

Temperaturabfalles in undichtem und gedichtetem Mauerwerk (Dichtung durch Putz und Anstrich).

Ein Gasdurchgang ist natürlich wärmewirtschaftlich bedeutungsvoll, nicht jedoch für wärmeschutztechnische Berechnungen, da es sich hierbei meist um die Prüfung der Temperaturbeständigkeit der gewählten Anordnung handelt und die Berechnung unter Außerachtlassung eines möglichen Gasdurchgangs die vorsichtigeren Werte liefert. Man muß nur bei Messungen im Auge behalten, daß eine aus dem Temperaturgefälle berechnete Wärmeleitzahl in solchen Fällen nicht stimmt.

Stoffschicht	Temperatur in °C	
	Innenseite	Außenseite
Undicht:		
Schamotte I 250 mm . .	810	600
Schamotte II 120 mm .	600	560
Kieselgurstein 250 mm .	560	60
Ziegel 120 mm	60	25
Gedichtet:		
Schamotte I 250 mm . .	960	785
Schamotte II 120 mm .	785	740
Kieselgurstein 250 mm .	735	170
Ziegel 120 mm	170	80

f) Der Wärmeverlust endlich begrenzter Körper: Hohlquader, kurzer Hohlzylinder, Hohlkugel. Die vorstehend entwickelten Formeln für unendlich ausgedehnte ebene Flächen und Hohlzylinder können auf viele praktische Anlagen (Rohrleitungen, Kessel, Räume) angewandt werden, bei denen die Ausdehnung groß genug ist um die Einflüsse von Ecken, Kanten und Stirnflächen vernachlässigen zu können. Oft genügt auch dort, wo dies eigentlich nicht der Fall ist, eine derartige Wärmeverlustberechnung, weil nur der Verlust je Flächeneinheit auf gleicher Rechnungsgrundlage, z. B. für Wärmewirtschaftlichkeitsbetrachtungen, interessiert. Handelt es sich um kleine Räume, z. B. Klein-Kühlräume, so betrachtet man als Wärmeaustauschfläche die Fläche in halber Stärke der Dämmschicht.

Im Gegensatz dazu ist bei zahlreichen industriellen Öfen, bei Kühlschränken und dgl. eine genauere Berechnung notwendig, da der Gesamtenergiebedarf zur Bemessung der technischen Einrichtungen festgestellt werden muß.

Der Hohlquader. M. Jakob[1] hat die gebräuchlichen Formeln der bekannten Berechnungsweise von Langmuir[2] gegenübergestellt.

1. Arithmetisches Mittel der Außen- und Innenflächen des Quaders

$$\frac{F}{s} = \frac{F_i}{s}\left(1 + \frac{s\,l}{F_i} + \frac{12\,s^2}{F_i}\right). \tag{38}$$

2. Geometrisches Mittel der Außen- und Innenflächen des Quaders

$$\frac{F}{s} = \frac{F_i}{s}\sqrt{1 + \frac{2\,s\,l}{F_i} + \frac{24\,s^2}{F_i}}. \tag{39}$$

[1] Jakob, M.: Z. ges. Kälteind. Bd. 31 (1924) S. 146.

[2] Langmuir, Adams, Meikle: Trans. electrochem. Soc. Bd. 24 (1913) S. 53.

3. Fläche in halber Stärke der Wand

$$\frac{F}{s} = \frac{F_i}{s}\left(1 + \frac{s\,l}{F_i} + \frac{6\,s^2}{F_i}\right). \tag{40}$$

4. Volumen der Wand durch Wandstärke

$$\frac{F}{s} = \frac{F_i}{s}\left(1 + \frac{s\,l}{F_i} + \frac{8\,s^2}{F_i}\right). \tag{41}$$

5. Formel nach Langmuir

$$\frac{F}{s} = \frac{F_i}{s}\left(1 + 0{,}54\frac{s\,l}{F_i} + \frac{1{,}2\,s^2}{F_i}\right). \tag{42}$$

Darin bedeutet:

F = die für den Wärmedurchgang zur Benutzung der Formel (12) (unendliche Flächenausdehnung) einzusetzende Fläche,

F_i = die Innenfläche des Hohlquaders,

l = die Summe der Kantenlängen,

s = die Wandstärke.

V. Paschkis[1] hat für die Größenabmessungen industrieller Öfen gezeigt, daß die Gleichungen (38), (40), (41) einerseits und die Gleichungen (39) und (42) andererseits ziemlich gleiche Ergebnisse liefern. Messungen in der Praxis haben Formel (39), also die Benutzung des geometrischen Mittels der Außen- und Innenfläche, gut bestätigt. Im übrigen halten sich die Abweichungen der Ergebnisse der Formeln in den Grenzen von 30%, sind also gegenüber einem gedachten Mittelwert nicht sehr viel größer als die für die Baustoffe bestehenden Unsicherheiten der Wärmeleitzahl ($\pm$ 10%).

Sämtliche Formeln dienen nur der Berechnung der Wärmeverluste und nehmen an, daß die Isothermen Parallelflächen zur Innenfläche sind. In Wirklichkeit sind aber die Temperaturen in der Nähe der Kanten niedriger als in der Mitte der Fläche, was für die Frage der Temperaturbeständigkeit der Baustoffe von Bedeutung sein kann. Eine Berechnung dieser Temperaturen ist nicht möglich. Experimentelle Feststellungen sind jedoch mit Hilfe elektrischer Modellversuche (Abschnitt 31, S. 158) verhältnismäßig einfach.

Besteht der Hohlquader aus mehreren Schichten, so könnte man nach Gleichung (26) bis (30) die mittlere Wärmeleitzahl der Wand bilden und dann nach Gleichungen (39) oder (42) rechnen. Dabei ist jedoch nicht berücksichtigt, daß die „mittlere" Fläche näher an der besser dämmenden Schicht liegen müßte, um dem überwiegenden Wärmedurchgangswiderstand dieser Schicht gerecht zu werden. Für mittlere und kleine Öfen aus zwei Schichten empfiehlt Paschkis daher folgende Gleichung, die freilich auch eine Reihe von Vereinfachungen enthält (z. B. Vernachlässigung der Wärmeübergangszahlen), so daß die Berechnung auf jeden Fall mit einigen Unsicherheiten behaftet bleibt:

[1] Paschkis, V.: Über die Berechnung der Leerverluste elektrischer Industrieöfen. Elektrowärme Bd. 3 (1933) Heft 7.

$$Q = \frac{t_1 - t_2}{\dfrac{s_1}{\lambda_1 F_i \sqrt{1 + 12 \dfrac{s_1}{\sqrt{F_i}} + 24 \left(\dfrac{s_1}{\sqrt{F_i}}\right)^2}} + \dfrac{s_2}{\lambda_2 F'_a \sqrt{1 + 12 \dfrac{s_2}{\sqrt{F'_a}} + 24 \left(\dfrac{s_2}{\sqrt{F'_a}}\right)^2}}}. \quad (43)$$

Darin ist

Q = Gesamtwärmeverlust des Hohlquaders in kcal/h,

F'_a = Grenzfläche zwischen den beiden Schichten in m².

Der kurze Hohlzylinder. Paschkis empfiehlt die Berechnung mit Hilfe des geometrischen Mittels aus Außen- und Innenfläche unter Benutzung der Formeln für die ebene Wand. Auch sonst kann die Benutzung des arithmetischen oder geometrischen Mittels beider Oberflächen eines Zylinders an Stelle des genauen logarithmischen Gesetzes nach Gleichung (13) oder (15) von Vorteil sein, z. B. bei schwach gekrümmten Zylindern (Wärmespeicher u. ä.), die man nicht mehr nach den Zahlentafeln für Rohre (Teil II, S. 175) rechnen kann, aber doch auch noch nicht einfach nach den Gleichungen für die ebene Wand behandeln will (vgl. S. 14).

Im allgemeinen ist es aber nicht viel umständlicher, kurze Hohlzylinder nach den genauen Gleichungen für unendlich lange Zylinder — Gleichung (15) multipliziert mit der lichten Länge — zu rechnen und nur für die Stirnflächen das arithmetische oder — genauer — das geometrische Mittel der beiden Stirnflächen einzusetzen. Für die Stirnflächen gilt:

Innere Stirnfläche:

$$F_i = d_i^2 \frac{\pi}{4}, \quad (44)$$

äußere Stirnfläche:

$$F_a = d_a^2 \frac{\pi}{4} + d_a \cdot \pi \cdot s. \quad (45)$$

Die Hohlkugel. Da die Kugelform im Vergleich zum Zylinder eine kleinere Mantelfläche ergibt und auch hinsichtlich Festigkeitsbeanspruchungen günstiger ist, so wird sie bei Behältern in der chemischen Industrie, in Brauereien, in der Papierfabrikation usw. vielfach verwendet. Die Wärmeersparnis der Hohlkugel gegenüber dem Hohlzylinder gleichen Inhalts liegt bei einem praktisch häufigen Durchmesser von 3 m etwa bei 20%. Die Berechnungsformeln lauten bei Benutzung der Oberflächentemperaturen bzw. der Temperaturen von Wärmeträger und Umgebung:

$$Q_K = 2 \cdot \pi \cdot \lambda \cdot \frac{t_i - t_a}{\dfrac{1}{d_i} - \dfrac{1}{d_a}} \quad (46)$$

$$= \pi \cdot \frac{t_1 - t_2}{\dfrac{1}{\alpha_1 \cdot d_i^2} + \dfrac{1}{2\lambda} \cdot \left(\dfrac{1}{d_i} - \dfrac{1}{d_a}\right) + \dfrac{1}{\alpha_2 \cdot d_a^2}}. \quad (47)$$

Darin ist:

Q_k = der Gesamtwärmeverlust der Hohlkugel in kcal/h,
d_i = der Innendurchmesser der Hohlkugel in m,
d_a = der Außendurchmesser der Hohlkugel in m.

Bemerkt sei, daß die Temperaturverteilung in der Kugelschicht einer Hyperbel entspricht mit den Achsen als Asymptoten.

Besteht die Hohlkugel aus mehreren Schichten mit den Wärmeleitzahlen $\lambda_1, \lambda_2 \ldots$ und den Außendurchmessern der Schichten $d_1, d_2 \ldots$, so wird

$$Q_K = \pi \cdot \frac{(t_1 - t_2)}{\frac{1}{\alpha_1 \cdot d_i^2} + \frac{1}{2\lambda_1} \cdot \left(\frac{1}{d_i} - \frac{1}{d_1}\right) + \frac{1}{2 \cdot \lambda_2} \cdot \left(\frac{1}{d_1} - \frac{1}{d_2}\right) + \cdots \frac{1}{\alpha_2 \cdot d_a^2}}. \quad (48)$$

g) Wärmeaustausch an das Erdreich. Wärmeaustausch von Bodenflächen. Die Berechnung des Wärmeaustausches von Bodenflächen bei Kühlräumen, Glashäusern, Wohnräumen u. dgl. mit dem Erdreich darf die nach Abb. 9[1] an den Kanten seitlich an das Erdreich abgegebene Wärme nicht vernachlässigen.

O. Krischer[2] hat hierfür ein hinreichend genaues Rechenverfahren entwickelt, dessen Anwendung von W. Weyh[3] durch Zahlentafeln sehr bequem gestaltet wurde.

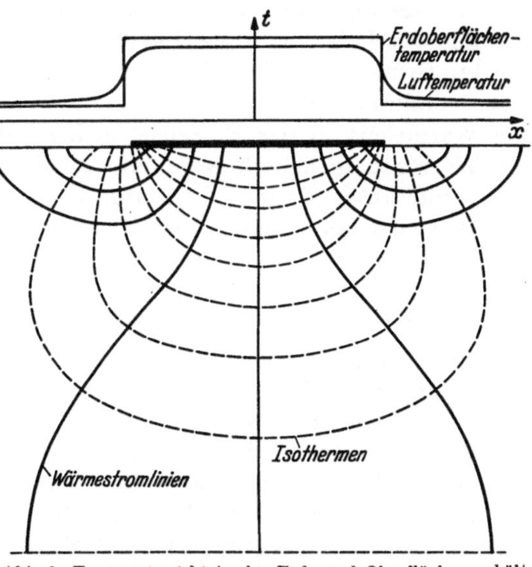

Abb. 9. Temperaturfeld in der Erde und Oberflächenverhältnisse bei Annahme eines Grundwasserspiegels für einen gekühlten Raum.

Nach Krischer kann man den Wärmeaustausch im Beharrungszustand, wie er durch Übereinanderlagerung zweier Temperaturfelder —

[1] Im Schrifttum finden sich zur Ermöglichung einer Berechnung verschiedene Vereinfachungen durchgeführt, die von O. Krischer in der Arbeit: „Wärmefluß durch nicht unterkellerte Grundflächen und Temperaturfeld bei verschiedenen Oberflächenbedingungen", Wärme- u. Kältetechn. Bd. 39 (1937) Heft 2 übersichtlich besprochen werden. Abb. 9 ist diesem Aufsatz entnommen und entspricht dem von Krischer entwickelten und hier aufgeführten Berechnungsgang.

[2] Krischer, O.: Die Wärmeaufnahme der Grundflächen nicht unterkellerter Räume (Kühlkeller, Gewächshäuser u. dgl.) Gesundh.-Ing. Bd. 57 (1934) S. 513.

[3] Weyh, W.: Die Berechnung des Wärmeaustausches von Bodenflächen geheizter oder gekühlter Räume. Wärme- u. Kältetechn. Bd. 38 (1936) Heft 11.

klimatisches Temperaturfeld im Erdreich und Temperaturfeld, ausgehend von der Bodenfläche des Raumes — entsteht, durch folgende Gleichung darstellen:

$$Q_F = \lambda_e \cdot l \cdot b \cdot \frac{(t_2 - t_e)}{z + \frac{\lambda_e}{\alpha_a}} + \lambda_e \cdot l \cdot (t_1 - t_2) \cdot \text{funkt}\left(\frac{l}{b}, \frac{z}{b}, \frac{\lambda_e}{b \cdot \alpha_a}\right). \quad (49)$$

In dieser und den folgenden Gleichungen ist:

Q_F = die durch die betrachtete Bodenfläche insgesamt strömende Wärmemenge in kcal/h,
l = Länge der Bodenfläche in m,
b = Breite (kleinere Seite) der Bodenfläche in m,
t_1 = Lufttemperatur über der Bodenfläche in °C,
t_2 = mittlere Lufttemperatur außerhalb des betrachteten Raumes in °C,
t_e = klimatisch bedingte gleichbleibende Temperatur im Erdreich bzw. im Grundwasser in °C,
z = Grundwassertiefe in m,
λ_e = Wärmeleitzahl des Erdreichs in kcal/mh°,
α_i = Wärmeübergangszahl von Luft an die Bodenfläche innerhalb des betrachteten Raumes in kcal/m²h°,
α_a = Wärmeübergangszahl von Luft an die Bodenfläche außerhalb des betrachteten Raumes in kcal/m²h°,
λ_D = Wärmeleitzahl der Bodendämmung in kcal/mh°,
s_D = Stärke der Bodendämmung in m.

Dabei ist angenommen, daß die Beschaffenheit des Bodens und die Wärmeübergangszahl der Luft an den Boden für den Raum und die Umgebung gleich ist, was nur bei der nichtabgedämmten[1] Bodenfläche eines Raumes zutrifft, der von anderen Räumen umgeben ist. Für abgedämmte Bodenflächen und freistehende Räume läßt sich nach Krischer an Stelle von t_1, der wirklichen Lufttemperatur im Raum, die Temperatur t_1' setzen, die in jener Tiefe in der Dämmschicht herrscht, von der aus gerechnet die Wärmedurchgangszahl der restlichen Dämmschicht gleich der äußeren Wärmeübergangszahl α_a wird. Für diese rechnerische Innentemperatur herrschen dann gewissermaßen wieder gemäß Gleichung (49) dieselben Wärmeübergangsverhältnisse in- und außerhalb des Raumes, gleichgültig wie groß die Wärmeübergangszahl im Raum tatsächlich ist.

Die Temperatur t_1' läßt sich nach der folgenden Gleichung berechnen:

$$t_1' = \frac{k' \cdot l \cdot b \cdot t_1 + \lambda_e \cdot l \cdot t_2 \cdot \text{funkt}\left(\frac{l}{b}, \frac{z}{b}, \frac{\lambda_e}{b \cdot \alpha_a}\right) - \lambda_e \cdot l \cdot b \frac{(t_2 - t_e)}{z + \frac{\lambda_e}{\alpha_a}}}{k' \cdot l \cdot b + \lambda_e \cdot l \cdot \text{funkt}\left(\frac{l}{b}, \frac{z}{b}, \frac{\lambda_e}{b \cdot \alpha_a}\right)}. \quad (50)$$

[1] Beton-, Stein- oder Lehmstampfböden können hinsichtlich ihrer Dämmwirkung hier wie das Erdreich gewertet werden.

Dabei ist

$$k' = \frac{1}{\frac{1}{\alpha_i} + \frac{s_D}{\lambda_D} - \frac{1}{\alpha_a}} . \tag{51}$$

Besteht die Dämmschicht aus mehreren Schichten, so ist natürlich zu setzen [vgl. Gleichung (14) und (26)]:

$$\frac{s_D}{\lambda_D} = \frac{s_1}{\lambda_1} + \frac{s_2}{\lambda_2} + \cdots . \tag{52}$$

Für die praktische Durchführung von Berechnungen genügen die von W. Weyh aufgestellten, in Teil II, S. 192, wiedergegebenen Zahlen-

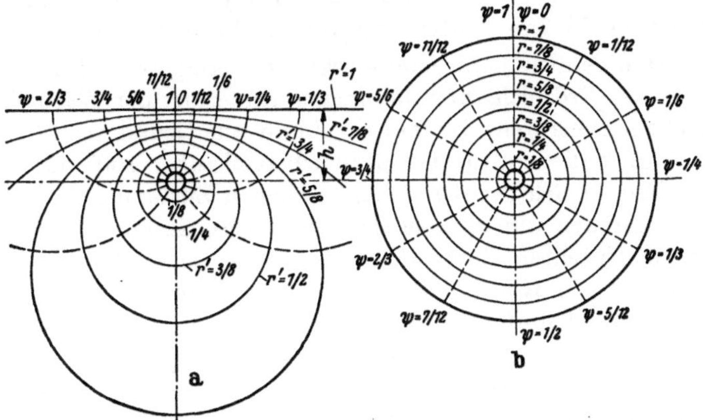

Abb. 10a u. b. a Das Temperaturfeld um eine beheizte Rohrleitung, dargestellt durch Niveaulinien r' = const und Stromlinien ψ = const. b Konforme Abbildung von a als konzentrisches Zylindersystem.

tafeln. Krischer selbst hat die Funktionswerte in Gleichung (46) und (47) in Diagrammen dargestellt.

Rohrleitungen im Erdreich. Auch für Rohrleitungen, die im Erdreich verlegt sind, hat O. Krischer[1] den besonderen Verlauf der Wärmeströmung in Formeln gefaßt. Hier sind nicht wie bei Rohren in Luft die Niveauflächen der Wärmeströmung konzentrische Zylinderflächen, sondern exzentrische Kreise zur Rohrachse, die nach der Erdoberfläche hin dichter liegen als in der Tiefe. Der letzte Niveaukreis ist die Erdoberfläche mit dem Halbmesser unendlich. Denn wenn kein Grundwasserstrom vorhanden ist, muß alle vom Rohr abgegebene Wärme nach oben durch die Erdoberfläche an die Luft wandern. Krischer hat dieses exzentrische Zylindersystem konform durch ein konzentrisches mit gleichen Wärmeverlusten abgebildet (vgl. Abb. 10). Die Berechnung der Wärmeverluste kann dadurch einfach nach den Formeln des Wärmeaustausches durch konzentrische Stoffschichten vorgenommen

[1] Krischer, O.: Die Berechnung der Wärmeverluste im Erdreich verlegter Rohrleitungen. Wärme- u. Kältetechn. Bd. 38 (1936) Heft 6.

werden, wobei für die Wärmeschutzwirkung des Erdreichs zu setzen ist:

$$s_e = 2 \cdot h\,. \tag{53}$$

Dabei ist

s_e = Wirkungsradius der gleichwertigen zylindrischen Erdschicht in m,
h = Verlegungstiefe der Leitung in m.

Dieser gleichwertige Wirkungsradius sagt natürlich nichts darüber aus, wie weit in das Erdreich hinein sich tatsächlich das Temperaturfeld des Rohres bemerkbar macht. Das ist für manche Störungen (z. B. des Pflanzenwuchses oder von Kellertemperaturen benachbarter Häuser) von Interesse. Nach Cammerer[1] lassen sich Temperaturerhöhungen unter Umständen noch in 7 m Entfernung vom Rohr beobachten.

Die Rohrtemperatur kann eine merkliche Verlagerung des Feuchtigkeitsgehaltes des Erdreichs und damit eine Änderung der Wärmeleitzahl des Erdreichs hervorrufen. Krischer nimmt auf Grund von Versuchen von Petri[2] an, daß man im Temperaturbereich über 100° die Wärmeleitzahl der Erde gleich der des völlig trockenen Zustandes setzen kann, wenn an den Stellen unter dieser Temperaturgrenze die Wärmeleitzahl für den normalfeuchten Zustand gesetzt wird. (Die Wärmeleitzahlen für Erdreich je nach Korngröße, Zusammensetzung und Feuchtigkeitsgehalt sind in Zahlentafel 43, S. 126, zusammengestellt.)

Zusammenfassend gilt also für den Wärmeverlust eines Rohres im Erdreich unter der Annahme der Verlegung in einem zylindrischen Kanal nach Gleichung (15) und (53):

$$q = \frac{\pi \cdot (t_1 - t_e)}{\frac{1}{\alpha_1 \cdot d_i} + \frac{1}{2 \cdot \lambda_1} \cdot \ln \frac{d_1}{d_i} + \frac{1}{2 \cdot \lambda_2} \cdot \ln \frac{d_2}{d_1} + \frac{1}{2\,\lambda_L} \cdot \ln \frac{d_L}{d_2} + \frac{1}{2\lambda_k} \cdot \ln \frac{d_k}{d_L} + \frac{1}{2 \cdot \lambda_e'} \cdot \ln \frac{d_e'}{d_k} + \frac{1}{2 \cdot \lambda_e''} \cdot \ln \frac{4\,h}{d_e'}}\,. \tag{54}$$

Darin bedeuten neben den schon in Gleichung (15) benutzten Bezeichnungen:

t_e = die Temperatur des unbeeinflußten Erdreichs in Verlegungstiefe in °C,

d_L, d_k, d_e' = die Außendurchmesser der Luftschicht zwischen Rohr und Kanal, des Kanals, des ausgetrockneten Erdreichs in m,

h = die Verlegungstiefe des Rohres in m,

$\lambda_L, \lambda_k, \lambda_e', \lambda_e''$ = die Wärmeleitzahl der Luftschicht zwischen Rohr und Kanal (nach S. 129 ist hier die „gleichwertige" Wärmeleitzahl der Luftschichten zu setzen), der Kanalwandung, des ausgetrockneten und des normalfeuchten Erdreichs in kcal/mh°.

---

[1] Cammerer, J. S.: Der Wärmeverlust von Rohrleitungen im Erdreich. Arch. Wärmew. Bd. 13 (1932) S. 29.

[2] Petri: Die Wärmeverluste von Rohrleitungen im Erdreich. Dissert. 1931.

Die Wärmeleitzahlen der Dämmschicht und der Luftschicht, sowie der Außendurchmesser der ausgetrockneten Erdschicht müssen zunächst nach einer geschätzten Temperaturverteilung angenommen werden. Nach Durchführung der Rechnung ist die Temperaturverteilung zu kontrollieren, gegebenenfalls abzuändern und die Rechnung zu wiederholen, bis zu einer genügenden Übereinstimmung zwischen dem angenommenen und dem sich aus der Rechnung ergebenden Temperaturfeld. Für den Fall unmittelbar in die Erde verlegter Leitungen sind einfache Berechnungstafeln nach W. Christian in Teil II, S. 194, wiedergegeben.

h) Allgemeine Bemerkungen zur Berechnung des Wärmeaustausches im Dauerzustand. Bei sehr vielen Berechnungen des Wärmeaustausches kann mit hinreichender Genauigkeit Gleichheit der Temperatur t_1 des Energieträgers und der Temperatur t_i der angrenzenden Oberfläche angenommen werden; denn die Wärmeübergangszahl α_1 ist in der Regel so groß, daß sich nur geringe Temperaturunterschiede einstellen können (vgl. Zahlenbeispiel auf S. 11). Die Gleichung (12) und (13) und sinngemäß Gleichung (14) und (15) vereinfachen sich dann zu den Beziehungen:

Ebene Wand:

$$Q = \frac{t_1 - t_2}{\frac{s}{\lambda} + \frac{1}{\alpha_2}}, \tag{55}$$

Hohlzylinder:

$$q = \frac{\pi(t_1 - t_2)}{\frac{1}{2\lambda} \cdot \ln \frac{d_a}{d_i} + \frac{1}{\alpha_2 \cdot d_a}}, \tag{56}$$

d. h. man kann das Glied des Wärmeüberganges $\frac{1}{\alpha_1}$ bzw. $\frac{1}{\alpha_1 \cdot d_i}$ einfach vernachlässigen.

Der dadurch begangene Fehler bleibt gemeinhin unter 2%, wenn die Wärmeübergangszahl

$$\alpha_1 \geqq 200 \text{ kcal/m}^2\text{h}^\circ$$

ist. Selbst in den wenigen Fällen, wo dies nicht der Fall ist (langsam strömende Gase und Dämpfe von niedrigem Druck) kann bei Rohren in der Regel auf eine genaue Rechnung verzichtet werden, weil der Fehler als „Sicherheitsfaktor" auftritt.

Desgleichen kann nach dem Zahlenbeispiel auf S. 13 der Wärmedurchgangswiderstand der Metallwand eines Rohres oder Kessels stets vernachlässigt werden, weil er den Wärmeverlust um weniger als 0,1% beeinflußt.

Hingegen ist es unzulässig bei Wärmeschutzberechnungen die äußere Oberflächentemperatur der Lufttemperatur gleichzusetzen.

5. Berechnung des Wärmeaustausches bei nichtstationärer Wärmeströmung (Anwärmen und Auskühlen).

Wie schon erwähnt, ist die Berechnung des nichtstationären Wärmestromes schwierig und nur wenige Arbeiten, die sich damit befassen, sind für die praktischen Verhältnisse des Wärme- und Kälteschutzes brauchbar. Im allgemeinen kommt es auch nur auf eine genügend genaue Festlegung der wirtschaftlichsten Stärke bei unterbrochener

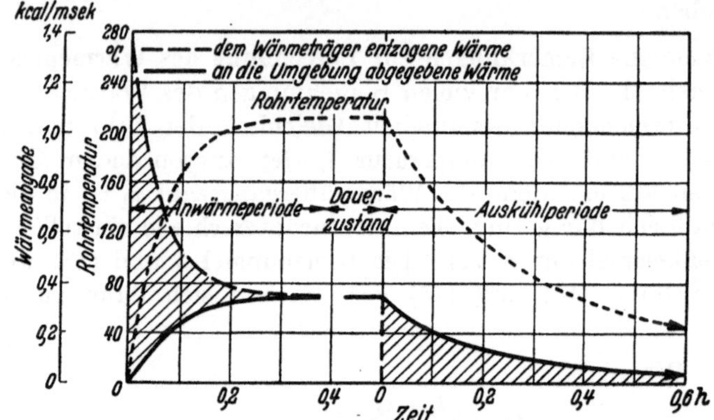

Abb. 11. Unterbrochene Betriebsweise bei nackter Rohrleitung (Rohrdurchmesser 100 mm, Heißluft von 300° und 20 m/sec Strömungsgeschwindigkeit).

Betriebsweise an und auf die Ermittlung der laufenden Aufwendungen zur Auswahl des günstigsten Materials. Die hierfür nötigen Unterlagen sind von Krischer-Esser[1], Cammerer[2] und E. Scholz[3] entwickelt worden. Die Darlegungen seien deshalb hier auf diese Arbeiten beschränkt, während für Berechnungen, die über den Rahmen der praktischen Wärmeschutztechnik hinausgehen, auf die Schrifttumszusammenstellung der S. 8 verwiesen sei.

a) Die theoretischen und die wirklichen Vorgänge. Abb. 11 zeigt schematisch die Vorgänge bei einer unterbrochen arbeitenden, nichtgeschützten Rohrleitung. Die Abb. 11 gilt sinngemäß auch für wärmegeschützte Rohre. Es sind zu unterscheiden:

Anheizzeit,
Dauerzustand der Wärmeströmung,
Auskühlzeit.

---

[1] Esser, W. u. O. Krischer: Die Berechnung der Anheizung und Auskühlung ebener und zylindrischer Wände. Berlin: Julius Springer 1930.

[2] Cammerer, J. S.: Wirtschaftlichste Isolierstärke bei Wärme- und Kälteschutzanlagen und Wärmeabgabe isolierter Rohre bei unterbrochener Betriebsweise. Herrnhausen: Industrieverlag 1927.

[3] Scholz, E.: Berechnung der Anheizzeit isolierter Dampfleitungen. Wärme Bd. 57 (1934) S. 869.

In der Anheizzeit werden dem in der Leitung strömenden Wärmeträger zunächst sehr große Wärmemengen durch die kalten Wandungen entzogen. Diese Wärmemengen werden zum überwiegenden Teil in den Wandungen aufgespeichert und zu deren Temperaturerhöhung benutzt. Sie nehmen allmählich auf den Betrag ab, der dem Wärmeverlust an die Umgebung im Dauerzustand entspricht und der beim Öffnen des Ventils = 0 ist, um allmählich auf den Betriebswert anzusteigen.

Im Dauerzustand ist die dem Wärmeträger entzogene Wärme und der Wärmeverlust an die Umgebung also gleich.

Bei Betriebsschluß hört der Wärmeverlust der Wärmeerzeugungsanlage in der Leitung durch Schließen des Ventils sofort auf, die Wärmeabgabe der Leitung an die Umgebung dauert noch an, wird aber immer

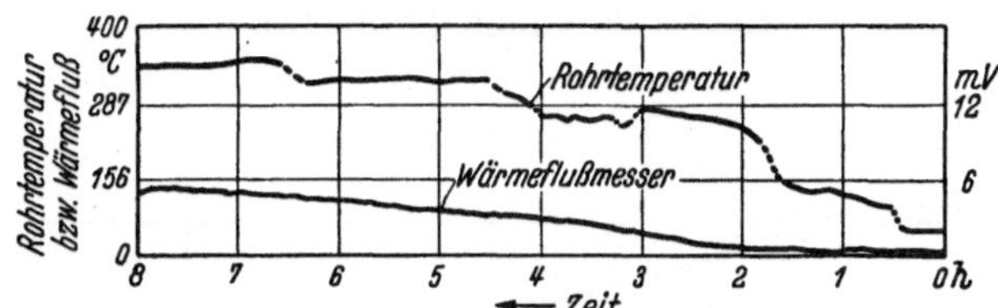

Abb. 12. Inbetriebnahme einer Heißdampfleitung.

geringer, weil sie nur aus der Speicherwärme des eingeschlossenen Wärmeträgers und der Rohrleitung, die sich allmählich erschöpft, gedeckt werden kann.

Natürlich muß sich die insgesamt dem Wärmeträger entzogene Wärme und die von der Rohrleitung an die Umgebung abgegebene Wärme in einer Betriebsperiode ausgleichen. Deshalb sind in Abb. 11 die beiden schraffierten Flächen einander gleich. Die Dauer eines Anheizvorganges bis zur Erreichung des stationären Zustandes hängt vor allem von der Speicherfähigkeit der beteiligten Körper und der Wärmeübergangszahl α_1 ab; bei Rohrleitungen genügt meist die Zeit von 2 bis 8 Stunden, beim Mauerwerk von Kesseln, Öfen u. dgl. kommen Tage oder Wochen in Frage, dort, wo das Erdreich beteiligt ist, sogar Monate.

Im Betrieb treten fast stets Einflüsse auf, die rechnerisch nicht zu erfassen sind, was bei der Entscheidung, welche theoretische Genauigkeit man von einer Berechnung verlangen soll, wohl zu berücksichtigen ist. So wird meist nur bei Sattdampf der Anwärmevorgang in Übereinstimmung mit den rechnerischen Annahmen verlaufen. Für Heißdampf gibt Abb. 12[1] ein charakteristisches Meßbeispiel aus der Praxis.

[1] Abb. 12, 13 und 15 sind von rechts nach links zu lesen entsprechend den Angaben registrierender Meßinstrumente. Die in Abb. 14 in Millivolt angegebene Rohrtemperatur (Messung mit Thermoelementen) entspricht der Teilung der Abb. 15.

Sehr verwickelt sind die Verhältnisse in einer großen Kesselanlage, bei der einzelne Kessel und Leitungen regelmäßig ausgeschaltet werden.

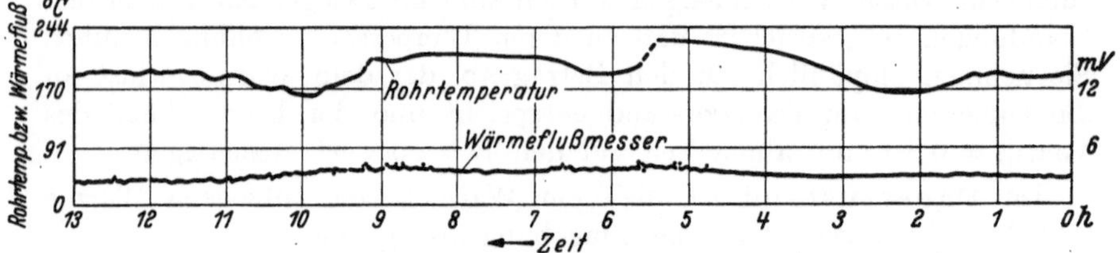

Abb. 13. Sattdampfleitung auf einem stillgelegten Kessel.

Es kann dann vorkommen, daß Sattdampfleitungen nach Stillegung des Kessels sogar zeitweise auf höhere Temperaturen durch ihre Verbindung mit dem Überhitzer kommen (Abb. 13).

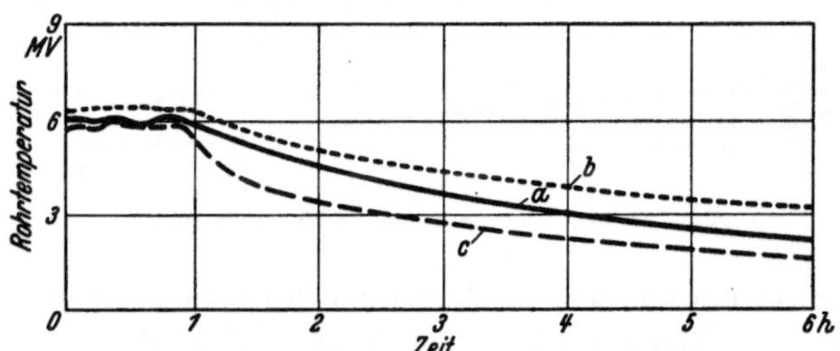

Abb. 14. Einfluß undichter Ventile auf den Auskühlvorgang.

Viele Störungen des theoretischen Ablaufs kommen davon, daß die Ventile in der Praxis selten völlig dicht sind. Scheinbar völlig abgesperrte Leitungsteile erfahren durch nachströmenden Dampf oft einen dauernden merklichen Wärmeverlust.

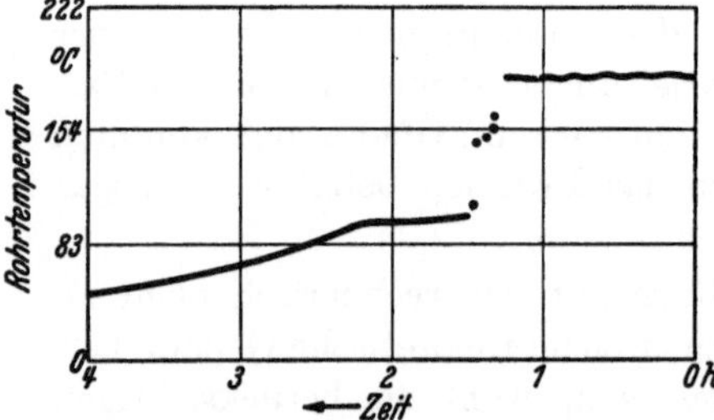

Abb. 15. Einfluß eines undichten Ventils am Ende der Leitung.

Kann sich der in einer an den Enden abgeschlossenen Leitung eingeschlossene Dampf entspannen, so tritt eine zusätzliche Kühlung des Rohres von innen heraus zur Wärmeabgabe an die Umgebung, die nur dann belanglos ist, wenn die Leitung in der Betriebspause ohnedies völlig auskühlt. Abb. 14 gibt ein Meßbeispiel bei einer Sattdampfleitung: Linie a zeigt die Auskühlung, gemessen an der Rohrtemperatur bei sorgfältig abgeflanschter Leitung, so wie sie also etwa dem theoretischen Fall entsprechen würde. Linie b zeigt den Einfluß geringer Nachströmung des Dampfes, Linie c die Wirkung eines am Ende der Leitung nicht völlig geschlossenen Ventils (rasche Senkung der Rohrtemperatur auf 100° durch den sich entspannenden Dampf).

Ein noch schrofferes Bild zeigt die Sattdampfleitung (25 mm Dmr., 50 mm Dicke der Dämmschicht) in Abb. 15. Nach der plötzlichen Auskühlung auf etwa 100° ergibt sich ein konstantes Stück der Rohrtemperatur, das wohl auf einen Temperaturausgleich zwischen dem abgekühlten Rohr und den anliegenden, noch heißeren Schichten der Dämmschicht zurückzuführen ist.

b) Berechnung der Anheizverluste von Rohren mit Wärmeschutzhüllen. Cammerer hat zur Berechnung der Wärmeabgabe von Rohrleitungen in der Anheizzeit auf Grund von Messungen ein einfaches

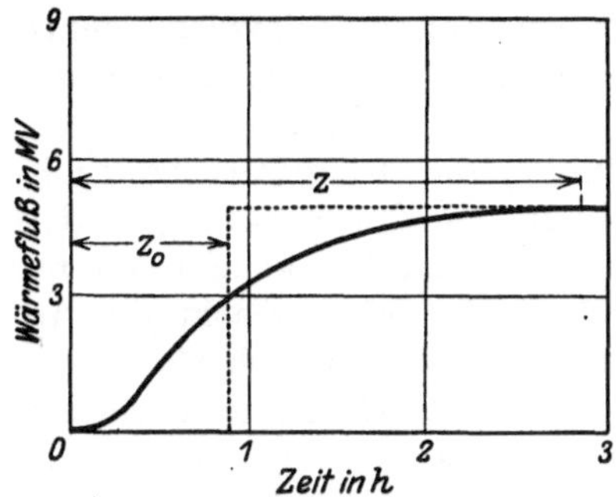

Abb. 16. Wärmeverlust beim Anwärmen nach völliger Auskühlung.

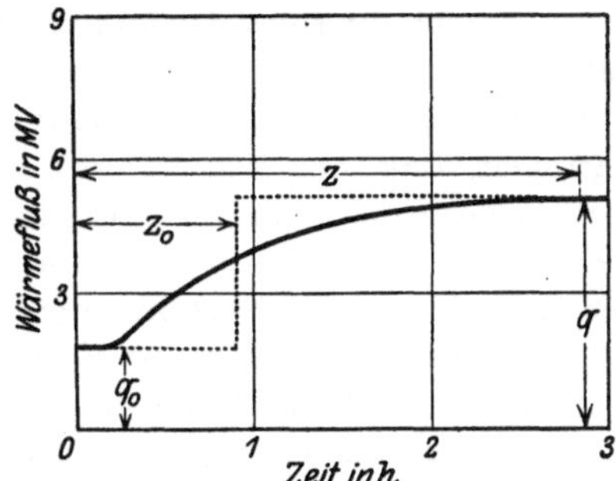

Abb. 17. Wärmeverlust beim Anwärmen nach unvollkommener Auskühlung.

Verfahren vorgeschlagen, dessen Beibehaltung dem Gedanken nach auch nach Erscheinen der in Fußnote 1 und 3, S. 32, erwähnten theoretischen Arbeiten von Esser und von Scholz empfohlen wird. Da nicht die vom Wärmeträger, sondern nur die vom Rohr an die Umgebung in der Anheizzeit abgegebene Wärmemenge interessiert, so kann nach Abb. 16 und 17 (für ein vorher völlig ausgekühltes bzw. für ein nicht völlig ausgekühltes Rohr) der wirkliche Anstieg der Wärmeverluste (ausgezogene Linie) in der Anheizzeit durch einen sprunghaften Anstieg nach der „rechnerischen Anheizzeit z_0" ersetzt werden (punktierte Linie), der zu dem gleichen Verlust in der Anheizzeit führt. Die Wärmeverluste der Leitung in der ganzen Betriebszeit, also vom Öffnen bis zum Schließen des Ventils, lassen sich dann nach den einfachen Formeln für den Dauerzustand der Wärmeströmung ermitteln, wenn man den Wärmeverlust des Dauerzustandes q nur während der um die Zeit z_0 verminderten Betriebszeit ansetzt: Die Zeit z_0 kann hinreichend genau für völlig ausgekühlte wie für unvollkommen ausgekühlte Leitung gleich angesetzt werden. Im letzteren Fall ist jedoch für die Zeit z_0 noch ein Anfangswärmeverlust q_0 einzuführen, der aus dem Verlust q proportional dem Verhältnis der zugehörigen Temperaturunterschiede zwischen Rohr und Luft $t_i - t_2$ (Dauerzustand) bzw. $t_{i_0} - t_2$ (Ende der Auskühlung = Beginn der Wiederanwärmung) entnommen werden kann. Es ist also:

$$q_0 = q \cdot \frac{t_{i_0} - t_2}{t_i - t_2}. \tag{57}$$

Die Ermittlung von $t_{i_0} - t_2$ vgl. den Abschnitt über die jährlichen Aufwendungen in Teil II, S. 217.

Sowohl die Messungen von Cammerer wie die Berechnungen von Scholz ergaben, daß z_0 auch als unabhängig vom Rohrdurchmesser angesehen werden kann. Dagegen ist die Dicke und Art der Dämmschicht wohl zu berücksichtigen. Das geschieht jedoch bequemer nach der Zahlentafel 77, S. 217, als nach dem von Scholz selbst gezeichneten allgemeinen Diagramm.

c) Berechnung des Auskühlvorganges von Rohren mit Wärmeschutzhüllen. O. Krischer ist bei der Berechnung des Auskühlvorganges von wärmegeschützten Rohrleitungen und von Wänden davon ausgegangen, daß bei Beginn der Auskühlung die Temperaturbewegung dort ihren Anfang nimmt, wo die Bedingungen des Systems geändert werden, also bei einer Rohrleitung am Rohre selbst, und daß erst mit der Zeit das ganze System ergriffen wird. Krischer macht die Annahme, daß, ehe das ganze System ergriffen ist, eine scharfe Grenze zwischen dem betroffenen und dem nicht betroffenen Teil besteht. Bis zu dem Zeitpunkt, in welchem die Temperaturbewegung an der Außenfläche des Systems angekommen ist, wird an die Umgebung die gleiche Wärmemenge abgegeben wie im Dauerzustand. Nur wird diese Wärme der in der Rohrleitung und in der Wärmeschutzhülle gespeicherten Wärme entzogen. Krischer nennt diese Zeit:

z_u = Umlagerungszeit der Temperaturverteilung.

An deren Ende setzt der „Zustand der freien Temperaturbewegung" ein, bei welcher die Geschwindigkeit des Vorgangs nur abhängig ist von Wärmestrom und Wärmeinhalt. Bezeichnet man:

q = Wärmeverlust im stationären Zustand,
w_{fr} = Wärmeinhalt des System bei Beginn der freien Strömung,
w_{st} = Wärmeinhalt des Systems im stationären Zustand,

dann ist:

$$\psi = w_{fr}/w_{st}, \tag{58}$$

$$z_u = \frac{(1-\psi)\cdot w_{st}}{q}. \tag{59}$$

Der gesuchte Wärmeverlust Q_a während der Auskühlzeit z_a kann damit nach der Formel berechnet werden:

$$Q_a = w_{st} \cdot \left(1 - \psi \cdot e^{-\frac{q}{\psi \cdot w_{st}} \cdot (z_a - z_u)}\right). \tag{60}$$

Darin bedeutet:

$e = 2{,}71828 \cdots$ = Basis der natürlichen Logarithmen.

Die vorstehende Formel läßt sich sowohl auf eine homogene Wandung wie auf ein System mit Kern, also beispielsweise auf die Dämmschicht einer Rohrleitung mit Flüssigkeit, anwenden. Ebenso wenn das System aus Schichten verschiedener Stoffe besteht. Bezüglich Einzelheiten der Berechnung muß hier auf die Arbeit von Krischer verwiesen werden. W. Esser hat ausführliche Berechnungstafeln zu den Formeln von Krischer aufgestellt und die Genauigkeit versuchsmäßig nachgeprüft. Er kommt dabei zu einer Übereinstimmung zwischen Rechnung und Versuch, die auch im ungünstigen Fall 3% erreicht.

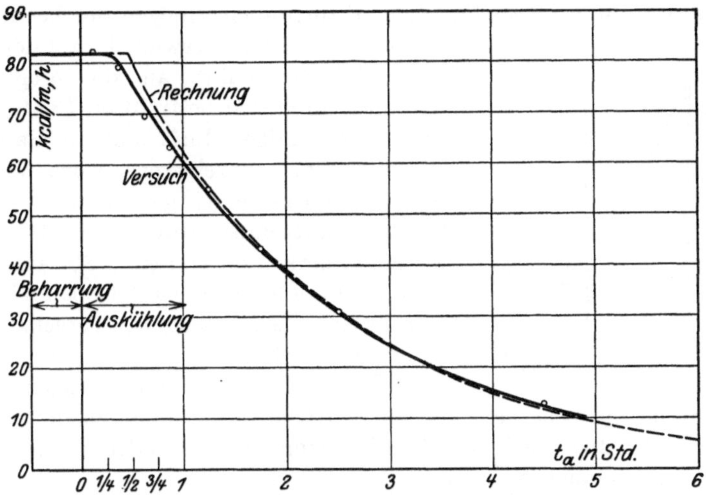

Abb. 18. Berechnete und gemessene Auskühlung eines Rohres.

Abb. 18 aus der Arbeit von Esser zeigt das Verhältnis des Versuchs zur Rechnung und läßt deutlich erkennen, daß nach Beginn der Auskühlung zunächst der Wärmeverlust an die Umgebung derselbe bleibt wie im Beharrungszustand, sowie daß die Rechnung von einem schroffen Einsetzen der freien Strömung ausgeht, während in Wirklichkeit ein allmählicher Übergang vorliegt.

Im Teil II, S. 218, sind Berechnungstafeln aufgestellt, die für die meisten Ermittlungen der Praxis genügen, ohne daß auf das große Tafelwerk von Esser zurückgegriffen werden muß.

6. Die Verluste gekühlter Räume durch Sonnenbestrahlung.

Durch sonnenbestrahlte Flächen können erhebliche Wärmemengen in einen Raum gelangen. Wie groß der Anteil der eindringenden Wärme bezogen auf die zugestrahlte bzw. von der Wandoberfläche absorbierte Sonnenenergie ist, läßt sich nur angenähert angeben, da es sich um eine ungelöste Aufgabe des nichtstationären Wärmestromes handelt.

Meßtechnische Untersuchungen liegen nur für Wohnverhältnisse vor[1]. Man kann aus letzteren folgern, daß bei der für Kühlräume häufigen Wärmedurchgangszahl von 0,3 kcal/m²h° etwa 2% der von der Oberfläche aufgenommenen Wärme in einen Kühlraum von 0° gelangen und man wird angesichts der Unsicherheit diesen Wert allgemein, auch für andere, nicht zu sehr abweichende Raumtemperaturen beibehalten.

Abb. 19 zeigt die durch Sonnenbestrahlung entstehenden Temperaturverhältnisse. Durch die Sonnenbestrahlung wird die Oberflächentemperatur einer Wand oder eines Daches stark erhöht. Sie ergibt sich aus der Strahlungsintensität, dem Absorptionsvermögen der bestrahlten Fläche, dem Strahlungswinkel und der zweifachen Wärmeabfuhr: an die umgebende Luft und durch den bestrahlten Bauteil hindurch. Bei ruhiger Luft und an Bauteilen geringen Wärmedurchgangs wurden Übertemperaturen bis zu 54° gemessen; es können also bei Lufttemperaturen von 30° Oberflächentemperaturen von etwa 80° auftreten.

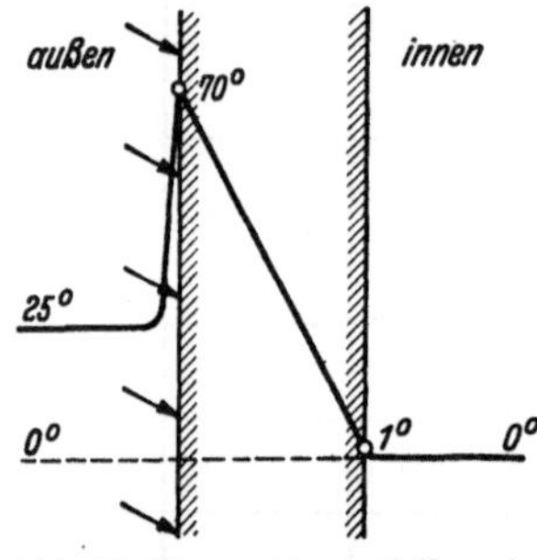

Abb. 19. Temperaturverteilung in einer besonnten Eiskellerwand.

Zahlentafel 3 gibt die auf Gebäudeflächen gestrahlten Wärmemengen, berechnet auf Grund von Strahlungsmessungen in Potsdam. Man kann diese Zahlen allgemein für Deutschland übernehmen, da die tatsächliche Sonnenscheindauer bei Berechnungen doch nach den Zufallswerten eines besonders ausgeprägten Jahres angenommen werden muß.

Auf dieser Grundlage[2] ist Zahlentafel 4 aufgestellt, die nach dem Gesagten allerdings nur Richtwerte zur Berücksichtigung der in Kühlräume eindringenden Sonnenwärme geben kann. Die Sonnenscheindauer ist nach dem besonders ungünstigen Jahr 1934 gewählt, unter der Annahme, daß die Besonnungszeiten sich stets um die Mittagsstunde verteilen. Die Absorptionszahl der Oberfläche ist zu 0,9 angesetzt, wie sie für dunkle Flächen (Dachpappe, verwitterte Ziegel, mit Karbolineum gestrichenes Holz usw.) zutrifft (vgl. Zahlentafel 15, S. 56). Weiße Anstriche (wie bei Kühlraumwagen) ermöglichen zwar Absorptionszahlen von etwa 0,40, doch hat man praktisch mit einer merklichen Erhöhung durch Ruß- und Staubablagerungen zu rechnen, die des näheren nicht bekannt ist.

---

[1] Einzelheiten über die Wirkung der Sonnenbestrahlung auf Bauten vgl. J. S. Cammerer: Die konstruktiven Grundlagen des Wärme- und Kälteschutzes im Wohn- und Industriebau. Berlin: Julius Springer 1936.

Im Wohnungsbau ist vor allem der durch Fenster eindringende Strahlungsanteil wichtig, der im Kühlraumbau in Fortfall kommt.

[2] Näheres vgl. J. S. Cammerer: Die Konstruktion und Berechnung von Jahreseiskellern. Z. ges. Kälteind. Bd. 43 (1936) S. 23.

Zahlentafel 3. Direkte Sonnenstrahlung auf Wände und Dächer in kcal/m²h *.

(Für 50° geogr. Breite nach Messungen der Strahlungsintensität für Potsdam errechnet von W. Christian [1]).

S-, SO-, O-, NO-, N-Richtung / S-, SW-, W-, NW-, N-Richtung			4^{00} / 20^{00}	5^{00} / 19^{00}	6^{00} / 18^{00}	7^{00} / 17^{00}	8^{00} / 16^{00}	9^{00} / 15^{00}	10^{00} / 14^{00}	11^{00} / 13^{00}	12^{00} / 12^{00}	13^{00} / 11^{00}	14^{00} / 10^{00}	15^{00} / 9^{00}	16^{00} / 8^{00}	17^{00} / 7^{00}	Tages-Summe kcal/m² Tag
Normal-Fläche		1. 1.						350	530	588	602						3640
		1. 5.		90	408	570	665	720	765	790	800						8780
		1. 7.	3	285	485	585	656	720	765	800	813						9430
		1. 9.			220	467	585	660	706	738	748						7410
Flachdach		1. 1.						41	112	159	175						800
		1. 5.		3	81	205	338	459	562	630	655						5220
		1. 7.		42	146	266	392	518	623	698	725						6070
		1. 9.			25	129	252	372	469	536	560						4090
S-Richtung	Wand	1. 1.						263	458	549	576						3160
		1. 5.					137	258	364	435	459						2860
		1. 7.					62	178	273	342	368						2060
		1. 9.				49	165	288	396	471	496						3220
	Schrägdach	1. 1.						167	326	412	440						2280
		1. 5.			37	178	361	526	669	763	797						5830
		1. 7.			56	207	370	537	675	775	811						6010
		1. 9.			10	136	301	466	605	700	734						5190
SO-, SW-Richtung	Wand	1. 1.						347	496	487	407	289	152				2220
		1. 5.		36	232	376	490	530	519	447	325	168					3120
		1. 7.		86	213	320	414	456	441	376	259	107					2640
		1. 9.			137	350	471	531	527	467	351	199	33				4780
	Schrägdach	1. 1.						208	345	382	356	282	173	18			1790
		1. 5.		21	186	366	537	662	746	769	729	630	489	315	145		5680
		1. 7.		79	233	390	545	676	760	792	758	658	511	345	176	24	5950
		1. 9.			90	287	454	587	669	698	661	564	423	259	99		4780
O-, W-Richtung	Wand	1. 1.						228	244	141							632
		1. 5.		84	394	532	555	491	370	198							2690
		1. 7.	2	250	441	517	523	468	352	191							2780
		1. 9.			218	446	502	463	350	189							2120
	Schrägdach	1. 1.						149	219	208	152	67					800
		1. 5.		45	271	443	570	643	672	644	567	447	302	151	15		4740
		1. 7.	1	162	348	488	600	682	715	700	628	509	363	215	78		5500
		1. 9.			130	355	469	553	581	559	468	370	232	90			3760

* In Großstädten besteht eine Herabminderung durch Lufttrübung von mindestens 30%, bei niedrigem Sonnenstand bis zu 85%.

[1] Cammerer, J. S. u. W. Christian: Die Wärmewirkung der Sonnenstrahlung auf Bauten. Wärmewirtsch. Nachr. Bd. 8 (1934) S. 116.

Zahlentafel 3. (Fortsetzung.)

S-, SO-, O-, NO-, N-Richtung			4^{00}	5^{00}	6^{00}	7^{00}	8^{00}	9^{00}	10^{00}	11^{00}	12^{00}	13^{00}	14^{00}	15^{00}	16^{00}	17^{00}	Tages-Summe
S-, SW-, W-, NW-, N-Richtung			20^{00}	19^{00}	18^{00}	17^{00}	16^{00}	15^{00}	14^{00}	13^{00}	12^{00}	11^{00}	10^{00}	9^{00}	8^{00}	7^{00}	$\frac{\text{kcal}}{\text{m}^2\ \text{Tag}}$
NO-, NW-Richtung	Wand	1. 1.															—
		1. 5.		82	326	376	297	166	4								1260
		1. 7.	3	269	411	412	326	206	55								1690
		1. 9.			171	281	238	124									802
	Schrägdach	1. 1.						23	14								37
		1. 5.		44	233	365	440	480	488	461	405	322	228	133	47		3650
		1. 7.	2	171	332	436	502	551	566	550	497	416	318	220	133	70[1]	4800
		1. 9.			107	252	337	384	489	365	310	231	142	56			2550
N-Richtung	Wand	1. 1.															—
		1. 5.		32	67												212
		1. 7.	2	130	140	46											675
		1. 9.			24												38
	Schrägdach	1. 1.															—
		1. 5.		19	104	178	224	268	305	328	338						3170
		1. 7.	1	101	197	254	308	358	402	433	444						4520
		1. 9.			33	88	136	178	208	229	237						1980

So gering der eindringende Strahlungsbetrag von 2% der von der Wand aufgenommenen Sonnenwärme auch erscheint, so bedeuten doch die Werte der Zahlentafel 4 eine erhebliche Erhöhung der Verluste sonnenbeschienener Flächen gegenüber beschatteten Flächen. Für einen Jahreseiskeller von 0° (Wärmedurchgangszahl 0,3) errechnet sich z. B. ein Zuschlag:

für ein Flachdach 55%
für eine Ost- bzw. Westwand 15%
für eine Südwand. 40%
für eine Südost- bzw. Südwestwand 30%
für eine Nordost- bzw. Nordwestwand 5%

Zahlentafel 4. Durch Kühlraumflächen eindringende Strahlungswärme der Sonne (1934)[2].

Fläche	Durch bestrahlte Flächen eindringende Sonnenwärme in kcal/m² Tag											
	I	II	III	IV	V	VI	VII	VIII	IX	X	XI	XII
Flachdach	6	9	26	68	84	85	85	64	56	24	6	2
Ost- (West-) Wand.	1	1	4	22	24	22	28	15	21	5	1	0
Süd-Wand	18	16	29	50	46	40	41	42	56	35	14	7
Südost- (Südwest-) Wand. .	13	11	21	46	39	32	36	32	42	24	9	5
Nordost- (Nordwest-) Wand.	0	0	0	4	7	7	10	2	3	0	0	0

[1] 20 um 18^{00}.

[2] Berechnet für Berlin-Dahlem. Die vorhandene Sonnenscheindauer wurde zu den Mittagsstunden angenommen.

Bei Anordnung von ventilierten Luftschichten unter der bestrahlten Fläche (oder bei Flächen unter entlüfteten Dachräumen) kann man diese Zuschläge halbieren, d. h. man kann annehmen, daß durch den Luftstrom unter der Oberfläche die Hälfte der eindringenden Wärme unschädlich abgeführt wird.

7. Berechnung der Speicherwärme.

Die Berechnung der im Dauerzustand in der Anlage aufgespeicherten Wärmemenge ist maßgebend für die Auskühlungsverluste nach Stilllegen des Betriebes, wie in Abschnitt 5 gezeigt wurde. Ist die Betriebspause genügend lang, so geht die ganze im Betrieb gespeicherte Wärmemenge an die Umgebung verloren und ist beim Anheizvorgang aufs neue aufzubringen. Sie stellt daher den Höchstwert der möglichen Wärmeverluste in den Betriebspausen dar, vorausgesetzt natürlich, daß während der Pause nicht etwa auch noch eine ungewollte neue Wärmezufuhr erfolgt (vgl. S. 34).

Bei den nachstehenden Berechnungsformeln der im Dauerzustand aufgespeicherten Wärmemengen kann von der Speicherwärme des Wärmeträgers abgesehen werden, da sie bei Gasen und Dämpfen unerheblich ist, bei Wasser leicht in bekannter Weise zu ermitteln ist[1].

a) In einer ebenen oder schwach gekrümmten Wand aufgespeicherte Wärme. In der Behälterwand gespeicherte Wärme. Für Behälterwandungen kommen fast ausschließlich Metalle in Frage, bei denen die Temperatur in allen Teilen der Wandungen als gleich betrachtet werden kann. Die in 1 m² aufgespeicherte Wärme schreibt sich daher:

$$W_w = R_w \cdot c_w \cdot s_w \cdot (t_i - t_2). \tag{61}$$

Darin ist:

W_w = die pro 1 m² in der Wandung aufgespeicherte Wärme in kcal/m²,

R_w = das Raumgewicht des Wandungsmaterials in kg/m³,

c_w = seine mittlere spezifische Wärme zwischen den Temperaturen t_i und t_2 in kcal/kg °,

s_w = die Dicke der Behälterwand in m,

t_i = die Temperatur der Behälterwand (angenähert gleich der Temperatur t_1 des Wärmeträgers) in °C,

t_2 = die Lufttemperatur in °C.

Im Wärmeschutz gespeicherte Wärme. Das Temperaturgefälle in einer ebenen Dämmschicht ist nach S. 20 linear, und die in

[1] Eine erhebliche Rolle spielt die im Wasser gespeicherte Wärme vor allem bei der Frage des Einfrierens von Wasserleitungen im Winter. (Vgl. Abschn. 46, S. 239). Das Volumen eines Rohres kann aus Zahlentafel 89, S. 236 entnommen werden.

1 m² aufgespeicherte Wärme berechnet sich daher wie folgt:

$$W = R \cdot c \cdot s \cdot \left(\frac{t_i + t_a}{2} - t_2\right). \tag{62}$$

Darin ist:

W = die je 1 m² Fläche in der Dämmschicht aufgespeicherte Wärme in kcal/m²,

R = das Raumgewicht der Dämmschicht in kg/m³,

c = deren mittlere spezifische Wärme zwischen den Temperaturen t_i bzw. t_a und t_2 in kcal/kg°,

s = die Stärke der Dämmschicht in m,

t_a = die Oberflächentemperatur auf der Dämmschicht in °C.

Dabei ist eine Dämmschicht aus einem homogenen Material vorausgesetzt. Besteht der Wärmeschutz aus mehreren, im Sinne des Wärmestromes hintereinander liegenden Schichten, so sind nach Abschnitt 4e, S. 20, die Temperaturen auf den beiden Oberflächen der einzelnen Schichten zu berechnen und für jede Schicht ist dann vorstehende Gleichung (62) anzuwenden.

Gleichungen (61) und (62) lassen sich natürlich auch mit genügender Genauigkeit auf schwach gekrümmte Objekte (zylindrische Behälter, Kessel usw. mit großen Durchmessern) anwenden.

b) In einer zylindrischen Wand aufgespeicherte Wärme. In der Rohrwand gespeicherte Wärme. Die Speicherwärme je 1 lfd. m Rohr schreibt sich in bekannter Weise

$$w_w = R_w \cdot c_w \cdot \frac{\pi}{4}\left(d_i^2 - d_i'^2\right) \cdot (t_i - t_2). \tag{63}$$

Darin bedeutet außer den schon eingeführten Bezeichnungen:

w_w = die im Rohr je 1 m Länge aufgespeicherte Wärme in kcal/m,

d_i' = der lichte Durchmesser des Rohres in m,

d_i = der äußere Durchmesser des Rohres = dem inneren Durchmesser der Dämmschicht in m.

In der Rohrdämmung gespeicherte Wärme. Im allgemeinen pflegt man die in einer Rohrdämmschicht gespeicherte Wärme angenähert in der Weise zu berechnen, daß man die mittlere Temperatur der Dämmschicht gleich dem arithmetischen Mittel der beiden Oberflächentemperaturen für den ganzen Querschnitt einführt. Man erhält hierdurch jedoch nicht unwesentlich zu große Werte, da die Zonen, welche eine niedrigere Temperatur als die mittlere Temperatur besitzen, wesentlich größere Massen umfassen, als die Zonen mit höheren Temperaturen.

Die genaue Formel der in einer zylindrischen Dämmschicht gespeicherten Wärme lautet:

$$w = R \cdot c \cdot \left[\pi \cdot (r_a^2 - r_i^2) \cdot (t_a - t_2) + \pi \left(\frac{r_a^2 - r_i^2}{2 \cdot \ln \frac{r_a}{r_i}} - r_i^2\right) \cdot (t_i - t_a)\right]. \tag{64}$$

Darin ist außer den schon eingeführten Bezeichnungen:

$2 \cdot r_i$ = der äußere Rohrdurchmesser in m,

$2 \cdot r_a$ = der äußere Durchmesser der Dämmschicht in m,

ln = der natürliche Logarithmus.

Dabei kann man genügend genau die Wärmeleitzahlen für die mittlere Temperatur in der Dämmschicht einführen, und zwar gemäß dem arithmetischen Mittel der inneren und äußeren Oberflächentemperatur, auf das sich ja auch die experimentellen Feststellungen der wissenschaftlichen Institute zu beziehen pflegen.

Erwähnenswert ist, daß zwar meist, aber nicht immer, die unmittelbar an das Rohr grenzende Zone das Maximum der aufgespeicherten Wärme besitzt. Abb. 20 (Rohrdurchmesser 50 mm) gibt ein Beispiel dafür, daß sich dieses Maximum je nach Rohrdurchmesser und Dämmstärke auch in weiter außenliegenden Zonen einstellen kann[1]. Die rechnerische Ermittlung des Maximums läßt sich in bekannter Weise aus Gleichung (34), S. 21, für die Temperaturverteilung in einer zylindrischen Dämmschicht ableiten, wobei sich ergibt:

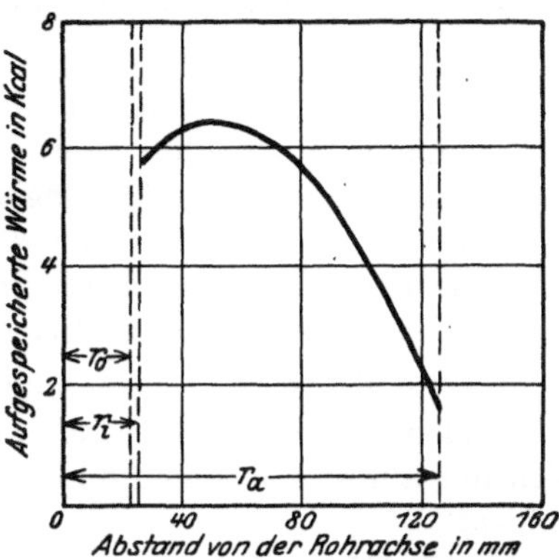

Abb. 20. Verteilung der Speicherwärme über den Querschnitt einer Dämmschicht auf einem Rohr.

$$\ln y = \frac{t_a - t_2}{t_i - t_a} \cdot \ln \frac{r_a}{r_i} + \ln r_a - 1\,. \tag{65}$$

Hierin bezeichnet:

y = den Abstand des Maximums von der Rohrachse in m.

B. Die zahlenmäßigen Werte der wichtigsten wärmeschutztechnischen Größen.

8. Die Wärmeübergangszahl.

Es ist bekannt, daß die heutigen Zahlenwerte der Wärmeübergangszahlen von Gasen, Dämpfen und Flüssigkeiten noch ergänzungsbedürftig sind. Da die Wärmeübergangszahlen für wärmeschutztechnische Aufgaben jedoch eine viel geringere Rolle spielen als in Industriezweigen, die eine möglichste Steigerung des Wärmeaustausches zum Ziele haben, so genügen im nachstehenden vereinfachte Angaben[2]. Denn selbst

[1] Der Ordinatenmaßstab der Abb. 20 bezieht sich auf Schichten von je 1 mm Stärke.

[2] Für Sonderfälle kann auf bekannte Spezialwerke verwiesen werden; z. B. M. ten Bosch: Die Wärmeübertragung. Berlin: Julius Springer 1936. Gröber, H. u. S. Erk: Die Grundgesetze der Wärmeübertragung. Berlin: Julius Springer 1936. Schack, A.: Die industrielle Wärmeübertragung. Düsseldorf: Verlag Stahleisen 1929.

beim Wärmeübergang an der Oberfläche einer Dämmschicht, der nie ganz vernachlässigt werden darf, bedeutet eine Unsicherheit von $\pm 20\%$ nur ungefähr 2% Fehlermöglichkeit am Wärmeverlust. Trotzdem ist für den Praktiker ein guter Einblick in die physikalischen Gesetze wichtig, weil es eine Reihe von Aufgaben gibt, bei denen eine genauere Kenntnis des Wärmeübergangs zwischen einer heißen oder kalten Fläche und der umgebenden Luft erforderlich ist.

Die Wärmeübergangszahl hängt von folgenden Umständen ab:

Art und Zustand der tropfbaren oder gasförmigen Flüssigkeit,
Strömungsgeschwindigkeit dieser Flüssigkeit,
Temperatur der Flüssigkeit,
Temperatur der Begrenzungswand,
Formen und Abmessungen der Wandfläche,
Lage der Wandfläche zum Schwerefeld der Erde,
Beschaffenheit der Wandfläche.

Die für die Wärmeübertragung maßgebenden Strömungsvorgänge in Flüssigkeiten und Gasen, die an feste Körper grenzen, beschränken sich nur auf eine ziemlich dünne Schicht, die „hydrodynamische Grenzschicht“.

Da die Flüssigkeit oder das Gas an der Wand haftet, so geht die Wärme zwischen dieser Schicht und dem festen Körper wie zwischen zwei festen Körpern durch Wärmeleitung vor sich. Ein Temperatursprung findet deshalb nicht statt. Innerhalb der Flüssigkeit ist zu unterscheiden die Wärmeleitung und die Konvektion. Bei laminaren Strömungen verläuft diese geordnet entlang der Grenzschicht. Bei turbulenten Strömungen findet eine erhöhte Wärmeübertragung durch die auftretenden Bewegungsvorgänge statt.

Der genaue Temperaturverlauf in Flüssigkeiten oder Gasen in der Nähe fester Oberflächen ist also sehr verwickelt, weshalb man die Wärmeübergangszahl auf die Temperatur in genügender Entfernung von der Fläche bezieht, wo sie sich nicht mehr ändert. Aus diesem Grunde ist die Wärmeübergangszahl von den zahlreichen vorgenannten Einflüssen abhängig.

Stehen sich zwei feste Körper gegenüber, die durch ein Gas getrennt sind, so kommt zum Wärmeübergang durch Leitung und Konvektion die Wärmeübertragung durch Strahlung zwischen diesen Körpern (z. B. Strahlung eines Rohres an die Wände des umgebenden Raumes). Der Strahlungsaustauschz wischen festen Flächen und den Flüssigkeiten oder Gasen selbst (z. B. zwischen der inneren Rohroberfläche und einem hindurchströmenden Dampf) ist vernachlässigbar infolge des geringen Temperaturunterschiedes gegenüber der Wandung. Nur bei Gasen und Dämpfen sehr hoher Temperatur (über 500° C) und großer Schichtstärke (z. B. in Öfen) kann diese Strahlung eine größere Rolle spielen, doch kann man dann stets für wärmeschutztechnische Berechnungen $\alpha = \infty$, d. h. die Temperatur des Wärmeträgers gleich der Temperatur der inneren Wandfläche setzen.

Der Einfluß der Wärmeleitung und der Konvektion auf den Wärmeübergang wird rechnerisch stets in eine einzige Größe zusammengefaßt. Dagegen ist es oft notwendig, den Einfluß der Strahlung eines Körpers auf andere feste Flächen durch die Flüssigkeit hindurch getrennt zu behandeln. Man zerlegt dann die Gesamtwärmeübergangszahl α in die beiden Teilwärmeübergangszahlen:

$$\alpha = \alpha_0 + \alpha_s, \tag{66}$$

worin

α_0 = den Wärmeübergang durch Leitung und Konvektion,
α_s = den Wärmeübergang durch Strahlung bedeutet.

Tritt an einer Fläche Schwitzwasser oder Reifbildung auf, was im allgemeinen ja verhindert werden muß, so kommt noch ein weiterer Wärmeübergang durch Stoffübertragung in Frage, der ebenfalls in Form einer Wärmeübergangszahl — α_D — gebracht werden kann. (Abschnitt 10, S. 51.)

Die Gesamtwärmeübergangszahl wird in diesem Fall:

$$\alpha = \alpha_0 + \alpha_S + \alpha_D. \tag{66a}$$

9. Der Wärmeübergang durch Leitung und Konvektion.

Nach dem vorstehend Gesagten bedarf die Strahlung zwischen der Wand eines Behälters oder Rohres und den darin befindlichen Flüssigkeiten, Gasen oder Dämpfen keine Berücksichtigung. Die in den folgenden Zahlentafeln 5 bis 9 angegebenen Wärmeübergangszahlen α_0 für Leitung und Konvektion können also gleichzeitig als Gesamtwärmeübergangszahlen α angesehen werden. Anders die α_0-Werte der Zahlentafeln 10 bis 12, die den Wärmeübergang von einer festen Oberfläche an die umgebende Luft behandeln, bei der immer Strahlung an Raumwände oder gegen den Himmel in Betracht kommen (Gesamtwärmeübergangszahlen hiefür vgl. S. 63).

Bei einer Strömung in rechteckigen Kanälen, kreisringförmigen Querschnitten und bei Strömung längs Rohrbündeln kann man nach Nusselt die nachstehend für Kreisrohre angegebenen Wärmeübergangszahlen benutzen, wenn man den gleichwertigen Kreisrohrdurchmesser d_k errechnet aus:

$$d_k = \frac{4 \cdot F}{U}. \tag{67}$$

Darin ist:

F = die Querschnittsfläche in m^2,
U = derjenige Teil des Querschnittsumfanges in m, durch den der Wärmeaustausch stattfindet.

Nach der Art der Wärmeträger unterschieden ergibt sich folgende Übersicht über die Wärmeübergangszahlen:

Wasser.

Zahlentafel 5. Wasser in Behältern und Kesseln.

Zustand des Wassers	Wärmeübergangszahl α_0 in kcal/m² h°
Nicht siedend, nicht gerührt	500—3000
Nicht siedend, mit Rührwerk bewegt	2000—4000
Siedend	2000—6000

Dabei gelten um so größere Werte, je ungehinderter sich die Strömung durch die Form der Wandungen ausbilden kann, je höher die Temperatur des Wassers und je größer der Temperaturunterschied gegenüber der Wandung ist. Jakob und Fritz (Forschung 1931, S. 435) fanden für siedendes Wasser bei hochglanzverchromten Flächen bei 250 bis 43000 kcal/m²h Belastung Wärmeübergangszahlen von 650 bis 4000 kcal/m²h°, bei rauhen Oberflächen vorübergehend bis 14000 kcal/m²h°.

Strömendes Wasser in Rohrleitungen (nach Stender).

Zahlentafel 6.

Lichter Rohrdurchmesser in m	Strömungsgeschwindigkeit in m/sec	Wärmeübergangszahl α_0 in kcal/m² h° bei einer Wassertemperatur von 0	50	100	150° C
0,02	1	2850	5150	7150	8900
	5	11500	20800	29000	36000
0,10	1	2300	1200	5850	7250
	5	9300	17000	23500	29500

Die Angaben nebenstehender Zahlentafel für 100 und 150° gelten unter Voraussetzung eines Druckes, der das Sieden verhindert.

Die Wärmeübergangszahl von Sole ist je nach deren Art etwa um 25% kleiner als bei Wasser. Bei Öl ist die Wärmeübergangszahl für turbulente Strömung nur etwa 4 bis 5% derjenigen von Wasser.

Kondensierender Wasserdampf. Die Wärmeübergangszahl bei kondensierendem Sattdampf ist um so größer, je größer der Temperaturunterschied zwischen Dampf und Wand und die Strömungsgeschwindigkeit ist. Bei senkrechter Wandung ist die Wärmeübergangszahl größer als bei horizontaler. Verringernd wirkt Luftgehalt und ungenügende Entfernung des Kondensats. Zu unterscheiden ist Kondensation in Form einer zusammenhängenden Haut oder in Form einzelner Tropfen. Bei technisch rauhen Oberflächen tritt meist Filmkondensation mit einer Wärmeübergangszahl von rd. 6000 kcal/m²h° ein. Bei Tropfenkondensation (saubere, glatte Flächen) werden Zahlen bis 40000 kcal/m²h° erreicht. Für wärmeschutztechnische Überlegungen genügt die Annahme eines allgemeinen Durchschnittswertes

$$\alpha = 10000 \text{ kcal/m}^2\text{h}^\circ,$$

der auch für kondensierenden Heißdampf zugrunde gelegt werden kann.

Überhitzter Dampf in Rohrleitungen. Die Wärmeübergangszahl von überhitztem Dampf in Rohren ist zuweilen so niedrig, daß sie für genaue Rechnungen auch bei gedämmten Anlagen berücksichtigt werden muß. Sie ergibt sich durch Multiplikation der Werte aus Zahlentafel 7 A, B und C. Die Werte gelten nur, so lange keine Kondensation eintritt, d. h. die Wandtemperatur über der Sattdampftemperatur liegt.

Zahlentafel 7 (berechnet nach der Hütte).

A. Wärmeübergangszahl von überhitztem Wasserdampf für eine Rohrlänge und einen Rohrdurchmesser von 1 m.

Dampfdruck in ata	Strömungsgeschwindigkeit in m/sec	Wärmeübergangszahl α_0 bei einer mittleren Temperatur[1] zwischen Wand und Dampf von			
		150	200	300	400° C
1	5	12,4	11,5	10,4	9,8
	10	21,5	19,9	18,0	16,9
	25	44,3	41,0	37,0	34,9
	50	76	61	64	60
3	5	31,6	28,3	25,2	23,5
	10	55	49	43,5	40,6
	25	113	101	90	84
	50	194	174	155	144
5	5		43,9	37,9	35,5
	10		76	66	61
	25		157	135	126
	50		270	234	218
10	5		86	69	62
	10		148	119	108
	25		303	245	222
	50		528	442	384
20	5			129	110
	10			223	191
	25			460	394
	50			795	680

B. Multiplikationsfaktor zur Berücksichtigung der Rohrlänge.

Rohrlänge:	1	3	8	25	90 m
Multiplikationsfaktor:	1,0	0,95	0,9	0,85	0,8

C. Multiplikationsfaktor zur Berücksichtigung des Rohrdurchmessers.

Rohrdurchmesser:	0,025	0,04	0,05	0,07	0,10	0,15	0,20	0,30	0,40 m
Multiplikationsfaktor:	1,81	1,67	1,62	1,53	1,45	1,36	1,29	1,22	1,16

Luft, Gase, Rauchgase in Rohrleitungen (nach Nusselt). Auch hier können die Werte zuweilen eine genauere Berücksichtigung

[1] Bei gedämmten Rohren kann genügend genau die Dampftemperatur selbst eingesetzt werden.

bei Wärmeverlustberechnungen erfordern. Sie finden sich wieder aus der Multiplikation von 3 Faktoren.

Zahlentafel 8 (berechnet nach der Hütte).

A. Wärmeübergangszahl von Luft und Rauchgasen für eine Rohrlänge und einen Rohrdurchmesser von 1 m.

Produkt aus Geschwindigkeit × Druck	Wärmeübergangszahl α_0 bei einer mittleren Temperatur[1] zwischen Wand und Gas von						
	100	200	300	400	500	600	700° C
5	12,0	10,5	9,4	8,5	7,9	7,5	7,0
10	20,8	18,1	16,4	14,7	13,6	12,9	12,2
25	42,8	37,4	33,4	30,4	28,1	25,6	25,0
50	74	65	58	52	49	46	43
100	128	112	100	91	84	80	75
250	263	229	208	186	172	163	154
500	455	398	356	322	299	283	267
1000	790	690	617	560	518	490	462

B. Multiplikationsfaktor zur Berücksichtigung der Rohrlänge und

C. Multiplikationsfaktor zur Berücksichtigung des Rohrdurchmessers wie bei Zahlentafel 7.

Zahlentafel 7 und 8 geben den Mittelwert über die ganze Rohrlänge.

Die Wärmeübergangszahl anderer Gase erhält man aus der für Luft durch Multiplikation mit den Faktoren:

bei Wasserstoff 1,50
Kohlenoxyd 0,99
Kohlendioxyd 1,12
Schweflige Säure 1,00
Ammoniak 1,25

Luft, senkrecht zu einem Zylinder (Rohrleitung) geblasen (nach Nusselt[2]).

Zahlentafel 9.

Äußerer Zylinderdurchmesser in m	Wärmeübergangszahl α_0 bei einer Strömungsgeschwindigkeit in m/sec				
	1	2	5	10	25
0,026	17,9	24,5	39,8	63	115
0,052	11,9	17,4	31,0	50	93
0,076	9,9	15,0	27,3	43,8	83
0,102	8,8	13,5	24,8	40,2	76
0,152	7,5	11,7	21,9	35,5	68
0,203	6,8	10,7	20,1	32,6	63
0,300	5,7	9,1	17,3	28,1	55
0,500	4,9	7,9	14,9	24,3	47,4
0,700	4,3	7,1	13,3	21,9	42,7

[1] Bei isolierten Rohren kann genügend genau die Gastemperatur eingesetzt werden.

[2] Nusselt, W.: Gesundh.-Ing. Bd. 43 (1922) S. 97.

Vorstehende Werte gelten genau für eine Oberflächentemperatur von 100°, einen Druck von 1,03 ata und eine Lufttemperatur von 20°, können aber für unsere Zwecke als von der Temperatur unabhängige Mittelwerte betrachtet werden.

Diese Zahlen sind vor allem für die Berechnung des Wärmeüberganges von Rohrleitungen im Freien bei Windanfall wichtig, wobei man in der Regel zwei Hauptwerte der Strömungsgeschwindigkeit hervorhebt:

mittlere jährliche Luftgeschwindigkeit . . . . 5 m/sec
Sturm . . . . 25 m/sec

Die Annahme einer mittleren jährlichen Windgeschwindigkeit von 5 m/sec senkrecht zur Rohrachse führt zu etwas reichlichen Werten mit Rücksicht auf die meist andere Strömungsrichtung und einen gewissen Windschutz durch Gebäude usw. Man kann jedoch bei der Berechnung des mittleren jährlichen Wärmeverlustes im Freien hierbei bleiben unter der Voraussetzung, dadurch gleichzeitig den Einfluß von Niederschlägen (Regen, Schnee) miteinzuschließen, der auf den Jahresdurchschnitt bezogen nur gering ist. Zahlenbeispiel vgl. Abschn. 33, S. 171.

Luft, an einer senkrechten ebenen Wand vorbei geblasen (nach Jürges[1]). Die Werte sind für eine Wandtemperatur von 50°, eine Lufttemperatur von 20° und einen Druck von 1 ata gefunden. Es gilt jedoch das vorstehend Gesagte. Bei Geschwindigkeiten von 5 m/sec ab dürfte auch die Lage der Platte nurmehr von geringem Einfluß sein.

Zahlentafel 10.

Strömungsgeschwindigkeit in m/sec	Wärmeübergangszahl α_0 bei		Strömungsgeschwindigkeit in m/sec	Wärmeübergangszahl α_0 bei	
	gewalzter Oberfläche (glatt, lackiert)	rauher Oberfläche		gewalzter Oberfläche (glatt, lackiert)	rauher Oberfläche
0	4,6	5,0	5	21,8	23,1
0,5	7,0	7,5	10	37,0	39,5
1	8,7	9,2	25	76	80,7
2	11,9	12,7			

A. Frank[2] fand bei Messungen im Freien für windparallele Lage ebener Flächen etwas niedrigere Werte, z. B. bei 0 m/sec Geschwindigkeit 3,3, bei 1 m/sec 6,8, bei 2 m/sec 10,0 und bei 5 m/sec 18,1 kcal/m²h°.

Wärmeübergang an die ruhende Luft der Umgebung (freie Strömung).

Für den Wärmeübergang von einer Fläche an ruhende Luft seien außer den Zahlentafeln 11 und 12 die gebräuchlichsten Formeln angegeben, da bei manchen Berechnungen zweckmäßig auf diese zurückgegriffen wird:

---

[1] Jürges, W.: Beih. z. Gesundh.-Ing. 1924 Reihe 1 Heft 19.

[2] Frank, A.: Die Wärmeabgabe ebener Flächen an freie Luft. Gesundh.-Ing. Bd. 52 (1929) S. 541.

Zahlentafel 11. Horizontale Rohrleitung. (Interpoliert zwischen den Versuchen von K. Jodlbauer, W. Koch und R. H. Heilmann).

Übertemperatur des Rohres über Lufttemperatur in °C	Wärmeübergangszahl α_0 bei ruhiger Luft in kcal/m² h° bei einem äußeren Durchmesser von					
	0,02	0,05	0,1	0,2	0,3	0,5
20	5,6	4,9	4,4	4,1	4,0	3,9
40	6,9	5,6	4,9	4,6	4,5	4,4
60	7,4	6,0	5,2	4,8	4,7	4,6
80	7,9	6,3	5,4	5,0	4,9	4,8
100	8,4	6,7	5,6	5,2	5,1	5,0
150	9,3	7,4	6,4	5,8	5,7	5,6
200	10,0	8,0	7,1	6,5	6,4	6,3
250	11,3	8,8	8,0	7,4	7,2	7,1
300	12,5	9,7	8,9	8,3	8,1	7,9
350	13,3	10,6	9,8	9,2	8,9	8,7
400	14,0	11,4	10,6	10,1	9,8	9,6

Zahlentafel 12. Senkrechte Rohrleitung, senkrechte Wand, horizontale Wand. (Nach Nusselt.)

Übertemperatur über Lufttemperatur in °C	Wärmeübergangszahl α_0 bei ruhiger Luft in kcal/m² h° bei		Übertemperatur über Lufttemperatur in °C	Wärmeübergangszahl α_0 bei ruhiger Luft in kcal/m² h° bei	
	senkrechter Rohrleitung, senkrechter Wand	horizontaler Wand		senkrechter Rohrleitung, senkrechter Wand	horizontaler Wand
5	3,4	4,2	150	7,7	9,8
10	3,9	5,0	200	8,3	10,5
20	4,7	5,9	250	8,8	11,1
40	5,5	7,0	300	9,2	11,7
60	6,1	7,8	350	9,5	12,1
80	6,5	8,4	400	9,8	12,5
100	7,0	8,9	450	10,1	12,9
			500	10,4	13,2

Es bezeichnet wieder:

T_a bzw. t_a = die Temperatur der wärmeabgebenden Fläche absolut °K (= 273° + °C) bzw. °C,

T_2 bzw. t_2 = die Temperatur der umgebenden Luft absolut (°K) bzw. °C.

d = Durchmesser eines Zylinders in m,

b = Barometerstand in mm Hg.

Waagrechtes Rohr (nach K. Jodlbauer[1]):

$$\alpha_0 = 4{,}15 \cdot \sqrt[4]{\frac{T_a - T_2}{T_2 \cdot d}} \cdot \sqrt{\frac{b}{760}}. \qquad (68)$$

[1] Jodlbauer, K.: Das Temperatur- und Geschwindigkeitsfeld um ein geheiztes Rohr bei freier Konvektion. Forschg. Ing.-Wes. Bd. 4 (1933) S. 157. Die Formel von Jodlbauer ist einfacher als jene von W. Koch, die in Zahlentafel 11 mitbenutzt ist.

Senkrechte Wand, senkrechte Rohrleitung:

$$\alpha_0 = 2{,}2 \sqrt[4]{t_a - t_2}. \tag{69}$$

Waagrechte Wand:

$$\alpha_0 = 2{,}8 \sqrt[4]{t_a - t_2}. \tag{70}$$

10. Wärmeübergang bei Bildung von Schwitzwasser und Reif.

Unterschreitet eine kalte Fläche den Taupunkt der Luft, so wird an sie Wärme nicht nur durch Leitung, Berührung und Strahlung, sondern auch durch Kondensieren von Wasserdampf übertragen. Diese zusätzliche Wärmeübertragung durch Diffusion des Wasserdampfes läßt sich nach E. Schmidt[1] und W. Piening[2] unabhängig von der Körperform[3] aus der Wärmeübergangszahl α_0 für Leitung und Berührung (entsprechend den Verhältnissen in genügend trockener Luft) mit Hilfe der dimensionslosen Größe D ermitteln, die für Rohre und ebene Flächen gleicherweise gilt.

$$D = \frac{\alpha_0 + \alpha_D}{\alpha_0} = \sqrt[4]{\frac{1 - \frac{T_a}{T_2} \cdot \frac{m_0}{m_w}}{1 - \frac{T_a}{T_2}}} \cdot \left[1 + r \cdot \frac{k}{\lambda} \sqrt[4]{\frac{a}{k}} \cdot \frac{(c_0 - c_w)}{(T_2 - T_a)}\right]. \tag{71}$$

Darin bedeutet:

α_D = die Wärmeübergangszahl durch Diffusion des Wasserdampfes,
α_0 = die Wärmeübergangszahl durch Leitung und Berührung,
T_a = die absolute Temperatur der Oberfläche,
T_2 = die absolute Lufttemperatur,
m_0 = das Molekulargewicht der feuchten Luft in weiter Entfernung von der Fläche,
m_w = das Molekulargewicht der feuchten Luft an der Oberfläche,
r = die Verdampfungswärme des Wassers,
k = die Diffusionszahl des Wasserdampfes in Luft,
λ = die Wärmeleitzahl der feuchten Luft,
a = die Temperaturleitfähigkeit der feuchten Luft,
c_0 = die Konzentration des Wasserdampfes in der Luft in kg/m³,
c_w = die Konzentration des Wasserdampfes an der Oberfläche.

---

[1] Schmidt, E.: Verdunstung und Wärmeübergang. Gesundh.-Ing. Bd. 52 (1929) S. 526.

[2] Piening, W.: Die Wärmeübertragung an kalte Flächen bei freier Strömung. Beih. z. Gesundh.-Ing. Reihe 1 (1933) Nr. 31.

[3] Piening, W.: Der Wärmeübergang an Rohren bei freier Strömung unter Berücksichtigung der Bildung von Schwitzwasser und Reif. Gesundh.-Ing. Bd. 56 (1933) S. 493.

Piening hat ein Diagramm aufgestellt, das die Größe D und somit α_D sowie die Gesamtwärmeübergangszahl α nach den Gleichungen (71) bzw. (66a) ermitteln läßt.

Liegt die Temperatur der kalten Fläche unter 0°, so scheidet sich das Wasser in Reifform aus, wobei statt der Verdampfungswärme r die Sublimationswärme $r + s$ (in der Nähe von 0° ist $r + s$ rd. 675 kcal/kg und temperaturunabhängig) frei wird. In Gleichung (71) ist dann D durch D' nach der Beziehung zu ersetzen:

$$\frac{D'-1}{D-1} = \frac{r+s}{r}. \tag{72}$$

Dabei ist zur Vereinfachung der Ausdruck der vierten Wurzel in Gleichung (71) $= 1$ gesetzt.

Die Wärmeübergangszahl bei Reifbildung bleibt aber zeitlich nicht konstant. Sobald die Reifschicht eine merkliche Dämmwirkung ausübt, nimmt der Temperaturunterschied zwischen Oberfläche und Luft und α_0 und D, also auch α_D ab. Wird die Reifschicht so stark, daß die Oberflächentemperatur $= 0$ wird, so scheidet sich nur noch Schwitzwasser ab, das die Reifschicht durchtränkt und vereist. Die sich auf diese Weise herausbildende Eisschale ändert sich schließlich nicht mehr. Sie besitzt auf der unteren Seite einen Wulst, der aber nicht vom Gefrieren von Wassertropfen herrührt, sondern eine Folge der Abhängigkeit der Wärmeübergangszahl längs des Umfangs ist.

Zahlentafel 13 gibt einen Überblick für die Verhältnisse einer Schwitzwasserbildung, bzw. einer Verdunstung an einer Wand in einem Raum von 20° C.

Für D können 5 Fälle eintreten:

$D > 1$, Schwitzwasser fällt aus,

$D = 1$, es findet kein Feuchtigkeitsaustausch statt,

$D < 1 > 0$, durch Verdunsten wird α_D negativ, die Gesamtwärmeübergangszahl wird also gegenüber einem Wärmeaustausch ohne Feuchtigkeitsübertragung verkleinert, doch kann die Verdunstungswärme noch aus der Wärmeübertragung durch die Raumluft gedeckt werden.

$D = 0$, Kühlgrenze, für die alle von der Luft an die Wand übergehende Wärme zur Verdunstung von Feuchtigkeit verbraucht wird,

$D < 0$, also negativ, die Wärme zur Verdunstung der Wassermenge kann von der Raumluft nicht mehr übertragen werden, d. h. die zur Verdunstung der Wassermenge erforderliche innere Wandtemperatur müßte durch eine zusätzliche Beheizung aufgebracht werden. Es wird von der Wand Wärme an die Luft abgegeben.

Zahlentafel 13. Verhältniszahl $D = \frac{\alpha_0 + \alpha_D}{\alpha_0}$ bei 20° C Raumtemperatur.

(Berechnet nach W. Piening.)

Wand-temperatur °C	D bei einer relativen Luftfeuchtigkeit in % von						
	40	50	60	70	80	90	100
0	1,25	1,45	1,65	1,7	2,0	2,2	2,4
5	1,05	1,3	1,5	1,8	2,0	2,3	2,5
10	0,45	0,8	1,2	1,55	1,95	2,3	2,7
12,5	− 0,2	+ 0,3	0,8	1,3	1,8	2,3	2,8
15	− 1,6	− 0,9	− 0,1	+ 0,7	1,4	2,15	2,9
17,5	− 6,0	− 4,4	− 2,9	− 1,35	+ 0,1	1,45	3,0

Aus der Teilwärmeübergangszahl α_D läßt sich die niedergeschlagene bzw. verdunstende Wassermenge nach der Gleichung bestimmen:

$$G = \frac{\alpha_D \cdot (t_1 - t_i)}{r}, \tag{73}$$

worin r die Verdampfungswärme des Wassers nach Zahlentafel 79, S. 225, ist.

11. Die Wärmeübertragung durch Strahlung.

a) Allgemeine Gesetzmäßigkeiten der Wärmestrahlung. Ein fester Körper beliebiger Temperatur sendet in der Regel Strahlen aller Wellenlängen aus, jedoch bei den verschiedenen Wellenlängen mit verschiedener Intensität. Nur ein geringer Bruchteil der insgesamt ausgestrahlten Energie wird bei Temperaturen über 500° als Licht sichtbar, der Hauptteil fällt fast stets in das Gebiet der infraroten oder Wärmestrahlen, die unsichtbar sind.

Als „absolut schwarzer Körper" wird ein Körper bezeichnet, der sämtliche von anderen Körpern auf ihn treffenden Strahlen absorbiert und nichts reflektiert (selbst jedoch auch strahlen kann).

Bezeichnet man mit

E das Emissionsvermögen,

das ist die von der Flächeneinheit des Körpers in der Zeiteinheit ausgesandte Strahlungsenergie in kcal/m²h und mit

A das Absorptionsvermögen,

worunter man den Bruchteil der zugestrahlten Energie versteht, der absorbiert wird (A ist also ein echter Bruch, unbenannt und niemals größer als 1), so ist das Verhältnis E/A bei einer bestimmten Wellenlänge für alle Körper gleich und allein von der Temperatur abhängig: Kirchhoffsches Gesetz.

Für zwei im Strahlungsaustausch stehende Körper I und II gilt also:

$$E_I/A_I = E_{II}/A_{II}. \tag{74}$$

Für den vollkommen schwarzen Körper, für den nachstehend alle Bezeichnungen den Index „s“ erhalten, ist nach seiner Definition

$$A_s = 1 \tag{75}$$

Damit gilt für einen beliebigen Körper:

$$E_I/A_I = E_s. \tag{76}$$

Daraus läßt sich ableiten:

1. Der absolut schwarze Körper strahlt stärker als jeder andere, bei welchem ja $A < 1$.

2. Je größer das Absorptionsvermögen eines Körpers ist, um so größer ist auch sein Emissionsvermögen. Fremde Strahlen gut reflektierende Körper, wie polierte Metallflächen, die nur wenig fremde Strahlen absorbieren, strahlen demnach selbst nur wenig aus.

Ist ein Körper nicht absolut schwarz, so sind zwei Fälle zu unterscheiden:

1. Energie wird bei allen Wellenlängen ausgesandt, und zwar überall in einem bestimmten Bruchteil der schwarzen Strahlung. Man spricht dann von grauer Strahlung und das Kirchhoffsche Gesetz gilt nicht nur für eine bestimmte Wellenlänge, sondern für die Gesamtstrahlung.

2. Es wird nicht bei allen Wellenlängen Energie ausgesandt, bzw. nicht bei allen Wellenlängen im gleichen Verhältnis zur schwarzen Strahlung: Farbige Strahlung.

Die in der Technik in Betracht kommenden festen Körper können fast stets als graue Körper betrachtet werden, so daß die Berechnung der Gesamtstrahlung verhältnismäßig einfach ist.

Das Emissionsvermögen des schwarzen und grauen Körpers ist proportional der vierten Potenz der absoluten Temperatur[1]: Gesetz von Stephan und Boltzmann. Man faßt es in die Formel:

$$E = C \cdot \left(\frac{T}{100}\right)^4. \tag{77}$$

Man pflegt dabei die absolute Temperatur durch die Zahl 100 zu dividieren, um

die Strahlungszahl C,

die an sich eine sehr kleine Größe wäre, bequemer schreiben zu können.

[1] Das ist die Temperatur $T = t + 273°$ C (°Kelvin).

Zahlentafel 14.

Strahlungszahl C verschiedener Oberflächen in kcal/m²h (°abs)⁴.

Zusammengestellt nach Versuchen von E. Schmidt[1], ergänzt durch Einzelwerte nach M. Werner, We. Koch sowie H. Schmidt und E. Furthmann. (Hinreichend genau gültig von 0 bis 200° C.)

Material und Zustand der Oberfläche	Strahlungszahl C
Absolut schwarzer Körper	4,96
Metalle, hochglanz poliert	
Edle Metalle	0,08—0,25
Nichtedle Metalle	0,13—0,35
Metalle im technischen Zustand	
Aluminium, roh	0,35—0,43
Blei, grau oxydiert	1,4
Eisen, Stahl, roh mit Walzhaut oder Gußhaut	3,7—4,0
„ frisch abgeschmirgelt bzw. abgedreht	1,2—2,2
„ ganz rot verrostet	3,4
„ matt verzinnt	0,43
„ verzinkt	1,1—1,4
Kupfer, geschabt	0,46
„ schwarz oxydiert	3,9
Messing, rohe Walzfläche	0,34
„ frisch geschmirgelt	1,0
„ brüniert	2,1
Anstriche	
Aluminiumlack	1,7—2,1
Emaillelack, schneeweiß	4,5
Spirituslack, schwarz glänzend	4,1
Schmelzemaille, weiß	4,5
Beliebige Ölfarben (auch weiß), Lithopone	4,4—4,8
Ruß-Wasserglas (Rubens-Hoffmann 100°)	4,76
Verschiedene Körper	
Asbestschiefer, rauh	4,8
Eichenholz, gehobelt	4,4
Dachpappe	4,5
Eis, glatt[1]	4,5
Gips	4,5
Glas, glatt	4,7
Gummi, weich	4,3
Kachel, weiß glasiert	4,3
Kohle	4,0
Hartgummi, glatt, schwarz	4,6
Marmor, hellgrau, poliert	4,2
Öl	4,6
Papier	4,7
Porzellan, glasiert	4,6
Quarz, geschmolzen, rauh	4,6
Reif	4,88
Serpentin, poliert	4,5
Wasser[1], senkrechte Strahlung	4,78
„ allseitige Strahlung	4,52
Ziegelstein, rot, rauh	4,6—4,7

[1] Gültig schon bei Schichtdicken unter 0,1 mm (Schwitzwasser und Reif auf blanken Metallflächen!!).

Für den absolut schwarzen Körper[1] ist

$$C_s = 4{,}96 \text{ kcal/m}^2\text{h } (^\circ \text{ abs})^4$$

Für die übrigen Stoffe kann die Strahlungszahl sehr verschieden sein, erreicht aber, wie erwähnt, niemals völlig die Größe von C_s. Die Strahlungskonstante richtet sich nach der chemischen Zusammensetzung des Körpers und der Beschaffenheit der Oberfläche (poliert, matt, rauh). Für wärmeschutztechnische Aufgaben überwiegt meist die Oberflächenbeschaffenheit, die Farbe spielt keine Rolle (ausgenommen metallische Anstriche wie Aluminiumbronze). Ein glänzend weiß lackierter Heizkörper strahlt ebensoviel Wärme ab, wie ein matt-dunkel gestrichener. Dies gilt allerdings nur für Temperaturen des strahlenden Körpers bis etwa 500° C, da hierbei die Strahlungsenergie mit ihrem Höchstwert etwa bei 6 μ (für 200°) liegt, also ins infrarote Gebiet fällt. Anders verhält es sich bei Sonnenbestrahlung (Sonnentemperatur etwa 6000 °C), bei der das Energiemaximum im sichtbaren Teil des Spektrums liegt (0,5 μ). Für die Erwärmung und Temperaturdehnungen von Bauten infolge Sonnenbestrahlung ist daher der Farbanstrich bedeutungsvoll.

Zahlentafel 14 und 15 enthalten die wichtigsten technischen Strahlungszahlen C und die Wärmeabsorptionszahlen verschiedener Oberflächen bei senkrechter Sonnenbestrahlung. Messungen der Strahlungs-

Zahlentafel 15. Wärmeabsorption und Übertemperaturen verschiedener Oberflächen über Lufttemperaturen bei senkrechter Sonnenbestrahlung. (Nach K. Schropp.)

Art der Oberfläche	Höchste gemessene Übertemperatur in ° C	Wärmeabsorption in % der aufgestrahlten Energie
Schwarze Flächen, matt oder glänzend, Dachpappe, verzinktes Eisenblech, schwarzes Leinengewebe oder Papier	54	90
Weiße Flächen, matt oder glänzend, weißes Leinen, weißes Papier	24	40
Rohes Aluminiumblech	36	60
Aluminiumbronze	30	50
Glänzende Aluminiumfolie	19	32

[1] Der absolut schwarze Körper läßt sich physikalisch dadurch verwirklichen, daß man einen Hohlraum, dessen Wandungen gleiche Temperatur haben, mit einer feinen Öffnung versieht. Die Öffnung stellt dann eine absolut schwarze Fläche dar, da jeder auf sie fallende Strahl im Innern des Hohlraumes sehr oft reflektiert, also praktisch völlig absorbiert wird, bevor er wieder ins Freie zurückkehrt. Da man poröse oder rauhe Stoffe als Körper auffassen kann, deren Oberfläche aus einseitig geöffneten Hohlräumen besteht, so ist die Strahlungskonstante dieser Stoffe stets groß und liegt etwa zwischen den Werten 4,0 bis 4,7. Am nächsten kommt dem absolut schwarzen Körper ein Reifniederschlag ($C = 4{,}88$).

zahlen im technisch wichtigen Temperaturgebiet (bis etwa 500°) sind in neuerer Zeit (etwa seit 1920) mehrfach sorgfältig vorgenommen worden. Ältere Werte sind sehr oft falsch. Die Untersuchungen über die Wärmeaufnahme von Flächen bei Sonnenbestrahlung sind noch recht ausbaubedürftig.

Die Strahlungszahl feuerfester Stoffe bei hohen Temperaturen wurden von K. Wetzler[1], V. Pollak und eingehend von K. Hild[2] untersucht. Auf eine Wiedergabe der Ergebnisse dieser Arbeiten kann hier verzichtet werden.

Nach Gleichung (77) strahlt jeder Körper, gleichgültig welche Temperatur er hat. Ist seine Umgebung wärmer als er, so erhält er aber ein Mehrfaches der abgegebenen Energie zugestrahlt.

Bisher war von der Strahlung E die Rede, die ein Körper mit der Oberfläche 1 m² nach allen Richtungen des Raumes aussendet. Greift man eine bestimmte Richtung heraus, so wird die Energieabgabe dann am größten, wenn die Richtung senkrecht zur strahlenden Fläche ist. Sie nimmt mit dem Winkel, den die betrachtete Fläche mit der Normalen einschließt, ab, und zwar ist sie proportional dem Kosinus des Winkels, wird also bei 90° zu Null: Gesetz von Lambert.

Dieses Gesetz gilt ebenso wie das Gesetz von Stephan-Boltzmann nicht für blanke Metalle, für die übrigen technischen Körper hinreichend genau. Bei Metallen liegt das Verhältnis der Strahlungszahl der Gesamtstrahlung zu derjenigen der Flächennormalen zwischen 1 und 1,3[3]. Strahlungsversuche durch Messung der Erwärmung eines Körpers („Empfängermethode“) sind deshalb nicht streng vergleichbar mit Messungen des Heizverbrauchs des strahlenden Körpers („Gebermethode“), die ja die Strahlung unter sämtlichen Emissionswinkeln feststellen. Für wärmeschutztechnische Betrachtungen kann man aber die allgemeine Gültigkeit der beiden genannten Gesetze voraussetzen.

Stehen sich, wie dies in der Regel in der Praxis der Fall ist, zwei Körper verschiedener Temperatur gegenüber, deren Strahlungskonstanten verschieden und mit

$$C_1 \text{ bzw. } C_2$$

[1] Wetzler, K.: Untersuchungen über die Abhängigkeit der Gesamtstrahlung von Baustoffen von der Temperatur unter Berücksichtigung des Einflusses der Oberflächenbeschaffenheit. Diss. Techn. Hochsch. Darmstadt 1927.

[2] Hild, K.: Mitt. Kais.-Wilh.-Inst. Eisenforschg., Düsseld. Bd. 14 (Lieferung 5) (1932) 59 (Abhandlung 200).

[3] Nach E. Schmidt und E. Eckert [Forsch.-Arb. Ing.-Wes. Bd. 6 (1935) S. 175] kann das Verhältnis der Strahlungszahl der Gesamtstrahlung zu der für Strahlung in senkrechter Richtung bei elektrischen Nichtleitern zwischen 0,3 bis 1 liegen. Für Nichtmetalle wird in der Wärmeschutztechnik meist einfach der Wert 1 angenommen. Zu beachten ist, daß die Wärmestrahlung von Flächen in Forschungsarbeiten vielfach nur für den einen oder den anderen Fall behandelt wird, woraus sich oft Mißverständnisse ergeben.

bezeichnet seien, so interessiert in der Technik nicht, was jeder einzelne Körper ausstrahlt und absorbiert, sondern nur der Differenzbetrag der von beiden Körpern gestrahlten Wärmemengen, d. h. jene Wärmemenge, die vom wärmeren Körper auf den kälteren durch Strahlung übertragen wird. Sie ist proportional der Differenz der vierten Potenz der absoluten Temperaturen. Zu ihrer Berechnung ist aus den Strahlungskonstanten der beiden Körper die

Konstante des Strahlungsaustausches C^1

zu bilden, deren Ermittlung für die verschiedenen Fälle im folgenden gezeigt sei. Die vom Körper I je Flächen- und Zeiteinheit auf den Körper II übertragene Strahlungswärme Q_s schreibt sich also:

$$Q_s = C^1 \left[\left(\frac{T_1}{100} \right)^4 - \left(\frac{T_2}{100} \right)^4 \right]. \tag{78}$$

1. Die Fläche I wird von der Fläche II vollkommen umschlossen. In diesem Falle (z. B. Rohrleitung in Innenräumen, Luftschichten um eine Rohrleitung) ist die Konstante des Strahlungsaustausches nach Nusselt wie folgt zu setzen:

$$C^1 = \frac{1}{\frac{1}{C_1} + \frac{F_1}{F_2}\left(\frac{1}{C_2} - \frac{1}{C_s} \right)}, \tag{79}$$

worin F_1, F_2 die Oberfläche des wärmeabgebenden Körpers I bzw. die Oberfläche des umgebenden Körpers II bedeutet. Die Form der beiden Körper und die Lage des Körpers I innerhalb des Körpers II ist annähernd gleichgültig, nur darf Körper I keine einspringenden Ecken haben.

Ist die Fläche F_2 sehr groß gegenüber der Fläche F_1, wie z. B. bei einer Rohrleitung im Freien oder in großen Räumen, dann wird

$$C^1 = C_1 \tag{79a}$$

Zahlentafel 16. Konstante des Strahlungsaustausches C^1 bei parallelen Flächen.

C_1	C_2					
	0,25	1,0	2,0	3,0	4,0	4,5
0,25	0,13	0,21	0,23	0,24	0,25	0,25
1,0	0,21	0,56	0,77	0,88	0,95	0,98
2,0	0,23	0,77	1,25	1,58	1,82	1,92
3,0	0,24	0,88	1,58	2,15	2,62	2,82
4,0	0,25	0,95	1,82	2,62	3,34	3,68
4,5	0,25	0,98	1,92	2,82	3,68	4,10

2. Strahlungsaustausch zwischen zwei parallelen Flächen. Stehen sich zwei parallele ebene oder gekrümmte Flächen im Vergleich zu ihrer seitlichen Ausdehnung genügend nahe gegenüber, so daß der gesamte Strahlungsaustausch vollkommen zwischen den beiden Flächen vor sich geht, so gilt nach Nusselt:

$$C^1 = \frac{1}{\frac{1}{C_1} + \frac{1}{C_2} - \frac{1}{C_s}}. \tag{80}$$

Die Konstante des Strahlungsaustausches C^1 ist stets kleiner als die kleinere der Einzelstrahlungskonstanten. Zahlentafel 16 gibt einen Überblick.

3. **Strahlung zwischen entfernten Flächen beliebiger Stellung.** Stehen zwei Flächen im Strahlungsaustausch, die schief zueinander stehen, oder zwei parallele, deren Entfernung im Vergleich zu ihren Abmessungen groß ist, so kann man nach Nusselt angenähert setzen:

$$C^1 = \frac{C_1 \cdot C_2}{C_s}. \tag{81}$$

Auch hier ist die wirkliche Strahlungszahl stets kleiner als die kleinere der beiden einzelnen Strahlungszahlen. Außerdem erhält jede Fläche nicht die ganze Energie, die die andere Fläche aussendet. Man muß näherungsweise in der Weise vorgehen, daß man die beiden Flächen in kleine ebene Stücke zerlegt und für je zwei Flächenstücke f_1, f_2 des Körpers I und II die stündlich durch die Strahlung übertragene Wärmemenge nach der Gleichung ermittelt:

$$Q = C^1 \cdot \frac{f_1 \cdot f_2}{r^2 \cdot \pi} \cdot \cos\alpha \cdot \cos\beta \left[\left(\frac{T_1}{100}\right)^4 - \left(\frac{T_2}{100}\right)^4\right]. \tag{82}$$

Mit den Winkeln α und β sind die Winkel bezeichnet, die die Verbindungslinie r der beiden Flächenelemente, also die Strahlungsrichtung mit den Normalen zu den Flächenstücken bilden.

Die von den einzelnen Flächenstücken f_1 einem Flächenstück f_2 zugestrahlten einzelnen Beträge sind jeweils zu addieren; die Genauigkeit der Berechnung wird um so größer, je kleiner die Abmessungen der Flächenstücke gegenüber der Entfernung r sind.

Die Berechnungen nach Formel (82) sind außerordentlich umständlich. Man kann für viele praktische Fälle nach Schack und Rummel zu der Vereinfachung greifen, daß man die Strahlungsverhältnisse des Hohlraumes heranzieht. Umhüllt z. B. die eine der Strahlenflächen die andere nicht völlig, so läßt sie sich als unvollständiger Hohlraum betrachten, der mit einer verhältnismäßig großen Öffnung nach der anderen Fläche hinstrahlt. Man berechnet die Strahlung dann, indem man die Querschnittsfläche der Öffnung selbst als strahlende Fläche betrachtet mit einer Temperatur, die gleich der Temperatur im Innern des Raumes ist, und mit einer Strahlungskonstante, die etwas größer als die Strahlungskonstante des Materials ist. Je nach dem Verhältnis der Öffnung zu den Abmessungen des ganzen Raumes (insbesondere zu seiner Tiefe) ist dieser Zuschlag größer oder kleiner zu wählen. Da die Raumwände ohnehin in der Regel Strahlungszahlen zwischen 4,0 bis 4,6 haben, ist aber für eine Unterteilung kaum Spielraum vorhanden.

Über den Strahlungsaustausch in Kesselfeuerungen, Industrieöfen u. dgl. sind in den einschlägigen Fachblättern eine große Reihe von

Veröffentlichungen erschienen, die jedoch für die Wärmeschutztechnik nicht benötigt werden.

Auch Flüssigkeiten und Gase strahlen. Die Strahlungskonstanten von Flüssigkeiten sind etwa von der Größe von festen Körpern, kommen aber praktisch nur bei der Berechnung der Wärmeabgabe freier Flüssigkeitsoberflächen in Betracht. Gegenüber begrenzenden Wandungen ist die Wärmeübergangszahl von Flüssigkeiten durch Leitung und Konvektion so groß, die Temperaturdifferenz daher so gering, daß eine Berücksichtigung der Strahlung nicht notwendig wird.

Gase strahlen nur in bestimmten Wellenbereichen. Luft, Sauerstoff, Stickstoff und Wasserstoff sind völlig strahlungsdurchlässig und können bei allen Temperaturen als nicht strahlend angesehen werden. Gase dagegen, die Kohlensäure, Kohlenoxyd und Wasserdampf enthalten, können bei Temperaturen über 600° und größerer Schichtstärke — im Gegensatz zu festen Körpern geht die Emission und Absorption nicht nur an der Oberfläche der Gase vor sich — erheblich strahlen. Für wärmeschutztechnische Aufgaben ist die Gasstrahlung, die für den Wärmeübergang in Feuerungen sehr wichtig ist, nur von untergeordneter Bedeutung.

b) Die rechnerische Durchführung von Strahlungsberechnungen. Für viele Arten der Berechnung der durch Strahlung übertragenen Wärme, besonders für die Zusammenfassung mit der Wärmeübertragung durch Leitung und Konvektion ist die Abhängigkeit der Strahlungswärme

Zahlentafel 17.

$$\text{Temperaturfaktor } a = \frac{\left(\frac{T_1}{100}\right)^4 - \left(\frac{T_2}{100}\right)^4}{t_1 - t_2}.$$

t_1	t_2													
	−10	0	10	20	50	100	200	300	400	500	600	700	800	900
−10	0,728													
0	0,770	0,814												
10	0,814	0,859	0,906											
20	0,862	0,908	0,954	1,008										
50	1,017	1,060	1,119	1,172	1,34									
100	1,32	1,38	1,44	1,49	1,70	2,08								
200	2,14	2,23	2,28	2,36	2,69	3,07	4,23							
300	3,33	3,41	3,50	3,60	3,87	4,42	5,77	7,53						
400	4,88	4,99	5,08	5,20	5,55	6,19	7,75	9,73	12,19					
500	6,92	7,03	7,16	7,29	7,71	8,44	10,23	12,46	15,19	18,48				
600	9,45	9,59	9,74	9,89	10,36	11,30	13,27	15,77	18,70	22,38	26,61			
700	12,56	12,72	12,90	13,07	13,62	14,62	16,92	19,71	23,04	26,96	31,55	36,84		
800	16,30	16,50	16,70	16,90	17,53	18,66	21,26	24,36	28,01	32,29	37,29	42,93	49,5	
900	20,79	20,97	21,25	21,47	22,20	23,42	26,33	29,76	33,76	38,41	43,75	49,85	56,8	64,6
1000	25,95	26,21	26,48	26,75	27,54	28,96	32,20	35,98	40,35	45,38	51,1	57,6	65,0	73,3

von der vierten Potenz der absoluten Temperatur unbequem. In diesen Fällen pflegt man dadurch die Abhängigkeit von der Differenz der einfachen Temperatur herzustellen, daß man einen Temperaturfaktor a einführt, für den die Gleichung gilt:

$$a = \frac{\left(\frac{T_1}{100}\right)^4 - \left(\frac{T_2}{100}\right)^4}{t_1 - t_2}. \quad (83)$$

Gleichung (78) läßt sich dann schreiben:

$$Q_s = a \cdot C^1 \cdot (t_1 - t_2) \quad (78a)$$

Zahlentafel 17 und Zahlentafel 18, geben den Temperaturfaktor für verschiedene Temperaturen. In vielen Aufgaben sind die Temperaturen der strahlenden Flächen zunächst nicht genau bekannt, sondern sind aus der Berechnung der Wärmeübertragung erst zu ermitteln. Hier bleibt nur der Weg der probeweisen Lösung, wobei die Tatsache oft bequem ist, daß der Temperaturfaktor zwar sehr von der Größe der mittleren Temperatur beider Flächen, nur wenig aber von der Temperaturdifferenz abhängt. So ist bei der Berechnung des Wärmeschutzes von Luftschichten im Mauerwerk von Kesseln, Gebäuden u. dgl. die mittlere Temperatur meist unschwer von vornherein abzuschätzen. In solchen Fällen benutzt man besser Zahlentafel 18.

Zahlentafel 18.
Temperaturfaktor a für Berechnung des Strahlungsaustausches in Luftschichten bei verschiedenen mittleren Temperaturen.

Mittlere Temperatur in ° C	Temperaturfaktor bei einem Temperaturunterschied zwischen den Oberflächen der Luftschicht von				
	0	20	50	100	200° C
0	0,814	0,815	0,820	0,841	0,923
5	0,860	0,861	0,866	0,887	0,971
10	0,906	0,907	0,913	0,935	1,02
15	0,955	0,957	0,963	0,984	1,07
20	1,01	1,01	1,01	1,03	1,12
25	1,06	1,06	1,07	1,09	1,18
30	1,11	1,11	1,12	1,14	1,23
40	1,22	1,23	1,24	1,26	1,35
50	1,35	1,35	1,36	1,38	1,48
60	1,48	1,48	1,49	1,51	1,61
70	1,62	1,62	1,63	1,65	1,75
80	1,76	1,76	1,77	1,79	1,90
90	1,92	1,92	1,93	1,95	2,06
100	2,08	2,08	2,08	2,11	2,23
120	2,43	2,43	2,44	2,47	2,59
140	2,82	2,82	2,83	2,86	2,99
160	3,25	3,25	3,26	3,29	3,42
180	3,71	3,72	3,73	3,76	3,90
200	4,23	4,24	4,25	4,28	4,43
250	5,73	5,73	5,74	5,77	5,94
300	7,53	7,53	7,54	7,58	7,76
350	9,68	9,68	9,69	9,73	9,92
400	12,2	12,2	12,2	12,3	12,5
450	15,1	15,1	15,1	15,2	15,4
500	18,5	18,5	18,5	18,6	18,8
550	22,3	22,3	22,3	22,4	22,6
600	26,6	26,6	26,6	26,7	26,9
650	31,5	31,5	31,5	31,6	31,8
700	36,8	36,9	36,9	36,9	37,2
750	42,8	42,8	42,9	42,9	43,2
800	49,4	49,4	49,4	49,5	49,8
850	56,7	56,7	56,7	56,8	57,1
900	64,6	64,6	64,6	64,7	65,0
950	73,2	73,2	73,2	73,3	73,7
1000	82,5	82,5	82,6	82,6	83,0

c) Der Strahlungsanteil der Wärmeübergangszahl. Handelt es sich um die Berechnung der Wärmeabgabe eines frei stehenden warmen

Körpers, so ist es vielfach zweckmäßig, die Berechnung der durch Strahlung verlorenen Wärme in die Form einer Wärmeübergangszahl überzuführen, um sie nach Gleichung (66) mit der durch Leitung und Konvektion übertragenen zusammenzufassen. Der Strahlungsanteil α_s dieser Wärmeübergangszahl berechnet sich nach Gleichung (78) und (83) zu

$$\alpha_s = a \cdot C^1 . \tag{84}$$

Diese Zusammenfassung in eine Gesamtwärmeübergangszahl darf jedoch dann nicht stattfinden, wenn die Temperatur der festen Körper (Raumwände usw.), gegen welche gestrahlt wird, nicht, wie dies allerdings meist zugrunde gelegt werden darf, genügend gleich der Temperatur der umgebenden Luft ist, die für den Wärmeübergang durch Leitung und Konvektion maßgebend ist. Beispiele, bei denen eine getrennte Berechnung durchzuführen ist, sind: Wärmeabgabe in der Nähe von Objekten, welche selbst beheizt sind oder die durch die ausgestrahlte Wärme über die Lufttemperatur erwärmt werden (nahes Mauerwerk usw.) oder die gekühlt werden (Fensterflächen bei tiefen Außentemperaturen). Besonders bei meßtechnischen Untersuchungen sind diese Einflüsse zu berücksichtigen. Zahlenbeispiel für übliche Fälle vgl. S. 172.

Zahlentafel 19. Temperaturabhängigkeit der Wärmeübergangszahl durch Strahlung.

Temperatur der wärmeabgebenden Fläche in °C	Wärmeübergang durch Strahlung α_s in kcal/m² h ° bei einer Lufttemperatur von					
	0		20		40° C	
	C=4,0	4,6	4,0	4,6	4,0	4,6
0	3,2	3,7				
20	3,6	4,2	4,0	4,6		
40	4,0	4,6	4,4	5,1	4,9	5,7
60	4,5	5,2	4,9	5,7	5,4	6,2
80	5,0	5,8	5,4	6,3	5,9	6,8
100	5,5	6,3	6,0	6,9	6,5	7,5
150	7,0	8,1	7,6	8,7	8,2	9,4
200	8,9	10,2	9,4	10,9	10,0	11,5
250	11,1	12,7	11,7	13,5	12,4	14,3
300	13,6	15,7	14,4	16,6	15,2	17,5
350	16,6	19,1	17,4	20,0	18,1	20,9
400	20,0	22,9	20,8	24,0	21,7	25,0
450	23,7	27,3	24,6	28,3	25,6	29,5
500	28,1	32,4	29,2	33,5	30,2	35,2

Ein weiterer Sonderfall der Strahlung liegt bei den Raumwänden eines beheizten Zimmers vor. Auch hier strahlt die Innenfläche einer Außenwand zum Teil gegen andere Außenwände, gegen Fenster, Boden und Decke, die vielfach eine niedrigere Temperatur als die Luft haben. Nach Messungen von Cammerer und Dürhammer[1] ist hier α_s nur etwa ein Viertel der Strahlung, die sich bei voller Strahlung gegen Raumtemperatur ergibt.

Vorstehende Zahlentafel 19 enthält die Werte von α_s für drei verschiedene Lufttemperaturen und zwei Strahlungskonstanten 4,0

[1] Cammerer, I. S. u. W. Dürhammer: Untersuchungen über den notwendigen Mindestwärmeschutz von Hauswänden in Deutschland. Wärmewirtsch. Nachr. Bd. 7 (1933) Heft 4.

bzw. 4,6 kcal/m²h (° abs)⁴ in Abhängigkeit von der Temperatur des strahlenden Körpers. Die Strahlungskonstante 4,0 darf etwa für rostige oder oxydierte Eisenflächen, die Zahl 4,6 für technische rauhe Oberflächen (Abglättung von Dämmschichten Dachpappenverkleidungen usw.) und viele Lackanstriche angesetzt werden. Ungenauigkeiten von ± 5 bis 10% wird man beim Ansatz einer Strahlungskonstante immer in Rechnung setzen müssen.

Für andere Strahlungszahlen (z. B. für eine verzinkte Blechverkleidung mit $C = 1{,}2$) kann α_s leicht mit Hilfe von Zahlentafel 17 ermittelt werden.

12. Formeln für Gesamtwärmeübergangszahlen.

Im allgemeinen ist eine genaue Berechnung der Wärmeübergangszahl aus ihren Teilen α_0 und α_s nur bei nichtgedämmten Rohren, Kesseln usw. mit Temperaturen über 100° nötig (Zahlenbeispiel S. 172). Der Wärmeübergang von Dämmschichtoberflächen an die umgebende Luft in Innenräumen dagegen kann nach Cammerer meist genügend genau durch nachstehende einfache Gleichungen ausgedrückt werden[1]. Dabei ist mit einer Strahlungszahl von 4,6 gerechnet, die praktisch stets zutrifft mit Ausnahme blanker oder verzinkter Bleche.

Gedämmte Rohrleitungen für Wärmeträger:

$$\alpha = 8{,}1 + 0{,}045\,(t_a - t_2) \tag{85}$$

Die Formel gilt von 0 bis etwa 150° C und ist aus Versuchen von R. H. Heilmann und W. Koch abgeleitet.

Gedämmte Rohrleitungen für Kälteträger:

$$\alpha = 8{,}0 \tag{86}$$

Die Zunahme des Konvektionsanteils mit der Differenz zwischen Oberflächentemperatur und Lufttemperatur wird hier durch eine Abnahme des Strahlungsanteils ausgeglichen.

Ebene Wärmeschutzschichten mit Oberflächentemperaturen, die eine merkliche Konvektion bedingen:

$$\alpha = 8{,}4 + 0{,}06 \cdot (t_a - t_2) \tag{87}$$

Die Formel beruht auf Versuchen von Nusselt.

Ebene Wände mit geringen Übertemperaturen (Gebäudewände in der Heizungs- und Kühltechnik):

Hier setzt man zweckmäßig Mittelwerte ein, da doch meist Störungen durch Luftzug u. dgl. vorhanden sind:

[1] Wiedergegeben in den Regeln für die Prüfung von Wärme- und Kälteschutzanlagen des VDI.

Zahlentafel 20. Gesamtwärmeübergangszahl an einer senkrechten und horizontalen Wand bei ruhiger Luft (Kühlräume und Gebäude).

Geschlossene Räume (Durchschnittswerte).

Senkrechte und horizontale Flächen, wärmere Seite unten 7 kcal/m²h°
Horizontale Flächen, wärmere Seite oben . . . . . . 5 kcal/m²h°
Wärmeübergang in Winkeln und Ecken . . . . 4 kcal/m²h°

Senkrechte Wände in Wohnräumen (genauere Werte)[1].
(Nach J. S. Cammerer und W. Dürhammer.)

Temperaturunterschied zwischen Luft und innerer Oberfläche der Wand in °C	Wärmeübergangszahl in kcal/m²h°	Temperaturunterschied zwischen Luft und innerer Oberfläche der Wand in °C	Wärmeübergangszahl in kcal/m²h°
1	3,9	8	4,8
2	4,0	10	5,1
4	4,3	15	5,5
6	4,6	20	5,9

Im Freien.

Völlige Windstille . . . . 13 kcal/m²h°
Innenbezirke von Städten . . . . . 20 kcal/m²h°
Außenbezirke von Städten . . . . . 25 kcal/m²h°
Sturm . . . . 100 kcal/m²h°

C. Die Dämmstoffe und ihre Eigenschaften.

13. Die Anforderungen an Dämmstoffe.

Außer den eigentlichen wärmeschutztechnischen[2] Forderungen:

niedrige Wärmeleitzahl,
geringes Raumgewicht

müssen von guten Dämmstoffen (je nach dem Verwendungszweck in verschiedenem Maße) folgende allgemeine Eigenschaften verlangt werden:

mechanische Festigkeit,
Volumenbeständigkeit,
Temperaturbeständigkeit,
Bearbeitungsmöglichkeit,
Unschädlichkeit für die zu schützende Anlage,
Unempfindlichkeit gegen atmosphärische Einflüsse (kurzzeitige Durchfeuchtung, Vermoderung, Schwinden).

Oft müssen je nach den Betriebsverhältnissen noch Sonderanforderungen gestellt werden, die zum Teil in einer Steigerung einer der vorstehenden Eigenschaften über das gewöhnliche Maß hinaus bestehen:

[1] Die Werte sind gegenüber der Orginalarbeit für Temperaturunterschiede über 10° etwas abgeändert.

[2] Die spezifische Wärme, die für Anwärme- und Auskühlvorgänge eine Rolle spielt, ist bei organischen, bzw. anorganischen Stoffen jeweils ungefähr gleich (vgl. Abschn. 27, S. 137). Merkliche Güteunterschiede in dieser Hinsicht gibt es also nicht.

große Druckfestigkeit (z. B. bei Kesseleinmauerungen),

Widerstandsfähigkeit gegen Temperaturwechsel (z. B. bei Glühöfen),

hohe Temperaturbeständigkeit (z. B. bei metallurgischen Öfen),

völlige Unempfindlichkeit gegen Nässe (z. B. bei Leitungen im Erdreich, bei Kälteschutzstoffen),

luft- und feuchtigkeitsdichter Abschluß der Poren (bei Kälteschutzmitteln),

geringe Gewichtsbelastung (z. B. bei Transportwagen).

Einzelheiten hierüber werden im Anschluß an die Beschreibung der verschiedenen Dämmarten in Abschnitt 16 und 17 gebracht.

14. Die Rohstoffe, Beispiele der Aufbereitung und der Porositätserzeugung.

Gute Dämmstoffe lassen sich aus sehr viel Ausgangsstoffen herstellen. Die wichtigsten sind:

Organische Stoffe. Kork, Torf, Seidenabfälle, Pflanzenfaser, Filz, Haare, Holz, Sägespäne, Stroh, Baumwolle, Papiermasse usw.

Anorganische Stoffe. Kieselgur, Magnesiumkarbonat, Asbest, Schlacke, Glas, Gips, Zement, Gichtstaub, Si-Stoff, Asche, Bims usw.,

Für Luftschichtisolierungen kommen außerdem blanke Metalle (Aluminium und Weißblech) in Frage.

Von besonderem Interesse sind durch ihre natürliche poröse Struktur Kork und Kieselgur. Abb. 21 u. 22 zeigt das Zellengefüge von Kork im Längs- und Querschnitt, Abb. 23 u. 24 kennzeichnende Mikrophotographien von Kieselalgen (Diatomeen[1]).

Vielfach finden sich zur Erzielung besonderer Eigenschaften Mischungen aus verschiedenen Stoffen oder mehrere Schichten aus verschiedenen Stoffen.

Als Grundsatz hat zu gelten, daß der Abnehmer außer einer allgemeinen Festlegung des Hauptrohstoffes nie Bestimmungen über die Herstellung oder Zusammensetzung der Dämmstoffe treffen, sondern nur die technischen Eigenschaften vorschreiben soll (vgl. Abschnitt 61, S. 298). Die Herstellung kann bei sachgemäßen Gewährleistungen völlig dem Lieferwerk anheimgestellt werden, das sie laufend den natürlichen Verschiedenheiten der Rohstoffe

[1] Die Abbildungen wurden entgegenkommenderweise von folgenden Firmen zur Verfügung gestellt: Abb. 21, 22, 26, 27, 29, 43, 44, 45 von der Vereinigten Kork-Industrie AG., Berlin-Schöneberg; Abb. 23 u. 24 von den Vereinigten Deutschen Kieselgurwerken Hannover; Abb. 25 von der I. G. Farbenindustrie AG., Ludwigshafen/Rh., Werk Oppau; Abb. 30 von den Torfoleum-Werken Eduard Dyckerhoff, Poggenhagen (Hannover); Abb. 33 u. 36 von der Grünzweig & Hartmann G. m. b. H., Ludwigshafen; Abb. 34 von P. Althoff, Düren (Rhld.); Abb. 35 von der Rheinhold & Co., G. m. b. H., Zweigniederlassung Saarbrücken; Abb. 38 von Bohle & Co., Köln (Rh.); Abb. 37 von der Alfol-Dyckerhoff G. m. b. H., Hannover; Abb. 39 von der Deutschen Heraklith AG., Simbach (Inn).

anpassen und in mancher Hinsicht auf die Devisenbeschaffung Rücksicht nehmen muß. Mischungsvorschriften (z. B. von Kieselgurwärmeschutzmassen) verbürgen auch keineswegs bestimmte Wärmeleitzahlen.

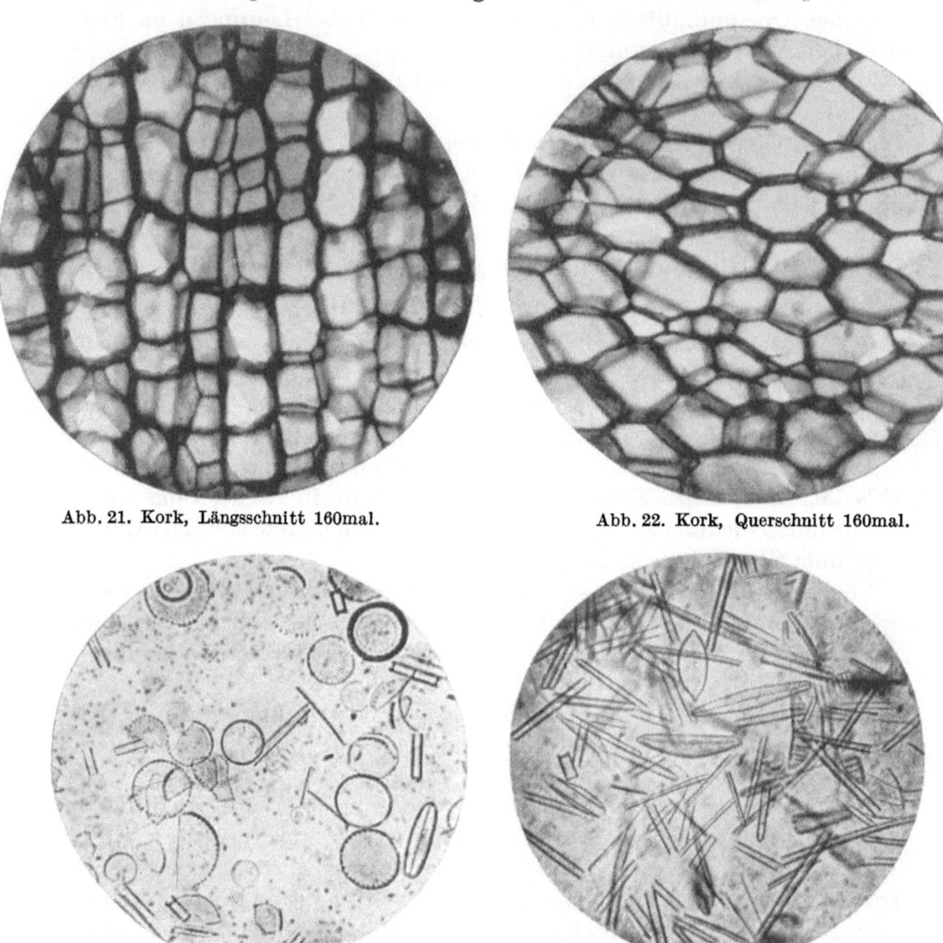

Abb. 21. Kork, Längsschnitt 160mal. Abb. 22. Kork, Querschnitt 160mal.

Abb. 23. Kieselgur (aus Klieken, Anhalt) 420mal. Abb. 24. Kieselgur (Neu-Ohe b. Unterlüß) 420mal.

Der Einfluß der Aufbereitung der Rohstoffe kann sehr groß sein. Beurteilt man z. B. nach einem Vorschlag von J. S. Cammerer[1] die Eignung von Kieselgur für die Herstellung von Wärmeschutzmassen nach der Menge des Wassers, die bis zur Erzielung des praktisch üblichen zähplastischen Zustandes erforderlich ist (vgl. S. 109 u. S. 136), so findet man nach Zahlentafel 21 folgende Wirkung der Windsichtung (Befreiung

[1] Cammerer, J. S.: Die Prüfung von Kieselgur und Kieselgurwärmeschutzmassen mittels des Wasserzusatzes. Wärme- u. Kältetechn. Bd. 38 (1936) Heft 10.

von Sand und groben Beimischungen: Sorte 41, 22 und 25), Mahlung (Erzielung von Feinkörnigkeit: Sorte 28), Kalzinieren (Beseitigung organischer Bestandteile der Sorte 3 bei Sorte 8):

Zahlentafel 21. Wirkung von Aufbereitungsmaßnahmen bei Kieselgur.

Sorte Nr.	Art und Aufbereitung der Kieselgur	Wasserzusatz kg/1 kg Masse	Wasserzusatz als Vielfaches der Höchstmenge	Raumgewicht lose geschüttet in kg/m³
3	roh grün gemahlen	2,35	0,55	213
8	rosa gebrannt, gemahlen	3,1	0,72	148
28	rosa gebrannt, extra leicht gemahlen	3,65	0,85	118
41	rosa gebrannt, gemahlen, windgesichtet	3,65	0,85	106
22	rosa gebrannt, gemahlen, 2fach windgesichtet	3,7	0,86	113
25	rosa gebrannt, gemahlen, 3fach windgesichtet	4,3	1,00	107
275	rosa gebrannt, gemahlen, sandhaltig	1,7	0,40	233

Man kann also einer bestimmten Rohgur durch die Art der Aufbereitung eine sehr verschiedene Güte für Wärmeschutzzwecke verleihen.

Auch Kork, ein Rohstoff, der an sich schon große natürliche Vorzüge hat, ermöglicht einen wichtigen Veredelungsprozeß, das sog. Expandieren, d. h. ein Aufblähen durch Erhitzen unter Luftabschluß (bis auf 400° C). Der Luftgehalt wird dadurch vervielfacht, Gewicht und Wärmeleitzahl werden also herabgesetzt und der Kork behält keinerlei Nährstoffe für Mikroorganismen (Schimmelbildung, Bakterienwachstum) (vgl. S. 81).

Da die Wärmedämmung auf dem Luftgehalt der Stoffe beruht, so sind zahlreiche Verfahren entwickelt worden, um einen möglichst hohen Luftgehalt herbeizuführen. Die wesentlichsten Verfahren der Porositätserzeugung sind:

1. Erhöhung der natürlichen Porosität, z. B. bei Holz durch loses Verkleben von Holzwolle (Abb. 39) oder bei Kork durch das vorerwähnte Expandieren.

2. Lose Nebeneinanderlagerung staubförmiger, körniger oder faseriger Teilchen (z. B. lose geschüttete Kieselgur oder Schlackekörner, lose geschichtete Asbest-, Glasgespinst- oder Schlackenwollfasern).

3. Verdunstung eines natürlichen oder künstlichen Wassergehaltes (z. B. Gips mit einem Wasserüberschuß angerührt und getrocknet DRP. 354426). Auch bei Wärmeschutzmassen, die zum Zwecke der Bindung mit Wasser angerührt werden, kennzeichnet der Wasserzusatz die spätere Porosität (vgl. S. 110).

4. Ausbrennen organischer Beimischungen[1] aus anorganischen Formlingen, wie von Sägespänen, Korkschrot, Rübensamen bei gebrannten Kieselgursteinen (vgl. Abb. 28).

5. Bildung von Luft- oder Gasbläschen in härtbaren Stoffen wie Zement, Gips, Kunstharz, sei es auf mechanischem Wege durch Einrühren von Luft und Schaumbildung (Zellenbeton) oder auf chemischem Wege, z. B. durch Zusetzen von Wasserstoffsuperoxyd und Kalk (Porenbeton). Abb. 25.

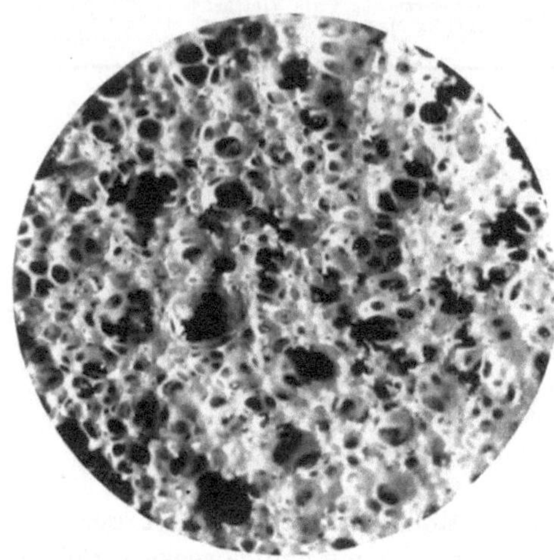

Abb. 25. Schaumisolierstoff aus Kunstharz. (15 kg/m³, Vergr. 17mal.)

6. Lösung eines Gases in einem bildsamen Stoff unter Druck und Freimachung des Gases durch Entspannung, z. B. Herstellung von Quellgummi mittels Stickstoff[2] oder von Polymerisationserzeugnissen ungesättigter organischer Verbindungen (z. B. von Polystyrol) durch Gassättigung unter Druck und Hitze und darauffolgender Entspannung, Gefüge ähnlich Abb. 28.

7. Zerstäuben von Polymerisationserzeugnissen in heißflüssigem Zustand (DRP. 647587).

8. Anordnung von Lufträumen und Luftschichten zwischen Trennwandungen, z. B. bei Hohlsteinen, bei Alfol (Abb. 37 u. 71).

Oft finden sich mehrere Arten der Porositätserzeugung gleichzeitig angewandt.

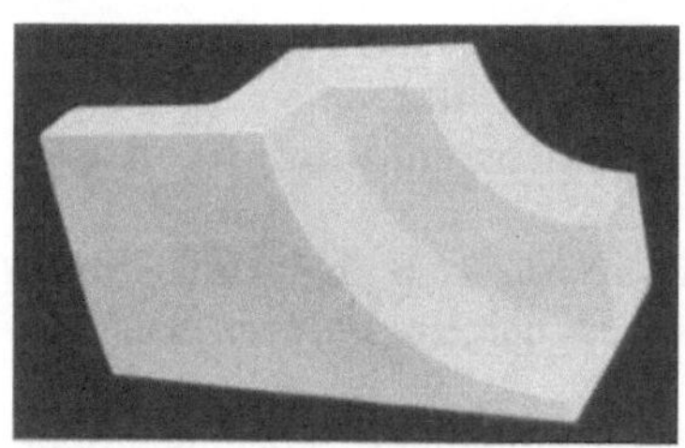

Abb. 26. Kieselgurformstück.

15. Die wichtigsten Dämmstoffe.

Von den vielerlei Dämmstoffen, die sich in die Technik eingeführt haben, hat jede Art Vor- und Nachteile, die ihr vorzugsweise einen bestimmten Verwendungsbereich zu weisen. Nur in diesem Sinn sind die nachstehenden Angaben über Vor- und Nachteile der einzelnen Dämmweisen zu verstehen. Es gibt keine Ausführungsart, die eine allgemeine Überlegenheit schlechthin

[1] Ähnliche Vorschläge sind das Ausschmelzen von Eisstückchen u. a.

[2] Edwards, H.: Expanted rubber insulation. Refrig. Engng. Bd. 26 (1933) S. 290.

beanspruchen könnte. Wo die geforderten technischen Eigenschaften mehrere Grundtypen von Dämmstoffen zulassen, entscheiden Wirtschaftlichkeit und Annehmlichkeiten der Ausführung. Oft hält sich

Abb. 27. Aufbau einer Wärmeschutzhülle aus Formstücken mit Drahtgeflecht, Hartmantel, Bandage und Dachpappe-Umhüllung.

Für und Wider so die Waage, daß ein Betrieb einfach aus Gründen bisheriger Erprobung eine Dämmart bevorzugen kann. Die immer wieder an wissenschaftliche Stellen gerichteten Fragen nach den besten, oder in einem bestimmten Fall besten Dämmittel lassen sich also niemals allgemein beantworten.

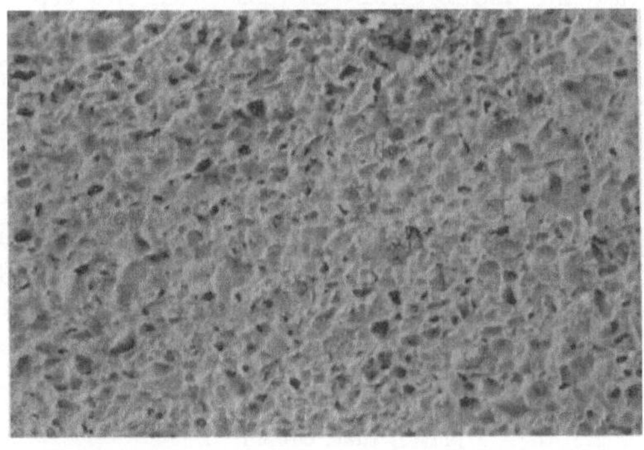

Abb. 28. Hochporös gebrannter Kieselgurstein (nat. Größe).

a) Plastische Wärmeschutzmassen. Plastische Wärmeschutzmassen oder Aufstrichmassen werden in pulverförmigem Zustande angeliefert, bei Gebrauch mit Wasser angerührt und schichtweise auf das zu schützende Rohr oder dgl. aufgetragen. Sie erhärten durch Trocknen. Die Anlage (Rohrleitung, Kessel usw.) muß daher während der Montage angewärmt sein.

Vorteile. Unabhängigkeit von Art und Abmessungen der Anlage, daher einfachste Herstellung, Lagerhaltung und Bestellung.

Nachteile. Anwärmen des Objekts (bei Neuanlagen oft nicht möglich), bei Reparaturen nicht wieder in gleicher Güte verwendbar.

Dünne Masseschichten werden auch als schützende „Unterstriche" zur Verwendung mancher Dämmstoffe (z. B. von Faserschnüren, Kork- oder Magnesiaschalen) über deren eigentliche Temperaturbeständigkeit hinaus verwandt (vgl. Abschnitt 47, S. 244). Auch das Ansetzen, Verfugen und Abglätten von Formstücken erfolgt meist mit einer handelsüblichen Wärmeschutzmasse. Über die Verwendung zu „Hartmänteln" (vgl. Abschnitt 21, S. 92). Abb. 32 zeigt oben eine fertig geglättete, aber noch nicht bandagierte und gestrichene Massedämmung.

Abb. 29. Oberfläche einer pechimprägnierten Korkplatte (nat. Größe).

b) Fertige Formstücke. Der Dämmstoff wird in Formstücken (Schalen, Platten, Steine, Segmente, aber auch in komplizierteren Formen wie in Abb. 26) hergestellt und mit Hilfe einer geeigneten Ansatzmasse nach Art eines Mauerwerks auf das zu isolierende Objekt aufgebracht (Abb. 27). Die bekanntesten Arten sind Formstücke aus Kieselgur (gebrannt und ungebrannt), aus Magnesiumkarbonat, Kork, Torf, Gips, Zement u. ä.

Abb. 30. Schnitt durch eine Torfplatte (Torfoleumplatte) (nat. Größe).

Temperaturbeständigkeit organischer Formstücke etwa 100° C, von Backkork etwa 150° C, von Magnesiumkarbonat- und Gipsformstücken 230° C, von Zement etwa 300° C.

Besondere Voraussetzungen müssen Formstücke für Temperaturen über 800° C, für Kälteanlagen und als Leichtbauplatten erfüllen, weshalb darüber noch Angaben in Abschnitt 16 u. 17 folgen. Abb. 28 zeigt das Gefüge eines hochporös gebrannten Kieselgursteines in natürlicher Größe (ähnlich ist das Gefüge von Zellenbeton), Abb. 29 u. 30 das eines pechimprägnierten Korksteines und einer Torfplatte.

Vorteile. Fabrikationsmäßige Herstellung, daher gute Gleichmäßigkeit, Wiederverwendbarkeit bei Reparaturen, Montage auch bei kalter Anlage, meist gute Festigkeit.

Nachteile. Notwendigkeit abgepaßter Formstücke.

c) Dämmstoffe in Form von Matten, Schläuchen, Zöpfen. In diesen Formen werden vor allem faserige Stoffe verarbeitet, z. B. Asbest,

Abb. 31. Ventildämmung mit Asbestmatratzen.

Abb. 32. Ventildämmung mit Asbestzöpfen.

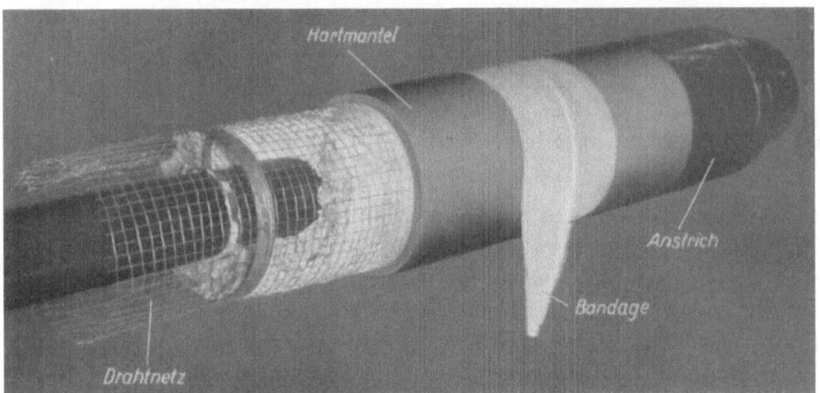

Abb. 33. Schlackenwollstopfdämmung (Lanova-Dämmung).

Glaswolle, Seidenabfälle usw. In Schläuchen aus Jute oder Asbestfasern wird auch Korkschrot oder pulverförmige Kieselgur eingefüllt, in Drahtgeflecht Torffaser, Schlackenwolle usw. (Abb. 31 u. 32).

Vorteile. Unabhängigkeit von den Abmessungen des Objekts, leichte Abnehmbarkeit und Wiederverwendbarkeit, Aufbringung in kaltem Zustand, Verwendbarkeit für verwickelte Formen.

Nachteile. Verhältnismäßig hoher Preis, bei Asbest hohe Wärmeleitzahl.

d) Trockenstopfverfahren. Ursprünglich wurden lose geschüttete Stoffe, wie z. B. Korkschrot, Torfmull, Kieselgur, Schlacke usw. nur

Abb. 34. Schlackenwollstopfschicht auf einem rotierenden Kugelkocher (noch ohne äußeren Hartmantel).

in beschränktem Umfange als Hinterfüllung von Mauern, Schüttungen auf Decken usw. verwendet. In der Nachkriegszeit entstanden bewährte „Trockenstopfverfahren" auch für Rohrleitungen, Kessel, Behälter, bei denen durch geeignete Bauglieder (Abstandshalter aus Wärmeschutzstoffen, Draht oder Blech als Träger der äußeren Drahtgeflechtumhüllung und der Hartmantelabglättung oder eines Blechmantels) Hohlräume geschaffen werden, die mit faserigen Stoffen (wie Schlackenwolle, Glaswolle) oder mit pulverförmigen Stoffen (Kieselgur, Magnesia) oder Mischungen aus beiden ausgestopft werden (Abb. 33 bis 36). Diese Verfahren haben viel Verbreitung gefunden und werden heute von fast allen großen Firmen ausgeführt.

In schwierigeren Fällen (rotierende Behälter — Abb. 34, große Flächen) werden aber an die Durchbildung der Befestigung und die Ausführung sehr große Anforderungen gestellt, wenn Fehlschläge vermieden werden sollen. Es wurden deshalb auch Verfahren entwickelt, um die Montage schneller und genauer durchzuführen, z. B. unter Zuhilfenahme von Schablonen (Abb. 35) oder indem die Stopfschicht in Matten aus Drahtgeflecht an Blechteilen befestigt werden, so daß sie unschwer an der Baustelle zu einer Hülle vereinigt werden können (Abb. 36)[1].

Abb. 35. Schlackenwollstopfdämmung mit Hilfe von Schablonen (Apur-Verfahren).

Vorteile. Günstige Wärmeleitzahlen und Raumgewichte, Aufbringung im kalten Zustand, bei manchen Bauweisen leichte Abnehmbarkeit.

Nachteile. Umständlicherer Aufbau gegenüber den anderen Verfahren, Erfordernis gut ausgebildeter Bauweisen und geschulter Arbeiter.

Abb. 36. Schlackenwollstopfdämmung in Blechschalen (Lanova-Schalen).

e) **Luftschichtdämmungen.** Der Wärmeschutz von Luftschichten erreicht bei höheren Temperaturen infolge der Bedeutung der Strahlungsübertragung nur dann die Wirkung von hochwertigen Wärmeschutzstoffen, wenn mindestens eine Begrenzungsfläche metallisch blank ist (Abschnitt 25, S. 128). Luftschichten zwischen nichtmetallischen Flächen werden deshalb nur im Bauwesen (besonders in Form von Hohlsteinen) viel verwendet. Im industriellen Wärmeschutz kommen praktisch nur Luftschichten mit Begrenzungsflächen aus Aluminium in Frage, da Aluminium das einzige unedle Metall ist, das auch bei Oxydation an Luft seine Strahlungskonstante nur wenig verschlechtert.

[1] Zum Beispiel DRP. 554374.

Die bekannteste Ausführungsform ist die „Alfoldämmung“ mit flach gespannten[1] oder geknitterten[2] Aluminiumfolien (Abb. 37 u. 71). Bei Verwendung zu Kälteschutzzwecken ist der Schwitzwasserbildung auf den Folien Augenmerk zu schenken. Zwar wird trotz der hohen Strahlungszahl auch eines dünnen Wasserniederschlags die Wärmeschutzwirkung nicht sehr verschlechtert, da Taubildung stets nur auf einer Folienseite auftreten kann, so daß sich die Konstante des Strahlungsaustausches in Gleichung (80) wenig ändert. Aber trotzdem ist das Schwitzwasser als störend ganz zu verhindern, indem man entweder die Dämmung auf der wärmeren Oberfläche mit einer dichten Blechverkleidung versieht, z. B. bei Kühlschränken, oder Verbindungsöffnungen zwischen den Luftschichten und der kalten Innenluft anordnet (s. S. 82).

Abb. 37. Knitterfoliendämmschicht im Boden eines Kühlwagens.

Man hat auch Hohlraumdämmschichten durch mehrfache Lagen Wellpappe versucht (mit und ohne Zwischenlegen von Aluminiumfolien), doch haben diese sich in Deutschland wegen des Schwindens und der Feuchtigkeitsempfindlichkeit der Wellpappe nicht eingeführt. In Amerika ist Asbestwellpappe, z. B. nach Abb. 38, für nicht zu hohe Temperaturen (Heizungsanlagen) jedoch recht beliebt.

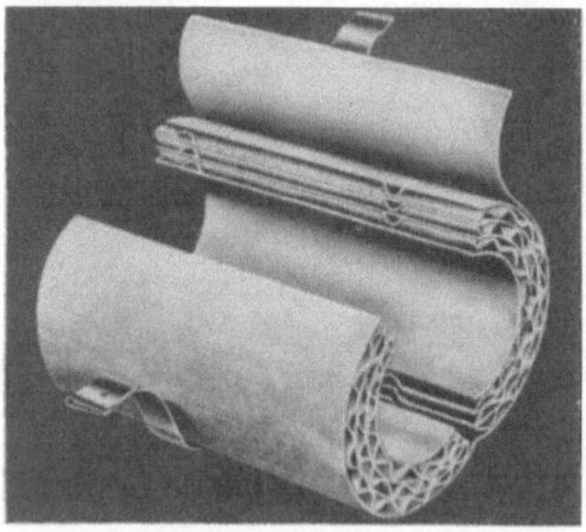

Abb. 38. Asbestocel (Herst. Johns, Manville) temp. best. bis 150°.

f) Leichtbauplatten aus mineralisierter Holzwolle. Leichtbauplatten aus anorganischen Stoffen (Gips, Bims usw.) mit einem Raumgewicht

[1] DRP. 460419. Übliche Folienstärke etwa 0,03 mm.

[2] DRP. 440728. Übliche Folienstärke meist 0,015 mm, mittlerer Folienabstand etwa 8—10 mm. Infolge der geringen Folienstärke wird trotz der gegenseitigen Berührung der Folien nur sehr wenig Wärme in den Folien selbst weitergebildet. Wärmeleitzahlen vgl. S. 134.

von über 600 kg/m³ sind nicht mehr als Dämmstoffe im Sinne dieses Buches zu betrachten. Es gibt aber Leichtbauplatten aus Holzwolle (Abb. 39), die mit einem mineralischen Bindemittel aus Magnesit (chlormagnesiumfrei), aus Zement oder aus Gips hergestellt werden und nach ihrem Raumgewicht (etwa 300 bis 500 kg/m³) und ihrer Wärmeleitzahl (0,06 bis 0,12 kcal/mh°, je nach Art und Feuchtigkeitsgehalt) hierher gehören, auch wenn sie im allgemeinen nur für Industriebauten (aber nicht für Kühlräume, Trockenkanäle usw.) in Betracht kommen.

Abb. 39. Oberfläche einer Holzwollplatte (Heraklithplatte) (nat. Größe).

Sie unterscheiden sich von den unter Ziffer b) genannten plattenförmigen Formstücken durch ihre Größe (Normgröße 0,5 × 2 m, vereinzelt bis 0,5 × 3,5 m gegenüber 0,5 × 1 m bei Kork- und Torfplatten) und ihre Verwendungsfähigkeit zur selbständigen Wandbildung. Infolge der groben Porosität der Zwischenräume zwischen der Holzwolle steigt die Wärmeleitzahl verhältnismäßig stark mit der Temperatur.

Vorteile Hohe Festigkeit, große Formate, Verwendbarkeit zu selbständiger Wandbildung.

Nachteile. Geringerer Wärmeschutz als bei eigentlichen Wärmeschutzplatten, besonders bei Temperaturen über 20° C.

g) Wärmeschützende Verkleidungsplatten. Für bautechnische Aufgaben gibt es noch eine weitere Art großformatiger Leichtplatten (bis 1,5 × 4 m), die jedoch im Gegensatz zu den Leichtbauplatten nach Abb. 39 nur in dünnen Stärken hergestellt werden (meist 6 bis 13 mm, höchstens bis 25 mm), von pappeartiger Struktur sind und eine glatte Oberfläche haben, so daß sie bei Wänden den Verputz ersetzen und direkt gestrichen oder tapeziert werden können. Sie bestehen aus Holzfasern, Holzschliff,

Stroh u. ä. Bei der Anbringung ist, besonders für Temperaturen über 20° C, dem eintretenden Schwund Rechnung zu tragen.

Vorteile. Gute Festigkeit, großes Format, günstige Wärmeleitzahl.

Nachteile. Verhältnismäßig hoher Preis, geringe Stärken.

Während man im allgemeinen für einen Verwendungszweck sehr verschiedenartige Dämmstoffarten in Betracht ziehen kann, gibt es in der Technik einige Sonderaufgaben, für die sich ausschließlich bestimmte Stoffe eignen. Es ist dies die Dämmung bei sehr hohen Temperaturen (800 bis 1400° C) und bei Temperaturen unter derjenigen der Außenluft (Kühlräume). Beide Fälle werden im folgenden Abschnitt 16 u. 17 eingehend behandelt.

16. Dämmstoffe für sehr hohe Temperaturen (800 bis 1400° C).

Fast stets ist, wenn eine sehr hohe Temperaturbeständigkeit notwendig ist, auch eine besondere Druckfestigkeit verlangt, um den Dämmstoff für Kesselmauerwerk, Feuerungen, metallurgische Öfen u. ä. verwenden zu können. Lose (meist körnige) Füllstoffe werden deshalb für sich allein selten verwandt, da ein selbsttragendes Mauerwerk aus Formstücken konstruktiv einfacher ist. Die Formstücke werden ausschließlich auf keramischem Wege aus Kieselgur oder Ton oder Mischungen beider Rohstoffe unter Zuhilfenahme von Ausbrennstoffen hergestellt. Daneben werden Sondermörtel auch als Stampfbeton und Anstrichmörtel benutzt. Ob der zum Brennen nötige Tonzusatz schon von Natur aus vorhanden ist oder nicht, ist ziemlich gleichgültig. In Amerika gibt es allerdings ein sehr reines und festes Kieselgurvorkommen (Celite), das gestattet, Steine unmittelbar aus dem Sediment zu schneiden. Abb. 40 u. 41 zeigt

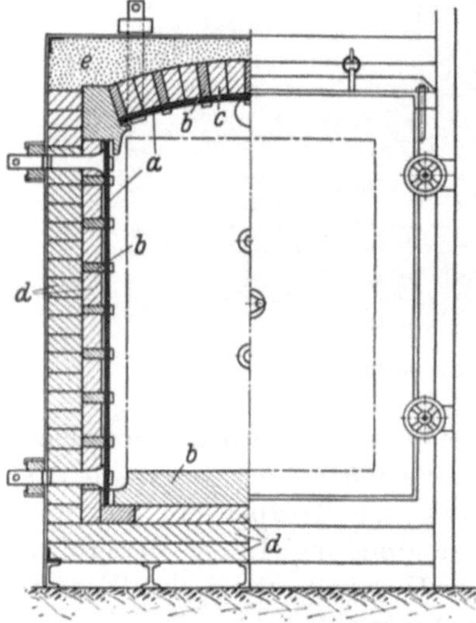

Abb. 40. Schnitt durch einen 80 kW-Felgen-Muffelofen zum Brennen von Glasuren. *a* Heizfelgen, *b* Schamotte, *c* Leichttonstein 750 kg/m³, *d* Kieselgurstein 460 kg/m³, *e* Kieselgurpulver.

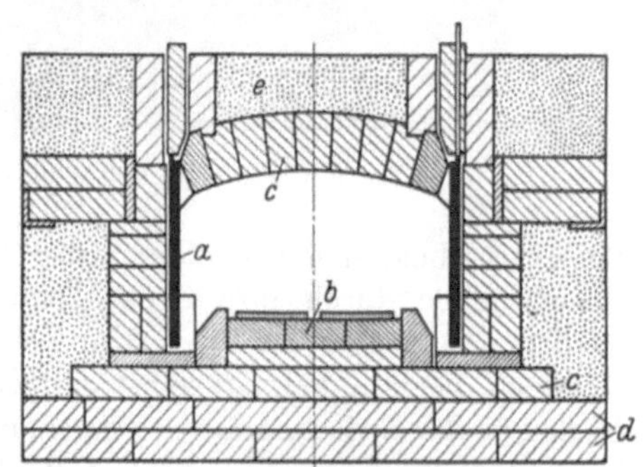

Abb. 41. Kontinuierlicher Felgenofen für keramische Zwecke bis zu 1300° C. *a* Heizfelgen, *b* Schamotte, *c* Leichttonstein 750 kg/m³, *d* Kieselgurstein 460 kg/m³, *e* Kieselgurpulver.

zwei kennzeichnende Bauweisen[1], bei denen nur an wenigen Stellen besonderer Beanspruchung Schamottesteine, im übrigen Dämmsteine verschiedener Temperaturbeständigkeit und Kieselgurpulver verwendet ist.

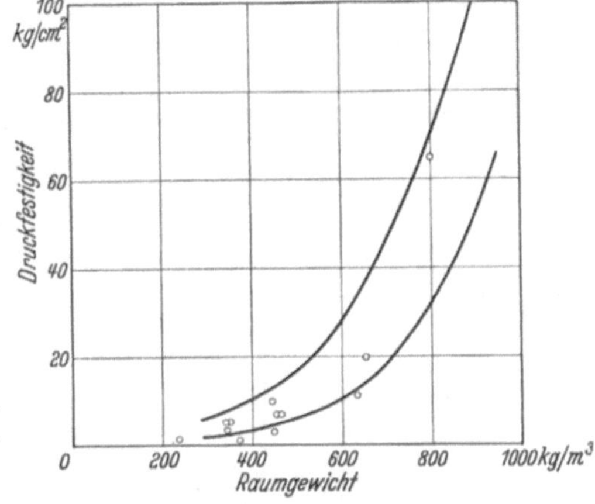

Abb. 42. Raumgewicht und Druckfestigkeit bei gebrannten Kieselgursteinen.

Mit Rücksicht auf den Wärmeschutz soll von Dämmsteinen keine unnötig hohe Festigkeit verlangt werden. Abb. 42 zeigt den ungefähren Zusammenhang zwischen Raumgewicht (und damit Wärmeleitzahl) und Festigkeit. Wie die Streuung der Versuchspunkte zeigt, kann je nach der besonderen Art der Kieselgur und der Herstellung (z. B. des Brennvorgangs) schon bei verhältnismäßig niedrigem Raumgewicht eine gute Festigkeit erreicht werden. Aus technischen Gründen müssen für die Druckfestigkeiten Grenzwerte genannt werden, die ziemlich weit auseinander liegen, z. B.:

2 bis 6 kg/cm²
5 bis 8 kg/cm²
12 bis 20 kg/cm²
40 bis 60 kg/cm²

Abb. 43. Abhebbares Gewölbe eines Feinblechnormalisierofens.

Für gebrannte Kieselgursteine pflegt die obere Temperaturgrenze 900 bis 950° C zu sein. Sonderfabrikate, z. B. „Superdia“ der Rheinhold & Co. G. m. b. H., Berlin, „Feuerleicht“ der Sterchamolwerke, Dortmund, „Diatomit F“ der Grünzweig & Hartmann G. m. b. H., Ludwigshafen, reichen bis zu Temperaturen, die auch den Anforderungen der eisenerzeugenden Industrie gerecht werden. Die Anforderungen, die

[1] Mit freundlicher Genehmigung des Verfassers aus: Felgenöfen für hohe Temperaturen, insbesondere für keramische Zwecke, Schmelzen und Schmieden. Von H. Masukowitz: Elektrowärme Bd. 4 (1934) S. 15. Über die geringe Wandstärke in Abb. 40 mit Rücksicht auf die Notwendigkeit gleichzeitigen Erkaltens der keramischen Charge und des Ofens, vgl. S. 286.

an Dämmsteine für Gießpfannen, Roheisenmischer, Winderhitzer, Herdwagen u. ä. gestellt werden, sind außerordentlich hoch. Abb. 43 zeigt z. B. ein abnehmbares Gewölbe. Je nach den konstruktiven Verhältnissen, insbesondere je nach dem ob die Druckbeanspruchung senkrecht zum Wärmestrom wirkt (so daß sie also von den kälteren Schichten aufgenommen werden kann) oder parallel zum Wärmestrom (wobei dann auch die hocherhitzten Schichten die ganze Druckbeanspruchung erhalten), kann man bis an die oberste Grenze des Erweichungsbeginns gehen oder muß entsprechend vorsichtig verfahren.

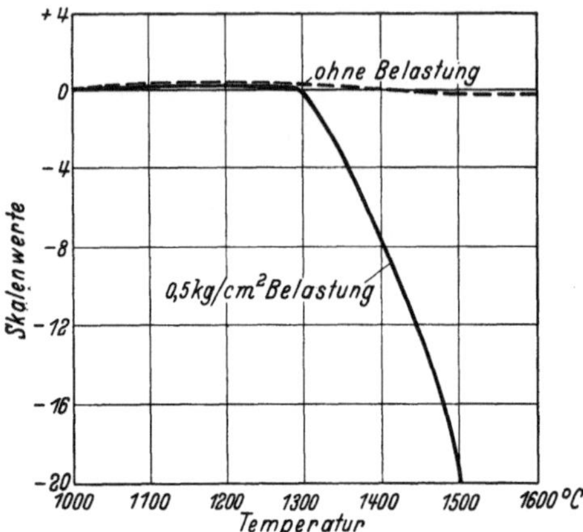

Abb. 44. Längenänderung von Superdiasteinen.

Abb. 44 zeigt z. B. die Längenänderung von Superdiasteinen bei hohen Temperaturen ohne und mit Belastung, Abb. 45 die Druckfestigkeit in Abhängigkeit von der Temperatur. Man sieht aus den beiden Abbildungen, daß man bei Druckbelastungen senkrecht zum Wärmestrom als innerste Temperatur der Superdiaschicht 1350° C zulassen kann, während man bei Belastung parallel zum Wärmestrom nicht über 1200° C hinausgehen wird. Die Abb. 45 zeigt gleichzeitig die Druckfestigkeit eines hoch porösen gebrannten Kieselgursteines und man sieht, daß die Druckfestigkeit aller dieser keramischen Produkte bei höheren Temperaturen größer als bei Zimmertemperatur ist. Der genaue Vorgang der Erweichung von Kieselgursteinen ist allerdings noch nicht ganz geklärt. E. Raisch und K. Schropp[1] haben bei Steinproben, die sie jeweils so lange auf einer Temperaturstufe gehalten haben, bis keine Formänderung mehr eintrat, die Formen nach Abb. 46 gefunden, d. h. die stets auftretende

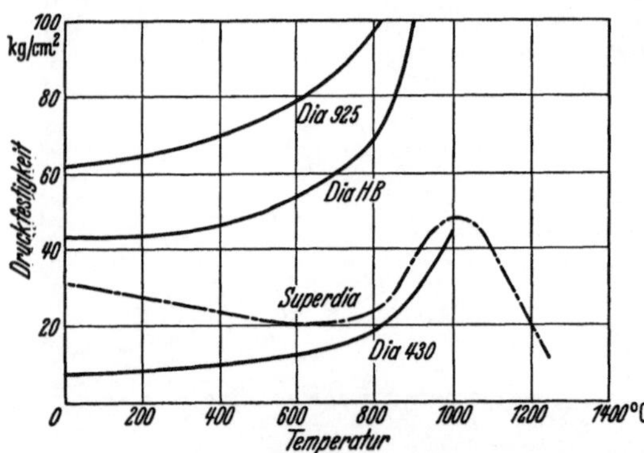

Abb. 45. Temperatureinfluß auf die Druckfestigkeit von gebrannten Steinen.

[1] Raisch, E. u. K. Schropp: Prüfung der Temperaturbeständigkeit von Wärmeschutzmitteln, insbesondere von gebrannten Kieselgursteinen. Gesundh.-Ing. Bd. 54 (1931) Heft 39.

Verfestigung zwischen Temperaturen von etwa 400 bis 800° C ist anscheinend die Folge eines gewissen Schwindvorgangs. Die eigentlich plastische Formänderung (Ausbauchen der Zylinder) tritt erst bei über 900° C ein. Wenn also nach den Regeln für die Prüfung von Wärme- und Kälteschutzanlagen des Vereins Deutscher Ingenieure (S. 298) die Prüfung der Temperaturbeständigkeit in der Weise vorgeschlagen wird, daß der Körper unter normaler Belastung seine Höhe noch nicht verändern darf, so ist diese Festlegung noch verbesserungsbedürftig. Die Steinfestigkeit muß mit Rücksicht auf schwer zu übersehende Wärmespannungen meist ein vielfaches der unmittelbaren Druckbeanspruchung sein. Eine Höhenverminderung durch Schwund, der noch nicht zu Rissen führt, aber die Druckfestigkeit verbessert, ist sehr wohl zulässig. Praktisch wird als Erweichungspunkt die Temperatur gewählt, bei der eine Höhenminderung von 1% bei 1 kg/cm² Belastung auftritt. Damit hat man wenigstens eine Vergleichsmöglichkeit der verschiedenen Erzeugnisse, wenn auch das genaue Verhalten der Steine damit keineswegs erschöpfend gekennzeichnet ist. So kann ein grobporöser Stein *A* bei Zimmertemperatur die doppelte Druckfestigkeit gegenüber einem feinporösen Stein *B* gleichen Raumgewichts haben. Das Zusammensinken bei 1000° C oder 1100° C kann aber beim Stein *B* in viel geringerem Maße und viel weniger rasch vor sich gehen.

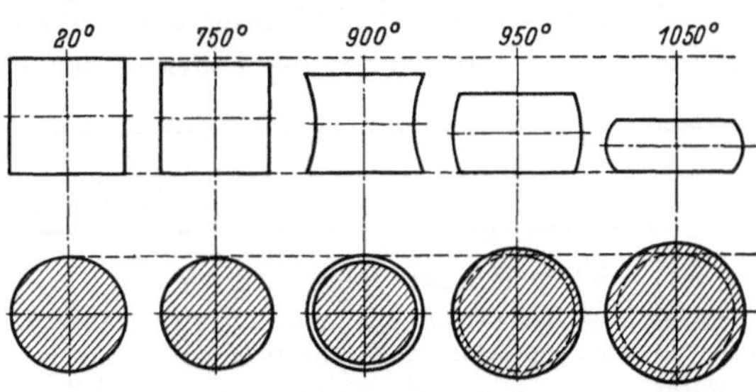

Abb. 46. Formen von Probekörpern aus gebranntem Kieselgurmaterial nach Erhitzen auf die angegebenen Temperaturen.

Da für die praktische Bewährung überdies die Breite der Mörtelfuge und ein möglichst guter Verband wichtig ist, so werden im amerikanischen Schrifttum als Reihenfolge der Eigenschaften, geordnet nach der Wichtigkeit, die wärmetechnischen Eigenschaften an letzter Stelle verlangt:

Gleichmäßige Form und Dichte,
Geringe Schwindung,
Widerstandsfähigkeit gegen Abblättern,
Druckfestigkeit,
Hoher Wärmeschutzwert,
Geringe Wärmespeicherung.

Zur Frage, wie stark feuerfestes Mauerwerk gedämmt werden darf, macht A. Schack[1] folgende bemerkenswerte Ausführungen: Man hat beobachtet, daß das Mauerwerk von Kohlenstaubbrennkammern innen

[1] Schack, A.: Entwicklungsfragen des Ofenbaus und -betriebes unter besonderer Berücksichtigung der Wärmöfen. Arch. Eisenhüttenw. Bd. 5 (1931/32) S. 193.

anfänglich rasch, dann langsamer abschmolz und bei Erreichung einer Mindestwandstärke von häufig nur 100 mm unverändert blieb. Der Grund für diese Änderung der Abschmelzgeschwindigkeit liegt in der Veränderung des Temperaturgefälles in der Wand. Ist das Temperaturgefälle flach (starke Wand), so reicht das Gebiet der hohen Temperatur weit in den Stein hinein; ist es steil (schwache Wand), so hört die Zone hoher Temperatur schnell auf. Wenn also die Innenfläche der Wand schon zähflüssig wird, so ist die zähflüssige Schicht im ersteren Fall dick, wird also viel rascher ablaufen als im zweiten Fall, wo sie dünn ist. So berechnet sich beispielsweise für eine Wand mit der inneren Oberflächentemperatur von 1400° unter der Annahme, daß der Wandbaustoff oberhalb 1350° zähflüssig wird (etwa bei gleichzeitiger Ascheneinwirkung) die nachstehenden Stärken der zähflüssigen Schicht.

Wandbauweise	Dicke der zähflüssigen Schicht in mm
100 mm nichtgedämmte Schamottewand ($\lambda = 1{,}2$ kcal/mh°)	0,5
250 mm nichtgedämmte Schamottewand	1,2
250 mm Schamottewand mit 200 mm Dämmschicht ($\lambda = 0{,}2$ kcal/mh°) .	5,5

Es ist klar, daß die 0,5 mm starke zähflüssige Schicht äußerst langsam, die 5,5 mm Schicht sehr schnell abläuft. Zerstörungen können im übrigen auch dann auftreten, wenn die innere Oberflächentemperatur dem Schmelzpunkt noch lange nicht nahekommt. Beispielsweise ist für die Beständigkeit eines Gewölbes maßgebend, daß die Dauerstandfestigkeit der Steine genügend hoch ist; die Dauerstandfestigkeit liegt noch niedriger als der im Laboratorium üblicherweise festgestellte Druckerweichungspunkt, weil sich feuerfeste Steine bei hohen Temperaturen wie sehr zähe Flüssigkeiten verhalten, die gegenüber kurzzeitigen Beanspruchungen wie spröde Körper sind, bei lang dauernder Beanspruchung aber regelrecht fließen. Schack empfiehlt daher mit der Beanspruchung mindestens 100° unter dem Druckerweichungspunkt zu bleiben. Es soll bei Gewölben der Dauerdruckerweichungspunkt der Steine etwa gleich der Arbeitstemperatur des betreffenden Ofens sein.

17. Dämmstoffe für Temperaturen unter Lufttemperatur (Kühlanlagen).

a) Notwendige Stoffeigenschaften. An Dämmstoffe, die dem Kälteschutz dienen sollen, müssen Anforderungen gestellt werden, die sich zum Teil aus den besonderen physikalischen Verhältnissen ergeben, zum Teil aus der Empfindlichkeit der Lagergüter in Kühlräumen.

In erster Linie muß von Kälteschutzstoffen unbedingte Geruchsunschädlichkeit verlangt werden, weshalb alle Binde- und Ansatzmittel, sowie etwa vorhandene wasserdichte Papplagen frei von Phenol, Kresol, Karbolsäure und Naphthalin sein müssen. Andernfalls werden die in Kühlräumen gelagerten Nahrungsmittel für den menschlichen Genuß unbrauchbar. Teer ist also unter keinen Umständen zu verwenden. Wenn hingegen die Praktiker für den Verputz und zum Ansetzen von Kälteschutzplatten (falls nicht Korkkitt verwendet wird) reinen Zementmörtel vorschreiben, so ist dies zwar empfehlenswert, doch tritt bei Kalkmörtel der „Kalkgeruch" nur dann auf, wenn der Kalkmörtel nicht trocken ist oder noch nicht abgebunden hat. Gute Trockenheit ist bei Errichtung von Kleinkühlräumen vor Inbetriebnahme der Anlage allerdings oft nur schwer zu erreichen. Die bei Kalkmörtel beobachtete Verfärbung von Korkplatten, die auf eine Verseifung der hauptsächlichsten Korksubstanz, des Suberins zurückzuführen ist, kann aber nach O. Reichard und W. Jürges[1] ebensogut bei Zement auftreten und ist unschädlich[2].

Die in Kühlräumen vorhandenen Temperatur- und Feuchtigkeitsverhältnisse begünstigen das Wachstum von Mikroorganismen, insbesondere von Schimmel sehr. Hierdurch werden nicht nur die Dämmstoffe zerstört, sondern Schimmelbildung ist auch die Ursache der gefürchteten Modergeruchsbildung. Wo solche Schäden auftreten, kann nur eine völlige Entfernung der geschädigten Dämmschichten und eine Erneuerung nach gründlicher Reinigung und Trocknung Abhilfe schaffen. Nach Untersuchungen der ebengenannten Autoren[3], die sich in der Praxis durchaus bestätigt haben, zeigen expandierte Korksteinplatten, infolge ihrer Vorbehandlung bei Temperaturen bis zu 400° C, eine besondere Widerstandsfähigkeit gegen Schimmelbildung. Diese Platten sind nicht nur in sich steril, sondern enthalten auch keine Substanzen mehr, die Nährstoffe für Mikroorganismen darstellen. Der Prüfung von Dämmstoffen für Kälteschutz hinsichtlich der Entwicklungsmöglichkeit von Mikroorganismen ist also besondere Bedeutung beizumessen. Derartige Versuche sind z. B. von R. Gistl[4] beschrieben.

Bei Kälteschutzanlagen kann Schwitzwasser sowohl an den Oberflächen der Dämmschichten wie in den Poren auftreten. Die Vermeidung der Schwitzwasserbildung auf den Oberflächen ist Angelegenheit der richtigen Bemessung der Dämmstärken, die in Abschnitt 49,

[1] Reichard, O. u. W. Jürges: Bau- und Isoliertechnisches von Kühlräumen. Gesundh.-Ing. Bd. 51 (1928) S. 650.

[2] Öfters zeigen auch die Platten des Fließenbelages von Kühlräumen störende braune Flecken. Sie treten stets da auf, wo Lunker im Fließenansatzmörtel sind. Zweckmäßig wird daher vor Anbringung der Fließen ein gleichmäßiger Mörtelbewurf auf die Korkplatten gemacht.

[3] Jürges, W. u. O. Reichard: Die Ursachen des muffigen Geruchs in Kühlanlagen. Gesundh.-Ing. Bd. 51 (1928) S. 304.

[4] Gistl, R.: Untersuchungen über das Wachstum von Mikroorganismen auf Kältedämmstoffen. Wärme- u. Kälte-Techn. Bd. 39 (1937) Heft 6.

S. 251, gezeigt wird. Die Taubildung in den Poren eines Dämmstoffes spielt sich in der Weise ab, daß die Porenluft in den kältesten Teilen der Dämmschicht ihren Feuchtigkeitsgehalt abscheidet, der zunächst nur sehr gering und unschädlich ist. Aus der Außenluft diffundiert aber dauernd neue Feuchtigkeit in die Porenluft, so daß im Laufe von Wochen und Monaten eine allmähliche Durchfeuchtung des Dämmstoffes und bei genügend tiefen Temperaturen ein Durchfrieren und Absprengen erfolgt.

Es gibt grundsätzlich drei Möglichkeiten zur Vermeidung einer derartigen Durchfeuchtung. Vorzüglich ist zweifellos die Verwendung von Stoffen mit luftdichten Zellwänden, wie sie bei Kork vorhanden sind, der deshalb international am meisten gebraucht wird. Eine wasserabweisende Imprägnierung nicht luftdichter Stoffe kann nur wenig nützen. Eine gewisse Ausnahme bildet die sog. Pechimprägnierung bei Korkplatten, bei der das einzelne Korkkorn noch mit einer verhältnismäßig dichten Pechhaut ummantelt wird. Eine ähnliche Aufgabe erfüllt auch das Ansetzen von Kälteschutzplatten am Mauerwerk mit Pech statt mit Zementmörtel, doch stellen derartige Schutzschichten aus praktischen Gründen leider niemals einen vollkommen dichten äußeren Abschluß dar, mit Hilfe dessen natürlich auch jede Durchfeuchtung vermieden würde. Man nimmt an, daß dies nur bei Ausführungen kleiner Ausmaße, etwa bei Kühlschränken, durch einen abgedichteten Blechmantel möglich ist. Nach H. Lindsay durchdringt aber der Wasserdampf Stoffe leichter als Luft, so daß selbst Abdichtungen, die das Aufrechterhalten eines Vakuums gestatten, ein Eindringen von Feuchtigkeit nicht verhindern können[1].

Eine dritte Möglichkeit zur Verhinderung dieser inneren Durchfeuchtung läßt sich aus der Überlegung ableiten, daß nur das Eindringen von Warmluft aus der Umgebung diese Erscheinung auslöst. Das Eindringen von Kaltluft aus dem Kühlraum in die Dämmschicht kann nie zu einem Wasserniederschlag in den Poren führen, da diese Luft sich ja in der Dämmschicht anwärmt, also eine geringere relative Feuchtigkeit annimmt. Ophuls und Hill[2] haben deshalb vorgeschlagen, zur Trockenhaltung der Dämmschicht die Kühlraumluft durch ein Gebläse unter einem schwachen Überdruck zu halten, der keine Warmluft von außen in die Wände eindringen läßt. Da dieses Verfahren besondere Anlagekosten und laufende Aufwendungen verursacht, so sind Ausführungen in Deutschland bislang nicht bekannt geworden. Nun kann man aber eine, wenn auch sehr schwache, Druckdifferenz zwischen Innen- und Außenluft allein durch den Temperaturunterschied erzeugen, weil Kaltluft schwerer als Warmluft ist. Bringt man im höchsten Punkt des Kühlraumes eine Öffnung in der Wandung zum

[1] Ein ausführlicher Bericht ist in „Die Kälteindustrie“ Bd. 34 (1937) S. 49 unter dem Titel: Feuchtigkeitsdurchgang durch isolierte Wände erschienen.

[2] Hill, H. P.: Refrig. World 1930 S. 9. New Insulating System.

Druckausgleich an, so ist an allen unterhalb dieser Stelle gelegenen Raumflächen der Innendruck etwas größer als der Außendruck. Von diesen Verfahren wird bei der Alfoldämmung für Kühlschränke Gebrauch gemacht[1].

Bei den heute für Deutschland sehr wichtigen Versuchen, Kork durch andere Stoffe zu ersetzen, müssen die geschilderten physikalischen Verhältnisse sorgfältig beachtet werden, wenn nicht sehr schwere Schäden an Bauten und Lagergütern entstehen sollen[2]. Sehr aufschlußreich ist in dieser Beziehung ein Bericht von L. W. Piwowaroff[3] über Schäden beim Kühlhaus in Poltawa, wo nur die Außenwände mit Korksteinplatten gedämmt waren, die Innenwände und Zwischendecken aber mit Preßschilfplatten. Es ergab sich sehr bald eine starke Durchfeuchtung der Preßschilfplatten (etwa 40 Gew.-%) und ausgedehnte Pilzentwicklung. Austrocknungsversuche mit heißer Luft und Sterilisierungsversuche mit Antiseptika, z. B. Chlor, waren vergeblich oder gefährdeten sogar die Bauteile. Die Pilzkolonien begannen sogar auf das Bindemittel der Korkplatten der Außenwände überzugreifen (das wohl ein anderes als das in Deutschland bewährte Pech gewesen sein muß), während sich die Korkkörner als widerstandsfähig erwiesen. Die Durchfeuchtung der Preßschilfplatten verschlechterte die Wärmeleitzahl von 0,06 auf 0,15, machte eine richtige Temperaturregulierung der Kühlräume unmöglich, brachte das Erdreich zum Gefrieren und gefährdete so die Fundamente.

Bei der Beurteilung der Durchfeuchtungsmöglichkeit darf der stets vorhandene Feuchtigkeitsgehalt der umgebenden Baustoffe (S. 121) nicht außer acht gelassen werden. Viel aufschlußreicher (auch hinsichtlich der Anfälligkeit für Schimmel) ist an Stelle der üblichen Schwimm- und Tauchversuche mit Proben eine 4wöchentliche Lagerung in feuchtgehaltenen Tüchern, wenn auch diese Prüfung eine sehr scharfe Inanspruchnahme darstellt.

Viele Schäden durch Feuchtigkeitseinwirkungen in der Praxis lassen sich nur klären, wenn man dem Vorgang des Wanderns der Feuchtigkeit mit dem Wärmestrom in porösen Körpern berücksichtigt. Auf

---

[1] Niemann, H.: Alfol im Schiff- und Kühlwagenbau. Wärme- u. Kälte-Techn. Bd. 39 (1937) Heft 6. Vgl. a. DRP. 612065. Für Kork-Dämmschichten angegeben von W. Jürges: Einige wichtige Ursachen für das Versagen von Kleinkühlanlagen. Z. ges. Kälteind. Bd. 41 (1934) S. 59.

[2] Eingehender dargelegt in der Arbeit: Cammerer, J. S.: Die physikalischen Anforderungen an einen Kälteschutzstoff. Wärme- u. Kälte-Techn. Bd. 39 (1937) Heft 6. In Amerika werden außer Korkplatten für Kälteschutzzwecke verwendet: Balsawolle (aufgeschlossene Faser einer Koniferenart), Celotex (Platten aus Zuckerrohrfasern), Dry-Zero (aus dem faserartigen Samen der Ceibaschote) u. a. Diese Stoffe erhalten stets eine wasserdichte Umhüllung oder Oberflächenschicht.

[3] Nach einem Referat in der Z. ges. Kälteind. 1932 S. 195.

Abschnitt 23e, S. 119, muß deshalb in diesem Zusammenhang besonders hingewiesen werden.

b) Konstruktive Gesichtspunkte. Grundsatz ist die lückenlose Umschließung der Räume durch die Dämmschicht. Die Anbringung der Dämmschicht auf der Innenseite läßt eine Durchbrechung der Dämmschicht durch Träger, Säulen, Decken leichter vermeiden als eine Außen-

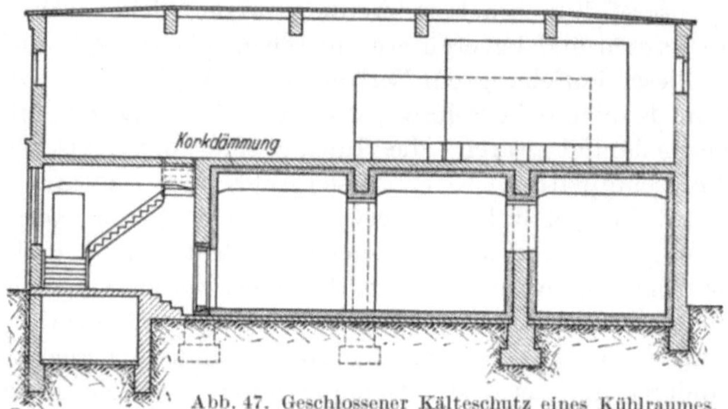

Abb. 47. Geschlossener Kälteschutz eines Kühlraumes.

dämmschicht (Abb. 47). Andererseits ist eine Verlegung der Dämmschicht auf der Oberseite einer Decke oft wesentlich einfacher und billiger. Durch übergreifende Randstreifen an entstehenden Wärmebrücken (Breite

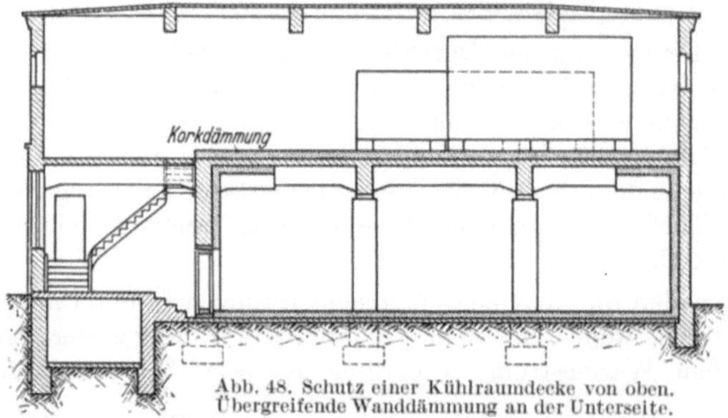

Abb. 48. Schutz einer Kühlraumdecke von oben. Übergreifende Wanddämmung an der Unterseite.

mindestens 2 besser 3 m) nach Abb. 48 kann man auch dann einen Kälteaustritt verhindern. Säulen müssen stets mit einer Dämmschicht (je nach Raumtemperatur genügen 6 bis 8 cm) ganz oder etwa 3 m hoch umhüllt werden.

Auch die Trennflächen zwischen gekühlten Räumen werden meist gedämmt, um die einzelnen Räume mit beliebigen Temperaturen betreiben oder stillegen zu können.

Bei übereinanderliegenden gekühlten Räumen geht die Dämmschicht des Mauerwerkes dort, wo keine Auflage der Decke notwendig ist, geschlossen hoch (Abb. 49)[1]. Die Auflageflächen der Decken sind zu dämmen, an den Druck übertragenden Flächen mit Sonderplatten hoher Festigkeit. Andernfalls Randstreifendämmung der Decke nach Abb. 48.

Bei Neubauten geschieht die billigste Verlegung von Dämmplatten an der Unterseite der Decken, indem die Dämmplatten mit Moniereisen und Befestigungshaken in die Schalung vor Ausführung der Decke eingelegt und dadurch bei deren Herstellung mit dieser fest verbunden werden. Befestigungshaken möglichst kurz, wenn möglich an der Zugarmierung der Decke befestigt, da sonst kleine Wärmebrücken entstehen.

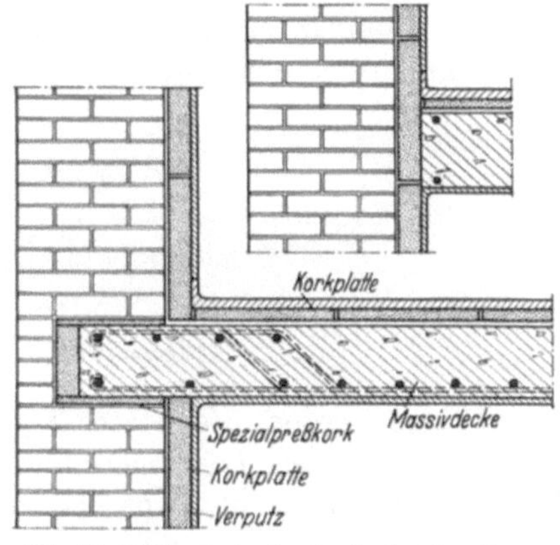

Abb. 49. Kälteschutz des hochgehenden Mauerwerks eines Kühlhauses.

Müssen Zwischendecken in einen Raum eingezogen werden (Höhe von Kühlräumen kleinerer Art 2,20 bis 2,30 m!), so werden zwischen die einzubauenden Trägereisen entweder Leichtbetondielen eingelegt, auf deren Unterseite die Dämmplatten mit Haken befestigt werden (Verputz der Leichtbetonplatten auf der Oberseite ist zweckmäßig). Oder man legt zwischen die Doppel-T-Träger ein Gitterwerk von Winkeleisen, in die die Dämmplatten eingeschoben werden. Die Dämmschicht muß dann aber über alle Eisen hinweggeführt werden, zu welchem Behuf doppelte Lage der Dämmplatten besonders zweckmäßig ist.

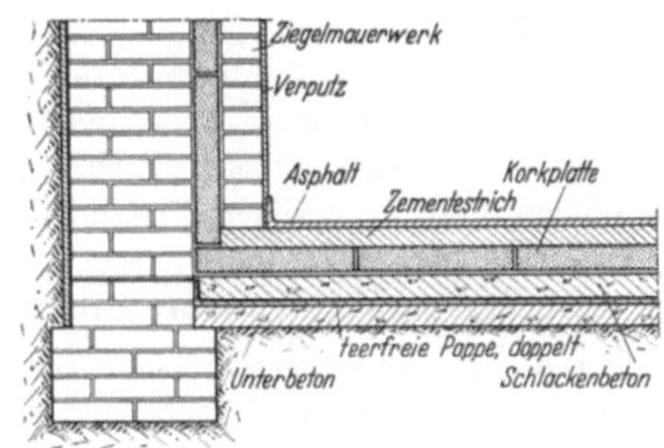

Abb. 50. Kälteschutz des Bodens eines Kühlraumes.

Im Betonboden ist eine teerfreie Pappe gegen aufsteigende Feuchtigkeit einzulagern. Bei tief gekühlten Räumen ist Berechnung der Dämmschicht gegen Gefrieren des Erdreiches erforderlich, um schwere Gebäudeschäden zu vermeiden. Bei unübersichtlichen Verhältnissen im Erdreich müssen unter Umständen Sondermaßnahmen ergriffen werden (s. S. 256). Stärke des Estrichs auf der Dämmung je nach Beanspruchung durch Transportkarren usw. Ziegel-

[1] Nach DPR. 649376 kann die Dämmschicht eines Kühlhauses ganz ohne Unterbrechung ausgeführt werden, wenn das Traggerüst als geschlossener Skelettbau aus Eisenbeton oder dgl. mit nach innen gelegten äußersten Stützreihen und als Kragplatten ausgebildeten Endfeldern ausgeführt wird.

vormauerung als Kältespeicher innerhalb der Dämmschicht darf bei hohen Räumen nicht direkt auf dem elastischen Dämmstoff stehen, sondern muß auf dem Estrich ruhen (Abb. 50). Ist eine Grundwasserdichtung nötig, so ist sie über Oberkante-Erdreich emporzuziehen und mit einer eisenarmierten Betonschicht gegen den Grundwasserdruck abzusteifen.

Bei Kältedämmungen von Rohrleitungen muß der entstehende Hohlraum unter einer Flanschdämmung mit einem Kork-Pechgemisch

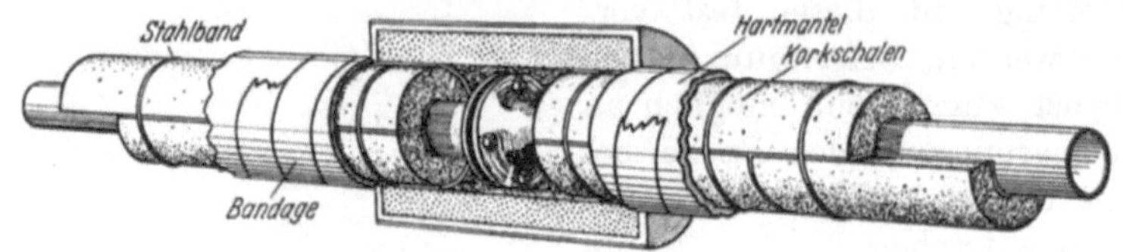

Abb. 51. Kälteschutz einer Soleleitung mit Korkschalen.

ausgegossen werden. Versetztes Ansetzen der Korkschalen nach Abb. 51, nur auf trockenen Leitungen und nur mit Korkkitt. Abglättung in Maschinenräumen mit Gips, in gekühlten Räumen nur mit Zement oder Bitumen.

Die Rohraufhängung darf niemals direkt die Leitungen berühren, große Kälteverluste, Schwitzwasser und Eisbildung sind sonst unvermeidlich. Also Ausführung entweder mit Hartholzunterlage zwischen Rohr und Aufhängung oder mit einem Blechstreifenschutz auf der durchgehenden Dämmschicht, die den Druck der Aufhängung auf die Dämmschicht verteilt.

Sorgfältig gebaute Kühlraumtüren müssen einen luftdichten Abschluß erzielen und Wärmebrücken vermeiden. Füllung der Türen nur mit hochwertigen Dämmplatten. Türbauweisen in Holz oder emailliertem Stahlblech sind zu gleichen Preisen lieferbar.

18. Entzündbarkeit von organischen Bau- und Dämmstoffen.

Durch Brände an gedämmten Bauten, z. B. bei Kühlräumen, bei Schiffen sind schon mehrfach schwere Schäden verursacht worden. Wenn man weiter bedenkt, daß rd. 10% der Totalverluste an Schiffen auf Feuer zurückzuführen ist, so wird man einer schweren Entzündlichkeit der Dämmstoffe zweifellos eine gewisse Bedeutung beimessen. Nachstehende Gegenüberstellung der Entzündlichkeit verschiedener Stoffe nach Dr. Ing. Schaefer, Berlin ist deshalb von Interesse, auch wenn einheitliche Prüfbestimmungen, die den praktischen Gefahrverhältnissen völlig gerecht werden, noch nicht existieren.

Es bedeutet:

Flammpunkt die Temperatur, bei der eine angenäherte Flamme erstmals ein kurzes Aufflammen verursacht.

Zahlentafel 22. Entzündlichkeit von Bau- und Dämmstoffen.

Material	Flammpunkt in °C	Brennpunkt in °C	Selbstzündungspunkt an Luft in °C
Holzarten:			
Kalifornische Zeder	160	270	360
Eiche, Esche, Buche, Tanne, Fichte, Kiefer, Teakholz, Mahagoni, Sperrholz	240—260	265—290	330—470
Dämmstoffe:			
Plattenkork (6 Fabrikate)	245—280	300—325	370—575
Korkschrot (2 Proben)	275—290	315—325	380—505
Isolierstoff[1] (4 Fabrikate)	245—250	275—285	340—410
Elektrische Kabel-Isolierungen (3 Fabrikate)	180—257	250—322	420—510
Fußbodenbelag und Dekorationsmaterialien:			
Fußbodenbelag[2] (4 Proben)	200—210	275—295	450—660
Möbelbezug (10 Proben)	175—280	175—315	330—610
Läuferstoff	220	300	370
Gardinenstoff, neu	280	310	620
Polsterfüllung (4 Proben)	210—285	285—320	320—445
Leinen (2 Proben)	225—238	300—310	325

Brennpunkt die Temperatur, bei der eine bleibende Flamme auftritt, wenn man über den Flammpunkt hinaus erwärmt.

Oberer Zündwert die Temperatur, bei der Selbstentzündung in freier Luft ohne Fremdzündung eintritt.

Der obere Zündwert liegt etwa 35 bis 320° über dem Brennpunkt und ist nicht leicht eindeutig zu kennzeichnen, weil er in der Praxis von Oberflächengröße, Temperaturleitfähigkeit des Stoffes, Temperatur und Strömungsgeschwindigkeit des zutretenden Luftstromes abhängt. Es kann daher in der Praxis sehr wohl Selbstzündung bei niedrigeren Temperaturen stattfinden, als dem Ergebnis im „Zündwertprüfer" nach Jentsch entspricht. Besonders wichtig sind oft die Wärmeabfuhrverhältnisse der Umgebung, da die Dämmstoffe meist zwischen nicht brennbaren Schichten (Putz, Ziegelwände, Stahlblech oder Zinkblech bei Schiffen) eingebaut sind. Durch örtliche Überschreitung der Selbstzündungstemperatur etwa infolge von Schweißarbeiten kann langdauerndes verborgenes Schwelen eintreten, bis plötzlich ein Brand ausbricht, der um so gefährlicher ist, weil der eigentliche Brandherd vor den Löschversuchen durch die Oberflächenschichten geschützt ist. Bemerkenswert sind Versuche von F. Kaufmann[3], nach denen Holz, das

[1] Offenbar Torffabrikate.

[2] Anscheinend in der Hauptsache Linoleum.

[3] Kaufmann, F.: Über die Selbsterwärmung des Holzes. Gesundh.-Ing. Bd. 59 (1936) S. 410.

durch Schlackenwolle gut gegen Wärmeabgabe geschützt ist, schon bei Erwärmung auf 165° sich allmählich selber bis zur Entzündung erhitzen kann, obwohl der obere Zündwert nach Zahlentafel 22 nicht unter 330° liegt.

19. Die Ausführung des Wärmeschutzes in Sonderfällen.

a) Schutz von Formstücken. Der Wärmeschutz von Flanschen, Ventilen u. ä. Formstücken stellt wegen der Verwickeltheit der Formen und der notwendigen schnellen Abnehmbarkeit besondere Anforderungen. Bewährt haben sich folgende Ausführungen:

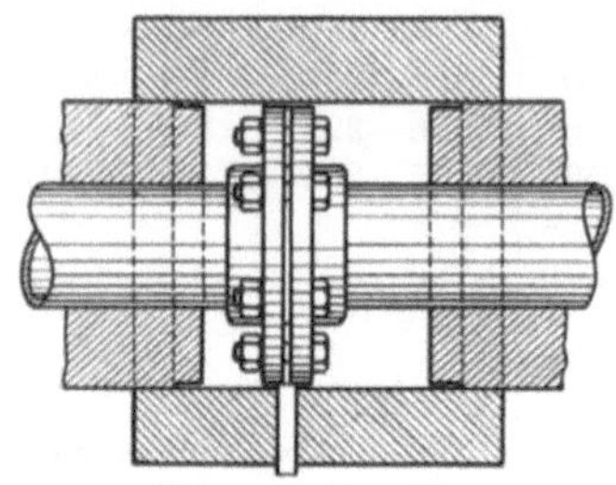

Abb. 52. Flanschdämmung mit Formstücken und eingebautem Tropfröhrchen.

Dämmung mit Wärmeschutzmasse. Der Flansch wird einfach mit Aufstrichmasse wie das Rohr geschützt. Bei Bedarf wird die Masse heruntergeschlagen und durch eine neue ersetzt. Man kann dabei um die Flanschen einen Blechstreifen (mit oder ohne Asbestschnurdichtung), der unten ein Tropfröhrchen besitzt, legen, damit etwaige Flanschundichtigkeiten äußerlich sofort erkennbar werden. Um ein Einrosten der Schrauben durch die anfänglich feuchte Wärmeschutzmasse zu verhindern, werden diese mit Holzwollseilen (die im Betrieb dann verkohlen) oder mit Asbestschnüren umwickelt. Diese Ausführung ist wärmeschutztechnisch durchaus gut, aber in den meisten Betrieben wegen des entstehenden Schmutzes bei Reparaturen nicht beliebt.

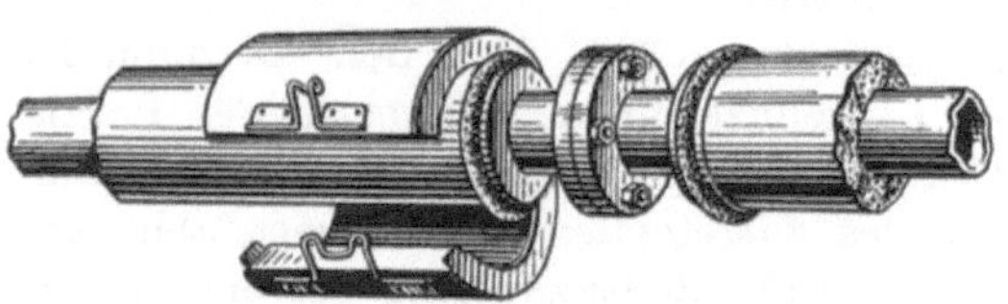

Abb. 53. Flanschdämmung mit Blechkappen.

Umhüllung mit Formstücken. Schutz der Flanschen nach Abb. 52 mit Schalen aus gebrannter Kieselgur, Kork, Torf u. dgl. ist ebenfalls wärmeschutztechnisch befriedigend. Trotz der Einfachheit der Erneuerung sind aber doch sachkundige Arbeiter nötig wie bei Ausführungen mit Wärmeschutzmasse. Man wählt daher überwiegend Schutzhüllen der nachstehend beschriebenen beiden Arten.

Abnehmbare Blechflanschkappen (Abb. 53). Sie enthalten in einer doppelten Wandung aus Blech eine Dämmfüllung und bestehen aus zwei mit Scharnieren verbundenen Teilen, die um den Flansch geklappt und mit irgendeinem geeigneten Verschluß verbunden werden. Die Kappen werden allerdings bei ihrer Abnahme leicht verbeult und schließen dann schlecht, so daß erhebliche Wärmeverluste durch Ventilation entstehen. Eine gewisse Abhilfe läßt sich durch Ausstopfen des Hohlraumes um den Flansch mit Schlackenwolle, Asbestfaser usw.

und durch Unterlegen einer seitlichen Asbestschnur am Rande zur Abdichtung erzielen. Man kann aber oft beobachten, daß derartige Flanschkappen im praktischen Betrieb nach ihrer Abnahme nicht mehr in dieser Weise aufgebracht bzw. überhaupt fortgelassen werden. Den verhältnismäßig hohen Anlagekosten entspricht also der praktische Erfolg oft nicht.

Schnur- oder Matratzenumhüllung (Abb. 31 und 32, S. 71). Am beliebtesten sind heute wohl Hüllen aus schmiegsamen Matratzen aus Asbestgewebe mit einer Füllung aus Asbest oder Schlackenwolle. Durch starke Drahthaken am Rande der Asbestmatratzen können sie mit Bindedraht in einfacher Weise zu einem sehr dichten Anliegen um den Flansch gebracht werden. Auch verwickelte Formstücke lassen sich auf diese Weise durchaus befriedigend schützen. In staubigen Betrieben oder zur Erzielung eines hübscheren Äußeren kann um die Asbestmatratzen ein leicht abnehmbarer Blechmantel gelegt werden. Etwas umständlicher ist die Verwendung von Schnüren an Stelle von Matratzen.

b) Wärmeschutz von senkrechten, vibrierenden und geschweißten Leitungen. An senkrechten Leitungen muß das Gewicht der Wärmeschutzhülle meist besonders abgestützt werden, um ein Herabrutschen zu vermeiden, z. B. durch Anbringung von Stützwinkeln über Flanschen, auf denen zweiteilige Blechscheiben aufgelegt werden. Ähnlich können auf vibrierenden Rohren Winkel aufgebunden oder aufgeschweißt werden, um die Dämmschicht gegen ein Abschütteln zu schützen. Wird dann um die Wärmeschutzschicht herum noch ein Drahtgeflecht gelegt, das mit diesen Winkeln verbunden und mit einem Hartmantel aus Gips usw. verputzt wird, so ist die Dämmschicht so fest eingespannt, daß ein Abschütteln vermieden wird. Bei sehr starken Vibrationen und stoßartigen Beanspruchungen bleibt allerdings nur der Schutz mit Asbestschnüren.

Bei langen geschweißten Leitungen, sowie bei Rohrbogen (besonders bei Lyrabogen) muß die Wärmedehnung der Leitung bei In- und Außerbetriebnahme berücksichtigt werden, um starke Rissebildung in der Dämmschicht zu vermeiden. Man setzt zu diesem Behufe in geeigneten Abständen — bei geschweißten Leitungen etwa alle 10 bis 20 m, bei bogenförmigen Rohren an den Stellen der stärksten Krümmung — die Dämmschicht auf einige Zentimeter ab und legt in den Zwischenraum ein elastisches Material, also bei hohen Temperaturen wieder Asbestzöpfe, ein. Nach außen kann man diese Unterbrechungen durch einen Blechstreifen abdecken. Bei Freileitungen genügt hierfür die ohnedies notwendige Dachpappe.

Sind durch Wärmedehnungen Verschiebungen der Rohroberfläche zur Dämmschicht möglich, wie z. B. bei gemeinsamer Umhüllung einer Asphaltleitung und ihrer Beheizungsleitung, so empfiehlt sich eine

Zwischenlage von Blech oder Drahtgewebe zwischen Rohr und Dämmschicht, damit letztere nicht im Lauf der Zeit zerrieben wird.

c) Wärmeschutz großer Flächen. Der Wärmeschutz großer, insbesondere senkrechter Flächen bietet zuweilen erhebliche Schwierigkeiten, vor allem wenn eine leichte Abnahmbarkeit der Wärmeschutzhülle gefordert werden muß, etwa bei Lufterhitzern, Schwelöfen u. dgl. Man kann dann nicht wie z. B. beim Schutz von Petroleumtanks gegen Sonnenbestrahlung in einfacher Weise Platten mit Hilfe von Stahlbändern befestigen, sondern muß Matratzen oder Stopfisolierungen verwenden. An den Flächen werden zu diesem Behufe Winkel oder U-Eisen angeschweißt, die Löcher erhalten, um mit Drähten bzw. Drahtgeweben den dazwischen liegenden Dämmstoff festhalten zu können. Außen wird vielfach ein Blechmantel aufgebracht, der aber durch untergelegte Asbeststreifen von den Befestigungseisen getrennt werden soll. Da die baulichen Verhältnisse sehr vielgestaltig sind, so ist die Übertragung der Arbeiten an erfahrene Firmen zu empfehlen. Oft kommen noch Erschütterungen oder Bewegungen der Blechwände durch Temperaturspannungen hinzu, die bei Nichtbeachtung die Dämmschicht sehr schnell zerstören (vgl. hierzu auch die Abb. 34).

Bei Wärmespeichern müssen alle oder ein Teil der Nietnähte zugänglich bleiben, um ein Nachstemmen zu ermöglichen. Es sind für derartige Zwecke vielfach Sonderbauweisen erdacht worden, doch sind auch hier Schlackenwollmatratzen u. ä. am einfachsten.

20. Wärmeschutz mit elektrischer Hilfsheizung.

Es gibt in der Industrie eine Reihe von wärmeschutztechnischen Aufgaben, bei denen die Verhinderung jeglichen Wärmeaustausches von Rohren oder Behältern erwünscht ist, beispielsweise um das Einfrieren von Wasser, das Auskristallisieren von Laugen, das Kondensieren von Teerdämpfen in Gasleitungen u. dgl. zu verhindern. Während des eigentlichen Betriebes pflegen zwar keine Schwierigkeiten aufzutreten, weil eine normale Wärmeschutzhülle genügt, um die Wärmeabgabe soweit herabzusetzen, daß keine unzulässige Temperaturänderung des Rohr- oder Behälterinhaltes erfolgt. In den Betriebspausen wird jedoch die vorhandene Speicherwärme der Anlage nach kürzerer oder längerer Zeit aufgebraucht, auch wenn die Wärmeschutzhülle stark bemessen und aus den besten Wärmeschutzstoffen hergestellt ist. In solchen Fällen muß eine Hilfsheizung herangezogen werden, wozu man in der Regel in Überschätzung der benötigten Energie Dampf oder Heißwasser verwendet. Bei geschickter konstruktiver Ausbildung ist jedoch elektrische Heizung baulich und wirtschaftlich überlegen, da sie eine genaue Temperaturregelung, selbsttätige Einschaltung und gleichmäßige Heizung großer Flächen ermöglicht und auch bei fehlerhafter Bedienung selber keiner Gefährdung unterliegt.

Seit einer Reihe von Jahren hat sich das sog. „Elektrowärmeschutzverfahren“[1] gut in die Praxis eingeführt, wobei auf die zu schützende

Abb. 54. Aufbringung der Heizkabel und der Wärmeschutzhülle beim Elektrowärmeschutzverfahren.

Flächen bleiarmierte Sonderkabel in Abständen von 10 bis 15 cm aufgebracht und mit einer Wärmeschutzhülle meist aus Kork umgeben werden. Da die Heizung unmittelbar an das Netz angeschlossen wird und die zu schützenden Flächen oft beträchtlich sind, so muß als Heizleiter in den Kabeln vielfach Kupfer mit Querschnitten bis zu 4 mm² verwendet werden.

Abb. 55. Heizkabel für Elektrowärmeschutz an einem Säuretank (Durchmesser 6,9 m; Höhe 7,6 m).

Abb. 54 zeigt Aufbringung der Kabel und der Korkhülle an einer Kaltwasserleitung, Abb. 55 eine kennzeichnende Ausführung an einem großen Säuretank. Wie gering der Stromverbrauch wird, läßt sich am Beispiel eines Industriewasserturms erläutern. Der Schutz erstreckte sich auf die gesamten Betriebs-, Feuerwehr- und Sprinklerleitungen des Wasserturmes mit insgesamt 160 m Länge. Die Leistung betrug bei voller Heizung 5,8 kW; die eingebauten selbsttätigen Temperaturregler schalten aber den Strom nur im Falle der wirklichen Einfriergefahr ein, also wenn nicht nur die Lufttemperaturen entsprechend niedrig sind,

[1] DRP. 524826, Bauart Krause, Lizenz Rheinhold & Co., G. m. b. H., Berlin-Schöneberg.

sondern wenn auch das Wasser in den Leitungen schon zu lange ruht. Die Stromkosten betragen deshalb trotz der großen Rohrlänge in einem durchschnittlichem Winter kaum mehr als 30 RM. Dieser Betrag spielt angesichts der Sicherung so lebenswichtiger Betriebsteile keine Rolle.

Von industriellen Anlagen, bei denen Temperaturen bis zu 150° vorkommen können, seien noch Asphaltleitungen, Paraffinleitungen, Verladeleitungen für Häfen u. ä. erwähnt. Auch im Bauwesen kann man manche Aufgaben durch das beschriebene Verfahren besser als bisher lösen, z. B. die Bildung von Schwitzwasser in Räumen mit nahezu völlig gesättigter Luft verhindern (Abb. 98, S. 253) oder das Gefrieren von Erdreich unter tiefgekühlten Räumen mit seinen schädlichen Folgen für das Bauwerk vermeiden (Abb. 100, S. 258), Regenrohre, die unzugänglich im Mauerwerk untergebracht sind, schützen usw. In allen diesen Fällen ist der Stromverbrauch niedrig, so daß die laufenden Aufwendungen in Kauf genommen werden können.

21. Der Oberflächenschutz von Dämmschichten.

a) Leitungen, Kessel u. dgl. in Innenräumen und im Freien. Da Dämmschichten ein poröses Gefüge haben müssen, vielfach auch für sich überhaupt keinerlei Druckfestigkeit aufweisen (z. B. lose Faserstoffe), so erhalten sie stets noch einen besonderen Oberflächenschutz. Dieser ist sehr verschieden, je nach der Druckfestigkeit des Dämmstoffes, der notwendigen Feuchtigkeits- oder Luftdichtigkeit usw. Die fertige Dämmschicht muß etwa eine Druckfestigkeit von 3 bis 4 kg/cm² aufweisen, um die üblichen Betriebsbeanspruchungen (Betreten von Rohren, Anlehnen von Leitern) aufnehmen zu können. Die hauptsächlichsten Arten des Oberflächenschutzes sind:

Bandagierung und Anstriche. Die mit Ton oder Gips fertig geglättete Dämmschicht wird mit Binden aus Nessel, Jute, Drahtgaze oder dgl. umwickelt und mit einer Farbe, z. B. mit Wasserfarbe (mattgrauer Erdfarbenanstrich, billig, aber wasserempfindlich), Ölfarbe, Lackfarbe[1], Aluminiumbronze gestrichen. Gegen starke Feuchtigkeitseinwirkung dient ein Anstrich mit Asphaltlack, Bitumen, Bitumenemulsion u. ä.

Hartmäntel. Hartmäntel dienen vor allem dem mechanischen Schutz insbesondere von Stopfisolierungen. Für Dampfleitungen, Warmwasserleitungen usw. genügen Mäntel aus Gips oder aus Mischungen

[1] Derartige Anstriche dienen auch gleichzeitig zur Kennzeichnung des Leitungs-Inhaltes. Nach Normblatt DIN 2403 „Kennfarben für Rohrleitungen" wurden als Grundfarben festgelegt:

Dampf:	rot	Gas:	gelb	Öl:	braun
Wasser:	grün	Säure:	orange	Teer:	schwarz
Luft:	blau	Lauge:	lila	Vakuum:	grau

Die weitere Unterteilung für die verschiedenen Arten der Leitungsinhalte geschieht durch farbige Querbänder.

von Gips und Wärmeschutzmassen, für Kälteleitungen kommen außer den unten aufgeführten Mänteln nur Zementmäntel in Frage, die in der Herstellung aber teurer kommen, weil sie der Monteur mit der Kelle oder mit Gummihandschuhen aufstreichen muß. Zementmäntel bei Dampfleitungen müssen bis zum Abbinden des Zementes sorgfältig feucht gehalten werden. Die heute vielfach verwendeten Hartmäntel aus Bitumenemulsionen sind verhältnismäßig teuer, haben aber außer einer gewissen Elastizität den Vorteil großer Feuchtigkeitsbeständigkeit und Feuchtigkeitsdichtigkeit. Die Stärke derartiger Schutzmäntel richtet sich je nach der Beanspruchung. Bei kleinen Rohren ist sie etwa 10 mm,

Abb. 56. Dachpappumhüllung auf der Dämmschicht eines Wärmespeichers mit abnehmbaren Blechstreifen über den Nietnähten.

bei großen Rohren und ebenen Flächen 20 mm. Für besonders hohe Ansprüche werden Armierungseisen (etwa 5 mm Durchmesser) oder Drahtgeflechte eingelegt. Bei Bitumenemulsionen wird oft Quarzsand oder Zement beigemischt. Die Hartmäntel werden meist noch wie unter a) bandagiert und gestrichen (vgl. Abb. 27).

Umhüllungen mit Dachpappe, wasserdichten Binden. Anlagen im Freien werden mit Dachpappe als Witterungsschutz umhüllt. Eine Bandagierung der Dämmschicht unterbleibt dann meist. Am besten wird teerfreie Dachpappe verwendet, die keines regelmäßigen Neuanstriches bedarf. Um fugenlose wasserdichte Umhüllungen zu erzielen, benützt man auch Bitumenbinden u. ä., deren Bänder sich verkleben oder mit der Lötlampe zusammen schweißen lassen. Teerfreie Dachpappe soll nicht zu leicht sein. Eine Ausführung zeigt Abb. 56. Bei hohen Temperaturen wird manchmal auch eine Hülle aus Asbestpappe verwendet.

Blechmäntel. Zu Blechmänteln dient meist doppelverbleites Eisenblech von 0,75 mm Stärke (Abb. 57). Blechmäntel sind sehr widerstandsfähig, bei sorgfältiger Ausführung aber teuer. Im Erdreich bedürfen Blechmäntel eines sehr guten Schutzes mit Bitumenbinden.

Sonderausführungen. Für Sonderfälle sind auch noch andere Schutzhüllen vorteilhaft, z. B. Hüllen aus Segeltuch oder Asbestgewebe auf Schiffen, Holzverkleidungen bei Behältern u. ä.

b) Leitungen im Erdreich. Im Erdreich verlegte Leitungen mit Dämmschichten haben durch den Bau von Fernheizwerken eine große

Abb. 57. Blechverkleidung des Wärmeschutzes eines Kessels.

Bedeutung erlangt. Der Anteil der Wärmeverluste der Leitungen an der Gesamtwärmeabgabe eines Fernheizwerkes ist hierbei besonders groß (15 bis 20%, vgl. demgegenüber die Angaben auf S. 288), die Erstellung eines dauernd vollwertigen Wärmeschutzes aber besonders schwierig[1], weil ein großer Teil des Rohrnetzes (soweit nicht eine Führung als Freileitung in Betracht kommt) in Kanälen oder unmittelbar ins Erdreich verlegt werden muß.

Kanäle werden heute der Kostenersparnis wegen stets unbegehbar ausgeführt; nur bei Rohren über 300 mm Durchmesser sind sie vielfach zur Not bekriechbar. Feuchtigkeitseinwirkungen treten hier durch

[1] Nachstehende Ausführungen sind zum Teil aus einem Aufsatz von W. Simon: Betriebliche Anforderungen an das Rohrnetz zum Wärmeschutz. Wärme- u. Kälte-Techn. Bd. 38 (1936) Heft 7 entnommen, zum Teil verdankt sie der Verfasser einem Briefwechsel mit Herrn Dr. Ing. Paul Reschke, Dresden.

Schwitzwasser, Einbruch von Regen- oder Grundwasser und durch Rohrschäden häufig in Erscheinung. Neben einer wirksamen Feuchtigkeitsabdichtung der Dämmschichtoberfläche muß bei feuchten Kanälen selbst auf Kosten der Wärmeersparnisse eine Durchlüftung vorgesehen werden. Festpunkte dürfen bei Wärmedehnungen die Dämmschicht nicht beschädigen.

Die höchsten Anforderungen an den Feuchtigkeitsschutz werden bei kanalfrei in die Erde verlegten Leitungen gestellt. Auch einer hohen mechanischen Widerstandsfähigkeit muß alle Sorgfalt gewidmet werden. Man hat die bestehenden Schwierigkeiten anfangs verkannt und schwere Fehlschläge erlebt. Deshalb werden Hauptstränge jetzt wohl immer in Kanälen verlegt, zumal von einer gewissen Größe der Rohrleitung ab (etwa entsprechend einem Kanal über 80 bis 100 cm Breite) die Kostenersparnis der unmittelbaren Verlegung ins Erdreich gering werden. Trotzdem darf die kanalfreie Verlegung nicht als grundsätzlich unmöglich bezeichnet werden. Größte Sorgfalt der Ausführung ist allerdings unentbehrlich. Im einzelnen können die heutigen Erfahrungen etwa wie folgt zusammengefaßt werden.

Dämmstoffe. Gebrannte Kieselgurschalen besitzen den großen Vorteil, daß sie gegen eindringende Feuchtigkeit beständig sind, also nach Fortfallen der Durchnässungsursachen wieder austrocknen ohne Schaden zu nehmen. Die gerne und auch zweifellos mit Nutzen verwendete Schlackenwolle (zum Teil auch Glaswolle) verdichtet sich bei Durchfeuchtung zu steinartigen Massen oder zersetzt sich zu Pulver. Manche Schlackenwollsorten wirken dann auch stark korrodierend, so daß diesbezügliche Gewährleistungen wichtig sind.

Feuchtigkeitsabdichtung der Dämmstoffoberfläche. Die auftretenden Oberflächentemperaturen, die unter der Wärmestauwirkung des Erdreichs oft erheblich sind, müssen bei der Auswahl der Dichtungsstoffe in Rechnung gesetzt werden. Dachpappe wird über kurz oder lang brüchig. Bewährt hat sich bei der Dresdener Fernheizanlage ein Blechmantel, der mit 3 bis 4 mm starker Bitumenhaut umhüllt wurde, deren Fugen mit der Lötlampe verschweißt wurden. Diese Umhüllung erhielt noch eine doppelte Juteumwicklung mit einem Anstrich von Kalt- oder Warmasphalt. Bei gebrannten Kieselgurschalen erscheint ein Blechmantel nicht notwendig, doch muß auf Austrocknen der Verarbeitungsfeuchtigkeit geachtet werden. An Stelle eines Blechmantels kann auch ein armierter Betonmantel verwendet werden. Von anderer Seite wird eine Schutzschicht aus unverdünnter Bitumenmasse, darüber eine gute Teerpappenumhüllung, die Nähte mit der Lötlampe verlötet und darüber wieder ein mit Asphalt bedecktes hochelastisches Jutegewebe, z. B. Plombithaut, Mammuthaut, Lederhaut usw. empfohlen. Ausstopfen von Kanälen mit losen Dämmstoffen kann nur bei ganz nebensächlichen Leitungen in Frage kommen.

Unterstützung und Führung der Rohre. Das Rohr soll sich in der Dämmschicht frei bewegen können, wenn größere Wärmedehnungen in Frage kommen. Richtungswechsel und seitliche Dehnungen, ebenso Abzweigungen bedürfen der Anlage von Schächten. Die Rohrunterstützungen werden zweckmäßig von der Dämmschicht getrennt.

Betrieb der Anlage. Fernheiznetze sollten Sommer und Winter in Betrieb gesetzt bleiben. Schäden durch Witterung, Wärmedehnungen, Feuchtigkeit und Alterserscheinungen werden dadurch stark eingeschränkt. Wo dies nicht möglich ist, sind Rohre in Kanälen und Schächte sorgfältig trocken zu halten.

22. Die Wärmeleitzahl der verschiedenen Stoffe.

Die wichtigste aller wärmeschutztechnischen Stoffeigenschaften ist die Wärmeleitzahl. Je kleiner sie ist, um so geringer ist die durch eine Schicht fortgeleitete Wärmemenge, um so geringere Dämmstärken sind notwendig, um einen bestimmten Wärmeverlust einzuhalten und um so leichter wird auch die Gewichtsbelastung von Rohren, Kesseln und Fahrzeugen. Die Wirtschaftlichkeit einer Wärmeschutzanlage ist daher vor allem von der Wärmeleitzahl des verwendeten Stoffs abhängig und die Gewährleistung der Wärmeleitzahl ist die Grundlage aller Lieferungsbedingungen. Selbstverständlich sind aber Verbesserungen der Wärmeleitzahl durch die Herstellungs- und Rohstoffkosten wirtschaftliche Grenzen gesetzt.

Die allgemeine technische Bedeutung einer günstigen Wärmeleitzahl spiegelt folgende Gegenüberstellung gleichwertiger Dämmstärken nach K. Hencky[1]. Ausgegangen wird dabei von einem Material mit der ungünstigen Wärmeleitzahl 0,12 kcal/m h °.

Zahlentafel 23. Gleichwertige Dämmstärken von Materialien mit verschiedener Wärmeleitzahl.

Wärmeleitzahl in % der Wärmeleitzahl des Vergleichsmaterials ($\lambda = 0{,}12$)	Gleichwertige Dämmstärke in %		
	ebene Wand	Rohr 200 mm Durchmesser	Rohr 50 mm Durchmesser
75	75	65	55
50	50	40	30

Man sieht, die Überlegenheit eines hochwertigen Stoffes ist um so größer, je kleiner der Krümmungsdurchmesser des zu isolierenden Objektes ist. Werbeschriften für Dämmstoffe mit niedriger Wärmeleitzahl, aber hohen Anlagekosten, pflegen daher vielfach Vergleiche auf Grund der gleichwertigen Stärken bei geringen Rohrdurchmessern

[1] Hencky, K.: Praktisch wichtige Forschungsergebnisse über den Wärmeschutz. Mitt. Forsch.-Heims für Wärmeschutz E. V. München. Heft 3.

anzustellen, wodurch natürlich kein zutreffendes Bild der Wirtschaftlichkeit des Stoffes gegeben wird. Die wirtschaftliche Auswahl eines Dämmstoffes muß vielmehr stets an Hand von Berechnungen nach Abschnitt E., S. 262, vorgenommen werden.

In den untenstehenden Zahlentafeln und Diagrammen sind die Wärmeleitzahlen der verschiedensten Stoffe aus dem Schrifttum[1] zusammen-

Zahlentafel 24. Wärmeleitzahlen von Baustoffen im laboratoriumstrockenen Zustand zwischen 0 und 20°.

Von den nachstehenden Durchschnittswerten der Wärmeleitzahlen können Abweichungen bis etwa ± 20% vorkommen. Noch stärkere Abweichungen, ausschließlich nach oben, können bei Gips, Kalksandsteinen, blasigen Leichtbetonen unter 600 kg/m³ und bei Beton mit starker Kiesbeimischung auftreten.

Abweichungen von Einzelwerten bei Hölzern bis zu ± 0,014 kcal/m h° für alle Raumgewichte. (Nach den Versuchen von F. B. Rowley.)

Raumgewicht in kg/m³	Wärmeleitzahl kcal/m h°			
	Feste Baustoffe aller Art	Lose Füllstoffe nicht pulverförmig (Sand, Schlacke)	Lose Füllstoffe pulverförmig (Kieselgur, Steinmehl)	Hölzer[2] senkrecht zur Faser
200	0,057	0,08	0,040	0,056
400	0,070	0,10	0,057	0,089
600	0,10	0,12	0,075	0,123
800	0,14	0,14	0,10	0,156
1000	0,19	0,16	0,13	0,190
1200	0,24	0,18	0,16	—
1400	0,30	0,21	0,19	—
1600	0,37	0,25	—	—
1800	0,46	0,31	—	—
2000	0,60	0,37	—	—
2200	0,82	0,45	—	—
2400	1,12	—	—	—

[1] Es ist nicht möglich, die zahlreichen Arbeiten, auf die sich die Zahlenwerte stützen, im einzelnen anzuführen. Die bekanntesten deutschen Forscher sind: K. Hencky, Osc. Knoblauch, E. Raisch, H. Reiher, E. Schmidt. Auch viele Meßwerte des Verfassers sind in den Durchschnittswerten verarbeitet. Ausländische Veröffentlichungen stammen vor allem vom Bureau of Standard, Washington; G. Hofbauer, Wien; Kreuger und Eriksson, Stockholm; Watzinger und Kindem, Trondheim. — Ausführliche Zusammenstellungen von Wärmeleitzahlen finden sich unter anderem auch in dem „Tabellarium aller wichtigen Größen für Wärme-, Kälte- und Schallschutz" des Verfassers. Herausgeber: Vereinigte Korkindustrie A.G., Berlin-Schöneberg. Kommissions-Verlag Julius Springer Berlin.

[2] Nachstehend die Grenzwerte der Raumgewichte für die wichtigsten Hölzer im lufttrockenen Zustand:

Ahorn	530— 810 kg/m³	Linde.	320—590 kg/m³
Balsa, Ceiba	110— 330 kg/m³	Pappel	300—590 kg/m³
Eiche, Steineiche . .	690—1070 kg/m³	Pitchpine	830—850 kg/m³
Esche	570— 940 kg/m³	Rotbuche	660—830 kg/m³
Fichte	350— 600 kg/m³	Tanne	370—750 kg/m³
Kiefer	310— 760 kg/m³	Weißbuche	620—820 kg/m³

Zahlentafel 25. Wärmeleitzahlen von organischen Wärmeschutzstoffen im laboratoriumstrockenen Zustand bei 0° C.

Die beobachtete Streuung von Einzelwerten gegenüber nachstehenden Durchschnittswerten der Wärmeleitzahl beträgt:

bei Kork- und Torfplatten etwa . . ± 15%
bei den übrigen Werkstoffen. . . . ± 25%

Bei Holzwollplatten ist vor allem die Dicke der Holzwolle (Größe der Zwischenräume) sowie die Lage der Faser zum Wärmestrom (regellos oder senkrecht) von Bedeutung.

Bei Anwendung dieser Zahlentafel auf bestimmte Erzeugnisse muß das in Frage kommende Raumgewicht bekannt sein. Z. B. kommen für Korkplatten geringere Raumgewichte in Betracht als für Torfplatten.

Der Temperatureinfluß kann durch folgende Zuschläge berücksichtigt werden:

bei Korkplatten . . . . . . 0,0014 kcal/mh° je 10° C
bei Holzwolleplatten . . . . 0,005—0,011 kcal/mh° je 10° C
bei Verkleidungsplatten . . . 0,001—0,003 kcal/mh° je 10° C
bei Matten. . . . . 0,002—0,004 kcal/mh° je 10° C

Bei anderen Temperaturen als 0° C können sich also die nachstehenden Wärmeleitzahlen von Baustoffen merklich gegeneinander verschieben.

Raumgewicht in kg/m³	Wärmeleitzahl in kcal/m h°				
	Platten aus Kork oder Torf	Platten aus mineralisierter Holzwolle	Verkleidungsplatten aus organischen Fasern	Matten aus organischen Fasern	Faserstoffe lose
20	—	—	—	—	0,030
50	0,029	—	—	0,030	0,032
100	0,032	—	—	0,030	0,033
200	0,040	0,050	0,038	0,038	0,041
300	0,048	0,056	0,040	—	—
400	0,055	0,067	0,044	—	—
500	0,062	0,083	0,050	—	—
600	—	0,106	0,060	—	—

gestellt, soweit sie als einwandfrei gemessen betrachtet werden können. Wenn auch die einzelnen Versuchswerte um die angegebenen Durchschnittswerte zum Teil erheblich streuen, so geben diese Unterlagen doch dem praktisch tätigen Ingenieur wichtige Anhaltspunkte für die Herstellung und Planung von Wärmeschutzanlagen. Auch ist zuweilen eine Prüfung, ob die Angaben einer Lieferfirma nach den durchschnittlichen Erfahrungswerten überhaupt möglich sind, durchaus am Platze. Die Zahlentafeln sind wie folgt unterteilt:

Zahlentafel 24: Wärmeleitzahl laboratoriumstrockener Baustoffe.

Zahlentafel 25: Wärmeleitzahl laboratoriumstrockener organischer Wärmeschutzstoffe.

Zahlentafel 26: Wärmeleitzahl anorganischer Dämmstoffe.

Zahlentafel 27: Mögliche Abweichung von Einzelwerten gegenüber den Durchschnittsangaben der Zahlentafel 26.

Zahlentafel 26. Wärmeleitzahlen anorganischer Dämmstoffe bei 100° C und ihre Temperaturabhängigkeit.

Material	Raumgewicht in kg/m³	Wärmeleitzahl bei 100 ° C in kcal/m h °	Änderung der Wärmeleitzahl in % pro 1° C
Magnesiawärmeschutzmassen und Kieselgurleichtmassen ohne Ton	200	0,047	0,22
	300	0,054	0,16
	400	0,063	0,11
	500	0,075	0,08
Kieselgurwärmeschutzmassen mit Tonzusatz	500	0,075	0,085
	600	0,091	0,063
	700	0,111	0,05
	800	0,135	0,04
	1000	0,190	0,029
Wärmeschutzmassen aus Gichtstaub, Si-Stoff usw.	400	0,057	0,12
	500	0,062	0,10
	600	0,069	0,085
	700	0,078	0,07
	800	0,090	0,06
	900	0,107	0,05
	1000	0,125	0,045
Gebranntes Kieselgurmaterial	200	0,071	0,20
	300	0,078	0,18
	400	0,086	0,16
	500	0,096	0,145
	600	0,111	0,125 bzw. 0,085[1]
	700	0,129	0,07
	800	0,150	0,06
Gebranntes Kieselgurmaterial für hohe Temperaturen (bis 1350° C) wie Superdia, Cil-o-cel usw.	650—750	0,190	etwa 0,060[2] (bei 0—400°) etwa 0,10[2] (bei 400—600°) etwa 0,16[2] (bei 600—1000°)
Magnesia-Asbest-, Kieselgur-Asbest-, Leichtgipsformstücke	200	0,056	0,15
	300	0,066	0,11
	400	0,078	0,08
Zellenbeton, Porengips, Aerokret	300	0,070	0,22
	400	0,080	0,18
	600	0,110	0,13
	800	0,160	0,09
Schlacken- und Glaswolle	100	0,051	0,35
	200	0,045	0,35
	300	0,050	0,28
	400	0,060	0,20

[1] Oberhalb dieses Raumgewichts im Durchschnitt kleinere Porengröße.
[2] Die Temperaturänderung ist auf die Wärmeleitzahl bei 100° C bezogen.

Zahlentafel 26 (Fortsetzung).

Material	Raumgewicht in kg/m³	Wärmeleitzahl bei 100° C in kcal/m h ° C	Änderung der Wärmeleitzahl in % pro 1° C
Pulverförmige Stoffe (Kieselgur, Magnesia, Gichtstaub, Kalkstaub usw.)	100	0,043	0,29
	200	0,050	0,21
	300	0,057	0,165
	400	0,065	0,14
	500	0,073	0,12
	600	0,083	0,10
	800	0,106	0,08
	1000	0,133	0,065
	1200	0,163	0,05
	1400	0,195	0,04
Asbest, lose	300	0,060	0,23
	400	0,090	0,12
	500	0,128	0,06
	600	0,175	0,05

Zahlentafel 27. Mögliche Streuung der tatsächlichen Werte gegenüber den Mittelwerten der Zahlentafel 26 in %.

Im allgemeinen addiert sich die Unsicherheit der Wärmeleitzahl bei der Grundtemperatur der Zahlentafel 26 nicht zu der Unsicherheit des Temperaturzuschlages, sondern es findet ein Ausgleich statt, so daß man fast stets auf eine Annäherung im Betrage der Unsicherheit der Grundwerte allein rechnen kann. Die Unsicherheit des Temperaturzuschlages wirkt sich auf die Wärmeleitzahl selbst nur mit einem Bruchteil aus; z. B. bedeutet für eine Kieselgurleichtmasse ± 33% am Temperaturzuschlag nur ± 4% an der Wärmeleitzahl bei einer Zunahme der mittleren Temperatur der Dämmschicht um 100°.

Material	Streuung der Wärmeleitzahl bei der Bezugstemperatur in %	Streuung der Temperaturabhängigkeit in %
Magnesiawärmeschutzmasse und Kieselgurleichtmasse . .	± 15	± 33
Kieselgurwärmeschutzmasse mit Tonzusatz	25	50
Wärmeschutzmasse aus Gichtstaub usw.	15	50
Gebranntes Kieselgurmaterial und Zellenbeton bis $\lambda = 0{,}11$	15	40
Gebranntes Kieselgurmaterial über $\lambda = 0{,}11$	15	25
Magnesia-Asbest-, Kieselgur-Asbest-, Leichtgipsformstücke	10	25
Pulverförmige Stoffe bis $\lambda = 0{,}075$	12	33
Pulverförmige Stoffe über $\lambda = 0{,}075$	10	33
Schlacken- und Glaswolle	20	33
Asbest lose	20	33

Zahlentafel 28: Wärmeleitzahl von Dämmstoffen bei tiefen Temperaturen.

Zahlentafel 29: Wärmeleitzahl sonstiger fester Stoffe.

Zahlentafel 30: Wärmeleitzahl von Gasen.

Zahlentafel 31: Wärmeleitzahl von Flüssigkeiten.

Zahlentafel 28.
Wärmeleitzahlen von Dämmstoffen bei tiefen Temperaturen.
(Nach H. Gröber bzw. E. Raisch und W. Weyh[1].)

Material	Raumgewicht in kg/m³	Wärmeleitzahl bei einer Mitteltemperatur von ° C				
		− 200	− 100	− 50	± 0	+ 50
Korkschrot, expandiert, Korngröße etwa 3 mm. .	37	0,008	0,0175	0,022	0,028	0,034
Kieselgur, pulverförmig . .	54	0,0105	0,019	0,0245	0,030	0,036
Kohlensaure Magnesia, pulverförmig	131	0,018	0,025	0,029	0,033	0,038
Seide, wollig	58	0,011	0,019	0,024	0,029	0,035
Seide	100	0,022	0,032	0,037	0,043	0,048
Baumwolle	81	0,028	0,038	0,043	0,048	0,054
Schlackenwolle	95	0,009	0,017	0,022	0,027	0,033
Schlackenwolle	119	0,010	0,018	0,023	0,028	0,034
Asbest, faserförmig	470	0,072	0,117	0,127	0,132	0,137
Asbest, faserförmig	702	0,134	0,190	0,195	0,201	0,207
Kork[2]	107	—	—	0,024	0,032	0,040
Kork[2]	160	—	—	0,026	0,035	0,044
Quellgummi[2]	86	—	—	0,020	0,028	0,036
Balsaholz[2]	101	—	—	0,023	0,034	0,045

Zahlentafel 29. Die Wärmeleitzahl sonstiger fester Stoffe bei 0° C.

Material	Raumgewicht in kg/m³	Wärmeleitzahl in kcal/m h °
Metalle:		
Aluminium	2700	173
Blei	11340	31
Bronze, Rotguß	7400—8900	55
Eisen: Gußeisen	7250	43 ± 25%
Eisen: schmiedbares Eisen	7800	48 ± 30%
Eisen: Stahl	7850	35 ± 30%
Kupfer, technisch rein	8930	331
Messing	8300—8700	75—100
Zink	7100	95
Zinn	7300	56
Hilfsbaustoffe:		
Asbestschiefer	1900	0,30
Asphalt	2100	0,60
Bitumen	1050	0,15
Dachpappe, Pappe	1000—1200	0,12—0,20
Glas	2400—3200	0,5 —0,9
Hartpappe	790	0,13
Korkmentlinoleum	535	0,070
Linoleum	1180	0,16

[1] Raisch, E. u. W. Weyh: Die Wärmeleitfähigkeit von Isolierstoffen bei tiefen Temperaturen. Z. ges. Kälteind. Bd. 39 (1932) S. 123.

[2] Nach E. Griffiths u. J. Awbery: The thermal conductivity of materials used for solid carbon dioxide containers. Ice Cold Stor. 1935 S. 77.

Zahlentafel 29 (Fortsetzung).

Material	Raumgewicht in kg/m³	Wärmeleitzahl in kcal/m h °
Völlig trockene Füllstoffe (vgl. auch Zahlentafel 24):		
Bimskies, gewöhnlich	600	0,15
Rheinischer Isolierbims	300	0,075
Hochofenschaumschlacke, Korngröße 2 bis 5 mm	360	0,09
Hochofenschaumschlacke, Korngröße 30 mm	360	0,12
Synthoporit 0 bis 30 mm	700	0,14
Synthoporit 10 bis 30 mm	700	0,12
Kesselschlacke	750	0,13
Koksgrus bis 15 mm	1000	0,12
Korkschrot	55	0,029
Sand	1500	0,26
Sand	1740	0,28
Kies	1850	0,29
Sägemehl (lufttrocken)	190—215	0,050—0,060
Hobelspäne (lufttrocken)	95—140	0,050—0,055
Strohfaser	140	0,039
Gesteine:		
Granit	2500—3050	2,7—3,5
Kalkstein, amorph	2550	1,05
Marmor	2500—2850	1,8—3,0
Nagelfluh	—	2,0
Sandstein	2200—2500	1,1—1,6
Schiefer ⊥-Schichtung	2650—2700	1,3—1,7
„ ∥-Schichtung	—	2,0—2,9
Sonstige Stoffe:		
Eis, bei 0° C	880—920	1,92
„ bei —50° C		2,39
Erdreich, reiner Sand	1500	0,9
„ reiner Sand	2000	1,5
„ tonig	1500	1,3
„ tonig	2000	2,2
Gummi, vulkanisiert	etwa 1200—950	
Gummigehalt 38%	—	0,25
„ 50%	—	0,19
„ 100%	—	0,115
Kunststoffe:		
Härtbare Preßmassen mit organischen Füllstoffen	1322—1489	0,254—0,327
Härtbare Preßmassen mit anorganischen Füllstoffen	1721—1971	0,501—0,771
Hartpapier, Hartgewebe mit organischen Füllstoffen	1313—1397	0,210—0,299
Heizmikanit (Glimmer)	2479	0,205
Mikalex (Bleiglas und Glimmer)	3469	0,580
Leder	etwa 1000	0,14—0,15
Porzellan	2200—2500	0,72—0,9

Zahlentafel 29 (Fortsetzung).

Material	Raumgewicht in kg/m³	Wärmeleitzahl in kcal/m h °
Schnee, je nach Struktur bei 0° C .	100	0,04
	200	0,09
	300	0,20
	500	0,55
	900	1,9
Steinzeug	2200—2470	0,90—1,35
Zelluloid, weiß	1400	0,18

Zahlentafel 30. Wärmeleitzahlen von Gasen.

Temperatur in ° C	Wärmeleitzahlen in kcal/m h ° bei				
	Luft (und angenähert) Rauchgase, Sauerstoff, Stickstoff	Wasserdampf	Ammoniak	Kohlensäure	Wasserstoff
—190	0,065	—	0,0138[1]	0,008[2]	0,047
0	0,0204	—	0,0185	0,0121	0,142
+20	0,0216	—	0,0204	0,0130	0,150
40	0,0227	—	0,0222	0,0139	0,158
60	0,0238	—	0,0241	0,0149	0,167
80	0,0249	—	0,0259	0,0158	0,175
100	0,0259	0,0201	0,0278	0 0168	0,183
150	0,0287	0,0229	0,0324	0,0191	0,204
200	0,0314	0,0258	0,0370	0,0214	0,225
250	0,0338	0,0287	0,0417	0,0230	0,245
300	0,0361	0,0315	0,0463	0,0261	0,266
400	0,0412	0,0372	0,0556	0,0307	0,307
500	0,0453	0,0429	0,0648	0,0354	0,348

Zahlentafel 31. Wärmeleitzahlen von Flüssigkeiten.

Material	Raumgewicht in kg/m³	Wärmeleitzahl bei 20°C in kcal/m h °
Alkohol	790	0,15—0,20
Ammoniak[3]	610	0,43
Benzol	900	0,12
Dimethylchlorid[3] —10°	—	0,137
„ +20°	—	0,132
Glyzerin, wasserfrei	1260	0,25
„ mit 50% Wasser	1130	0,36
Kohlensäure (nach W. Sellschopp)	800	0,08
	500	0,05
	125	0,02
	2	0,015

[1] Bei — 60° C. — [2] Bei — 80° C. — [3] Nach A. Kardos.

Zahlentafel 31 (Fortsetzung).

Material		Raumgewicht in kg/m³	Wärmeleitzahl bei 20° in kcal/m h °
Olivenöl		920	0,14—0,15
Maschinenöl		900—930	0,1 —0,15
Methylchlorid[1] —10°		—	0,161
„ +20°		—	0,139
Petroleum		790	0,13
Quecksilber	bei —37°		8
	bei 0°	13596	9
	bei 149°		14
Schwefelsäure		1890	0,46
Schweflige Säure[1] bei —10°		1460	0,187
„ „ +20°		—	0,171
Teer		1200	0,12
Toluol[1] bei 24,4°		—	0,124
Wasser nach E. Schmidt und W. Sellschopp	bei 0°	1000	0,477
	bei 10°	1000	0,497
	bei 50°	988	0,554
	bei 100°	958	0,586
	Höchstwert bei 130°	935	0,591
	bei 200°	863	0,573
	bei 300°	700	0,485

Zahlentafel 32.

Betriebszuschläge auf die Wärmeleitzahl von Dämmstoffen.

Formstücke, angesetzt mit Massen gleicher Wärmeleitfähigkeit	Zuschlag für Unterstrich und Fugen etwa 5%.
Formstücke, angesetzt mit Massen schlechterer Wärmeleitfähigkeit	Zuschlag für Unterstrich und Fugen bis 20%.
Formstücke mit nicht ausgestrichenen groben Fugen, schlecht versetzt	Zuschlag bis 50%.
Trockenstopfdämmschicht mit Abstützungsbügeln aus gebranntem Kieselgurmaterial	Zuschlag für die Abstützung 2—3%.

Trockenstopfdämmung aus Schlakkenwolle, Glasgespinst usw. mit einem Hartmantel aus Gips:

Stärke der eigentlichen Schutzschicht in mm	Stärke des Hartmantels in mm	Zuschlag für den Hartmantel in %
10	7,5	50
25	7,5	20
50	10	12
75	12,5	10
100	15	8

Über die Wärmeleitzahlen von feuerfesten Steinen, von Erdreich und von Baustoffen in der Praxis vgl. die Zahlentafeln 38, 43, 44 und 45.

Die angegebenen Wärmeleitzahlen beziehen sich, wo nichts anderes vermerkt ist, auf den Stoff allein. Sehr oft ist aber die

[1] Nach A. Kardos.

fertige Dämmschicht aus mehreren Teilen oder Schichten zusammengesetzt, und den Berechnungen und Gewährleistungen ist natürlich der Wärmeschutzwert der Gesamtschicht zugrunde zu legen. Die Gewährleistungsregeln des Vereins Deutscher Ingenieure unterscheiden daher folgende 4 Arten von Wärmeleitzahlen.

1. Wärmeleitzahl des Stoffes, z. B. eines gebrannten Kieselgursteins.

2. Betriebswärmeleitzahl einer fertigen homogenen Dämmschicht, z. B. einer Kieselguraufstrichmasse-Schutzschicht. Diese Betriebswärmeleitzahl schließt Ausführungsunsicherheiten mit ein.

3. Gleichwertige Betriebswärmeleitzahl einer fertigen Dämmschicht mit verschiedenartigen Teilen in Richtung des Wärmestromes hintereinander, z. B. einer Schnurwicklung mit äußerem Hartmantel.

4. Mittlere gleichwertige Betriebswärmeleitzahl einer fertigen Dämmschicht mit verschiedenartigen Teilen nebeneinander, z. B. einer Schlackenwollstopfdämmung mit Abstützungsbügeln und Blechmantel.

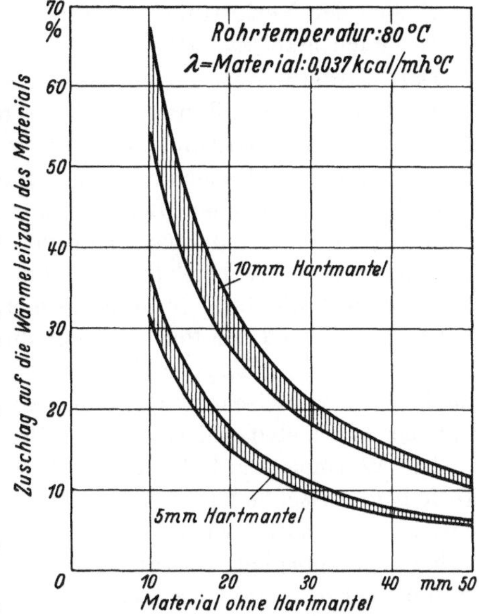

Abb. 58. Zuschlag auf die Wärmeleitzahl des Materials zur Berücksichtigung eines Hartmantels.

Die gleichwertige und die mittlere gleichwertige Betriebswärmeleitzahl stellen also die Wärmeleitzahl einer ebenso wirksamen, gleich starken homogenen Dämmschicht dar und sind nach den Formeln S. 19 aus den Teilwärmeleitzahlen zu errechnen.

Einen ungefähren Überblick über die Unterschiede dieser Wärmeleitzahlen gibt vorstehende Aufstellung in Form eines Zuschlages auf die Wärmeleitzahl des verwendeten Hauptdämmstoffes. Die Werte sind zum Teil je nach Rohrdurchmesser und Dämmstärke ziemlich verschieden. Abb. 58 zeigt für einen bestimmten Rohrdurchmesser und eine Wärmeleitzahl von 0,037 kcal/mh° die Abhängigkeit von der Dämmstärke und der Art des Hartmantels (reiner Gips oder Gips-Wärmeschutzmassemischung) nach W. Dürhammer[1].

[1] Dürhammer, W.: Bemessung und Bewertung der Wärmeschutzstoffe im Heizungsfach. Heizg. u. Lüftg. 1937 S. 81.

23. Die Gesetzmäßigkeiten der Wärmeleitzahl von Bau- und Dämmstoffen.

Für die Wärmeleitzahl poröser Körper, wie dies alle Bau- und Dämmstoffe mit Ausnahme sehr dichter Gesteine und der Metalle sind, ist von Einfluß:

a) Art, Größe und Anordnung der Poren,
b) Temperatur,
c) Chemische Zusammensetzung der festen Bestandteile,
d) Molekularer Aufbau der festen Bestandteile,
e) Art der Verkittung der festen Bestandteile,
f) Feuchtigkeitsgehalt.

Der Einfluß des Feuchtigkeitsgehaltes spielt beim industriellen Kälteschutz und im Bauwesen eine sehr große Rolle. Nur unter seiner Berücksichtigung kommt man dort zu den tatsächlichen praktischen Wärmeleitzahlen. Da sich aber auch hiefür bewährt hat von den Wärmeleitzahlen im trockenen Zustand auszugehen und den Feuchtigkeitseinfluß in gesonderten Zuschlägen zu berücksichtigen, so muß zunächst für alle Stoffe die Wärmeleitzahl im trockenen Zustand behandelt werden, die auch in Zahlentafel 24 bis 29 aufgeführt ist.

a) Der Einfluß der Porosität auf die Wärmeleitzahl. Die Wärmeleitzahl eines porösen Körpers im vollkommen trockenen Zustand muß ein mittlerer Wert zwischen dem Wärmeleitvermögen der Luft in den Poren und der Wärmeleitzahl der festen Bestandteile sein.

Die Wärmeleitzahl der festen Bestandteile der anorganischen Baustoffe liegt zwischen 2,0 bis 3,5 kcal/mh° (Quarzit 5,2). Als guten Mittelwert kann man die Wärmeleitzahl von Marmor mit etwa 2,8 betrachten. Dabei ist amorpher Zustand vorausgesetzt, bei kristalliner Struktur ist die Wärmeleitzahl wesentlich höher (etwa 4 bis 6 kcal/mh° bei 0° C senkrecht zur Kristallachse, parallel dazu bis zu 12 kcal/mh°). Für organische Substanzen dürfte der Wert etwa 0,25 bis 0,35 betragen.

Das Wärmeleitvermögen der Luft in den Poren beträgt unter Berücksichtigung der Strahlungsübertragung je nach der Porengröße 0,020 bis 0,050 kcal/mh°, ist also nur etwa 1% der Wärmeleitzahl der festen Bestandteile von anorganischen Stoffen. Je größer also die Porosität ist, um so mehr nähert sich die Wärmeleitzahl jener der Luft, im umgekehrten Fall der der festen Bestandteile. Nun schwankt das spezifische Gewicht der festen Bestandteile in verhältnismäßig engen Grenzen und beträgt bei

anorganischen Materialien etwa 2400 bis 2800 kg/m^3,
organischen Materialien etwa 1450 bis 1560 kg/m^3.

Aus diesem Grunde ist das Raumgewicht eines Baustoffes, also das Gewicht der Volumeneinheit einschließlich der Lufteinschlüsse ein ziemlich genaues Maß des Porenvolumens.

Die Beziehung zwischen Porenvolumen p in Volumenprozent, dem Raumgewicht R und dem spezifischen Gewicht s in kg/m³ lautet:

$$p = 100 \cdot \frac{s - R}{s}. \quad (88)$$

Aus diesen Überlegungen folgt die bekannte Gesetzmäßigkeit: Die Wärmeleitzahl nimmt mit zunehmendem Porenvolumen ab, sie ist also um so kleiner je kleiner das Raumgewicht ist.

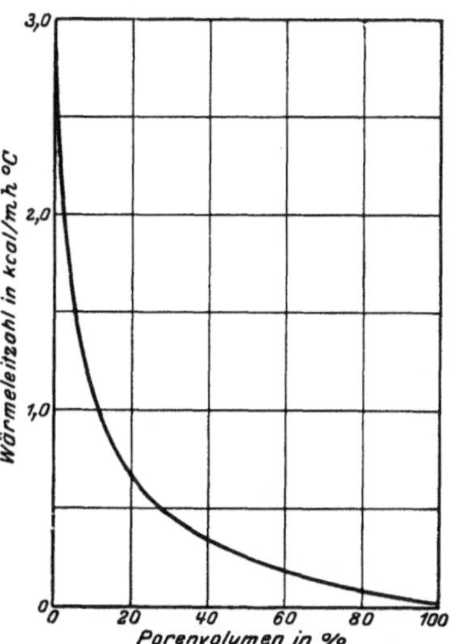

Abb. 59. Abhängigkeit der Wärmeleitzahl anorganischer Bau- und Dämmstoffe vom Porenvolumen.

Abb. 59 zeigt den Verlauf dieser Abhängigkeit zwischen dem Porenvolumen 0 und 100% (vgl. auch Abb. 70 S. 123). Über diese Hauptgesetzmäßigkeit lagern sich aber eine Reihe von anderen Einflüssen, so daß, wie die Zahlentafeln für die verschiedenen Bau- und Dämmstoffe zeigen, zwischen den einzelnen Stoffarten merkliche Unterschiede in der Raumgewichtsabhängigkeit bestehen. Darin liegt auch die Möglichkeit begründet durch besondere Herstellungsverfahren einem bestimmten Erzeugnis eine wesentlich günstigere Raumgewichtsabhängigkeit zu verleihen, als nach den Durchschnittswerten für den betreffenden Rohstoff erwartet werden kann (Abb. 60).

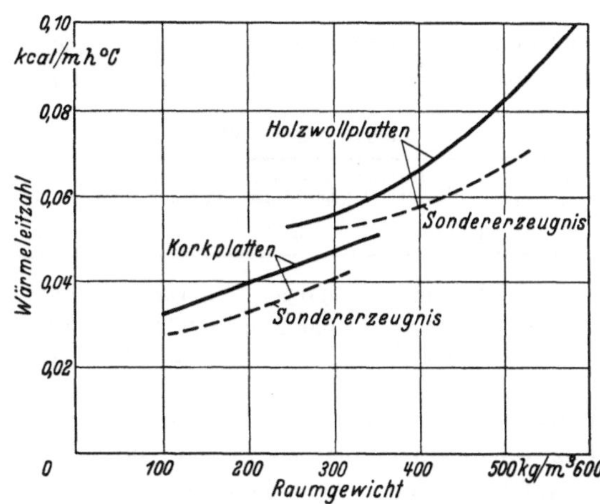

Abb. 60. Die Wärmeleitzahlen guter Sondererzeugnisse gegenüber den Durchschnittswerten.

Die Wärmeleitfähigkeit kann bei einem bestimmten Porenvolumen ein Minimum besitzen, so daß eine weitere Steigerung des Porenvolumens die Wärmeleitzahl erhöht. Der Grund hierfür liegt in der Vergröberung der Luftporen bei allzu loser Anordnung. Dieses Minimum ist aber vielfach praktisch nicht verwendbar. So wählt man für Schlackenwolle oder Glasgespinst bei Rohrdämmungen vielfach ein Raumgewicht von etwa 170—220 kg/m³ mit Rücksicht auf Betriebserschütterungen. Art und Feinheit der Trennwände ist von wesentlichem

Einfluß auf diesen Mindestwert, wie Abb. 61 u. 62 für zwei kennzeichnende lose Füllstoffe nach E. Raisch zeigt.

Damit kommen wir zur: Abhängigkeit der Wärmeleitzahl von der mittleren Porengröße.

Berechnet man die gleichwertige Wärmeleitzahl der Luft für die Ausmaße von Poren nach Gleichung (96) auf S. 131, was natürlich nur angenähert und unter gewissen Annahmen möglich ist, so kommt man etwa zu folgenden Werten:

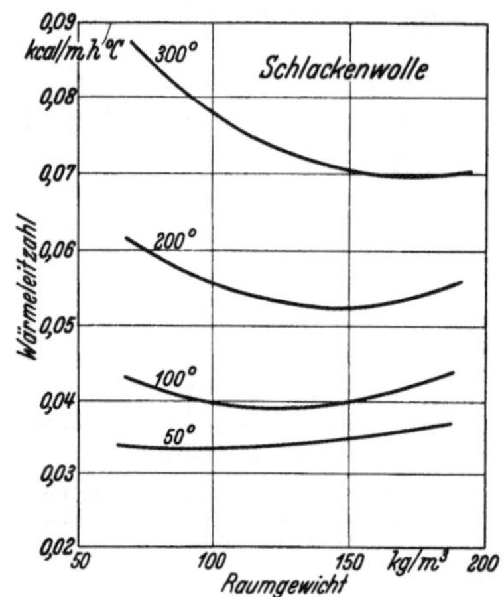

Abb. 61. Abhängigkeit der Wärmeleitzahl von der Stopfdichte bei einer Schlackenwollsorte. (Nach E. Raisch.)

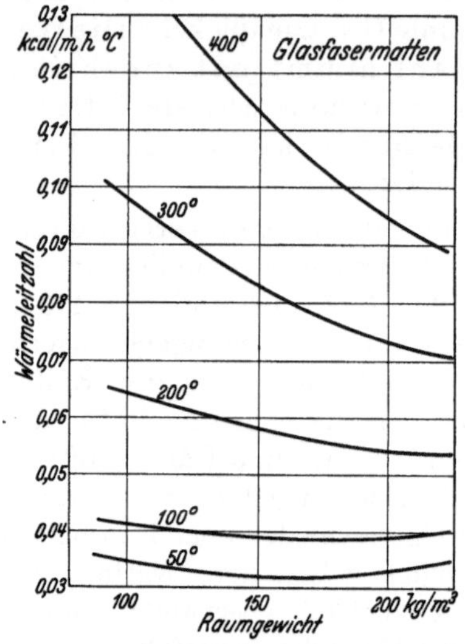

Abb. 62. Abhängigkeit der Wärmeleitzahl von der Stopfdichte bei einer grobfädigen Glasfaser. (Nach E. Raisch.)

Zahlentafel 33.

Mittlere Temperatur in ° C	Gleichwertige Wärmeleitzahl der Luft in kcal/m h ° bei einem Porendurchmesser von			
	0	0,5	1,0	5,0 mm
0	0,020	0,022	0,024	0,038
300	0,037	0,053	0,069	0,198
500	0,046	0,086	0,126	0,444

In der Tat liegt in Abb. 63, welche Teile der Zahlentafel 26 zeichnerisch wieder gibt, die Kurve der gebrannten Kieselgursteine als dem grobporösesten Stoff erheblich über den Linien der feinporösen Stoffe (Wärmeschutzmassen und faserförmige Stoffe). Gleiches gilt von den Holzwoll-Leichtbauplatten in Abb. 60 gegenüber Korkplatten.

Auf die gleichen Ursachen wie der Einfluß des Raumgewichtes bzw. des Porenvolumens ist der Einfluß des Wasserzusatzes beim Anrühren von Wärmeschutzmassen auf ihre Wärmeleitzahl zurückzuführen, da hierbei das Wasser nicht nur zur Formgebung, sondern gleichzeitig auch als Porenbildner dient. Die Erfahrung zeigt, daß dieser Wasserzusatz bei Einhaltung der für die Verarbeitung erforderlichen Plastizität für eine bestimmte Masse nur sehr wenig verändert werden kann (s. Abb. 64). Auf diesen Zusammenhängen läßt sich deshalb eine einfache Meßweise der Wärmeleitzahl, die Prüfwaage für Wärme-

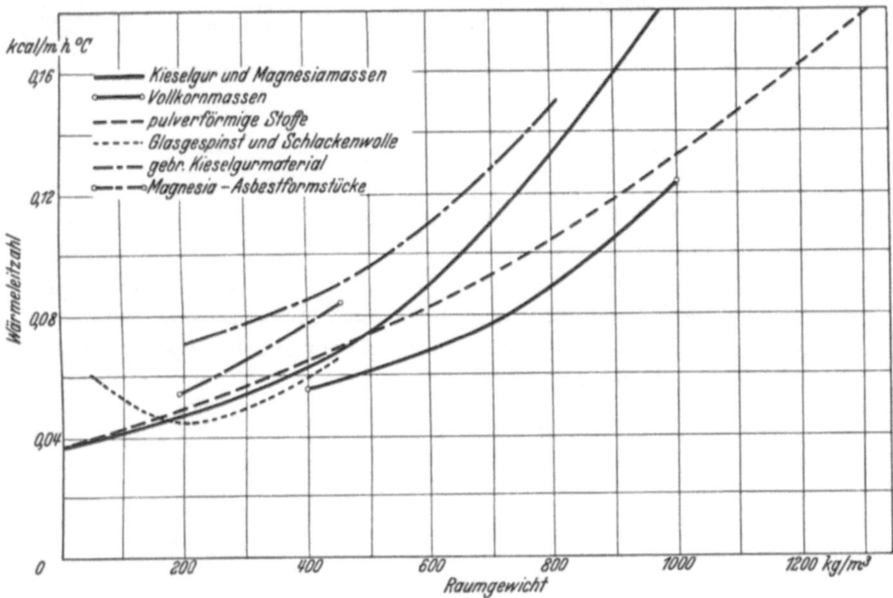

Abb. 63. Abhängigkeit der Wärmeleitzahl verschiedener Dämmstoffarten vom Raumgewicht.

schutzmassen, aufbauen (Abschnitt 29d, S. 145). Für Kieselgurmassen ist der Einfluß des Wasserzusatzes[1] durch Raisch und Weyh nach Zahlentafel 34 festgestellt worden.

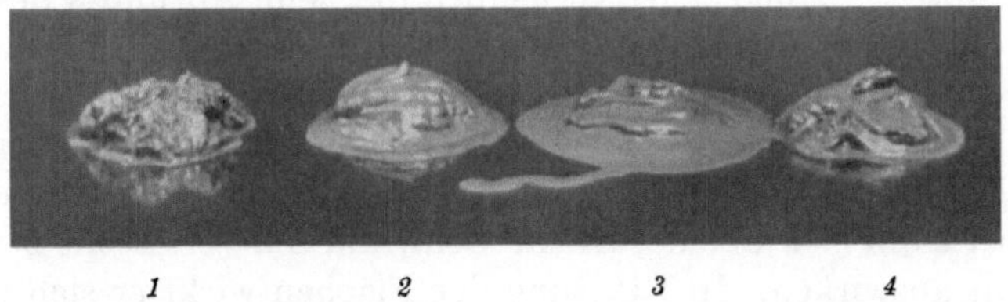

1 *2* *3* *4*

Abb. 64. Kieselgur mit verschiedenem Wasserzusatz angerührt. *1* Ausgangsprobe üblicher Konsistenz; *2* 4,5% höherer Wasserzusatz als bei Probe *1*; *3* 9% höherer Wasserzusatz als bei Probe *1*; *4* Wasserzusatz wie bei Probe *1*, jedoch Probe besonders lange gerührt.

Die praktisch vorkommenden Grenzwerte des Wasserzusatzes sind etwa 0,75 bis 6,0 kg Wasser je kg Masse. Der Höchstwert wird von

[1] Zu dem Wasserzusatz, wie er sich bei der Verarbeitung ergibt, ist noch der hygroskopische Wassergehalt der pulverförmigen Masse vor der Verarbeitung zu rechnen, wenn eine ganz genaue Vergleichsgrundlage wünschenswert ist. Diese hygroskopische Feuchtigkeit beträgt etwa zwischen 5—10 Gew.-% und wird von der erwähnten Prüfwaage mitbestimmt.

Zahlentafel 34. **Zusammenhang zwischen Wärmeleitzahl, Raumgewicht und Wasserzusatz bei Kieselgurwärmeschutzmassen.** (Nach E. Raisch und W. Weyh[1]).

Raumgewicht in kg/m³	Wärmeleitzahl in kcal/m h ° bei 100 ° C	Wasserzusatz beim Anrühren in kg Wasser/kg Masse	Raumgewicht in kg/m³	Wärmeleitzahl in kcal/m h ° bei 100 ° C	Wasserzusatz beim Anrühren in kg Wasser/kg Masse
300	0,056	4,0	600	0,091	1,7
400	0,064	2,8	700	0,112	1,2
500	0,076	2,2	800	0,137	0,8

Magnesiamassen erreicht. Über Wasserzusatz und Raumgewicht in loser Schüttung vgl. S. 136.

Man könnte aus der Vorstellung, daß das Porenvolumen einer ausgetrockneten Wärmeschutzmasse gleich dem Wasserzusatz beim Anrühren sein muß, folgern, daß sich das Raumgewicht der fertigen Dämmschicht aus der Beziehung errechnet:

$$R = \frac{1}{\frac{1}{s} + \frac{1}{R_W} \cdot H}. \tag{89}$$

Darin ist:

R = das Raumgewicht der fertig getrockneten Masse in kg/m³,

s = das spezifische Gewicht der festen Bestandteile, im Mittel = 2600 kg/m³,

R_W = 1000 = das spezifische Gewicht des Wassers in kg/m³,

H = der Zusatz an Wasser in kg je 1 kg Masse.

Aber nicht das ganze, von einer Wärmeschutzmasse aufgenommene Wasser wird beim Austrocknen zu Porenraum, weil dabei ein gewisser Schwund eintritt. Umgekehrt verbleiben die beim Anrühren des pulverförmigen Stoffes in der Masse entstehenden Luftbläschen als Luftporen in der trockenen Masse. Als weitere zusätzliche Lufträume kommen noch die beim Trocknen der Masse entstehenden Haarrisse hinzu. Denn durch das schichtweise Auftragen der feuchten Masse auf die Rohre oder Kessel kann sich der natürliche Schwund nur senkrecht zur Fläche ungehemmt auswirken. In Richtung der Flächen wirkt er sich nur insofern in einer Volumenverminderung aus, als die in einer Schicht entstehenden Risse beim Auftragen der folgenden Schicht teilweise wieder zugeschmiert werden. Für Kieselgurmassen läßt sich auf Grund der erwähnten Arbeit von Raisch und Weyh der Unterschied zwischen dem theoretischen Raumgewicht nach Gleichung (89) und dem tatsächlichen Raumgewicht für verschiedene Wasserzusätze errechnen und als

[1] Raisch, E. u. W. Weyh: Die Wärmeleitzahl von Kieselguraufstrichmassen in Abhängigkeit von Raumgewicht und Wasserzusatz. Gesundh.-Ing. Bd. 56 (1933) S. 509.

„praktischer Schwund" bezeichnen, der die vorerwähnten drei sich zum Teil gegenseitig aufhebenden Gründe der Abweichung von der Formel (89) zusammenfaßt[1]. Demnach ist:

Zahlentafel 35. Praktischer Schwund bei Kieselgurwärmeschutzmassen.

Wasserzusatz k/1 kg Masse	Praktischer Schwund in % des theoretischen Volumens
0,8	0
1,0	8
2,0	24
3,0	30
4,0	34
5,0	37

Aus diesen Gründen ist es auch nicht möglich, Raumgewicht und Wärmeleitzahl von Wärmeschutzmassen an kleinen, in Formen getrockneten Proben festzustellen. Bemerkenswerterweise können beim Gießen kleiner Proben sogar leichtere Raumgewichte entstehen[2] als beim praktischen Auftragen auf dem Rohr, obwohl doch hier Haarrisse nicht entstehen.

Nach Versuchen des Forschungsheims für Wärmeschutz, München, ist dagegen die Schnelligkeit der Trocknung von keinem merklichen Einfluß auf Raumgewicht und Wärmeleitzahl. Es besteht also kein Unterschied, ob die Masse im Laboratorium auf dem elektrisch geheizten Versuchsrohr von van Rinsum untersucht wird (vgl. S. 143), oder ob sie in der Praxis auf Sattdampf- oder Heißdampfrohren aufgetragen wird[3].

Sind die Poren nicht gleichmäßig nach allen Richtungen hin ausgebildet, so muß auch die Wärmeleitzahl je nach der Richtung des Wärmestromes verschieden sein. Bei faserigen Stoffen ist daher die Wärmeleitzahl parallel zur Faser größer als senkrecht zur Faser; denn parallel zur Faser bilden diese zusammenhängende gut leitende „Wärmebrücken", die der Wärmestrom senkrecht dazu fließend vielfach unterbrochen findet. Die Wärmeleitzahl von Hölzern ist z. B. parallel zur Faser rund doppelt so hoch als senkrecht dazu. Regellose Stopfung von Glasgespinst u. ä. ist immer schlechter als Anordnung in Matten oder Bändern mit senkrecht zum Wärmestrom ausgerichteten Fasern. Diese Erhöhung der Wärmeleitzahl kann, auf gleiches Raumgewicht bezogen, etwa auf 10 bis 20% geschätzt werden. Noch größer wird der Unterschied, wenn die Fasern wirklich genau parallel, bzw. senkrecht zum Wärmestrom ausgerichtet sind (s. Zahlentafel 36).

Die Wärmeleitzahl wird dann wie bei den Hölzern parallel zur Faser etwa $1^1/_2$- bis 3mal so groß. Eine Erhöhung des Raumgewichts macht

[1] Daß hierbei an den Unterlagen von Raisch und Weyh offenbar eine Korrektur vorgenommen werden muß, ist in der Arbeit des Verfassers: „Die Prüfung von Kieselgur und Kieselguraufstrichmassen mittels des Wasserzusatzes", Wärme- u. Kältetechn. Bd. 38 (1936) Heft 10, dargelegt.

[2] Cammerer: Ein neuer kleiner Laboratoriumsapparat zur Messung der Wärmeleitzahlen von trockenen Isolier- und Baustoffen. Meßtechn. 1927, S. 253.

[3] Die Arbeitsweise beim Auftragen der Masse muß allerdings der rascheren Wasserverdampfung bei hochtemperierten Rohren Rechnung tragen, um ein Festhalten der Masse an der heißen Leitung zu erreichen.

Zahlentafel 36.
Einfluß der Lage der Faser auf die Wärmeleitzahl. (Nach J. L. Finck [1].)

Stoff	Raumgewicht in kg/m³	Faserrichtung	Wärmeleitzahl in kcal/m h°	Stoff	Raumgewicht in kg/m³	Faserrichtung	Wärmeleitzahl in kcal/m h°
Flachs . . .	79	⊥	0,0295	Glaswolle .	160	⊥	0,0323
„ . . .	79	∥	0,0661	„ .	160	∥	0,0688
„ . . .	155	⊥	0,0325	Haarfilz . .	180	⊥	0,0323
„ . . .	154	∥	0,103	„ . .	180	∥	0,0494

sich bei Wärmeströmung parallel zur Faser viel stärker geltend als senkrecht dazu, weil sie für den ersteren Fall eine entsprechende Vervielfachung des leitenden Grundstoffes bedeutet, während sie die im zweiten Fall maßgebenden Luftzwischenräume verhältnismäßig wenig verringert.

b) Die Temperaturabhängigkeit der Wärmeleitzahl. In Zahlentafel 33 sowie in Abschnitt 25 über den Wärmeaustausch durch Luftschichten fällt neben der Abhängigkeit der gleichwertigen Wärmeleitzahl der Luft von der Stärke des Luftraumes besonders auch jene von der Temperatur ins Auge. Es muß daher auch die Wärmeleitzahl eines Körpers mit Lufteinschlüssen in sinngemäßer Weise von der Temperatur beeinflußt werden. Die Wärmeleitzahl nimmt mit der Temperatur zu. Der Grund liegt in erster Linie in dem Anwachsen der in den Poren durch Strahlung übertragenen Wärme. Die Zunahme der reinen Wärmeleitzahl der Luft und der Konvektionszahl tritt demgegenüber in den Hintergrund. Auch die Wärmeleitzahl der festen Bestandteile steigt meist mit der Temperatur, da sie in der Regel amorph sind.

In Abb. 65 ist die absolute Vergrößerung der Wärmeleitzahl je 1° C in Abb. 66 die relative Änderung für die kennzeichnendsten anorganischen Dämmstoffe in Abhängigkeit vom Raumgewicht nach Zahlentafel 26 aufgezeichnet. Man sieht, bei allen Stoffen besteht eine Zunahme der Wärmeleitzahl mit der Temperatur.

Aus der Zahlentafel 33 ist auch ersichtlich, daß der Einfluß der Temperatur um so wirksamer wird, je größer die Pore ist. Bei einer Pore von 1 mm Durchmesser beispielsweise verhält sich die gleichwertige Wärmeleitzahl bei 0 bzw. 500° wie 1:5,3, bei einer Pore von 5 mm Durchmesser jedoch wie 1:11,7. Es muß deshalb ein Zusammenhang zwischen dem Grade der Temperaturabhängigkeit und der Porengröße bestehen. Sie drückt sich in der Abb. 65 in Übereinstimmung mit dem Augenschein in doppelter Weise aus: Die grob porösen Materialien, wie gebranntes Material, die Gasbetonarten und

[1] Finck, J. L.: Bur. Stand. J. Res. Bd. 5 (1930) S. 973, RP. 243. Die Zahlentafel ist entnommen aus Jakob: Die für die Wärmeübertragung wichtigsten Stoffeigenschaften. Chemie-Ingenieur, Bd. 1, I. Teil. Leipzig: Akademische Verlagsanstalt m. b. H. 1933.

Faserstoffe, liegen mit ihrer Temperaturabhängigkeit über den pulverförmigen und jene wieder über den Wärmeschutzmassen. Außerdem ist meist die Temperaturzunahme bei niedrigen Raumgewichten höher als bei größeren, weil das niedrigere Raumgewicht vielfach mit einer gröberen

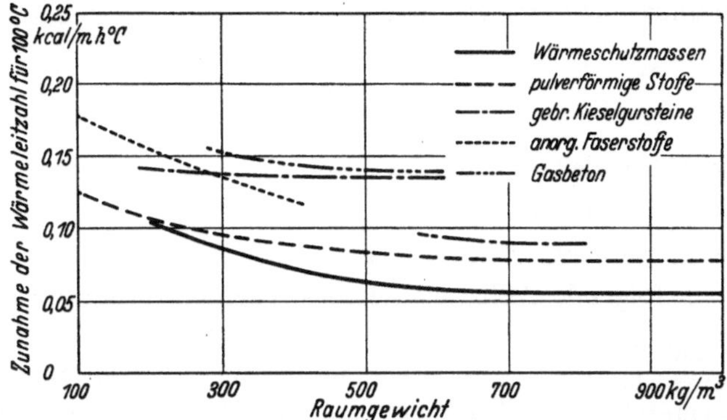

Abb. 65. Absolute Zunahme der Wärmeleitzahl mit der Temperatur.

Porosität Hand in Hand geht. Der Grenzwert, dem die Kurven bei hohem Raumgewicht zustreben, ist die Temperaturabhängigkeit der festen Bestandteile selbst, die bei amorphen Körpern ebenfalls eine positive ist.

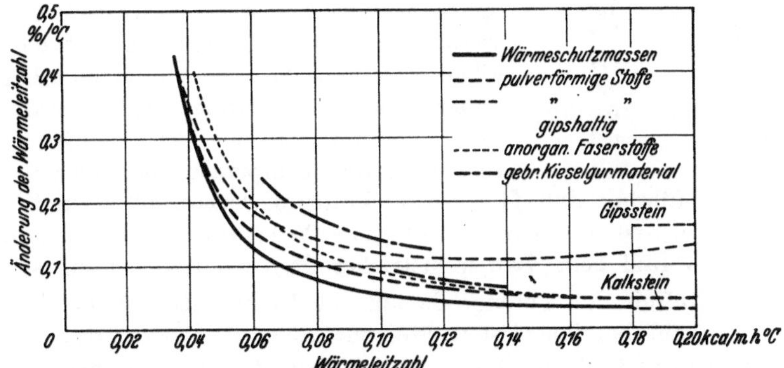

Abb. 66. Prozentuale Zunahme der Wärmeleitzahl mit der Temperatur.

Von Interesse ist das Ergebnis einer theoretischen Berechnung von O. Krischer[1] für pulverförmige und körnige Stoffe. Krischer nimmt für die mittlere Porengröße der würfelförmig gedachten Poren zwischen den gleichartigen Körnern an:

$$P = K \cdot \sqrt[3]{\frac{S}{R} - 1}\,. \tag{90}$$

[1] Krischer, O.: Der Einfluß von Feuchtigkeit, Körnung und Temperatur auf die Wärmeleitfähigkeit körniger Stoffe. (Die Leitfähigkeit des Erdbodens.) Beihefte zum Gesundh.-Ing. 1934 Reihe 1 Heft 33.

Darin ist:

P = mittlere Kantenlänge der Poren,

K = mittlere Kantenlänge des Kornes,

S = spezifisches Gewicht der festen Bestandteile,

R = Raumgewicht der Schüttung.

Setzt man

$$\lambda = \lambda^0 + b \cdot t, \tag{91}$$

worin

λ = die Wärmeleitzahl bei der Temperatur t,

λ^0 = die Wärmeleitzahl bei 0° C,

b = der „Temperaturfaktor" ist,

so findet sich folgende Abhängigkeit des Temperaturfaktors b von der mittleren Porengröße:

Zahlentafel 37. Temperaturabhängigkeit der Wärmeleitzahl von der Porengröße. (Nach O. Krischer.)

Länge der Porenkante in mm	Temperaturfaktor $b \cdot 100\,000$
0,2	1,0
0,5	2,2
1	3,4
2	4,6
5	5,8
10	6,3

In Abb. 65 und 66 fällt der Sprung in der Temperaturabhängigkeit für gebranntes Kieselgurmaterial bei einem ungefähren Raumgewicht von 600 kg/m³ auf. Er findet seine Erklärung in der Herstellungsweise dieses Dämmstoffes, da leichtere Steine mit Hilfe von Ausbrennstoffen wie Korkkörner, Sägespäne usw. vorzugsweise grobporös gemacht werden, während die schwereren Steine vor allem eine große Festigkeit besitzen sollen und daher schärfer gebrannt werden, was allzu grobe Poren verbietet. Dieser starke Unterschied in der Temperaturabhängigkeit kann hier dazu führen, daß für hohe Temperaturen (500° und mehr) schwerere Steine eine günstigere Wärmeleitzahl haben als leichte, worauf beim Bau industrieller Öfen wohl zu achten ist.

Den Einfluß der Porengröße auf die Temperaturabhängigkeit der Wärmeleitzahl bei feuerfesten Steinen haben H. Esser, H. Solmany und M. Schmidt-Ernsthausen[1] untersucht. Sie kommen zu dem Ergebnis, daß dieser Einfluß zwar der Grund von Schwankungen der Wärmeleitzahl bei gleicher chemischer Beschaffenheit und gleichem Porenvolumen ist, aber sich praktisch nicht zur Erzielung einer für feuerfeste Steine oft wünschenswerten hohen Wärmeleitfähigkeit ausnutzen läßt, da hierfür die Porengröße 1 bis 2 mm Durchmesser besitzen müßte, was andere für feuerfeste Stoffe wichtige Eigenschaften (Festigkeit, Standfestigkeit usw.) zu sehr schädigen würde.

[1] Esser, H., H. Solmany u. M. Schmidt-Ernsthausen: Zur Kenntnis der Wärmeübertragung durch feuerfeste Baustoffe. Der Sprechsaal. Coburg: Müller u. Schmidt 1930.

c) Der Einfluß der chemischen Zusammensetzung und des molekularen Aufbaues auf die Wärmeleitzahl und die Wärmeleitfähigkeit feuerfester Steine. Bei den bisherigen Betrachtungen war der Einfluß von Verschiedenheiten der Wärmeleitzahlen der festen Bestandteile vernachlässigt worden, was bei dem hohen Luftgehalt der Dämmstoffe ohne weiteres möglich ist. Anders ist dies bei Stoffen, bei denen die festen Bestandteile auch kristallin sein können und die ein hohes Raumgewicht besitzen, also vor allem bei feuerfesten Steinen. Erstmals hat wohl M. Jakob[1] darauf hingewiesen, daß aus den wechselnden Anteilen an amorphen und kristallinen Bestandteilen bei gleicher chemischer Analyse die großen Verschiedenheiten der Meßergebnisse bei feuerfesten Steinen zu erklären ist. Nach A. Eucken gilt für die Wärmeleitfähigkeit dieser beiden Komponenten folgendes:

Bei Kristallen nimmt die Wärmeleitfähigkeit mit steigender Temperatur ab. Ihr Absolutwert ist um so höher, je kleiner die Anzahl der Atome im Molekül, je höher der Schmelzpunkt, je größer die Härte, je einfacher der Aufbau des Kristallgitter ist. Das Kristallsystem scheint ohne Einfluß zu sein.

Bei amorphen Substanzen nimmt die Wärmeleitfähigkeit mit steigender Temperatur zu.

Mit zunehmender Temperatur nimmt dieser Unterschied ab, um beim Schmelzpunkt den Wärmeleitfähigkeitsbereich der Gläser zu erreichen.

Art der Grundstoffe, Brenntemperatur und Flußmittel sind daher auch durch ihre Beeinflussung des Kristallanteils wesentlich. Die umfassendste Untersuchung an Materialien der Praxis ist jene von Golla und Laube[2]. Die Ergebnisse sind in Zahlentafel 38 mitgeteilt.

Bei Schamotte- und Silikasteinen nimmt nach diesen Autoren die Wärmeleitzahl mit der Temperatur stets zu, nähert sich aber bei ersteren schon bei 1100° einem konstanten Wert, während bei Silikasteinen der Anstieg fast linear ist. Da an sich Silikasteine schon grundsätzlich eine höhere Wärmeleitzahl als Schamotte besitzen, ist bei hohen Temperaturen die Wärmeleitzahl von Silikasteinen wesentlich höher.

Bei hochtonerdehaltigen Steinen nimmt die Wärmeleitfähigkeit mit der Temperatur im allgemeinen ab, doch ist auch ein positiver Temperaturkoeffizient möglich, wenn das Material sich im Grenzgebiet der Einwirkung von Glas und Kristall bewegt. Die chemische Analyse gibt darüber keinen Aufschluß. Silizium-Karbid, Zirkon- und Magnesitsteine haben nach H. Golla und H. Laube einen negativen

[1] Jakob, M.: Gefüge und Wärmeleitvermögen feuerfester Steine. Z. VDI Bd. 67 (1923) S. 126.

[2] Golla u. Laube: Wärmeleitfähigkeitsmessungen an feuerfesten Materialien. Tonind.-Ztg. 1930 Heft 91—93. Weitere Untersuchungen sind z. B. von E. Berl u. F. Löblein: Zur Kenntnis der keramischen Eigenschaften von Kalktonerdesilikaten und anderen feuerfesten Materialien. Forsch.-Arb. VDI 1930 Heft 325 veröffentlicht worden. Vergleiche auch die Schrifttumsangabe, Fußnote 1, S. 114.

Zahlen-
Wärmeleitzahl und Raumgewicht von feuerfesten Stoffen
(Nach H. Golla

Chemische Analyse, Raumgewicht und Brenntemperatur:

Material		Al_2O_3	SiO_2	Fe_2O_3	CaO	MgO	Sonstige Bestandteile	Alkali und Flußmittel	Raumgewicht kg/m³	Porosität in Vol.-%	Brenntemperatur in °C
Silika . . .	1	1,0	96,3	0,9	1,7	—	—	—	1770	22,9	1460
	2	0,4	96,1	0,6	2,0	—	—	—	1830	22,3	1460
	3	0,4	96,1	0,6	2,0	—	—	—	1960	22,3	1280
	4	2,9	92,9	1,0	3,1	0,01	—	7,0	1690	28,1	1460
Schamotte .	5	31,1	65,8	1,2	0,4	1,2	—	2,8	1840	30,0	1300
	6	31,1	65,8	1,2	0,4	1,2	—	2,8	1910	26,8	1410
	7	31,1	65,8	1,2	0,4	1,2	—	2,8	1920	26,5	1460
	8	40,0	55,7	1,9	—	—	—	2,1	1940	19,2	1300—1320
	9	40,9	55,4	2,0	0,2	2,3	—	4,5	1850	29,1	1410
	10	42,0	53,8	2,4	—	1,8	—	4,2	1840	29,8	1460—1480
Hochtonerdehaltige Steine	11	63,0	34,9	1,3	0,1	0,3	—	0,5	2120	29,0	1000
	12	63,0	34,9	1,3	0,1	0,3	—	0,5	2250	25,0	1435—1460
	13	61,1	36,4	2,0	—	—	—	0,2	2310	22,0	1500—1520
	14	69,8	29,2	0,6	—	0,2	—	0,8	1930	38,6	1200
	15	69,8	29,2	0,6	—	0,2	—	0,8	1920	38,5	1410—1435
	16	69,8	29,2	0,6	—	0,2	—	0,8	1910	38,8	1460
Korundstein	17	81,5	15,4	1,8	0,3	1,0	1,2 TiO_2	3,1	2720	25,1	1435—1460
Zirkonstein	18	6,3	24,3	2,7	—	1,8	63,9 ZrO_2 0,9 TiO_2	—	3730	18,9	1435—1460
Siliziumkarbid	19	3,1	6,7	0,1	—	0,4	89,7 SiC	—	2320	25,6	1435
	20	7,5	10,2	1,1	—	—	77,3 SiC	4,0	2360	21,0	1300—1320
	21	16,1	21,3	0,3	—	—	57,2 SiC	2,2	2240	24,5	1300
	22	19,5	25,6	0,4	—	—	49,4 SiC	5,0	2190	22,1	1300—1320
Magnesit . .	23	1,8	2,4	4,8	2,3	88,9	—	—	2980	15,8	1520—1530
	24	1,6	2,9	5,3	2,0	88,3	—	—	2850	17,1	1530

Temperaturkoeffizienten, während van Rinsum u. a. für Magnesit einen positiven finden. Die Unterschiede sind aber aus den angegebenen Gründen möglich und betonen die Notwendigkeit gesonderter Untersuchungen der einzelnen Fabrikate.

Bei Siliziumkarbidsteinen ist die Wärmeleitzahl um so höher, je höher der Anteil des Siliziumkarbids ist.

In einer neueren Arbeit[1] hat A. Eucken Grundlagen für die Berechnung der Wärmeleitzahl feuerfester keramischer Stoffe aus der ihrer Einzelbestandteile entwickelt. Die notwendigen Kenntnisse der Wärmeleitzahl der einzelnen Bestandteile ist aber noch allzu lückenhaft.

Ähnliches gilt von Kesselsteinen, deren Wärmeleitfähigkeit für die Gefährdung von Kesselteilen durch Ablagerungen sehr wichtig ist.

---

[1] Eucken, A.: Die Wärmeleitfähigkeit keramischer feuerfester Stoffe. Forsch.-Arb. Ing.-Wes. 1932 Heft 353.

tafel 38.
unter Angabe der chemischen Analyse und der Brenntemperatur.
und H. Laube.)

Wärmeleitzahl:

Material		Wärmeleitzahl in kcal/m h ° bei einer Mitteltemperatur von				
		300	500	700	900	1100° C
Silika	1	1,16	1,22	1,35	1,44	1,53
	2	1,13	1,26	1,38	1,48	1,58
	3	1,01	1,13	1,24	1,35	1,44
	4	1,01	1,11	1,21	1,30	1,38
Schamotte	5	0,76	0,84	0,90	0,93	0,94
	5	0,90	0,96	1,01	1,03	1,04
	7	1,03	1,10	1,15	1,17	1,19
	8	1,12	1,14	1,16	1,16	1,16
	9	0,84	0,89	0,92	0,93	0,94
	10	0,81	0,86	0,89	0,92	0,93
Hochtonerdehaltige Steine	11	1,13	1,19	1,23	1,27	1,29
	12	0,75	0,81	0,84	0,87	0,89
	13	1,38	1,34	1,31	1,30	1,29
	14	0,92	0,90	0,89	0,88	0,88
	15	0,90	0,88	0,86	0,84	0,82
	16	0,95	0,93	0,90	0,89	0,88
Korundstein	17	2,03	1,91	1,84	1,80	1,79
Zirkonstein	18	2,50	2,15	1,92	1,76	1,64
Siliziumkarbid	19	—	13,1	11,2	9,7	8,6
	20	11,2	9,9	8,8	7,8	6,9
	21	5,3	4,9	4,5	4,2	3,9
	22	4,1	3,9	3,7	3,6	3,4
Magnesit	23	7,4	5,7	4,6	3,7	2,9
	24	9,8	7,1	5,3	4,0	3,1

Für amorphe Kesselsteine liegt die Wärmeleitzahl je nach der chemischen Zusammensetzung, die auch auf das Raumgewicht von großem Einfluß ist, zwischen 0,06 und 2,0, bei kristallinen Kesselsteinen zwischen 1,35 bis 7,7[1]. — Die Raumgewichtsabhängigkeit der Wärmeleitzahl kommt nur bei amorphen Kesselsteinen zum Ausdruck.

Genau so wie bei praktischen Berechnungen nicht die Laboratoriumswärmeleitzahl der Dämmstoffe, sondern ihre Betriebswärmeleitzahl einzusetzen ist, muß auch die vorstehend angegebene Wärmeleitzahl der feuerfesten Steine vielfach eine Erhöhung erfahren, um die wirklichen Verhältnisse zu erfassen. Über die erforderlichen Zuschläge

[1] Vgl. Chr. Eberle u. Holzbauer: Die Wärmeleitfähigkeit von Kesselsteinen. Arch. Wärmewirtsch. 1928. — P. Zarnitz: Wärmeleitfähigkeit von kristallinen Kesselsteinen. Wärme Bd. 54 (1931) S. 756. — Auszüge aus diesen Arbeiten vgl. auch das in Fußnote 1, S. 97 angeführte Tabellenwerk des Verfassers.

ist sehr wenig bekannt. Schack rechnet z. B. für Schamottemauerwerk mit 1200° Innentemperatur mit einer Wärmeleitzahl von 1,2 und begründet dies mit folgenden Ursachen[1]:

Gasbewegung im Mauerwerk,

Strahlungsaustausch in den Fugen des Mauerwerks,

Erhöhung der Wärmeleitzahl durch Strukturveränderungen der Steine im Betrieb.

d) Der Einfluß der Größe und der Verkittung des Kornes auf die Wärmeleitzahl. Dieser Einfluß ist bislang noch wenig untersucht. Man kann allgemein sagen, daß die Korngröße, soweit sie nicht das Raumgewicht beeinfluß (vgl. S. 136), also vor allem bei gleichmäßiger Körnung ohne merklichen Einfluß auf die Wärmeleitzahl ist. Die Versuche von O. Krischer an Sanden haben dies bestätigt. Nur bei Kiesbeton scheint es eine nicht unerhebliche Erhöhung der Wärmeleitzahl hervorzurufen, wenn grobe Kieseinschlüsse, also größere nichtporöse Teile vorhanden sind.

Was den Einfluß der Verkittung der Körner eines Materials betrifft, so ist die Wärmeleitzahl von pulverförmigen Massen unterhalb eines Raumgewichts von etwa 500 kg/m³ fast gerade so hoch wie bei Kieselgurwärmeschutzmassen. Gleiches Raumgewicht vorausgesetzt würde also die festere Verkittung der Körner bei Massen in diesem Bereich keine merkliche Wirkung hervorbringen. Erst darüber hinaus zeigt sich ein erheblicher Unterschied zugunsten der lose geschütteten Stoffe, der aber mehr durch die Beimischungen bindender und gut leitender Zu sätze (Ton) bei den Massen hervorgerufen werden dürfte, als durch die Verbindung der Körner.

Von großem Einfluß ist die Art des Bindemittels bei Wärmeschutzmassen. Man unterscheidet heute allgemein Leichtmassen und gewöhnliche Massen, wobei der Unterschied nur durch die verschiedene Art und Menge des Bindemittels bedingt ist. So lassen sich nach C. Philippi[2] aus ein und derselben geglühten Kieselgursorte unter Beimischung von je 3% Asbest folgende zwei Massen herstellen:

Zahlentafel 39. Einfluß des Bindemittels auf die Güte von Wärmeschutzmassen.

Bindemittel	Raumgewicht in kg/m³	Wärmeleitzahlen in kcal/m h°		
		50	100	200
1,5% Klebstoff.	343	0,049	0,055	0,065
40% Ton . . .	523	0,075	0,079	0,088

Die Leichtmasse kann also bei genügender Festigkeit fast nur aus reiner Kieselgur bestehen.

Ein starker Unterschied ist zwischen einem Dämmstoff, der durch Verschweißung einzelner Körner an den Berührungspunkten geschaffen

[1] Schrifttumsangabe s. Fußnote 1, S. 79.

[2] Philippi, C.: Kieselgur als Isolierstoff. Technischer Handel 1928 Heft 11.

wurde (gebranntes Kieselgurmaterial) und einem Stein, der aus einem Gerippe besteht, in das Lufträume eingelagert sind. Nach einer Arbeit von Frisack über „Schaumsteine“[1] besitzen die aus glutflüssiger Schlacke durch Zusammenbringen mit Wasser und durch Aufblähen mit Dampf entstehenden Steine Wärmeleitzahlen, die bei gleichen Temperaturen etwa doppelt so hoch wie bei gebrannten Kieselgursteinen liegen. Die Wärme findet in den kleinen Berührungsflächen der Körner von Kieselgursteinen eine viel schlechtere Fortleitungsmöglichkeit als bei Steinen mit blasigen Einschlüssen, bei denen die Zellwände ein unterbrochenes Skelett darstellen. Umgekehrt ist natürlich die Festigkeit bei letzteren Steinen wesentlich größer als bei körnigen Grundstoffen.

e) **Größe, Verhalten und Einfluß der Feuchtigkeit auf die Wärmeleitzahl bei Bau- und Dämmstoffen.** Von großer wärmeschutztechnischer Bedeutung ist das Vorhandensein von Feuchtigkeit in Bau- und Dämmstoffen. Im industriellen Wärmeschutz sorgt zwar die Art der Verwendung für Trockenhaltung und man hat nur darauf zu achten, daß etwa bei der Verarbeitung aufgenommene Feuchtigkeit (z. B. der Wasserzusatz beim Verarbeiten von Aufstrichmassen) restlos ausgetrocknet ist, bevor eine dichte Oberfläche hergestellt wird (Lackieren, Aufbringung von Dachpappe, Blechmäntel u. ä.), und daß von außen keine neuerliche Feuchtigkeit Zutritt hat. Letzteres ist freilich zuweilen nicht leicht auf die Dauer sicherzustellen, etwa bei Erdleitungen (S. 95). Beim Kälteschutz, vor allem aber im Bauwesen hat man dagegen stets mit der Anwesenheit von Feuchtigkeit zu rechnen, die sowohl Betrieb und Lebensdauer der Anlage schädigen kann, als auch den Wärmeschutz stark verringert[2]. Ohne eine möglichst genaue Kenntnis des Feuchtigkeitsgehaltes läßt sich nichts Sicheres über den praktischen Wärmeschutz bei diesen Verwendungsgebieten aussagen.

Zahlentafel 40 gibt den bei Bauten aller Art vorhandenen Feuchtigkeitsgehalt an, wobei für die organischen Dämmstoffe auch noch der Wassergehalt im „laboratoriumstrockenen Zustand“ hinzugefügt ist, um Gutachten wissenschaftlicher Institute und die Angaben der Zahlentafel 24 und 25 auf praktische Verhältnisse umrechnen zu können. Bei anorganischen Baustoffen ist eine Unterscheidung zwischen laboratoriumstrockenem Zustand und völliger Trockenheit nicht nötig, da die Unterlagen genauere Betrachtungen noch nicht möglich machen und

---

[1] Friesack, A.: Schaumsteine, neues Verfahren zur Herstellung von Leichtsteinen aus Hochöfen- oder anderen Schlacken. Stahl u. Eisen 1923 S. 1219.

[2] Die Feuchtigkeitserscheinungen und der Feuchtigkeitseinfluß sind deshalb in dem Buche des Verfassers: Die konstruktiven Grundlagen des Wärme- und Kälteschutzes im Wohn- und Industriebau (Berlin: Julius Springer 1936) noch eingehender als hier behandelt. Ergänzende neuere Arbeiten des Verfassers sind: Der Wärmeschutz von organischen Baustoffen unter den praktischen Verhältnissen. Gesundh.-Ing. Bd. 59 (1936) S. 261; sowie Der Feuchtigkeitsgehalt organischer Baustoffe in der Praxis. Gesundh.-Ing. Bd. 60 (1937) S. 173.

das Endergebnis nicht so stark davon abhängt, wie bei den organischen Stoffen. Auch die Verschiedenheiten der äußeren Umstände lassen sich bei anorganischen Stoffen im einzelnen nicht berücksichtigen. Man kann nur die häufigsten Werte angeben und für günstige oder ungünstige Verhältnisse die Grenzwerte des normalen Feuchtigkeitsbereiches benutzen. Bei organischen Stoffen sind genauere Angaben möglich, weil die Hygroskopizität des Stoffes eine ausschlaggebende Rolle für den praktischen Feuchtigkeitsgehalt spielt. Aus diesem Grunde empfiehlt sich hier die Angabe in Gewichtsprozent; denn der Feuchtigkeitsgehalt ist verhältnisgleich der Stofferfüllung des Raumes, bei doppeltem Raumgewicht in Volumprozent also doppelt so groß, während er in Gewichtsprozent derselbe bleibt. Auch der Einfluß der Feuchtigkeit auf die Wärmeleitzahl läßt sich, wie noch gezeigt werden wird, unter Zugrundelegung von Gewichtsprozenten bei organischen Stoffen einfacher angeben.

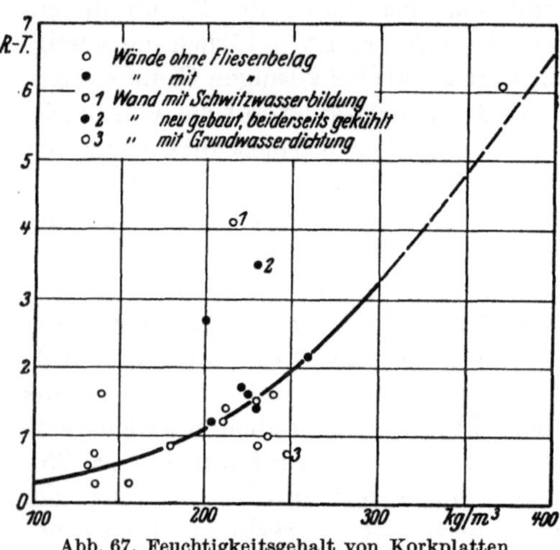

Abb. 67. Feuchtigkeitsgehalt von Korkplatten in Kühlräumen.

In Zahlentafel 40b sind unter „günstigen Bauverhältnissen" Innenschichten geheizter Räume, unter „durchschnittlichen" die Außenschichten auf vor Schlagregen geschützten Seiten und unter „ungünstigen Bauverhältnissen" Außenschichten auf der Schlagwetterseite und Wände selten beheizter Räume oder von Räumen mit Schwitzwasserbildung verstanden. Die Feuchtigkeitsverhältnisse in Kühlräumen können ungünstigen Bauverhältnissen gleichgesetzt werden, wie aus den in Abb. 67 dargestellten Ergebnissen von Cammerer und Dürhammer an Korkplattenproben aus Kühlräumen hervorgeht. Zwar zeigt sich hier nicht genau die in Zahlentafel 40b angenommene Unabhängigkeit des Wassergehaltes vom Raumgewicht bei Angabe in Gewichtsprozent. Aber Abb. 67 ist naturgemäß mit gewissen Zufälligkeiten behaftet und wird besonders bei höheren Raumgewichten unsicher. Die grundsätzliche Gleichsetzung von Kühlraumverhältnissen und ungünstigen Bauverhältnissen erscheint daher gerechtfertigt und liefert bei den meist verwendeten niedrigen Raumgewichten etwas reichliche, also vorsichtige Werte.

Eine in der Praxis wenig bekannte, aber oft folgenschwere Erscheinung ist das Wandern der Feuchtigkeit in porösen Körpern mit dem Wärmestrom. In den Poren kann sich bei Vorhandensein eines Wärmestroms nie eine völlige Sättigung der gesamten Luft ausbilden, wie dies in einem gleichmäßig temperierten Baustoff der Fall ist. Denn noch bevor die mittlere Luftfeuchtigkeit den der Temperatur auf der wärmeren Seite der Pore entsprechenden Höchstbetrag erreicht, überschreitet sie den Sättigungswert für die kältere Seite, so daß dort Wasser ausfällt. Die Porenluft nimmt also eine mittlere relative Feuchtigkeit an, für die sich die Wasserverdunstung an der wärmeren und der Niederschlag an der kälteren Seite die Waage halten. Dieser Vorgang pflanzt sich im Sinne des Wärmestromes von Pore zu Pore fort, die Feuchtigkeit, wandert von der wärmeren nach der kälteren Seite. Er wirkt sich verschieden aus, je nach dem, ob die kalte Oberfläche der Wand verdunstungsfähig oder abgedichtet ist, z. B. in Kühlräumen mit Fliesenbelag. Abb. 68 und 69 geben davon ein sinnfälliges Bild durch Darstellungen von Untersuchungen an Gipsplatten mit diesen beiden

Zahlentafel 40.
Durchschnittlicher Feuchtigkeitsgehalt von Bau- und Dämmstoffen (nach J. S. Cammerer).

a) Anorganische Baustoffe und Erdreich (Feuchtigkeit in Vol.-%!):

Baustoffgruppe	Gesamtzahl der beobachteten Fälle	Beobachteter Feuchtigkeitsbereich in Vol.-%	Normaler Feuchtigkeitsbereich in Vol.-%	Häufigster Wert in Vol.-%
Ziegel- und Kalksandsteine beliebiger Konstruktion[1]	22	0,2— 3,0	0,2— 1,0	0,5
Beton jeder Art und Porosität, Gips	21	3,0—17,0	4 —10	7
Bimsbeton	19	3,4—24,0	5 —17	13
Lehm	17	4,2—14,5	4 —10	7
Erdreich, sandig	—	4 —14	—	8
Erdreich, tonig, Humus	—	23 —28	—	28

b) Organische Bau- und Dämmstoffe (Feuchtigkeit in Gew.-%!):

Stoff	Feuchtigkeitsgehalt in Gew.-%			
	laboratoriumstrocken	günstige Bauverhältnisse	durchschnittliche Bauverhältnisse	ungünstige Bauverhältnisse
Korkplatten	1,3	2,5	4	8
Leichtbauplatten aus mineralisierter Holzwolle	11	15	20	33
Torfplatten	15	22	30	50
Verkleidungsplatten aus organischen Fasern	11	15	20	33
Hölzer[2]	11	13	15	20

[1] Die Werte gelten für die Steine allein. Für Mauerwerk sind etwa 20% zuzuschlagen, da Mörtel und Verputz stets feuchter als die Wand sind.

[2] Bei normaler Verwendung im Bau, also freiliegend, nicht unter Putz wie Holzwoll-Leichtbauplatten.

Oberflächenarten[1]. Die Platten wurden zu Beginn der Versuche mit einer gleichmäßig verteilten Feuchtigkeit von etwa 15 Vol.-% versehen und dann einem Temperaturgefälle von etwa 0,6 bis 1° C auf den Zentimeter Wandstärke ausgesetzt. In die Abbildungen sind die zeitlichen Strömungslinien der Feuchtigkeit über den Wandquerschnitt eingezeichnet, und zwar derart, daß sich zwischen zwei benachbarten Linien jeweils eine Feuchtigkeitsmenge von 400 g/m² befindet. Am Beginn der Versuche, also zur Zeit 0, haben alle diese Linien gleiche Abstände. Im Lauf der Tage verschieben sie sich bis auf einige wenige, die die Verdunstung auf der warmen Oberfläche darstellen, nach der kalten Seite zu, wo sie sich bei abgedichteter Oberfläche bis zu einer weitgehenden Durchnässung anstauen. Bei verdunstungsfähiger Oberfläche, wozu alle, auch die sog. wasserdichten Putze zu rechnen sind, geht die wandernde Feuchtigkeit an die Luft des kälteren Raumes über. Genaue Zahlenangaben über die in porösen Stoffen mit dem Temperaturgefälle wandernden Wassermengen liegen zur Zeit noch nicht vor[2].

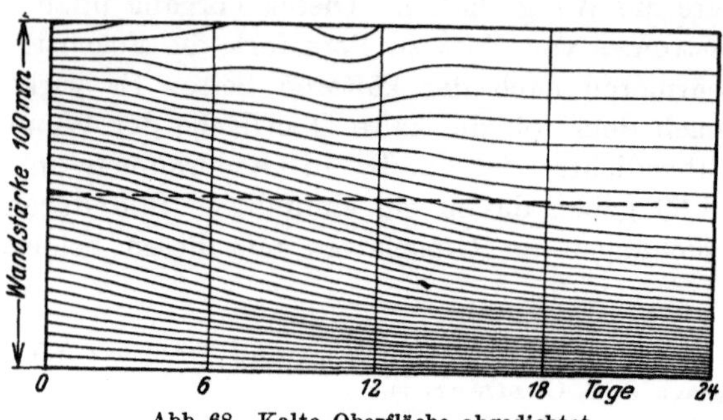

Abb. 68. Kalte Oberfläche abgedichtet.

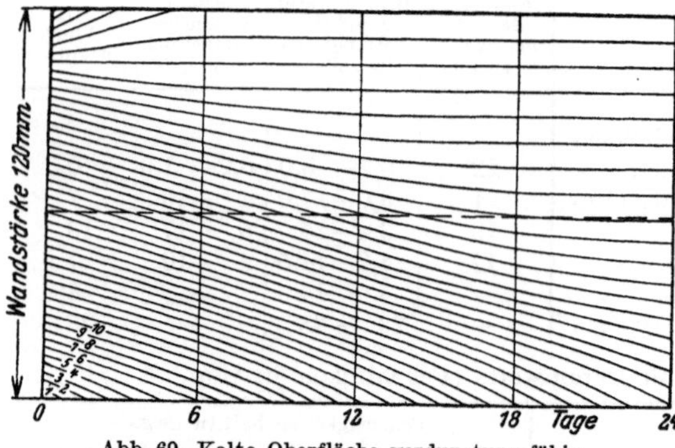

Abb. 69. Kalte Oberfläche verdunstungsfähig.

Abb. 68 u. 69. Feuchtigkeitswanderung durch eine Gipswand mit einem Temperaturgefälle (warme Oberfläche oben, kalte Oberfläche unten). Die Linien bezeichnen die Abstände je zweier zu den Oberflächen paralleler Ebenen, zwischen denen sich eine Feuchtigkeitsmenge von 400 g/m² befindet.

---

[1] Cammerer, J. S.: Die Feuchtigkeitswanderung infolge eines Temperaturgefälles in Baukonstruktionsteilen. Forsch. Ing.-Wes. 1932 S. 175.

[2] Für Gips würde sich nach obigen Versuchen eine Wanderungsgeschwindigkeit von 240 bis 300 g/m² Tag bei 0,6 bis 1,0° C/cm Temperaturgefälle ergeben. Die Gipswand war aber zu Meßzwecken in Platten von je 2 cm Dicke unterteilt, also nicht homogen.

Neuerdings sind diese Fragen vom Wärmetechnischen Institut der Technischen Hochschule Darmstadt in Angriff genommen worden. Vgl. z. B. O. Krischer u. H. Rohnalter. Die Wärmeübertragung durch Diffusion des Wasserdampfes in den Poren von Baustoffen unter Einwirkung eines Temperaturgefälles. Gesundh.-Ing. Bd. 60 (1937) S. 621.

Viele Schäden an Kleinkühlräumen, wo die Verhältnisse besonders ungünstig liegen, sind auf diese Verschiebung der Feuchtigkeit zurückzuführen. Die Räume sind selten genügend ausgetrocknet, bevor die Dämmschichten aufgebracht werden und gerade hier wird fast stets ein Fliesenbelag aufgebracht.

Daß ein Feuchtigkeitgehalt die Wärmeleitzahl erhöhen muß, geht schon aus der Überlegung hervor, daß die Wärmeleitzahl des Wassers (0,51 kcal/mh° bei 20°) etwa 10- bis 15mal so groß ist als die gleichwertige Wärmeleitzahl der Luft in den Poren, die vom Wasser verdrängt

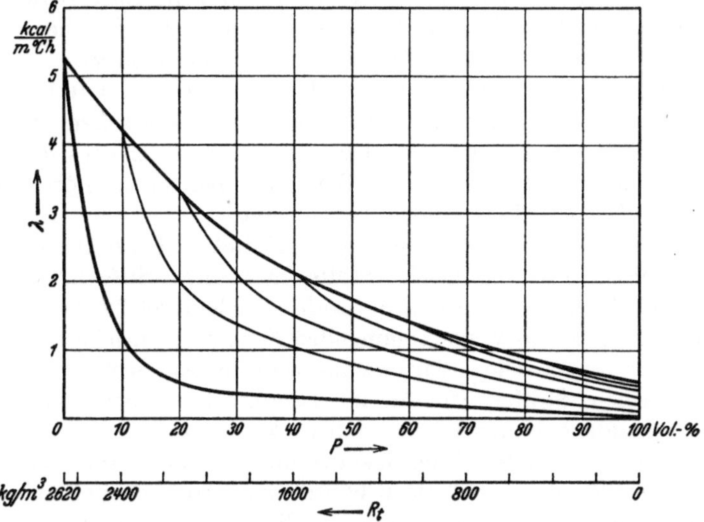

Abb. 70. Die Wärmeleitzahl von Quarzsand bei verschiedener Feuchtigkeit nach O. Krischer.

wird. Es überrascht jedoch, daß der Einfluß eines gewissen Volumengehaltes Feuchtigkeit größer ist als eine gleichgroße Dichtigkeitssteigerung des Stoffes. Man würde eigentlich das Gegenteil erwarten, da durch eine Dichtigkeitssteigerung 1 Vol.-% Luft durch feste Bestandteile ersetzt wird, deren Wärmeleitzahl die des Wassers noch um das 5 bis 6fache übertrifft. Man erklärt sich diese Tatsache damit, daß das Wasser nach den Kapillaritätsgesetzen stets die feinsten, also am besten dämmenden Poren ausfüllt und wirksame Wärmebrücken an den Berührungsstellen der einzelnen Körner schafft. Dies gilt im ganzen Ausmaß nur für anorganische Stoffe. Bei organischen bringt bis zum sog. Fasersättigungspunkt das Wasser eine Quellung der Zellwände, aber kaum eine Änderung der porösen Struktur hervor, so daß hier die Wärmeleitzahl in viel geringerem Maße beeinflußt wird[1] und dieser Einfluß bezogen

[1] O. Krischer u. H. Rohnalter weisen in der in Fußnote 2 S. 122 erwähnten Arbeit darauf hin, daß außerdem der Diffusionsvorgang die Wärmeübertragung in der Porenluft stark erhöht.

auf Gewichtsprozent Feuchtigkeitsgehalt unabhängig vom Raumgewicht ist. (Nach einer Erklärung von Watzinger und Kindem, Trondheim).

Einen sehr guten Überblick über den Feuchtigkeitseinfluß bei anorganischen Stoffen gibt die von O. Krischer für feuchten Quarzsand entworfene Abb. 70 nach einem früher vom Verfasser angegebenen Schema. Die untere der beiden stark ausgezogenen Kurven gilt für den völlig trockenen Zustand, entspricht also der Kurve der Abb. 59 für feste Baustoffe, nur daß hier für das Porenvolumen 0 eine Wärmeleitzahl von 5,2 eingesetzt ist, entsprechend der Wärmeleitzahl von Quarzit. Die obere Kurve gilt für den Fall, daß die Luft zwischen den Quarzkörnern vollständig durch Wasser ersetzt ist. Sie beginnt also gemeinsam mit der unteren Kurve für ein Porenvolumen 0 bei der Wärmeleitzahl 5,2, endigt aber für ein Porenvolumen von 100% mit der Wärmeleitzahl des reinen Wassers von 0,5. Dazwischen liegen die Kurven verschiedenen prozentualen Feuchtigkeitsgehaltes dergestalt, daß sie in die Kurve der völligen Sättigung bei jenem Porenvolumen einmünden, das dem Wassergehalt entspricht.

Zahlentafel 41 gibt den Feuchtigkeitseinfluß auf die Wärmeleitzahl für anorganische und organische Stoffe. Mit ihrer Hilfe läßt sich aus der Wärmeleitzahl der trockenen Stoffe (Zahlentafel 24 bis 29, S. 97) nach Festlegung des in Frage kommenden Feuchtigkeitsgehaltes (Zahlentafel 40) der praktische Wärmeschutzwert eines Stoffes errechnen. Bei organischen Stoffen ist die im laboratoriumstrockenen Zustand bereits vorhandene Feuchtigkeit zu berücksichtigen.

Wahrscheinlich ist der Feuchtigkeitseinfluß bei anorganischen Stoffen abhängig vom Raumgewicht, doch besitzt man darüber noch keine Feststellungen. Bei organischen Stoffen ist dies, wie schon erwähnt, nicht der Fall, wenn die Feuchtigkeit in Gewichtsprozent ausgedrückt wird.

Zahlentafel 41. Einfluß der Feuchte auf die Wärmeleitzahl von Baustoffen (nach J. S. Cammerer).

Feuchte in Vol.-%	Erhöhung der Wärmeleitzahl des trockenen Zustands in % je 1 Vol.-% Wasser	Feuchte in Vol.-%	Erhöhung der Wärmeleitzahl des trockenen Zustands in % je 1 Vol.-% Wasser
Anorganische Baustoffe (bez. auf Vol.-%)			
1	30	15	8,8
2,5	22	20	7,7
5	15	25	7,0
10	10,8		

Organische Baustoffe (bez. auf Gew.-% !)

Erhöhung der Wärmeleitzahl des trockenen Zustands je 1 Gew.-% Wasser: 1,25 %

Beispiel 1. Wie groß ist der praktische Wärmeschutz eines Schlackenbetons, dessen Raumgewicht an einer lufttrockenen Probe zu 1300 kg/m³ festgestellt wurde ?

Nach Zahlentafel 24 ist die Wärmeleitzahl im trockenen Zustand 0,27 kcal/mh°. Nimmt man mittlere Verhältnisse an, so ist nach Zahlentafel 40a ein Feuchtigkeitsgehalt von etwa 7 Vol.-% zu erwarten, womit gemäß Zahlentafel 41 sich ein Zuschlag zur Berücksichtigung des Feuchtigkeitseinflusses von rd. 90% ergibt. Die Wärmeleitzahl des Schlackenbetons ist also mit 0,51 kcal/mh° anzusetzen.

Beispiel 2. Es liegen Gutachten eines wissenschaftlichen Instituts vor, wonach die Wärmeleitzahl einer Baukorkplatte von 150 kg/m³ 0,036, die Wärmeleitzahl einer Holzwoll-Leichtbauplatte aus mineralisierter Holzwolle mit einem Raumgewicht von 350 kg/m³ 0,061 beträgt. Wie groß ist der praktische Wärmeschutz im Bauwesen bei mittleren Verhältnissen und unter den Bedingungen von Kühlräumen, wenn mangels Angaben vorauszusetzen ist, daß die Gutachten sich auf den laboratoriumstrockenen Zustand bezogen.

Nach Zahlentafel 40 ist der Unterschied im Feuchtigkeitsgehalt zwischen Praxis und laboratoriumstrockenem Zustand bei der Korkplatte 1,3/4 bzw. 1,3/8, bei der Holzwoll-Leichtbauplatte 11/20 bzw. 11/33 Gew.-%. Aus Zahlentafel 41 ergeben sich also folgende Zuschläge:

Mittlere Bauverhältnisse:

Korkplatte . . . . . 3% Zuschlag = 0,037
Leichtbauplatte . . . 11% Zuschlag = 0,068

Kühlraumverhältnisse:

Korkplatte . . . . . 8% Zuschlag = 0,039
Leichtbauplatte . . . 27% Zuschlag = 0,077

Besonders eingehend hat O. Krischer[1] die Zusammenhänge zwischen Feuchtigkeit und Wärmeleitzahl bei Sand untersucht. Dabei wurde auch der Einfluß der Feuchtigkeitsverteilung auf die Wärmeleitzahl gemessen, der meßtechnisch wichtig ist (Zahlentafel 42). Man darf also feuchte Baustoffe nur mit solchen Einrichtungen untersuchen, bei denen eine Feuchtigkeitsverteilung wie in der Praxis sichergestellt ist. Krischer fand, daß die Feuchtigkeit in einem porösen Körper um so ungleichmäßiger verteilt sein könne, je gröber das Korn und je niedriger die Feuchtigkeit ist. Von seinen übrigen Feststellungen an feuchten Sanden seien noch erwähnt:

Bei gleichmäßig verteilter Feuchtigkeit steigt die Leitfähigkeit mit der Temperatur. Korngröße und Kornform sind von untergeordnetem Einfluß. Unterschiede der Leitfähigkeit der mineralischen Bestandteile, die sich im trockenen Zustand nur wenig auswirken, treten bei Anwesenheit von Wasser stärker hervor. Gefügeunterschiede, z. B. gebranntes Gut in Plattenform oder als Körner, die im trockenen Zustand oft sehr beträchtlich sind, treten zurück. Zahlentafel 43 enthält einen Auszug aus der Krischerschen Arbeit, die besonders für die Frage des Wärmeaustausches bei Beteiligung des Erdreichs wichtig ist.

Zahlentafel 42. Einfluß der Feuchtigkeitsverteilung auf die Wärmeleitzahl von Sand mit 0,2 mm mittlerer Porengröße.

Feuchtigkeitsgehalt in Vol.-%		Wärmeleitzahl in kcal/m h °
im Mittel	auf den beiden Oberflächen	
0	0	0,266
5,3	5,2 bzw. 5,5	0,686
5,3	1,1 bzw. 9,0	0,596

[1] Schrifttumsangabe Fußnote 1 auf S. 29.

Zahlentafel 43. Wärmeleitzahl von Sand und Erdreich. (Nach O. Krischer.) (Durchschnittliche Rechenwerte vgl. Zahlentafel 29.)

Raumgewicht in kg/m³	Porengehalt in Vol.-%	Wärmeleitzahl in kcal/m h ° bei einem Feuchtigkeitsgehalt in Vol.-%					
		0	10	20	30	40	wassergesättigt
Seesand — reiner Quarzsand (Wärmeleitzahl des Sandkorns 5,2)							
1200	54	0,17	0,81	1,13	1,33	1,50	1,61
1600	38	0,27	1,07	1,51	1,85	—	2,10
2000	23	0,48	1,75	2,65	—	—	3,1
2400	8	1,25	—	—	—	—	4,4
Normal verunreinigte Sand-, Lehm- und Tonböden							
800	68	0,10	0,39	0,55	0,64	0,73	0,85
1200	53	0,17	0,53	0,74	0,86	1,00	1,15
1600	38	0,28	0,83	1,14	1,40	—	1,62
2000	23	0,50	1,72	2,20	—	—	2,33
2400	8	1,30	—	—	—	—	—

24. Der praktische Wärmeschutz von Stoffen im Bauwesen.

Für viele praktische Aufgaben ist es nicht notwendig, genaue Überlegungen über den etwa vorhandenen Wassergehalt von Bau- und Dämmstoffen anzustellen. Vielfach fehlen für eine Schätzung ohnedies Anhaltspunkte. Deshalb sind in Zahlentafel 44 und 45 praktische Wärmeleitzahlen zusammengestellt, die bei allgemeinen Berechnungen benutzt werden können. Bei den Baustoffen der Zahlentafel 44 ist zwischen „sicheren Werten“ und „Durchschnittswerten“ unterschieden. Die „sicheren Werte“ berücksichtigen die Tatsache, daß für heiztechnische, kältetechnische und hygienische Berechnungen Zahlen angesetzt werden müssen, die bei ordnungsgemäßer Ausführung des Baues keinesfalls Überschreitungen (sei es durch Abweichungen in der Stoffstruktur, sei es durch ungünstige Feuchtigkeitsverhältnisse) gewärtigen lassen. Es wäre allerdings nicht gerechtfertigt, die möglichen Überschreitungen der Durchschnittswerte für die genannten Ursachen im vollen Umfang anzusetzen. Man kommt zu genügend vorsichtigen Werten, wenn man die Hälfte der höchsten Überschreitung des mittleren Feuchtigkeitsgehaltes und der größten Strukturunterschiede zusammen in Ansatz bringt.

Die „Durchschnittswerte“ der Zahlentafel 44 sind in erster Linie für Wirtschaftlichkeitsbetrachtungen anzuwenden, können aber auch an Stelle der Sicherheitswerte dort verwendet werden, wo ein besonders niedriger Feuchtigkeitsgehalt zu erwarten ist, also bei Innenwänden und den inneren Teilen von Außenwänden, die verlässig durch die äußeren Schichten vor Witterungseinflüssen geschützt sind. Voraussetzung ist

Zahlentafel 44. Wärmeleitzahlen von Baustoffen im Betriebszustand.

Von den in einer Materialgruppe angegebenen Baustoffen werden nicht alle mit sämtlichen genannten Raumgewichten hergestellt. Das Raumgewicht wird also als bekannt vorausgesetzt.

Baustoff	Raumgewicht in kg/m³	Wärmeleitzahl in kcal/m h °	
		Sicherheitswert	Durchschnittswert
Dämmplatten			
Korkplatten, Torfplatten	100	0,035	0,032
	200	0,045	0,041
	300	0,057	0,051
Leichtbauplatten aus mineralisierter Holzwolle	200	0,063	0,053
	400	0,085	0,071
	600	0,130	0,110
Verkleidungsplatten aus gepreßten organischen Fasern	200	0,049	0,040
	400	0,057	0,047
	600	0,078	0,064
Mauerwerk in Normalziegel- oder Schwemmsteinformat			
Schwemmsteine, Schlackensteine, poröse Kunststeine, z. B. aus Zellenbeton, Iporitbeton, Porenbeton usw.	800	0,44	0,40
	1000	0,54	0,48
	1400	0,70	0,64
Ziegel, hochporös und massiv	800	0,34	0,29
	1200	0,48	0,39
	1600	0,63	0,52
	2000	0,90	0,75
Kalksandsteine	1600	0,80	0,70
	2000	1,10	0,90
Gebäudewände aus Platten oder gegossen			
Gips	800	0,29	0,27
	1000	0,40	0,36
	1200	0,50	0,46
Leichtbeton wie Schlackenbeton, Zellenbeton, Iporitbeton, Porenbeton usw. und Kiesbeton	800	0,32	0,27
	1200	0,55	0,46
	1600	0,85	0,70
	2000	1,40	1,15
Bimsbeton	800	0,37	0,32
	1200	0,63	0,54
Lehmstampfwände	1700	0,85	0,70
Holz, senkrecht zur Faser			
Leichthölzer (Balsa)	200	0,07	0,060
	300	0,09	0,075
Fichte, Kiefer, Tanne	400	0,11	0,09
	600	0,16	0,13
Buche, Eiche	700	0,18	0,16
	900	0,23	0,21

dabei, daß die Räume dauernd oder regelmäßig beheizt werden. Andernfalls stellt sich auch bei Innenwänden ein Feuchtigkeitsgehalt ein, der sich kaum von jenem in Außenschichten unterscheidet.

In Zahlentafel 45 sind noch die Wärmeleitzahlen jener Baustoffe aufgeführt, für die eine Unterscheidung in Sicherheits- und Durchschnittswerte noch nicht durchführbar ist. Für Stoffe, die einem Feuchtigkeitseinfluß nicht unterliegen, darunter auch viele Hilfsbaustoffe, ist Zahlentafel 29 heranzuziehen.

Zahlentafel 45. Wärmeleitzahl von Baustoffen im Betriebszustand ohne Unterscheidung von Sicherheits- und Durchschnittswerten.

Baustoff	Raumgewicht in kg/m³	Wärmeleitzahl in kcal/m h°
Mörtel und Verputz		
Mörtel zwischen Ziegel und Verputz innen	1600	0,6
	1800	0,8
Mörtel bei Leichtbetonsteinen und Verputz außen	1600	0,8
	1800	1,0
Mauerwerk aus Hohlsteinen (Durchschnittswerte der verschiedenen Formen)		
a) 1 Reihe von Hohlräumen		
Hohlstein aus Material		
von 800 kg/m³	—	0,40
von 1100 kg/m³	—	0,45
von 1400 kg/m³	—	0,55
aus Ziegel	—	0,65
b) 2 und mehr Reihen von Hohlräumen hintereinander		
Hohlstein aus Material		
von 800 kg/m³	—	0,30
von 1100 kg/m³	—	0,35
von 1400 kg/m³	—	0,40
aus Ziegel	—	0,45
Natürliche Gesteine		
Porig wie Sandstein	2200—2400	1,40
Dicht wie Granit, Marmor, Kalk	2400—3000	2,50
Füllstoffe		
Korkschrot	35— 60	0,03
Hobelspäne	100— 140	0,08
Sägespäne, Torfmull	190— 215	0,10
Hochofenschaumschlacke	300— 400	0,19
Bimskies, gewöhnlich	600	0,28
Kesselschlacke	700— 750	0,28
Sand, Kies	1500—1800	0,80

25. Die gleichwertige Wärmeleitzahl von Luftschichten.

Für die Wärmeübertragung durch Luftschichten gelten ähnliche physikalische Gesetze wie für den Wärmeübergang von der Oberfläche eines Körpers an Luft. Auch hier sind drei Arten der Wärmeübertragung zu unterscheiden: Leitung, Konvektion und Strahlung[1].

a) Berechnungsformeln. Um die Berechnung des Wärmedurchganges durch Luftschichten mit den einfachen Formeln durchführen zu können, die für den Wärmedurchgang durch feste Körper gelten, hat

[1] Im Bauwesen kann auch Diffusion von Wasserdampf hinzukommen. Vgl. die Arbeit von O. Krischer u. H. Rohnalter, Fußnote 2, S. 122.

K. Hencky den sehr zweckmäßigen Begriff der

gleichwertigen Wärmeleitzahl der Luft

eingeführt, die die drei Arten des Wärmeaustausches in eine Rechnungsgröße zusammenfaßt und die Wärmeleitzahl desjenigen Körpers gibt, der, an die Stelle der Luftschicht in gleicher Stärke gesetzt, den Wärmedurchgang nicht ändert.

Diese gleichwertige Wärmeleitzahl der Luft ist aber keine Stoffkonstante, wie die wirkliche Wärmeleitzahl, sondern sie ist von der Dämmstärke, vom Krümmungsdurchmesser, der Lage der Schicht zum Schwerefeld der Erde, der Beschaffenheit der Oberfläche usw. abhängig. Nachstehend die wichtigsten Rechenformeln unter Einführung der folgenden Bezeichnungen:

λ' = die gleichwertige Wärmeleitzahl der Luft in kcal/mh°,
λ_0 = die eigentliche Wärmeleitzahl der Luft in kcal/mh°,
λ_k = die Konvektionszahl der Luft in kcal/mh°,
d_i = der Innendurchmesser in m,
d_a = der Außendurchmesser in m,
s = Stärke der Luftschicht in m.

Die Konvektionszahl λ_k berücksichtigt die durch Konvektion übertragene Wärme, die man ohne weiteres in Form einer scheinbaren Wärmeleitzahl erfassen kann, da sie ebenso wie die durch Leitung ausgetauschte Wärme proportional der Temperaturdifferenz der Oberflächen der Schicht und umgekehrt proportional der Stärke der Schicht ist. Den Einfluß verschiedener Formen der Luftschicht usw. muß man natürlich durch verschiedene Konvektionszahlen berücksichtigen.

Zylindrische Luftschicht um Rohre:

$$\lambda' = \lambda_0 + \lambda_k + \frac{1}{2} \cdot d_i \cdot a \cdot C^1 \cdot \ln \frac{d_a}{d_i} . \tag{92}$$

C^1 ist nach Gleichung (79) zu berechnen (für einen strahlenden Körper, der allseitig von einem anderen umschlossen ist).

Senkrechte Luftschicht

$$\lambda' = \lambda_0 + \lambda_k + a \cdot s \cdot C^1 . \tag{93}$$

Horizontale Luftschicht, Wärmedurchgang von unten nach oben

$$\lambda' = \lambda_0 + \lambda_k + a \cdot s \cdot C^1 . \tag{94}$$

Horizontale Luftschicht, Wärmedurchgang von oben nach unten

$$\lambda' = \lambda_0 + a \cdot s \cdot C^1 . \tag{95}$$

In dem letzteren Falle ist die Konvektionszahl $\lambda_k = 0$, weil sich die Luftteilchen von oben her erwärmen, so daß kein Auftrieb eintreten kann.

Für ebene Luftschichten ist C^1 nach Formel (80) zu berechnen.

Bisher war vorausgesetzt, daß die seitliche Ausdehnung der Luftschicht groß gegenüber ihrer Stärke ist. In manchen Fällen, z. B. bei Hohlsteinen im Bauwesen ist dies aber nicht der Fall und man muß dann die von den seitlichen „Stegen" durch Strahlung übertragene Wärme durch Hinzufügen eines

Seitenstrahlungsfaktors φ

berücksichtigen.

Über die Größe dieses Seitenstrahlungsfaktors findet sich im Schrifttum nur angegeben, daß bei einem Querschnitt von 1:1 bis 1:2 (der Steg als kürzere Seite) etwa

$$\varphi = 1{,}2$$

sein dürfte. Für längere Rechtecke pflegt man ihn kleiner anzunehmen, und ihn schon bei einem Verhältnis von 1:3 gleich 1 zu setzen. Dies kann aber offenbar nur für nichtmetallische Stoffe gelten. Betrachtet man nämlich die warme Seite und die beiden Stegflächen als einen halb-

Zahlentafel 46. Konvektionszahl λ_k von ebenen Luftschichten. (Nach W. Mull und H. Reiher.)

Horizontale Luftschichten

Temperaturdifferenz in °C	Konvektionszahl λ_k in kcal/m h ° bei einer Stärke der Luftschicht in cm von 1	2,5	5	10	20
	Mitteltemperatur 0° C				
10	0,002	0,032	0,073	0,16	0,32
50	0,020	0,062	0,131	0,28	—
100	0,027	0,079	0,171	0,35	—
	Mitteltemperatur 50° C				
10	0,000	0,028	0,068	0,14	0,30
50	0,015	0,056	0,122	0,26	—
100	0,022	0,072	0,157	0,33	—
	Mitteltemperatur 100° C				
10	0,000	0,023	0,062	0,13	0,27
50	0,009	0,051	0,112	0,24	—
100	0,017	0,066	0,144	0,30	—

Vertikale Luftschichten

Temperaturdifferenz in °C	Höhe der Luftschicht in m	Konvektionszahl λ_k in kcal/m h ° bei einer Stärke der Luftschicht in cm von 2	5	10	20
	Mitteltemperatur 0° C				
10	0,50	0,010	0,045	0,123	0,302
	1,00	0,009	0,043	0,115	0,280
50	0,50	0,022	0,091	0,227	—
	1,00	0,020	0,085	0,204	—
100	0,50	0,033	0,121	—	—
	1,00	0,030	0,113	—	—
	Mitteltemperatur 50° C				
10	0,50	0,007	0,040	0,109	0,270
	1,00	0,006	0,038	0,102	0,249
50	0,50	0,016	0,080	0,203	—
	1,00	0,015	0,075	0,187	—
100	0,50	0,026	0,109	—	—
	1,00	0,024	0,102	—	—
	Mitteltemperatur 100° C				
10	0,50	0,003	0,036	0,096	0,236
	1,00	0,002	0,034	0,090	0,216
50	0,50	0,012	0,070	0,183	—
	1,00	0,011	0,065	0,168	—
100	0,50	0,020	0,101	0,248	—
	1,00	0,018	0,094	0,225	—

offenen Hohlraum, der gegen die kalte Seite mit seiner Öffnung strahlt, so kann $\varphi \cdot C^1$ höchstens $= 4{,}96$, d. h. gleich C_s werden. Für nicht metallische Oberflächen ist aber C^1 durchschnittlich 4,0 bis 4,6, so daß hierfür $\varphi = 1{,}2$ schon das mögliche Maximum darstellt. Für niedrigere Strahlungskonstanten könnte φ größer werden; φ wäre also abhängig von der Strahlungskonstante der begrenzenden Flächen.

Es schreibt sich also beispielsweise Gleichung (93) für die senkrechte, seitlich wenig ausgedehnte Luftschicht (z. B. für Luftporen):

$$\lambda' = \lambda_0 + \lambda_k + \varphi \cdot a \cdot s \cdot C^1 \tag{96}$$

b) Zahlenwerte. Zahlentafel 29 gibt die Werte für λ_0, Zahlentafel 46 und 47 jene von λ_k. Letztere ist zum Teil aus den Versuchsunterlagen recht unsicher extrapoliert, was allerdings von keiner großen Bedeutung ist, weil bei höheren Temperaturen der Anteil der Strahlung, der selbst nur etwa mit $\pm 10\%$ Genauigkeit bekannt ist, weit überwiegt, wie aus folgendem Zahlenbeispiel hervorgeht. Eine soweitgehende Extrapolation ist für manche Aufgaben unvermeidlich, z. B. für Leitungen in Kanälen.

Zahlenbeispiel. Es ist der Dämmwert einer 10 cm starken Luftschicht zu berechnen, die senkrecht in einem Mauerwerk angeordnet ist, wenn einmal die Temperaturen der Begrenzungswände 0° und 10° C seien (Gebäudemauer), das andere Mal 400 und 600° (Kesselmauerwerk). Ferner sei

$$C_1 = C_2 = 4{,}5.$$

Zahlentafel 47. Konvektionszahl λ_k horizontaler zylindrischer Luftschichten. (Aufgestellt und schätzungsweise erweitert nach den Versuchen von W. Beckmann.)

Mittlere Temperatur der Luftschicht in °C	Temperaturspanne der Begrenzungsflächen in °C	50 mm Rohrdurchmesser bei einer Dämmstärke in mm				100 mm Rohrdurchmesser bei einer Dämmstärke in mm				200 mm Rohrdurchmesser bei einer Dämmstärke in mm				400 mm Rohrdurchmesser bei einer Dämmstärke in mm			
		20	50	100	200	20	50	100	200	20	50	100	200	20	50	100	200
0	10	0,019	0,063	0,17	0,40	0,017	0,061	0,16	0,39	0,012	0,058	0,15	0,36	0,01	0,05	0,14	0,33
50	10	0,014	0,054	0,15	0,35	0,011	0,053	0,14	0,34	0,007	0,051	0,14	0,33	0,01	0,05	0,12	0,30
	50	0,033	0,097	0,23	0,63	0,030	0,095	0,23	0,59	0,027	0,090	0,24	0,57	0,02	0,09	0,22	0,56
100	10	0,010	0,046	0,12	0,30	0,008	0,045	0,12	0,29	0,004	0,043	0,12	0,28	0	0,04	0,11	0,26
	50	0,028	0,087	0,21	0,54	0,025	0,085	0,21	0,53	0,019	0,082	0,21	0,52	0,01	0,08	0,20	0,50
	100	0,039	0,110	0,26	0,59	0,035	0,107	0,26	0,58	0,027	0,101	0,25	0,58	0,02	0,10	0,24	0,55
200	10	0,004	0,029	0,10	0,24	0,004	0,028	0,10	0,22	0,002	0,026	0,10	0,22	0	0,02	0,09	0,21
	50	0,017	0,068	0,17	0,42	0,015	0,067	0,17	0,42	0,010	0,064	0,16	0,46	0	0,06	0,15	0,38
	100	0,026	0,089	0,21	0,50	0,023	0,087	0,21	0,50	0,017	0,083	0,20	0,50	0,01	0,07	0,19	0,49
300	10	0	0,02	0,09	0,20	0	0,02	0,08	0,20	0	0,01	0,07	0,18	0	0,01	0,06	0,16
	50	0,01	0,06	0,14	0,34	0,01	0,05	0,14	0,33	0,01	0,04	0,13	0,31	0	0,03	0,10	0,27
	100	0,02	0,07	0,17	0,43	0,02	0,07	0,17	0,42	0,01	0,07	0,16	0,41	0,01	0,04	0,14	0,36
400	10	0	0,01	0,07	0,13	0	0,01	0,06	0,13	0	0,01	0,06	0,11	0	0	0,04	0,09
	50	0,01	0,04	0,12	0,29	0,01	0,04	0,11	0,28	0	0,03	0,10	0,23	0	0,02	0,07	0,21
	100	0,01	0,06	0,15	0,38	0,01	0,06	0,14	0,37	0,01	0,05	0,13	0,35	0,01	0,04	0,10	0,31

Nach Gleichung (93) und den Zahlentafeln 30 und 46 ist unter schätzungsweiser Extrapolation auf die hohe Mitteltemperatur im Kesselmauerwerk:

Gebäudemauer:

$$\lambda' = 0{,}021 + 0{,}12 + 0{,}86 \cdot 0{,}1 \cdot 4{,}1 = 0{,}141 + 0{,}352 = 0{,}493\,.$$

Kesselmauerwerk:

$$\lambda' = 0{,}045 + 0{,}31 + 18{,}7 \cdot 0{,}1 \cdot 4{,}1 = 0{,}355 + 7{,}67 = 8{,}025\,.$$

Die Strahlung ist also im ersten Fall mit

$$\frac{0{,}352}{0{,}493} \cdot 100 = 71{,}5\,\%,$$

im zweiten Fall mit

$$\frac{7{,}67}{8{,}025} \cdot 100 = 96\,\%$$

an der Wärmeübertragung beteiligt.

Überblickt man die Strahlungszahlen in Zahlentafel 14, S. 55, so kann man zwei Hauptgruppen unterscheiden:

1. Gewöhnliche Werkstoffe der Wärmeschutztechnik, wie rohe Dämmstoffoberfläche, Farbanstriche, Papier, Holz, Baustoffe usw. Strahlungszahl etwa 4,4 bis 4,7. Nicht sehr viel niedriger ist jene von Eisen oxydiert und verrostet: 4,0.

2. Blanke Metalle mit niedrigen Strahlungskonstanten z. B. Aluminium, verzinntes oder verzinktes Eisenblech, Kupfer, Messing usw. Strahlungszahlen etwa zwischen 0,25 bis 1,0.

Unter den Metallen nimmt Aluminium eine Sonderstellung ein, weil es das einzig unedle Metall ist, das auch bei Oxydation eine verhältnismäßig niedrige Strahlungszahl (0,35 bis 0,45) beibehält, also praktisch verwendbar ist.

c) Der praktische Dämmwert von Luftschichten. Zahlentafel 48 gibt die gleichwertige Wärmeleitzahl von Luftschichten zwischen nicht-

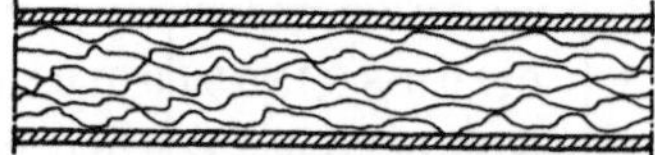

Abb. 71a. Alfol-Knitterverfahren.

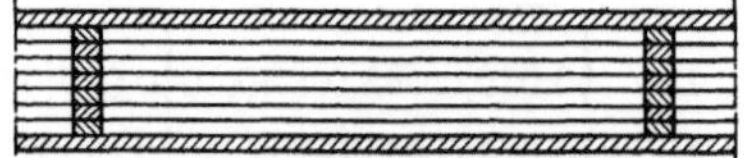

Abb. 71b. Alfol-Planverfahren.

metallischen Begrenzungswänden ($C_1 = 4{,}6$) bei zylindrischer Form. Es zeigt sich eine verhältnismäßig schwache Zunahme mit dem Durchmesser. Stärker ist das Anwachsen der gleichwertigen Wärmeleitzahl mit der Schichtstärke und außerordentlich groß ist der Einfluß der Temperatur.

Man erkennt, daß Luftschichten zwischen Stoffen hoher Strahlungszahl nur bei niedrigen Temperaturen, also im Bauweisen einigen Dämmwert haben. Dort werden sie auch, besonders in Form von Hohlsteinen, oft mit Nutzen verwendet. Schon bei 200° aber ist (für mittlere Schichtstärken) der Dämmwert nurmehr gleich dem von feuerfestem Mauerwerk und bei 500 erreicht die gleichwertige Wärmeleitzahl der Luft bereits die untere Grenze der Metalleitzahl (Nickelstahl $\lambda = 9{,}0$).

Der Dämmwert eines Luftraumes wird erheblich gesteigert, wenn er senkrecht zum Wärmestrom mehrfach unterteilt wird. Davon wird im Bauwesen auch bei Hohlsteinen vielfach Gebrauch gemacht. Den Nutzen dieser Maßnahme erkennt man auch aus Zahlentafel 48. Für ein Rohr von 200 mm Dmr. ist die gleichwertige Wärmeleitzahl bei einer Schichtstärke von 20 mm und 100° C Mitteltemperatur 0,195 kcal/mh°, bei 100 mm Schichtstärke aber 0,79. Der Dämmwert einer 100 mm-Schicht wächst also durch Unterteilung in 5 Schichten von 20 mm Stärke auf das 3,5fache, da sich die Wärmeleitzahl der Einzelschichten von verschiedenem Durchmesser im Mittel zu 0,205 ergibt.

Die Verwendung von Aluminium für Luftschichten wurde von E. Schmidt unter Benutzung dünner Folien in die Technik eingeführt. Über die unter dem Namen Alfol bekannt gewordenen beiden Verfahren mit flachgespannten und geknitterten Aluminiumfolien vgl. Abb. 71a und 71b. Auch sie benutzen unterteilte Luftschichten: Folienabstand beim Planverfahren etwa 10 bis 15 mm (Folienstärke 0,015 mm und mehr), beim Knitterverfahren 8 bis 10 mm (Folienstärke 0,007 mm). Für letzteres besteht bei dem genannten Abstand ein Bestwert, da bei noch geringeren Abständen der Nutzen der vermehrten Unterteilung

Zahlentafel 48. Gleichwertige Wärmeleitzahl horizontaler zylindrischer Luftschichten zwischen nichtmetallischen Flächen. (Strahlungszahl der Begrenzungsflächen 4,6.)

Mittlere Temperatur der Luftschicht in °C	Temperaturspanne der Begrenzungsflächen in °C	50 mm Rohrdurchmesser bei einer Dämmstärke in mm				100 mm Rohrdurchmesser bei einer Dämmstärke in mm				200 mm Rohrdurchmesser bei einer Dämmstärke in mm				400 mm Rohrdurchmesser bei einer Dämmstärke in mm			
		20	50	100	200	20	50	100	200	20	50	100	200	20	50	100	200
0	10	0,093	0,187	0,35	0,63	0,097	0,207	0,38	0,71	0,097	0,224	0,42	0,79	0,10	0,23	0,46	0,88
50	10	0,126	0,247	0,42	0,72	0,133	0,264	0,50	0,86	0,138	0,314	0,57	1,02	0,15	0,33	0,64	1,19
	50	0,145	0,290	0,50	1,00	0,152	0,326	0,58	1,11	0,158	0,353	0,67	1,26	0,16	0,37	0,73	1,39
	10	0,173	0,346	0,54	0,87	0,188	0,394	0,67	1,09	0,195	0,440	0,79	1,34	0,22	0,47	0,89	1,64
100	50	0,191	9,387	0,63	1,11	0,205	0,434	0,76	1,33	0,210	0,479	0,88	1,58	0,22	0,51	0,98	1,88
	100	0,202	0,410	0,68	1,16	0,215	0,456	0,81	1,38	0,218	0,498	0,92	1,64	0,23	0,53	1,03	1,93
	10	0,311	0,591	0,94	1,36	0,349	0,718	1,18	1,82	0,370	0,813	1,44	2,37	0,41	0,87	1,67	2,99
200	50	0,324	0,630	0,98	1,54	0,360	0,757	1,26	2,02	0,378	0,851	1,50	2,55	0,41	0,91	1,73	3,16
	100	0,333	0,651	1,05	1,62	0,368	0,777	1,30	2,10	0,385	0,870	1,54	2,65	0,42	0,93	1,77	3,27
	10	0,53	1,01	1,54	2,22	0,59	1,22	1,99	3,04	0,64	1,40	2,43	3,97	0,71	1,51	2,85	5,09
300	50	0,54	1,05	1,60	2,36	0,60	1,26	2,05	3,18	0,64	1,43	2,49	4,10	0,71	1,53	2,90	5,21
	100	0,55	1,07	1,63	2,45	0,61	1,27	2,08	3,27	0,65	1,45	2,53	4,20	0,72	1,54	2,94	5,30
	10	0,85	1,59	2,41	3,19	0,94	1,94	3,15	4,67	1,01	2,23	3,87	6,32	1,14	2,41	4,55	8,06
400	50	0,85	1,62	2,46	3,33	0,95	1,97	3,20	4,82	1,02	2,25	3,91	6,47	1,14	2,43	4,59	8,18
	100	0,86	1,64	2,47	3,44	0,95	1,99	3,23	4,91	1,02	2,27	3,94	6,56	1,15	2,45	4,61	8,28

durch den zunehmenden Einfluß der metallischen Berührung der Folien überwogen wird. Die Alfol-Dyckerhoff G. m. b. H. Hannover gibt nebenstehende Wärmeleitzahlen als praktische Betriebswerte an.

Zahlentafel 49.
Wärmeschutz von Alfoldämmschichten.

Mitteltemperatur t_m °C	Wärmeleitzahl λ kcal/m h °		
	Planverfahren Luftschichtstärke 10 mm	Knitterverfahren	
		Rohrleitungsisolierung	Wandisolierung (Holzkonstruktion)
0	0,027	0,040	0,034
50	0,030	0,047	0,041
100	0,033	0,053	0,047
150	0,037	0,059	0,053
200	0,042	0,066	—
300	0,053	0,078	—

Statt Folien wurden in der Praxis auch dünne Aluminiumbleche oder mit Aluminiumfolien belegte Weißbleche verwendet, die bei gut durchgebildeter Konstruktion ähnliche Wärmeleitzahlen liefern[1].

26. Das Raumgewicht von Bau- und Dämmstoffen.

Unter Raumgewicht eines Stoffes ist das Gewicht der Volumeneinheit verstanden, also mit Einrechnung der Lufteinschlüsse der Poren in das Volumen. Es ist daher von dem spezifischen Gewicht der festen Bestandteile wohl zu unterscheiden. Das Raumgewicht wird meist in kg/m³ angegeben, im englischen Maßsystem in englischen Pfund je Kubikfuß. Zur Umrechnung dient

$$1 \text{ lbs p. cb. ft} = 16{,}02 \text{ kg/m}^3.$$

Man hat also die englische Angabe mit 16,02 zu multiplizieren, um den deutschen Wert zu erhalten.

Das Raumgewicht schwankt etwa zwischen den Werten:

bei Dämmstoffen . . 80—1000 kg/m³
bei Baustoffen . . . 600—2400 kg/m³

Zahlentafel 50.
Raumgewicht und Porenvolumen bei Bau- und Dämmstoffen.

Raumgewicht in kg/m³	Porenvolumen in % bei	
	organischen Stoffen spez. Gew. 1500 kg/m³	anorganischen Stoffen spez. Gew. 2600 kg/m³
100	93,5	96
300	80	88,5
500	67	81
1000	33	61,5
2000	—	23

Das spezifische Gewicht der festen Bestandteile schwankt bei den anorganischen bzw. organischen Stoffen nur wenig. Grenzwerte vgl. S. 106. Berechnet man nach der dort angeführten Gleichung (88) das Porenvolumen für verschiedene Raumgewichte, so kommt man zu nebenstehendem Zusammenhang.

Durch chemische und physikalische Verfahren lassen sich wie auf S. 67 beschrieben, aus einem Rohstoff Erzeugnisse mit sehr verschie-

[1] Z. B. nach DRP. 491395.

denem Raumgewicht und sehr verschiedener Wärmeschutzwirkung herstellen. Ein bestimmtes Luftvolumen ist um so wirksamer, auf je feinere Zellen es verteilt wird. Eine Verfeinerung der Zellen vermindert aber bei gleichem Raumgewicht die Festigkeit des Stoffes. Nun stehen Wärmeschutzwirkung und Festigkeit an sich schon in einem grundsätzlichen Widerspruch, weil das weniger dichte Gefüge selbstverständlich auch das weniger feste ist. Ein Kompromiß zwischen Festigkeit und Wärmeleitzahl wird also um so schwieriger, je feiner man die Porosität gestaltet. So kommt man auf dem Weg zu möglichst niedrigen Raumgewichten entweder zu Gebilden, die nur mehr bei Anwendung äußerer Schutzschichten (Stopfschichten mit Hartmänteln u. dgl.) praktisch verwendbar sind, oder zu einer Grobporosität, die nur bei niedrigen Temperaturen eine Verbesserung der Wärmeleitzahl bedeutet. Sehr deutlich wird dies, wenn man die Typenreihe der gebrannten Kieselgursteine einer Herstellerfirma betrachtet. Die leichten Steine sind nur bis zu einer gewissen Temperaturgrenze den schwereren, aber feinporösen Steinen überlegen. Allerdings entscheidet diese Temperaturgrenze allein nicht, welcher Stein wärmewirtschaftlich vorzuziehen ist. Denn bei unterbrochenem Betrieb ist auch die Speicherwärme wichtig und diese nimmt mit dem Raumgewicht ab. Außerdem ist das Gewicht oft im Hinblick auf Rohrbelastung, Frachtkosten, Fundamentkosten u. dgl. von nicht zu unterschätzender Bedeutung. Angesichts dieser Zusammenhänge sollte man nie Festigkeitsforderungen an Wärmeschutzstoffe stellen, die nicht aus Betriebs- und Haltbarkeitsgründen wirklich notwendig sind.

K. Hencky gibt — unter Zugrundelegung einer mittleren Raumgewichtsabhängigkeit der Wärmeleitzahl — folgende Zahlentafel der Gewichtsverminderung durch hochwertige Dämmstoffe gegenüber einem ungünstigen Stoff ($\lambda = 0{,}12$ kcal/m h°) bei gleicher Wärmeschutzwirkung:

Zahlentafel 51. Gewicht von Dämmschichten gleichwertiger Stärke.

Wärmeleitzahl in % der Wärmeleitzahl des Vergleichsmaterials ($\lambda = 0{,}12$)	Gewicht gleichwertiger Dämmstärken in % des Gewichts des Ausgangsmaterials		
	Ebene Wand	Rohr 200 mm Durchmesser	Rohr 50 mm Durchmesser
75	60	58	30
50	25	15	8

Das Raumgewicht ist wie wir gesehen haben ein willkommener Maßstab, um die Wärmeleitzahl auf Grund von Erfahrungswerten, z. B. nach den Zahlentafeln 24 bis 28, ohne Messung abschätzen zu können. In der Praxis beurteilt man auch die Eignung von Rohstoffen z. B. von Kieselgursorten zu Dämmstoffen nach dem Raumgewicht in lose geschüttetem Zustand. Die lose Schüttung fällt aber je nach der Art des Meßgefäßes, der Schütthöhe, dem Feuchtigkeitsgehalt und anderen Zufälligkeiten — sogar Länge und Art des Transportes der Kieselgur sind erfahrungsgemäß von Einfluß — bei ein und demselben Stoff sehr verschieden aus. Cammerer hat deshalb als viel eindeutigeres Kennzeichen den Wasserzusatz bis zur Erreichung des zähplastischen Zustandes vorgeschlagen, der auch den Vorteil der verschiedenen Aufbereitungsmöglichkeiten viel besser erkennen läßt[1]. Für Kieselgur besteht bei der in der Industrie üblichen Schüttweise etwa folgender Zusammenhang zwischen Wasserzusatz (festgestellt z. B. mit der Prüfwaage, S. 145) und Raumgewicht lose geschüttet:

Zahlentafel 52. Raumgewicht in lose geschüttetem Zustand und Wasserzusatz bei Kieselgur.

Wasserzusatz kg/1 kg Gur	Raumgewicht kg/m³
0,8	500
1,0	420
1,25	350
1,5	300
2,0	220
2,5	175
3,0	145
3,5	125
4,0	105
4,5	95

Abschließend seien noch einige geometrische und physikalische Gesetzmäßigkeiten über die Lagerdichte loser pulverförmiger und körniger Stoffe erwähnt, da deren Kenntnis zu einem vollständigen Bild über die Beeinflußbarkeit des Raumgewichts von Bau- und Dämmstoffen nötig ist. Die Ausführungen sind aus einer Arbeit von R. Meldau[2] entnommen, auf die bzw. auf deren Quellen in Einzelheiten verwiesen werden muß.

1. Die dichteste und stabilste Lagerung gleich großer Kugeln baut sich auf der Grundform von drei sich berührenden Kugeln auf, auf denen eine vierte liegt.

2. Bei dieser dichtesten Packung nehmen die Zwischenräume unabhängig von der Größe der Kugeln 25,94% ein. Grobe rundliche Teilchen verhalten sich ähnlich wie Kugeln. Bleischrot konnte bis auf 28,3 bis 31,8% Hohlraum, Eisenschrot bestenfalls auf 35,5% verdichtet werden. Diese letzte Zahl ist ein praktischer Mittelwert auch für Kiese, Sande u. ä. Grobe flache Teilchen vergrößern den Zwischenraum, ebenso scharfkantige und splitterige.

3. Dichtere Packungen als nach Ziffer 2 sind durch Mischungen verschieden großer Kugeln möglich. Der Zwischenraum zwischen gleichgroßen Kugeln dichtester Packung wird dann am dichtesten ausgefüllt, wenn in jedem Zwischenraum jeweils das größtmögliche Korn eingelagert ist, in die entstehenden Zwischenräume wieder usw. (Abb. 72).

4. Die bei trockenen Sand- und Betonmischungen üblicherweise praktisch erreichbare dichteste Lagerung beträgt 85%, durch richtige Mischung von 3 bis 4 Korngrößen kann man aber auf 95% kommen.

[1] Schrifttumsangabe vgl. Fußnote 1 auf S. 145.

[2] Meldau, R.: Physikalische Eigenschaften von Industriestauben. Z. VDI Bd. 76 (1932) S. 1189. Abb. 72 ist mit Genehmigung des Verfassers übernommen.

5. Ein nicht zu großer Feuchtigkeitsgehalt kann auflockernd wirken, z. B. bei Sand bis zu 8 Gew.-% Feuchtigkeit, lockerste Packung bei 2 bis 4 Gew.-%.

6. Mit zunehmender Feinheit sinkt die Lagerdichte wegen der größeren Menge von adsorbierten Gashüllen.

7. Die dichteste Lagerung ist zwar die festeste, doch kann sie für die Weiterverarbeitung ungünstig sein, weil der Raum für Bindekräfte

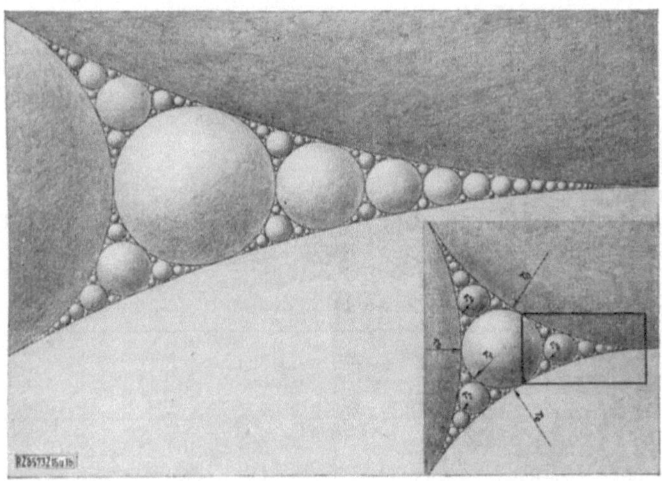

Abb. 72. Dichteste Lagerung gruppenweise verschieden großer Kugeln in einer angenommenen Ausgangsebene (links vergrößerte Wiedergabe der in rechts von einem Rechteck umschlossenen Fläche).

(Pech, Wasser usw.) fehlt. Es kommt also darauf an, ob die Weiterverarbeitung durch Abbinden (Kunststeine), Verpressen (Briketts) oder Brennen (Keramik) geschehen soll.

27. Die spezifische Wärme.

Auch die spezifische Wärme eines Stoffes ist für die in ihm aufgespeicherte Wärmemenge wichtig. Trotzdem spielt sie bei Gewährleistungen von Wärmeschutzanlagen keine Rolle, weil sie sich bei den für einen bestimmten Zweck in Frage kommenden Dämmstoffen nicht wesentlich unterscheidet.

Für Berechnungen genügen die nachstehenden Durchschnittswerte, denen die vorkommenden Grenzwerte in Klammern beigefügt sind. Auch die Temperaturzunahme der spezifischen Wärme ist gering und fällt bis etwa 500° in die genannten Grenzwerte.

Feuchtigkeitsgehalt vergrößert die spezifische Wärme (spezifische Wärme des Wassers = 1), Bindemittel wie Pech, Teer, Zement, Ton bei organischen Dämmstoffen vermindern sie.

Für die Temperaturabhängigkeit gibt Zahlentafel 54 einige kennzeichnende Werte. Zahlentafel 55 enthält noch Angaben für sonstige feste Stoffe, die zuweilen bei wärmeschutztechnischen Rechnungen gebraucht werden. Für flüssige und gasförmige Stoffe sind ausführliche Zahlentafeln in Zusammenhang mit dem Temperaturabfall in Rohrleitungen in Abschnitt 45, S. 226, gebracht.

Zahlentafel 53. Spezifische Wärme von Bau- und Dämmstoffen.

a) Trocken:

Stoff	Spezifische Wärme in kcal/kg°
Anorganische Bau- und Dämmstoffe	0,21 (0,18—0,25)
Holz, Pappe, Papier	0,32
Holz, lufttrocken	0,43
Organische Dämmstoffe (Kork, Torf, Wolle)	0,45 (0,41—0,49)
Organische Dämmstoffe mit anorganischen Bindemitteln	0,34

b) Im feuchten Zustand:

Feuchtigkeit in Gew.-%	Anorganische Stoffe in kcal/kg °C	Holz und holzartige Wärmeschutzstoffe in kcal/kg °C	Feuchtigkeit in Gew.-%	Anorganische Stoffe in kcal/kg °C	Holz und holzartige Wärmeschutzstoffe in kcal/kg °C
0	0,21	0,32	20	0,34	0,44
1	0,22	0,33	50	—	0,55
5	0,25	0,36	100	—	0,67
10	0,28	0,39	200	—	0,78

Zahlentafel 54. Temperaturabhängigkeit der spezifischen Wärme.

Stoff	Spezifische Wärme in kcal/kg °C zwischen 0° und				
	100	200	300	600	900° C
Dämmstoffe:					
Gebranntes Kieselgurmaterial	0,199	0,203	0,210	—	—
Wärmeschutzmasse für Hochdruck	0,247	0,248	0,250	—	—
Leichtgips	0,194	0,199	0,202	—	—
Zellenbeton	0,200	0,218	0,234	—	—
Baustoffe:					
Glas	0,19—0,21	—	0,22	0,25	0,27
Ziegel	0,18—0,22	—	—	—	—
Zementklinker	0,20	—	0,21	0,23	0,24
Feuerfeste Steine:					
Silika-, Schamotte- und Dinassteine	0,21	0,22	0,23	0,245	0,26

Zahlentafel 55. Spezifische Wärme sonstiger fester Stoffe.

Stoff	°C	Spezifische Wärme kcal/kg °C	
Metalle:			
Aluminium	0— 100	0,22	
Aluminiumbronze	0— 100	0,105—0,168	
Blei	0— 100	0,031	
Eisen und Stahl (nach Oberhoffer)	0— 100	0,115	
	0— 300	0,126	
	0— 400	0,131	
	0— 500	0,137	
	0— 600	0,142	
	0— 700	0,159	
	0— 800	0,170	
	0— 900	0,170	
	0—1000	0,168	
	0—1200	0,167	
	0—1400	0,167	
Kupfer	0— 100	0,094	
Messing	0— 100	0,092	
Nickel	0— 100	0,109	
Zink	0— 100	0,094	
Zinn	0— 100	0,056	
Lagergüter für Kühlräume		Frisch	Gefroren
Bier		0,90	
Butter		0,70	
Eier		0,76	
Eis		0,51	
Fett		0,60	0,40
Fische	0—20	0,82	0,43
Fleisch, mager		0,70—0,80	0,40—0,42
Gemüse und Obst		0,87—0,93	
Käse		0,64	
Milch		0,90	
Wein		0,90	

28. Die Temperaturleitfähigkeit von Bau- und Dämmstoffen.

In der allgemeinen Differentialgleichung der Wärmeleitung (2) auf S. 9 fand sich der Ausdruck:

$$a = \frac{\lambda}{R \cdot c}, \tag{2}$$

der als

Temperaturleitfähigkeit

bezeichnet wird. Die Temperaturleitfähigkeit ist für den Anwärme- und Auskühlvorgang maßgebend.

Eine Beurteilung der Dämmstoffe nach ihrer Temperaturleitfähigkeit hat jedoch für die Praxis keine Bedeutung; man wird den wirtschaftlichen Auswirkungen auch bei nichtstationärem Wärmestrom durchaus gerecht, wenn man angesichts der geringen Unterschiede in der spezifischen Wärme lediglich die Wärmeleitzahl und das Raumgewicht berücksichtigt. Der Unterschied in der Temperaturleitfähigkeit von Dämmstoffen und von Baustoffen ist dagegen bedeutend und spielt für die Anheizung großer, wenig benutzter Räume (Konzertsäle u. dgl.) eine Rolle.

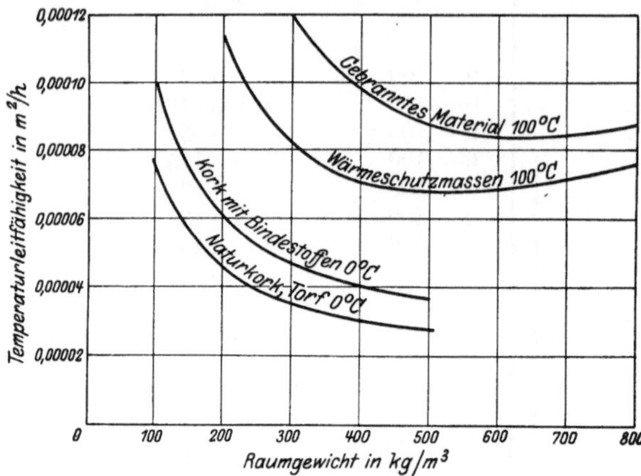

Abb. 73. Abhängigkeit der Temperaturleitfähigkeit vom Raumgewicht.

Abb. 73 gibt einen Überblick über die Temperaturleitfähigkeit der Dämmstoffe. Dabei ist die spezifische Wärme mit den Mittelwerten nach S. 138, Raumgewicht und Wärmeleitzahl mit den Erfahrungswerten nach S. 99 angesetzt. Bei schwereren Dämmstoffen (etwa ab 400 kg/m^3) ist also die Temperaturleitfähigkeit fast unabhängig vom Raumgewicht.

D. Meßtechnik.

29. Die neuzeitlichen Laboratoriumsmeßweisen zur Ermittlung der Wärmeleitzahl von Dämmstoffen.

Die Messung der Wärmeleitfähigkeit[1] wird heute fast ausschließlich im Dauerzustand der Wärmeströmung und nur an den einfachsten geometrischen Körperformen vorgenommen, da es anderenfalls schwierig ist, eine genügende Meßgenauigkeit zu erreichen. Als Meßkörper kommen in Frage:

ebene Platte,
Hohlzylinder,
Hohlkugel.

Die Meßgenauigkeit der nachstehend beschriebenen Apparate ist praktisch gleich. Welcher Körperform man daher in einem bestimmten

[1] In den ersten Zeiten des Prüfungswesens wurden vielfach charakteristische Temperaturen im Vergleich zu einem Normalstoff gemessen und zur Kennzeichnung des Dämmwertes benutzt. Alle derartigen Verfahren müssen heute als veraltet bezeichnet werden, da sie nicht die für Berechnungen allein brauchbaren absoluten Stoffwerte ergeben. Zwar ist auch die Hilfswandmethode von K. Hencky (S. 146) eine Art Vergleichsverfahren, doch ermöglicht sie die Feststellung der Wärmeleitfähigkeit.

Fall den Vorzug gibt, wird durch den Verwendungszweck des zu untersuchenden Stoffes bedingt; denn bei dem großen Einfluß der Struktur auf die Wärmeleitzahl hat man jedes Material möglichst in der Form zu untersuchen, in der es später zur Verwendung gelangen soll.

Die meisten der heute gebräuchlichen Laboratoriumsapparate erzeugen den durch den Versuchskörper fließenden Wärmestrom[1] elektrisch, um aus der bequem zu messenden zugeführten elektrischen Energie die Wärmemengen berechnen zu können. Für Gleichstrom gilt bekanntlich die Formel:

$$Q = 0{,}86 \cdot E \cdot I. \tag{97}$$

Darin bedeutet:

Q = die entwickelte Wärmemenge in kcal/h,

E = die elektrische Spannung an den Klemmen des Heizwiderstandes in Volt,

I = die Stromstärke des Heizstromes in Amp.

Da es einerseits kein absolutes Wärmeschutzmittel gibt, andererseits die Probekörper für Laboratoriumsapparate in ihren Abmessungen beschränkt sind, so müssen die Wärmeverluste durch die Seitenflächen eines plattenförmigen Körpers, bzw. durch die Stirnflächen eines Hohlzylinders berücksichtigt werden. Ideal ist deshalb der kugelförmige Probekörper, bei welchem die ganze elektrisch erzeugte Wärme gleichmäßig und in genau berechenbarer Strömung durch den Versuchskörper fließt. Da in der Praxis aber kugelförmige Stücke kaum vorkommen, kann man von dieser Meßweise nur bei losen Füllstoffen Gebrauch machen, bei denen die äußere Form keine Rolle für die Struktur spielt.

Bei allen Meßweisen, auch dort, wo der Probekörper an die freie Luft grenzt, wird, wenn möglich, nie von der Temperatur der Luft ausgegangen, sondern von den Oberflächentemperaturen des Probekörpers. Dadurch wird der meßtechnisch stets schwer zu verfolgende Wärmeübergang zwischen Probekörper und Luft ausgeschieden. Bei praktischen Messungen kann aber unter Umständen eine Messung der Lufttemperaturen und eine rechnerische Ausscheidung des Wärmeüberganges notwendig sein und dem Versuchszweck genügend gerecht werden.

Die elektrische Heizung läßt durch Einstellung ihrer Stärke die Temperaturabhängigkeit der Wärmeleitzahl meist im gewünschten Ausmaß feststellen. Dort, wo noch höhere oder tiefere Temperaturen

---

[1] Doch kann man auch unter Benutzung eines „Wärmeflußmessers“ auf die Messung der zugeführten Wärmemenge verzichten. So hat der Verfasser z. B. die zu untersuchenden Platten an Stelle der Tür eines Bosch-Haushaltkühlschrankes eingebaut und den Wärmestrom in deren Mitte durch eine Sonderausführung des Schmidtschen Wärmeflußmessers bestimmt. Über die Gründe zu dieser Meßweise, deren Genauigkeit unschwer auf das bei anderen Laboratoriumsapparaten übliche Maß gesteigert werden kann, vgl. den im Anhang unter Ziffer 52 S. 313 angeführten Versuchsbericht.

gewünscht werden, als auf diese Weise möglich sind, wird die Außenseite des Probekörpers elektrisch hoch geheizt oder mit einem Kühlmittel gekühlt. Die Messung der maßgebenden Temperaturen geschieht ausschließlich mit Thermoelementen (meist aus Kupfer-Konstantan). Zur Kennzeichnung des Dauerzustandes genügt Gleichmäßigkeit des Temperaturunterschiedes der beiden Oberflächen des Probekörpers, die sich leichter einstellen läßt als vollkommene Gleichmäßigkeit der absoluten Temperaturen selbst.

Nachstehend seien die wichtigsten Laboratoriumsapparate für die verschiedenen Versuchskörper beschrieben. Die Meßweisen wurden sämtlich im Laboratorium für technische Physik an der Technischen Hochschule in München entwickelt und dienten auch dem Ausland zum Vorbild. Zahlreiche Abwandlungen für Sonderaufgaben, z. B. zur Bestimmung der Wärmeleitzahl von Bekleidungsstoffen, von Metallen, von feuerfesten Steinen brauchen hier nicht im einzelnen gezeigt zu werden, da sie nur für die wissenschaftliche Forschung interessieren[1].

a) Die Kugel von W. Nusselt. Für pulverförmige oder feinkörnige Materialien, bei denen der Einfluß einer Luftkonvektion zwischen den Poren keine wesentliche Rolle spielt, wird noch häufig die Nusseltsche Kugel verwendet[2], wenngleich man dazu auch die Apparatur unter b) benutzen kann. Die Versuchseinrichtung besteht aus einer Heizkugel, die in ihrem Innern einen elektrischen Heizwiderstand (Widerstandsband auf einem Glimmerkreuz) enthält. Die Heizkugel ist mit Asbestfäden in einer äußeren Schutzkugel konzentrisch angeordnet. Der Zwischenraum zwischen den beiden Kugeln wird durch das zu untersuchende Isoliermaterial ausgefüllt. Zur Erleichterung des Einbringens des Versuchsmaterials in die Schutzkugel besteht letztere aus zwei verschraubbaren Hälften, wobei die obere Hälfte nochmals einen kleinen abnehmbaren Deckel besitzt, um ein vollständiges Ausfüllen des Hohlraumes zu ermöglichen.

Bei Verwendung größerer Kugeln kann man durch Einlegen von Thermoelementen in verschiedenem Abstand vom Kugelmittelpunkt gleichzeitig die Wärmeleitzahl bei verschiedenen Temperaturen messen, jedoch bietet die einwandfreie Ermittlung der Lage der Thermoelemente innerhalb des Probekörpers gewisse Schwierigkeiten.

b) Der Plattenapparat von R. Poensgen. In seiner Verwendung unbeschränkter als die Nusseltsche Kugel ist der Plattenapparat von R. Poensgen[3]. Er findet vor allem für ebenflächige Materialien (Platten

[1] Vgl. z. B. E. Raisch: Neuere Prüfverfahren des Forschungsheims für Wärmeschutz. Arch. Wärmewirtsch. Bd. 10 (1929) Heft 11.

[2] Nusselt, W.: Wärmeleitfähigkeit von Wärme-Isolierstoffen. Forsch.-Arb. Ing.-Wes. 1909 Heft 63/64.

[3] Poensgen, R.: Ein technisches Verfahren zur Ermittlung der Wärmeleitfähigkeit plattenförmiger Stoffe. Z. VDI Bd. 56 (1912) S. 1643.

oder Steine) Verwendung, kann aber, wie erwähnt, auch für die Untersuchung loser Stoffe irgendwelcher Art (pulverförmig, körnig, faserig) benutzt werden.

Wie Abb. 74 zeigt, besteht die Apparatur aus einer quadratischen elektrischen Heizplatte *P* von meist etwa 50 cm Seitenlänge, zu deren beiden Seiten zwei Proben des Versuchsmaterials *V* symmetrisch liegen. Die Versuchskörper grenzen ihrerseits wieder an von Wasser durchflossene Kühlplatten *K*. Die Forderung, seitliche Wärmeverluste der Heizplatte und der Versuchskörper zu verhindern, wird hier durch einen meßtechnischen Kunstgriff[1] erfüllt, indem um die Heizplatte herum ein Heizring *R* angeordnet ist. Der Zwischenraum zwischen Heizring und den Kühlplatten wird mit einem beliebigen Dämmstoff *J* (Korkschrot, pulverförmige Kieselgur, Glasgespinst usw.) ausgefüllt.

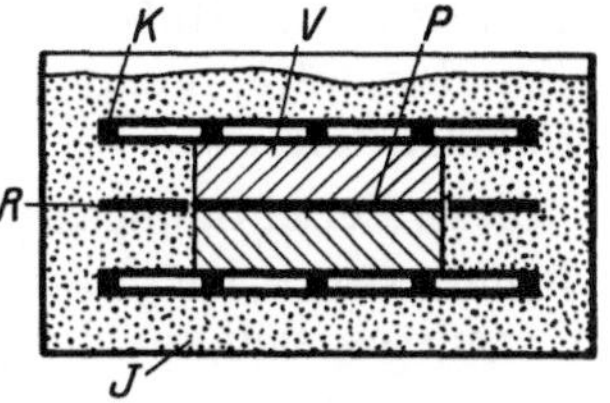

Abb. 74. Plattenapparat von R. Poensgen.

Die elektrische Heizung des Ringes *R* wird nun so eingestellt, daß jedem Punkt der seitlichen Fläche der Heizplatte und der Versuchskörper ein Punkt gleicher Temperatur am Heizring bzw. am Dämmstoffring gegenübersteht. Entsprechend eingebaute Thermoelemente geben die nötigen Unterlagen für die Regulierung der Heizung. Ein seitlicher Wärmeverlust kann dann nicht erfolgen und die im Heizkörper erzeugte Wärme geht ohne Verlust zu gleichen Teilen durch die beiderseitigen Versuchskörper. Die Berechnung der Wärmeleitzahl erfolgt nach Gleichung (8), S. 12.

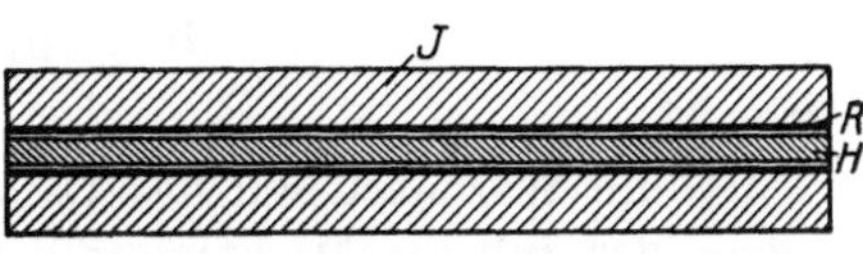

Abb. 75. Versuchsrohr von van Rinsum.

Der Spalt zwischen Heizplatte und Heizring muß möglichst schmal gehalten werden. Im allgemeinen kann man mit 5 bis 8 mm auskommen.

c) Das Versuchsrohr von W. van Rinsum. Für die Verwendung von Dämmstoffen für Rohrleitungen, wie z. B. von gebrannten Schalen, Wärmeschutzmassen und Dämmschnüren, dient die Versuchsanordnung von van Rinsum[2]. Die Konstruktion besteht gemäß Abb. 75 aus einem Eisenrohr *R* von 2 bis 3 m Länge, in welchem sich ein mit elektrischem Widerstandsmaterial bewickeltes Heizrohr *H* befindet. Auf das Rohr wird die zu prüfende Dämmschicht *J* in derselben Weise wie in der Praxis aufgebracht. Bei der verhältnismäßig geringen Länge

[1] Der Kunstgriff, durch eine Schutzheizung einen Wärmestrom an unerwünschter Stelle zu unterbinden, ist nach Poensgen noch in der verschiedensten Form in der Meßtechnik mit großem Nutzen verwendet worden.

[2] Rinsum, W. van: Die Wärmeleitfähigkeit von feuerfesten Steinen bei hohen Temperaturen sowie von Dampfrohrschutzmassen und Mauerwerk unter Verwendung eines neuen Verfahrens der Oberflächentemperaturmessung. Z. VDI Bd. 62 (1918) S. 601.

der Rohre muß der an den Stirnflächen entstehende Wärmeverlust des Heiz- und Schutzrohres berücksichtigt werden, der auch durch eine sorgfältige Dämmung nicht genügend vermindert werden kann. Der Verlust durch die Stirnflächen der Wärmeschutzhülle kann für die Messung vernachlässigt werden.

Van Rinsum hat eine Korrekturrechnung angegeben, bei der in die Gleichung (9) auf S. 12 nicht die tatsächlich gemessene Temperatur in der Mitte des Heizrohres in die Berechnung eingeführt wird, sondern jene durch eine Hilfsrechnung ermittelte höhere Temperatur, die dann vorhanden wäre, wenn man den Wärmeverlust durch die Stirnflächen vermeiden könnte.

Diese Berichtigungsgröße der Temperatur, die also zu der tatsächlich gemessenen Temperatur zu addieren ist und die mit Δt_{im} bezeichnet sei, ermittelt sich aus der Gleichung:

$$\Delta t_{im} = \frac{t_{im} - t_{ix}}{\mathfrak{Cof}\, x \cdot \sqrt{c}}. \tag{98}$$

Darin ist:

t_{im} = die gemessene Temperatur in der Mitte des Rohres in °C,
t_{ix} = die Temperatur des Rohres im Abstand x von der Rohrmitte,
$\mathfrak{Cof}$ = der hyperbolische Kosinus.

Die Konstante c ermittelt sich aus der Gleichung:

$$c = \frac{2\pi\lambda}{\ln\frac{d_a}{d_i}\cdot(f_1\lambda_1 + f_2\lambda_2)}. \tag{99}$$

Darin ist:

λ = die Wärmeleitzahl des Dämmstoffes in kcal/mh°,
d_a = der äußere Durchmesser der Wärmeschutzschicht in m,
d_i = der innere Durchmesser der Wärmeschutzschicht in m,
f_1 = der Querschnitt des Versuchsrohres R in m²,
f_2 = der Querschnitt des Heizrohres H in m²,
λ_1 = die Wärmeleitzahl des Versuchsrohres in kcal/mh°,
λ_2 = die Wärmeleitzahl des Heizrohres in kcal/mh°.

Die Auswertung dieser Gleichung setzt also bereits die Kenntnis der Größe der Wärmeleitzahl des Dämmstoffes voraus, die erst ermittelt werden soll. Man muß demnach λ zunächst auf einem Näherungsweg berechnen, indem man in Gleichung (9) auf S. 12 setzt:

$$t_i = t_{im}.$$

Mit dem auf diese Weise ermittelten angenäherten Wert λ' der Wärmeleitzahl der Dämmschicht, der nicht stark vom tatsächlich richtigen Wert λ abweicht, berechnet man die Konstante c und hieraus die Berichtigungsgröße Δt_{im}. Mit deren Hilfe kann man dann nach Gleichung (9) die tatsächliche Größe von λ errechnen.

Statt dieser rechnerischen Korrektur werden von mancher Seite auch Schutzheizungen ähnlich wie bei dem Apparat von Poensgen verwendet. Die rechnerische Korrektur ist aber einfacher, als die ziemlich zeitraubende Einstellung von Schutzheizungen.

d) Die Prüfwaage für Wärmeschutzmassen von J. S. Cammerer. Aufstrichmassen werden noch häufig mit verhältnismäßig hoher Wärmeleitzahl geliefert, da sie vielfach bei Kleinanlagen (z. B. Zentralheizungen) verwendet werden, bei denen ein Abnahmeversuch nicht in Betracht kommt, die Auftragserteilung aber von einem möglichst billigen Preis abhängt. Die dadurch vergeudeten Wärmemengen sind bei der großen

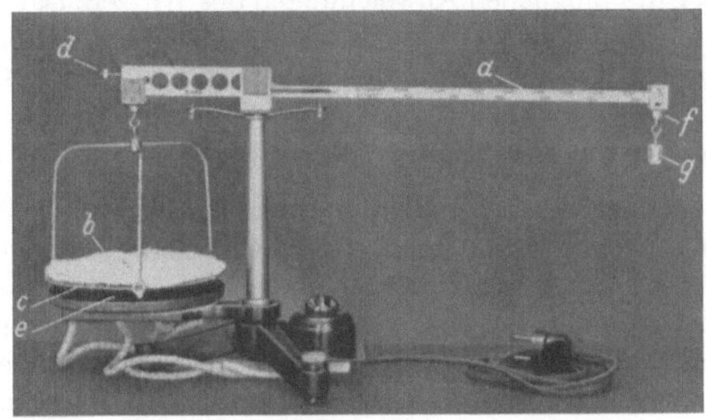

Abb. 76. *a* Waagebalken mit Meßskalen, *b* Masseprobe von 100 g, *c* Waagschale, *d* Einstellschraube, *e* Heizplatte, *f* Meßgewicht, *g* Zusatzgewicht.

Zahl derartiger Kleinanlagen von erheblicher volkswirtschaftlicher Bedeutung. Vom Forschungsheim für Wärmeschutz, München wird deshalb nach einem Vorschlag von J. S. Cammerer eine einfach zu handhabende Prüfwaage angefertigt[1], die durch Feststellung des Wasserzusatzes (einschließlich der hygroskopischen Feuchtigkeit) Wärmeleitzahl und Raumgewicht der fertigen Dämmschicht in 1 bis $1^1/_2$ Stunden feststellen läßt. Die Waage wird normal für Kieselgurmassen geliefert, ist aber auch für andere Massearten verwendbar, wenn dafür der Zusammenhang zwischen Wasserzusatz und Wärmeleitzahl wissenschaftlich genügend erforscht ist (vgl. Abschnitt 23a, S. 111). Die Meßgenauigkeit beträgt bei Leichtmassen etwa $\pm 5\%$, bei schwereren Massen ungefähr $\pm 10\%$, genügt also, um schlechte Massen auszuscheiden und grobe Garantieüberschreitungen festzustellen. Die leichte und schnelle Meßweise und die Kleinheit der Proben (100 g) macht die Prüfwaage ebenso für die Herstellungskontrolle in den Lieferwerken, wie zu Prüfungen durch den Abnehmer auf der Baustelle geeignet.

[1] Über die theoretischen Grundlagen dieser Meßweise vgl. J. S. Cammerer: Eine neue Prüfwaage für Kieselgurwärmeschutzmassen. Arch. Wärmew. Bd. 17 (1936) S. 279. Über die praktische Bewährung vgl.: Erfahrungen mit einer Prüfwaage für Kieselgurwärmeschutzmassen. Z. VDI Bd. 81 (1937) S. 338.

Abb. 76 zeigt die Ausführungsform. Bei Gebrauch wird eine Probe *b* des Wärmeschutzstoffes von 100 g im fertig angerührten Zustand durch Einstellung des Meßgewichtes *f* und des Zusatzgewichtes *g* in der rechten Endstellung auf dem Waagebalken *a* abgeglichen und auf der Waagschale *c* flach gestrichen. Nach Abnahme des Zusatzgewichtes *g* und Verschieben des Meßgewichtes *f* in die innere Rast des Waagebalkens setzt sich die Waagschale mit der Probe auf dem Heizkörper *e* ab, wo die Probe bis zur Gewichtskonstanz getrocknet wird. Die Stellung des Meßgewichtes *f* beim neuerlichen Einspielen der Waage läßt dann auf den Skalen des Meßarmes Raumgewicht, Wärmeleitzahl und Wasserzusatz ablesen. Über die möglichen Abweichungen des Wasserzusatzes innerhalb der Arbeitssteifigkeit des Massebreies vgl. S. 109, über die Kennzeichnung der Güte loser Kieselgur durch den Wasserzusatz vgl. S. 67 und 136.

30. Die Messung von Wärmeleitzahlen an fertigen Anlagen.

Für die Industrie sind Abnahmeversuche in der Praxis überaus wichtig. Erst wenn geeignete Meßverfahren zur Verfügung stehen, können verlässige Gütevereinbarungen eingeführt werden. Die Schwierigkeit derartiger Abnahmeversuche lag früher in der Messung der durch die Dämmschicht gehenden Wärmemenge begründet, da eine elektrische Erzeugung der Wärme wie im Laboratorium nicht in Betracht kommt und mittelbare Messungen etwa mit Hilfe des Kondensatanfalles oder des Temperaturabfalles nur ungenaue Werte unter Einschluß aller zusätzlichen Wärmeverluste von Formstücken, Flanschen usw. liefern (vgl. Abschnitt 37, S. 200).

Erst das von K. Hencky zunächst für Gebäudewände angegebene Hilfswandverfahren, das von E. Schmidt zur heute gebräuchlichen Form des „Wärmeflußmessers" weitergebildet wurde, bewirkte den jetzigen Stand des Wärmeschutzes in Deutschland[1]. Der Grundgedanke, die unbekannte Wärmeleitzahl eines Prüfkörpers mit der bereits bekannten eines anderen zu vergleichen, wurde schon früher von C. Christiansen vorgeschlagen[2].

a) Die Hilfswand von K. Hencky. Der Meßgedanke[3] ist theoretisch ungemein einfach und läßt eine Anwendung an beliebiger, meßtechnisch nicht zu ungünstiger Stelle zu:

Auf die zu untersuchende Wand wird eine Hilfschicht bekannter Wärmeleitzahl aufgebracht, etwa eine Korkplatte, deren Wärmeleit-

[1] Auch die im vorigen Abschnitt erwähnte Prüfwaage ist eine Meßweise unter völliger Umgehung einer Wärmemengenmessung und ist ebenfalls als Prüfverfahren der Praxis anwendbar.

[2] Christiansen, C.: Wiedem. Ann. Bd. 14 (1881) S. 23.

[3] Hencky, K.: Z. Wohnungswes. in Bayern 1920, S. 524. — Ein einfaches praktisches Verfahren zur Bestimmung des Wärmeschutzes verschiedener Bauweisen. Gesundh.-Ing. Bd. 42 (1919) S. 437.

fähigkeit durch eine der üblichen Laboratoriumsmeßmethoden untersucht wurde. Denkt man sich zunächst die seitliche Ausdehnung der beiden Wände unendlich groß, so fließt die durch die Versuchswand strömende Wärme vollständig verlustlos auch durch die Hilfswand. Man kann also gemäß Gleichung (8), S. 12 setzen:

$$\frac{\lambda' \cdot (t_i - t_m)}{s'} = \frac{\lambda \cdot (t_m - t_a)}{s}$$

oder

$$\lambda = \lambda' \cdot \frac{s}{s'} \cdot \frac{(t_i - t_m)}{(t_m - t_a)} \qquad (100)$$

wenn bedeutet:

λ = Wärmeleitzahl der Versuchswand,
λ' = Wärmeleitzahl der Hilfswand,
s = Stärke der Versuchswand,
s' = Stärke der Hilfswand,
$t_i - t_m$ = Unterschied der Oberflächentemperaturen der Hilfswand,
$t_m - t_a$ = Unterschied der Oberflächentemperaturen der Versuchswand.

Die Temperaturunterschiede auf den Oberflächen beider Wände und die Wandstärken lassen sich unschwer ermitteln; da die Wärmeleitzahl der Hilfswand schon vor dem Versuch festgestellt wurde, so kann man die Wärmeleitzahl der Versuchswand nach Gleichung (100) berechnen.

Allerdings wird durch die Aufbringung einer derartigen Hilfswand der ursprüngliche Wärmedurchgang verändert, weil der Wärmeaustauschwiderstand größer wird. Der Wärmestrom entspricht also bei der Messung nicht mehr dem Zustand vorher. Für die Ermittlung der Wärmeleitfähigkeit ist dies aber, abgesehen von der notwendigen Zeit, die zur Einstellung des neuen Gleichgewichtszustandes erforderlich ist, ohne Auswirkung, da sich demgemäß auch die Temperaturunterschiede auf den Oberflächen umstellen. Kennt man aber die Wärmeleitzahl, so läßt sich auch die durch die Wand vor Aufbringung der Meßapparatur, also im gewöhnlichen Betriebszustand, fließende Wärme leicht rechnerisch bestimmen.

b) Der Wärmeflußmesser nach E. Schmidt. Die Hilfswandmethode von K. Hencky verlangt ziemlich lange Versuchszeiten, benötigt eine umständliche Montage sowie erhebliche Meßerfahrungen und kann für die Prüfung von Rohrleitungsisolierungen nicht ohne weiteres angewendet werden. E. Schmidt hat deshalb die Hilfswand so umgebildet, daß sie in einfachster Weise auf die Dämmschicht aufgebunden werden kann[1] und eine verhältnismäßig geringe Wärmeträgheit besitzt. Dieser

[1] Um bei ebenen oder sehr schwach gekrümmten Flächen ein gutes Anliegen des Meßstreifens zu erreichen, preßt man ihn mit zugespitztem Hölzchen von etwa 10 cm Länge an, die sich gegen eine Schnur (mit Spiralfeder oder eingeschaltetem Gummizug) stützen, welche beiderseits der Gummistreifen befestigt ist (z. B. bei Kesselmauerwerk an Haken).

sog. „Wärmeflußmesser“ besteht nur mehr aus einem 60 cm langen, 6 cm breiten und etwa 3 mm starken Gummistreifen, der zur Bestimmung der Temperaturdifferenz auf seinen beiden Oberflächen unter einer dünnen Außenschicht etwa 200 Thermoelemente enthält. Man braucht bei der Anwendung auch nicht auf obige Hilfswand-Gleichung (100) zurückzugreifen, sondern man kann aus der von den eingebauten Thermoelementen hervorgerufenen elektrischen Spannung mit Hilfe einer Eichkonstante die Größe des Wärmestromes je Zeit- und Flächeneinheit unmittelbar entnehmen. Der Wärmeflußmesser wird vom Forschungsheim für Wärmeschutz in München hergestellt, von dem auch die zur Messung der Rohr- und Oberflächentemperaturen nötigen Thermoelemente sowie das Millivoltmeter bezogen werden können. Abbildung 77 zeigt eine Photographie der Einrichtung mit Selbstschreiber. Es empfiehlt sich nicht das Meßgerät mit Skalenteilungen in kcal/m²h versehen zu lassen, weil diese jeweils nur für einen bestimmten Wärmeflußmesser gelten können. Man macht die Ablesungen besser in Millivolt und multipliziert sie mit der Eichzahl des Eichscheins des verwendeten Wärmeflußmessers. Eine ausgezeichnete Darstellung der ganzen einschlägigen Meßtechnik findet sich in Heft 8 der Mitteilungen dieses Institutes.

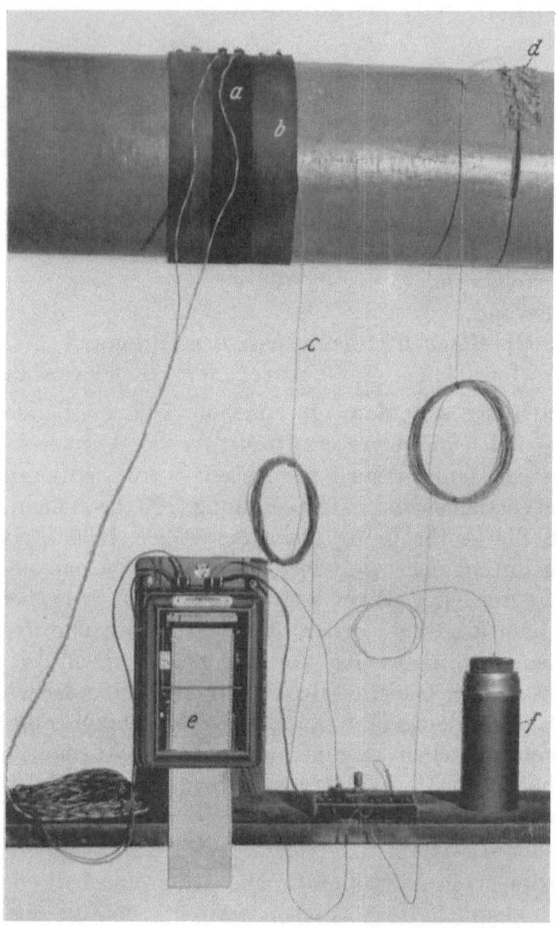

Abb. 77. Wärmeflußmesser bei einer Versuchsdurchführung. *a* Meßstreifen, *b* seitliche Blindstreifen, *c* Thermoelement für die äußere Oberflächentemperatur, *d* Einschnitt in die Dämmschicht mit Thermoelement für die Rohrtemperatur, *e* Selbstschreibendes Millivoltmeter, *f* Eisstelle der Thermoelemente.

Auf die großen Vorteile, die ein selbstschreibendes Millivoltmeter für praktische Betriebsmessungen mit sich bringt, muß noch unten eingegangen werden.

Zu beiden Seiten des Wärmeflußmessers werden, wie Abb. 77 zeigt, zwei gleich große Blindstreifen aus Gummi aufgelegt, um ein teilweises Ausweichen des Wärmestromes um die Ränder des Meßstreifens herum zu verhindern; denn eine, wenn auch geringe zusätzliche Dämmwirkung bringt auch der Schmidtsche Wärmeflußmesser hervor. Bei Dämmschichten mit Blechmänteln genügt diese Maßnahme nicht. Wo es möglich ist, muß man daher den Blechmantel vor der Messung entfernen, schon allein deswegen, weil die Nähe von heißen Gegenständen (nackte bzw. schlecht geschützte Flanschen, Ventile usw.) sehr leicht unkontrollierbare Wärmeströmungen im Blechmantel hervorruft. Bei manchen Wärmeschutzarten (z. B. bei Trockenstopfdämmungen) kann aber der Blechmantel ein Bauteil sein, der sich nicht entfernen läßt, ohne die bestehende Struktur des Wärmeschutzstoffes zu zerstören. Je nach der Strahlungszahl des Bleches und je nach Wärmeleitzahl und Stärke der Wärmeschutzschicht, kann der Wärmefluß zu klein (etwa bis —20%) oder zu groß (etwa bis +40%) gemessen werden. Ist die Strahlungszahl von Wärmeflußmesser und Blech gleich (farbig gestrichene Blechmäntel), so fließt Wärme unter dem Wärmeflußmesser im gut leitenden Blech seitlich ab, da der, wenn auch geringe zusätzliche Wärmedurchgangswiderstand des Wärmeflußmessers die Oberflächentemperatur des Bleches unter ihm etwas erhöht. Bei blanken Blechen kann die Oberflächentemperatur an dieser Stelle niedriger als an der freien Oberfläche sein, weil die stärkere Strahlung des Wärmeflußmessers seine Dämmwirkung überwiegt, so daß Wärme von beiden Seiten her der Meßstelle zuströmt.

Die Regeln des Vereins Deutscher Ingenieure für die Prüfung von Wärme- und Kälteschutzstoffen empfehlen deshalb seitliche Abdeckungen der Dämmschicht mit Gummiplatten von genügend großer Breite. Da man derartige Gummiplatten vielfach nicht zur Hand hat und erfahrungsgemäß der Meßfehler bei blanken Blechen viel größer als bei lackierten ist, so kann man nach Cammerer[1] bei blanken Blechen die Dämmschichtoberfläche auf etwa 3 m mit dünnem Packpapier oder Zeitungspapier umwickeln, um Gleichheit der Strahlungszahl zwischen Blech und Wärmeflußmesser herzustellen. Man benötigt dann auf Blechen aller Art nur Seitenstreifen von 25 cm Breite (also z. B. beiderseits je 4 gewöhnliche Blindstreifen). Auch eine Abdeckung der Stirnflächen des Wärmeflußmessers erübrigt sich.

Bei der geringen Stärke des Schmidtschen Wärmeflußmessers ist keine Korrektur notwendig, um die Unterschiede im Wärmedurchgang bei ebenem oder gekrümmten Wärmeflußmesser zu berücksichtigen.

[1] Cammerer, J. S.: Die Messung der Wärmeleitzahl von Isolierungen mit Blechmänteln. Wärme Bd. 60 (1937) S. 765.

Für Messungen an Gebäudewänden, die für die Erforschung des praktischen Wärmeschutzes von Baustoffen eine sehr große Bedeutung erlangt haben, wird der Wärmeflußmesser vom Forschungsheim für Wärmeschutz in München in Form von Meßplatten in der Größe von 50 × 50 cm bei etwa 8 mm Stärke hergestellt. Näheres hierüber vgl. das Buch des Verfassers „Die konstruktiven Grundlagen des Wärme- und Kälteschutzes im Wohn- und Industriebau". Berlin: Julius Springer 1936.

Sonderausführungen[1] mit besonders kleinen Abmessungen für Laboratoriumsversuche oder aus Stoffen für hohe Temperaturen bis 600° (keramische Werkstoffe) sind für wissenschaftliche Forschungszwecke mehrfach angewandt worden.

c) Der Wärmeschutzprüfer Bayer. Nach den Vorschlägen von K. Hencky stellt das Forschungsheim für Wärmeschutz noch einen „Wärmeschutzprüfer Bayer" her, bei dem über den äußeren Thermoelementen des Meßstreifens (Länge etwa 4 m einschließlich der daran befindlichen Seitenstreifen) noch eine genügend starke Dämpfungsschicht liegt, um kurzzeitige äußere Störungen der Lufttemperatur oder Luftbewegung auszugleichen (vgl. den folgenden Abschnitt). Die Handhabung ist daher besonders einfach und für regelmäßige Nachprüfungen in großen Werken durch untergeordnetes Personal gut geeignet. Die größere Wärmeträgheit verlängert aber die Versuchszeit von etwa 8 Stunden auf 24 Stunden und mehr, so daß man in der Praxis lieber den Wärmeflußmesser Schmidt verwendet, auf dem man bei Bedarf jederzeit eine äußere Dämpfungsschicht aus Gummi getrennt auflegen kann. Beim Wärmeschutzprüfer Bayer ist die Eichkonstante vom Rohrdurchmesser abhängig.

d) Gesichtspunkte für Wärmeflußmessungen im praktischen Betrieb. Die Anwendung des Schmidtschen Wärmeflußmessers erfordert eine Reihe von Maßnahmen, um unter praktischen Betriebsverhältnissen stets zu brauchbaren Ergebnissen zu gelangen. Der Grund liegt darin, daß das Meßband eine gewisse Trägheit gegenüber Schwankungen der Meßverhältnisse besitzt. Grundsätzlich ist bei allen Versuchen im Auge zu behalten, daß es auf die Ermittlung der im Dauerzustand der Wärmeströmung durchschnittlich verlorenen Wärme ankommt, und daß auch die dazugehörigen mittleren Temperaturen auf den beiden Oberflächen der Dämmschicht erfaßt werden müssen. In den Regeln des Vereins Deutscher Ingenieure für die Prüfung von Wärme- und Kälteschutzanlagen finden sich dafür eingehende Vorschriften festgelegt, die in folgende 5 Punkte unter Heranziehung der nachstehend erläuterten Meßbeispiele zusammengefaßt werden können.

---

[1] Schmidt, E. u. J. Werneburg: Wärmeflußmesser für hohe Temperaturen. Z. VDI Bd. 78 (1934) S. 343. — Cammerer, J. S.: Der Wärmeschutz von organischen Baustoffen unter den praktischen Verhältnissen. Gesundh.-Ing. Bd. 59 (1936) S. 261.

1. Der Versuch muß über die Anwärmeperiode des Instrumentes hinaus die Einstellung des Instrumentes durch eine Reihe von Stunden verfolgen (unter ungünstigen Umständen bis zu 8 Stunden und darüber).

2. Selbstverständlich muß auch die untersuchte Anlage selbst genügend lange im Betrieb sein, um den Dauerzustand der Temperaturverteilung erreicht zu haben. Bei Sattdampf und Heißwasser genügen hierzu etwa 2 bis 4 Stunden, bei überhitztem Dampf ist je nach den Verhältnissen bis zur doppelten Zeit benötigt[1].

3. Bei besonders ungünstigen äußeren Verhältnissen (starke Luftbewegung bei Freileitungen usw.) muß man dem Instrument die allzu geringe Trägheit durch Auflegen einer dämpfenden Gummischicht (normal etwa 2 mm) nehmen[2].

4. Die Anwendung eines selbstschreibenden Instrumentes ist für die dauernde Verfolgung der Ausschläge fast unentbehrlich. Derart aufgezeichnete Kurven sind nicht nur für die Bildung guter Mittelwerte, sondern auch für die unbedingt notwendige Versuchskritik äußerst wertvoll, da man nur so die ungestörtesten Versuchsstrecken herausgreifen kann.

5. Nicht geschützte Flanschen, Ventile u. ä. stark wärmeabgebende Teile dürfen an der Versuchsleitung nicht in solcher Nähe der Meßstelle sein, daß für diese ein seitliches Temperaturgefälle entsteht; auch dürfen benachbarte Leitungen der Meßstelle keine Wärme zustrahlen. Gegebenenfalls sind solche Teile mit Asbestzöpfen, Schlackenwolle u. dgl. erst abzudämmen.

Abb. 78 zeigt den Anwärmevorgang eines Wärmeflußmessers in verhältnismäßig ruhiger Luft, wenn er auf eine schon im Dauerzustand des Wärmeaustausches befindliche Dämmschicht aufgelegt wird. Im allerersten Augenblick des Auflegens tritt ein Ausschlag ein, der ein

[1] Im Schrifttum werden zuweilen die physikalischen Zusammenhänge verkannt. Vgl. z. B. Körting: Der Wärmeflußmesser und seine Verwendung zur Feststellung von Wärmeverlusten in Dampfleitungen. Gas- u. Wasserfach 1925, S. 715. In dieser Arbeit wurde die Änderung des Momentanwertes der Anzeigen des Wärmeflußmessers durch einen geringen Luftzug im Betrage von 20—30% als tatsächliche Steigerung des Wärmeverlustes der Leitung betrachtet. Erwiderungen von Schack, A., J. S. Cammerer u. E. Schmidt in derselben Zeitschrift 1926, S. 221. Ein anderer Irrtum, der auch mehrfach in der Praxis begangen wird, ist, daß durch den Druck der Hand infolge besseren Anliegens des Meßstreifens auf der Dämmschicht erhebliche Änderungen der Ausschläge eintreten. Tatsächlich ist der Druck der Hand gleichgültig. Die Änderung des Ausschlages kommt vielmehr von der Handwärme, die zunächst nur die äußeren Thermoelemente des Wärmeflußmessers beeinflußt, nicht aber die inneren, so daß die Temperaturdifferenzen im Meßstreifen eine Änderung erfahren.

[2] Durch diese Dämpfung mit Hilfe einer besonderen Gummischicht wird der Wärmedurchgangswiderstand der Apparatur merklich erhöht. Bei Ermittlung der Wärmeleitzahl spielt dies jedoch nach den Ausführungen S. 147 keine Rolle.

Mehrfaches des sich endgültig einstellenden Meßwertes ist, weil zunächst nur die Thermoelementengruppen auf der Innenseite des Wärmeflußmessers erwärmt werden. Infolge der geringen Trägheit sinkt der Ausschlag aber sehr rasch, und zwar unter die endgültige Einstellung, die erst im Verlauf von etwa 2 Stunden erreicht wird.

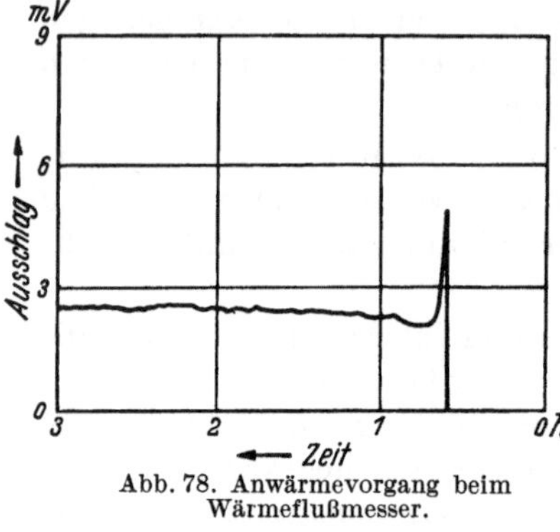

Abb. 78. Anwärmevorgang beim Wärmeflußmesser.

Wesentlich länger wird die Einstellzeit selbstverständlich bei Auflegung einer äußeren Dämpfung. Bei 2 mm Gummidämpfung wird die Einstelldauer etwa verdoppelt. Wird die Rohrleitung erst zusammen mit dem Wärmeflußmesser in Betrieb genommen, so können je nach der Dämmstärke 8 Stunden und mehr bis zur Erreichung des Dauerzustandes vergehen. Starke Luftbewegung beschleunigt stets die Einstellung des Wärmeflußmessers. Trotzdem ist gerade in derartigen Fällen eine längere Versuchszeit nötig, um aus den stärker streuenden Angaben einen genauen Mittelwert zu erhalten. Dies zeigen die folgenden Beispiele.

In Abb. 79 ist ein Versuch an einer Leitung in einem Kesselhaus mit ungedämpftem Wärmeflußmesser dargestellt. Man sieht, daß man sehr oft auch in Innenräumen mit einer erheblichen Beeinflussung des Wärmeflußmessers durch Luftbewegung rechnen muß, so daß nicht nur bei Freileitungen ein selbstschreibendes Instrument oder die Anwendung einer Dämpfungsschicht Vorteile bietet. Die Punktstreuung des Wärmeflußmessers ist hier etwa $\pm$ 15%. In dem linken Teil der Abbildung sieht man auch, daß die Abweichungen einzelner Ausschläge nach einer Seite besonders ausgeprägt sein können, so daß man bei Verwendung eines Ableseinstrumentes, das bestenfalls die ungefähren Grenzwerte verfolgen. läßt, außerordentlich leicht zu einer falschen Mittelwertsbildung kommt.

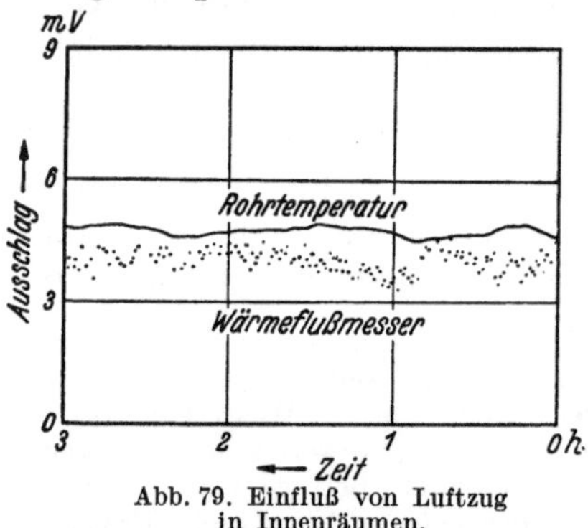

Abb. 79. Einfluß von Luftzug in Innenräumen.

Noch größer ist die Möglichkeit einer einseitigen Streuung nach Abb. 80 an Freileitungen, wo stoßweiser Wind zu sehr unregelmäßigen Störungen der Ausschläge führen kann.

Während man hier jedoch durch genügend starke Dämpfung auch bei Verwendung eines Ableseinstrumentes zum Ziele kommen könnte, ist bei Leitungen mit überhitztem Dampf eine laufende Registrierung der Versuchswerte kaum entbehrlich, weil auch die Rohrtemperatur im praktischen Betriebe fortgesetzt schwankt und daher ebenfalls mit einem sorgfältig ausgewählten Mittelwert in die Berechnung eingeführt werden muß. Abb. 81 gibt einen typischen Versuch aus einem Kesselhaus mit Zugluft.

Schwanken die Dampftemperaturen nicht nur kurzzeitig um einen annähernd konstanten Wert, sondern ändern sie sich längere Zeit in

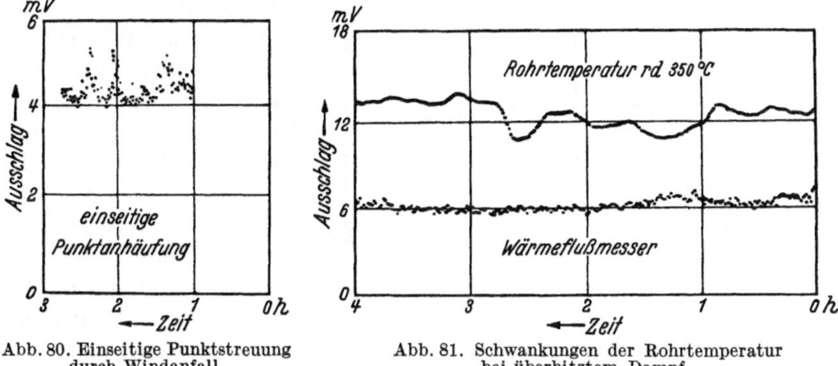

Abb. 80. Einseitige Punktstreuung durch Windanfall.

Abb. 81. Schwankungen der Rohrtemperatur bei überhitztem Dampf.

einer Richtung, so können große Abschnitte des Versuches ganz unbrauchbar für eine Auswertung sein; denn durch die Speicherwirkung der Dämmschicht erhalten die Angaben des Wärmeflußmessers eine gewisse

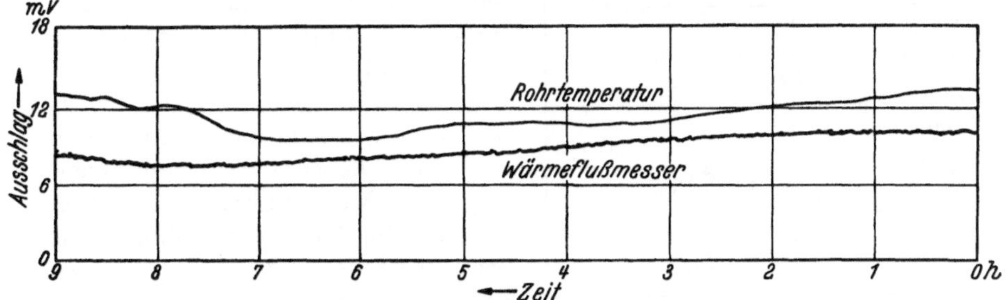

Abb. 82. Langdauernde Änderung der Dampftemperatur.

Phasenverschiebung gegenüber den Änderungen der Rohrtemperatur. In Abb. 82 beträgt diese Verschiebung etwa $1^1/_2$ Stunden. Manchmal wird man durch eine Berücksichtigung dieser Phasenverschiebung zu richtigeren Ergebnissen gelangen, als wenn man die zeitlich zusammenfallenden Werte von Rohrtemperatur und Wärmefluß in die Berechnung der Wärmeleitzahl einsetzt. Im vorliegenden Fall ist angesichts der so lange Zeit in eine Richtung zielenden Änderung der Rohrtemperatur und des Mangels selbst einer kurzzeitigen Konstanz der Verhältnisse auch dies nicht möglich. Überdies muß beachtet werden, ob sich nicht die äußeren Wärmeübergangsverhältnisse in der dazwischenliegenden Zeit geändert haben.

Unter günstigen Verhältnissen und bei genügender Meßerfahrung bietet selbstverständlich das Arbeiten ohne Dämpfungsschicht immer den Vorteil einer schnellen Versuchsdurchführung. Man muß dann aber Störungen der normalen Luftbewegung durch in die Nähe der Meßstelle befindliche Personen vermeiden, da für ihr Abklingen einige Zeit notwendig ist. Wie Abb. 83 zeigt, können die Störungen je nach der Stärke der ursprünglich vorhandenen Luftbewegung die Ausschläge des Wärmeflußmessers vergrößern oder verkleinern. Der Versuch wurde in einem Maschinenkeller vorgenommen, doch befand sich die Meßstelle beim Versuch a) an einer vor Luftbewegung gut geschützten Stelle, während beim Versuch b) der Wärmeflußmesser von einem starken Luftzug durch eine Treppenluke bestrichen war.

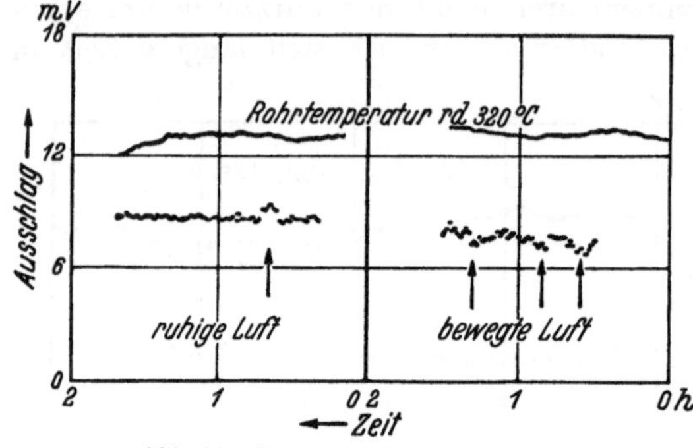

Abb. 83. Störungen durch Personen.

Besonders unangenehm sind Änderungen der äußeren Wärmeübergangsverhältnisse durch Schwankungen der Lufttemperatur, wie sie sowohl im Freien, als auch in Innenräumen während eines Versuches auftreten können. Bei Innenräumen sollte man lieber eine stärkere Streuung des Wärmeflußmessers durch Zugluft in den Kauf nehmen als etwa durch Schließen von Fenstern usw. eine Änderung der Raumtemperatur bewirken; denn schon einige Grad genügen für eine empfindliche Beeinflussung, weil die äußeren Thermoelemente des Wärmeflußmessers viel schneller als die inneren darauf ansprechen (vgl. Abb. 84 [1]).

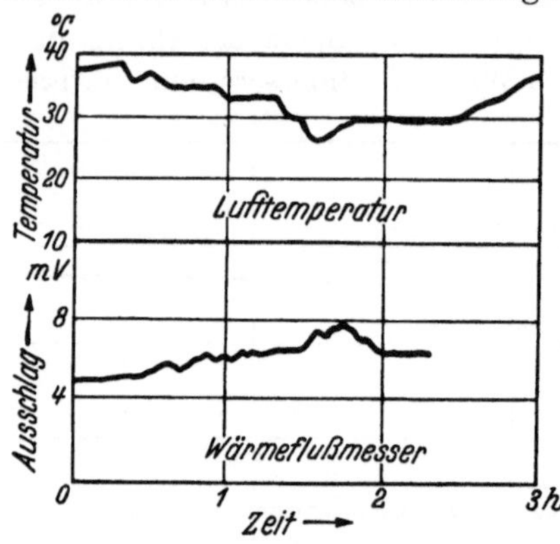

Abb. 84. Einfluß von Änderungen der Lufttemperatur.

Im übrigen ist nicht etwa mit dem Aufhören der Ursache auch die Störung beseitigt, wie das langsame Abklingen des Einflusses einer Sonnenbestrahlung in Abb. 85a deutlich zeigt. Der Ausschlag des Wärmeflußmessers liegt hier zunächst (im rechten Teile[1] der Kurve) recht

[1] Die Kurven derartiger Registrierstreifen sind von rechts nach links zu lesen. Die Abb. 84 ist des besseren Verständnisses halber umgezeichnet worden.

regelmäßig. Durch kurz dauernde Sonnenbestrahlung und die damit verbundene Anwärmung der Oberflächenelemente wird der Ausschlag dann plötzlich sehr stark verringert; nach Aufhören der Störung vergrößert er sich zunächst über den Mittelwert hinaus, weil inzwischen die Störung bis zu einem gewissen Grade auch auf die inneren Elemente durchgedrungen ist, die äußeren Elemente sich aber schneller der Lufttemperatur anpassen konnten. Während die eigentliche Störung nur etwa $^1/_2$ Stunde dauerte, sind auf diese Weise die Meßwerte von fast 2 Stunden für eine Auswertung unbrauchbar.

Abb. 85a bezog sich auf eine Messung in Innenräumen. Sehr unangenehm ist aber Sonnenschein, wie Abb. 85b zeigt, auch im Freien.

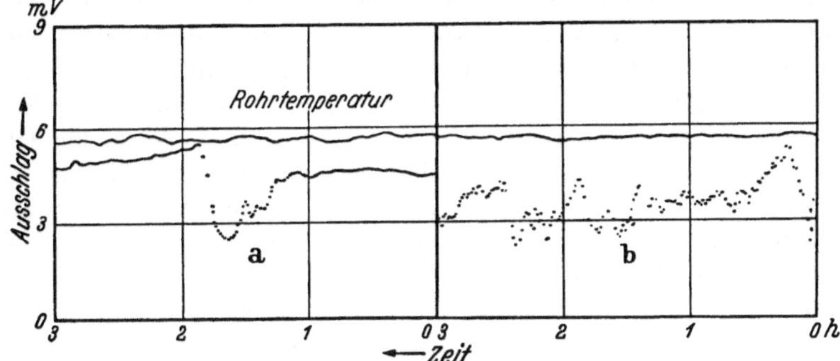

Abb. 85. Einfluß von Sonnenbestrahlung.

Herrscht auch nur mäßiger Wind, so wird durch Sonnenbestrahlung ein derartiges Schwanken der Meßwerte hervorgerufen, daß eine Auswertung unmöglich erfolgen kann. Bei der vorliegenden Messung war sogar die normalerweise ausreichende Dämpfung von 2 mm Gummi aufgebracht. Systematische Versuche ergaben, daß man unter diesen extrem ungünstigen Verhältnissen bis zu einer Dämpfung von 5 mm Stärke gehen muß, um ein brauchbares Resultat zu erhalten. Zweckmäßiger als das Aufbringen einer derartig starken Dämpfung ist aber das Abhalten der Sonnenbestrahlung durch eine einfache Abschirmung aus Dachpappe, Blech, Bretter, Papier usw., die jedoch die Luftbewegung an der Meßstelle nicht behindern darf.

Endlich muß man darauf achten, daß während des Versuches nicht aus undichten Ventilen, Flanschen oder aus Sicherheitsventilen Dampfschwaden an den Wärmeflußmesser gelangen können. Hierdurch werden, wie leicht einzusehen, stets außerordentlich starke Störungen hervorgerufen.

Vielfache Vergleichsversuche mit verschiedenen Wärmeflußmessern und Instrumenten zeigten, daß bei Beachtung vorstehender Gesichtspunkte auch unter schwierigen Betriebsverhältnissen mit einer Meßgenauigkeit von ± 3 bis $\pm 5\%$ gerechnet werden kann. Dies genügt allen Bedürfnissen der Praxis vollauf, ist aber natürlich bei Garantieabmachungen in Rechnung zu setzen (vgl. Abschnitt 61, S. 298). Ein Parallelversuch einer Lieferfirma und eines Elektrizitätswerkes mit zwei verschiedenen Apparaturen ergab beispielsweise folgende gute Übereinstimmung:

beim Wärmefluß 1,8%
bei der Temperaturdifferenz . . . 2,4%
bei der Wärmeleitzahl 0,7%

Schließlich sei noch auf einige praktische Gesichtspunkte bei Betriebsmessungen hingewiesen: Das Thermoelement für die äußere Oberflächentemperatur legt man zweckmäßig unter einen der beiden Seitenstreifen, um das Aufliegen des eigentlichen Wärmeflußmessers auf der Dämmschicht nicht zu stören. Der Lötkopf ist dabei an die Stelle des Seitenstreifens zu legen, an der man den mittleren Wert der Oberflächentemperatur erwarten darf, also beispielsweise, wenn das Meßband an einer horizontalen Rohrleitung von oben Mitte bis unten Mitte oder um die ganze Leitung herumgelegt ist, seitlich, da die Temperatur oben und unten infolge der Luftströmungen ein wenig vom mittleren Wert abweicht. Bei Dämmschichten, die aus Schalen bestehen und daher Fugen aus anders leitendem Material aufweisen, muß man darauf achten, daß das Oberflächenthermoelement nicht gerade auf eine Fuge kommt. Man wird stets gut tun, das Element während des Versuchs an verschiedenen Stellen einige Zeit zu belassen. Auch der Wärmeflußmesser darf natürlich nicht etwa in seiner ganzen Ausdehnung gerade auf einer Fuge liegen. Er soll diese vielmehr so kreuzen, daß der Anteil der Fuge dem wirklichen Verhältnis entspricht.

Bei Aufstrichmasse ist ein derartiger Fehler zwar nicht zu befürchten, aber hier ist oft die Dämmstärke ungleichmäßig. Der Wärmeflußmesser selbst bildet dann zwar von sich aus einen mittleren Wert, aber das Thermoelement kann an einer besonders dicken oder besonders dünnen Stelle liegen, wodurch vor allem bei Leitungen mit geringem Rohrdurchmesser Meßfehler bis zu 10% möglich sind.

Läßt das selbstschreibende Millivoltmeter nur die gleichzeitige Feststellung zweier Größen zu, so sind für die dauernde Aufzeichnung Wärmeflußmesser und Rohrtemperatur zu wählen; die Oberflächentemperatur unter dem Seitenstreifen erfährt zeitlich nur so geringe Änderungen, daß es genügt, sie kurzzeitig an Stelle des Wärmeflußmessers oder der Rohrtemperatur aufzunehmen. In Zahlentafel 56 ist ein Vordruck für Versuche mit dem Wärmeflußmesser gegeben.

Über die Vornahme der Temperaturmessungen mit Thermoelementen vgl. auch den folgenden Abschnitt.

Zahlentafel 56. Formblatt für Messungen der Wärmeleitzahl.

Messungen mit dem Wärmeflußmesser des Forschungsheims.

Dämmstoff: *Kieselgurmasse.* Werk: *Elektrizitätswerk A.* Datum: *28. 5. 1926.*
Art der Thermoelemente und Drahtvorrat: *Kupfer-Konst.* $l = 16{,}5$ *m. Vorr. 1925.*
Wärmeflußmesser Nr. *F. 127.* Beobachter: *Cammerer/Luke.*

Galvanometer registrierend: *Hartmann & Braun Nr. 790819.* / Ableseinstrument: — Nebenlötstelle: *Eis.*

I. Ablesungen.

Zeit	Wärmefluß Q Meßbereich *18* mV			Temperaturen					
				Innenwandung t_i Meßbereich *9* mV		Oberfläche des Wärmeschutzes t_a Meßbereich *9* mV		Nebenlötstelle	Luft
	mV	kcal/ m² h	Eichfaktor	mV	°C	mV	°C	°C	°C
Mittelwerte der Registrierkurven von 11^{15} *bis* 15^{30} . .	*5,8*	*169,5*	*29,3*	*6,9*	*193*	*1,6*	*51*	*0*	*23*

II. Maße.

Äußerer Rohrdurchmesser d_i in m: *0,108*
Äußerer Umfang der Dämmung u in m: *0,716*
Äußerer Durchmesser der Dämmung d_a in m: *0,228*
Dämmstärke in mm: *60*

III. Berechnung.

Durchmesserverhältnis $\frac{d_a}{d_i} = 2{,}11$

$\ln \frac{d_a}{d_i} = 0{,}747$

Wärmeleitzahl der Dämmung $\lambda = \frac{Q \cdot d_a \cdot \ln d_a/d_i}{2 \cdot (t_i - t_a)}$

$\lambda = \frac{169{,}5 \cdot 0{,}228 \cdot 0{,}747}{2 \cdot 142}$

Wärmeverlust pro 1 lfd. m $= Q \cdot u = 121{,}5$ kal/m h,

Mittlere Temperatur in der Dämmschicht $= \frac{t_i + t_a}{2} = \frac{244}{2} = 122°$ C.

λ = 0,101 kcal/m h °C bei einer Temperatur i. d. Dämmung von *122°* C.

31. Sondermeßverfahren der Forschung bei Wärmeaustauschvorgängen.

In den letzten Jahren sind zur Erforschung von Wärmeaustauschvorgängen, deren mathematische Behandlung oder unmittelbare experimentelle Erfassung Schwierigkeiten bietet, meßtechnische Sonderverfahren entwickelt worden, die zwar für die Praxis nicht ohne weiteres anwendbar sind, aber trotzdem hier erwähnt werden sollen, da sie physikalisch eigenartig sind und für die wissenschaftliche Entwicklung sehr fruchtbar werden können.

a) Meßverfahren für den Wärmeübergang. Genaue Unternehmungen von Wärmeübergangsvorgängen zwischen warmen Körpern und Luft erfordern wegen des verwickelten räumlichen Temperatur- und Geschwindigkeitsfeldes der Luft einen hohen meßtechnischen Aufwand. E. Schmidt[1] hat ein Schlierenverfahren entwickelt, das es gestattet, durch eine photographische Aufnahme die Wärmeabgabe an den einzelnen Stellen eines warmen Körpers festzustellen. Der Körper wird dabei durch die parallelen Strahlen einer Lichtquelle beleuchtet; die Dichteunterschiede der erwärmten Luft lenken die Lichtstrahlen im Temperaturfeld ab, so daß ein Schattenbild entsteht, das die Ausdehnung der Störungszone des Temperatur- und Geschwindigkeitsfeldes durch einen dunklen Kernschatten zeigt, um den sich eine aufgehellte Zone bildet, deren Begrenzungsfläche ein Maß der Wärmeabgabe ist. Abb. 1, S. 2 zeigte eine derartige Schattenaufnahme.

Piening[2] bestimmte den Wärmeübergang an kalten Flächen durch Messung der Schmelzverluste eines Eisblocks. Auch hier wurde die Abschmelzung durch Photographie des Schattens im streifenden Licht verfolgt.

b) Photographieren der Oberflächentemperaturen eines Körpers. Bei einer verwickelten Verteilung der Oberflächentemperaturen eines Körpers sind viele Meßstellen nötig, die das Temperaturfeld sehr leicht stören. K. Hencky und P. Neubert[3] haben, gestützt auf die photochemischen Erfahrungen der I. G. Farbenindustrie (Agfa), die Eigenstrahlung von Oberflächen gleichmäßiger Strahlungszahl bei Temperaturen von 300 bis 500° aufgenommen. Die erzielte Schwärzung kann durch Mitphotographieren eines Modells von bekannter Temperaturverteilung in °C umgerechnet werden.

c) Messung des Wärmedurchgangs durch Körper mittels elektrischer Modellversuche. Modellversuche mit elektrischen Leitungsvorgängen sind für manche Aufgaben billiger und schneller durchzuführen als Wärmemessungen an ausgeführten Körpern. Derartige Vergleichsmeßverfahren wurden schon im Beginn der Entwicklung der neuzeitlichen Wärmeschutztechnik vorgeschlagen, doch verstand man damals nicht den Oberflächenbedingungen eines Wärmeaustauschvorganges beim elektrischen Modellversuch Rechnung zu tragen. Auch heute sind noch nicht alle Schwierigkeiten überwunden, um in beliebigen Fällen mit elektrischen Modellen den Wärmestrom verlässig zu erfassen, doch öffnet sich hier zweifellos ein aussichtsreicher Weg. Deshalb seien hier als gute Beispiele die Versuche von Fr. Bruckmayer, Wien und L. Beuken, Maastricht beschrieben.

---

[1] Schmidt, E.: Schlierenaufnahmen des Temperaturfeldes in der Nähe wärmeabgebender Körper. Forschung Bd. 3 (1932) S. 181.

[2] Piening: Schrifttumsangabe S. 51.

[3] Hencky, K. u. P. Neubert: Photothermometrie, ein neues Temperaturmeßverfahren. Forschung Bd. 2 (1931) S. 267.

Fr. Bruckmayer[1] ermittelt die mittlere Wärmeleitzahl von Hohlsteinen durch Nachbildung des Querschnitts in dünner Metallfolie (z. B. Zinnfolie). Den „Wandaußenflächen" wird mit Kupferschienen Strom zugeführt und aus Strommenge und Spannungsabfall die elektrische Leitfähigkeit bestimmt. Durch Vergleich der Leitfähigkeit eines „Eichstreifens" einfachster Form (Rechteck) mit dem Wärmedurchgang durch eine gleichgeformte homogene Baustoffplatte wird die Umrechnung der elektrischen Ergebnisse auf den Wärmeaustauschvorgang ermöglicht.

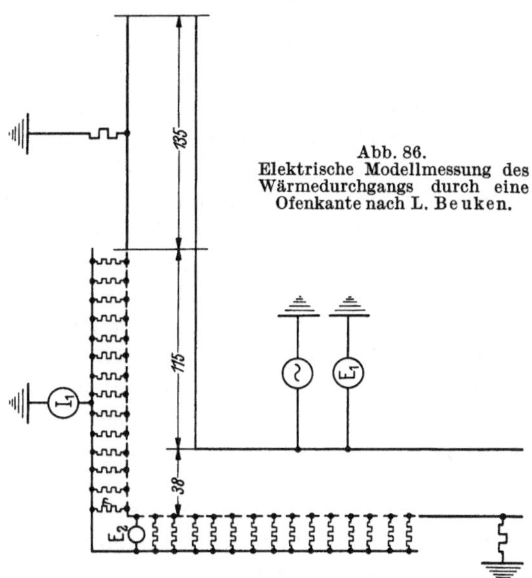

Abb. 86. Elektrische Modellmessung des Wärmedurchgangs durch eine Ofenkante nach L. Beuken.

Eine gewisse Unsicherheit enthält die Darstellung des Dämmvermögens der Hohlräume durch entsprechend gewählte dünne Folienstege. Immerhin kann auf diese Weise der Dämmwert beliebig geformter Hohlsteine sehr billig angenähert festgestellt werden, während die üblichen Berechnungsweisen (z. B. Zerlegung des Steines in gleichartige Teile parallel zum Wärmestrom) je nach Art und Anordnung der Hohlräume sowohl befriedigende Ergebnisse zeitigen, aber auch Fehler bis einige 100% ergeben können.

L. Beuken behandelte mit elektrischen Modellversuchen Aufgaben des Wärmeverlustes von Industrieöfen bei durchlaufender und unterbrochener Betriebsweise. Im Anschluß an alte Versuche von Langmuir über die Wärmeströmung in den Ecken von prismatischen Öfen bildete er[2] ein Modell gemäß Abb. 86 aus, bei welchem sich ein Elektrolyt zwischen Metallflächen befindet. Zur Nachbildung des äußeren Wärmeübergangswiderstandes wird die Außenfläche nicht wie von Langmuir durch eine ununterbrochene Elektrode dargestellt (der innere Wärmeübergangswiderstand kann vernachlässigt werden), sondern aus einer größeren Anzahl leitender Streifen, getrennt durch schmale Zwischenräume zusammengesetzt, an deren jedem ein Ohmscher Widerstand entsprechender Größe befestigt ist. Die verschiedenen äußeren Widerstände

[1] Bruckmayer, Fr.: Bestimmung des Wärmeschutzes von Hohlsteinen durch elektrische Modellversuche. Gesundh.-Ing. Bd. 60 (1937) S. 157.

[2] Beuken, L.: Wärmeströmung durch die Ecken von Ofenwänden, Wärme- u. Kältetechn. Bd. 39 (1937) Heft 7.

sind alle an einer Nullschiene zusammengeschaltet, deren Spannung der Umgebungstemperatur entspricht. Beuken findet auf diese Weise — bzw. aller Einzelheiten sei auf den Originalbericht verwiesen — die Temperatur der äußersten Ecke zu 90° C, die der Wandmitte zu 165° C (Innentemperatur 765°, Wandstärke 38 cm, Wärmeleitzahl der Wand 1,045 kcal/mh°, Lufttemperatur 0°), ein Ergebnis, das nicht berechnet werden kann (vgl. S. 25).

Auch Probleme der nichtstationären Wärmeströmung sind der Behandlung durch elektrische Modellversuche zugänglich. Besonders wichtig ist dies für die Entwicklung wirtschaftlicher elektrischer Öfen für industrielle Zwecke. Beuken[1] ersetzt dabei Wärmewiderstände wieder durch elektrische Widerstände, die Wärmespeicherung durch Speicherung von Elektrizitätsmengen in Kondensatoren. Der zeitliche Ablauf ist bei den Wärmespeicherungsvorgängen aber viel langsamer als bei elektrischen. Durch künstliche Vergrößerung der Kapazität des Leiters kommt Beuken jedoch auf einen Zeitmaßstab seiner Modelle von 1:200, bei Anheizzeiten von 3 Stunden also auf etwa 1 min; dieser Maßstab ist praktisch gut verwendbar und ermöglicht sehr schnelle Feststellungen der zu untersuchenden Wärmeströmungen. Demgegenüber sind alle rechnerischen Lösungen, soweit sie den physikalischen Vorgängen überhaupt gerecht werden, sehr zeitraubend. Die von Beuken ausgeführten Messungen ergaben mit Berechnungen und einem wirklichen Anheizversuch eine sehr befriedigende Übereinstimmung. Beuken zeigt auch die Anwendung seiner Meßweise für die Wahl der Dämmstärken von Öfen und gibt eine Aufgabenstellung, deren baldige Inangriffnahme sehr zu wünschen wäre[2].

Erwähnt sei noch, daß V. Paschkis[3] für die Strahlungsvorgänge in elektrischen Öfen im stationären Zustand ein elektrisches Modell entwickelt hat. Auch für die Ermittlung des Wärmedurchgangs durch Wärmebrücken, die vor allem bei Schiffsdämmungen unvermeidlich sind und eine sehr wichtige Rolle spielen, scheinen elektrische Modellversuche möglich. Denn die bisherigen Berechnungsverfahren sind bestenfalls eine Annäherung, die Sicherheitswerte liefert[4].

32. Technik der Temperaturmessung.

Für die Messung von Temperaturen stehen Meßgeräte zur Verfügung, welche sich der verschiedensten physikalischen Gesetzmäßigkeiten bedienen. Die Richtigkeit einer Temperaturmessung hängt jedoch nicht

---

[1] Beuken, L.: Dissertation Freiburg 1936.

[2] Vgl. eine neuere Arbeit von Beuken, in der eine derart durchgeführte Untersuchung beschrieben wird: Schrifttumsangabe Fußnote 3, S. 286.

[3] Paschkis, V.: Elektrotechn. u. Masch.-Bau 1936, 617.

[4] Nützlich ist die Arbeit von E. Joelson: Die Berechnung von Schiffsisolierungen. Z. Kälteind. Bd. 37 (1930) S. 229.

nur von der Genauigkeit des eigentlichen Meßgerätes ab, sondern ist in sehr vielen Fällen vom Einbau des Meßgerätes bedingt. Jedes Temperaturmeßgerät, das Wärme zur Meßstelle heranführt oder ableitet, stört damit die Temperaturverteilung und mißt — um Worte von K. Hencky zu gebrauchen — nicht die ursprünglich vorhandene, also die gewünschte „richtige Temperatur", sondern die „gestörte Temperatur", diese allerdings richtig. Der sachgemäßen Anwendung bzw. dem fehlerlosen Einbau der Meßgeräte ist daher die größte Aufmerksamkeit zu widmen. Alle notwendigen Maßnahmen lassen sich auf zwei Grundregeln zurückführen:

1. Die Wärmezufuhr oder -abfuhr durch das Instrument oder dessen Bewehrung zur bzw. von der Meßstelle muß verhindert oder soweit als irgendmöglich eingeschränkt werden.

2. Der Wärmeaustausch zwischen Instrument und Meßstelle ist mit allen Mittel zu begünstigen.

Besonders bei Gasen und überhitzten Dämpfen bestehen in letzterer Hinsicht oft Schwierigkeiten.

Hier kann nur ein Überblick über die Technik der Temperaturmessung gegeben werden, insoweit sie für den praktischen Wärmeschutz in Betracht kommt. Zum genaueren Studium sei auf das grundlegende Buch von Osc. Knoblauch und K. Hencky: „Anleitung zu genauen technischen Temperaturmessungen"[1] verwiesen. Das Buch ist für alle Ingenieure unentbehrlich, die einwandfreie Temperaturmessungen in der Praxis vornehmen wollen.

Für technische Messungen kommen drei Arten von Temperaturmeßgeräten in Frage[2]:

1. Flüssigkeitsthermometer, bei denen die größere Temperaturausdehnung einer Flüssigkeit (z. B. von Quecksilber) gegenüber festen Körpern (z. B. Glas) zur Messung benutzt wird.

2. Elektrische Temperaturmeßgeräte, und zwar

a) Thermoelemente, deren Meßweise auf der Tatsache beruht, daß an der Berührungsstelle zweier Metalle eine elektromotorische, von der Temperatur abhängige Kraft entsteht.

b) Widerstandsthermometer. Sie zeigen die Temperatur durch die Änderung des elektrischen Widerstandes von Metallen mit der Temperatur an.

3. Strahlungspyrometer. Sie kommen nur für hohe Temperaturen (über 600° C) in Betracht und ermitteln die Temperatur durch Messung der von heißen Körpern ausgehenden Strahlung. Man unterscheidet dabei:

---

[1] Verlag Oldenbourg, München u. Berlin 1926.

[2] Über Photothermometrie vgl. S. 158.

a) Optische Pyrometer (Teilstrahlungspyrometer), bei denen die sichtbare Strahlung durch Helligkeitsvergleich gemessen wird.

b) Gesamtstrahlungspyrometer, bei denen die Gesamtstrahlung des heißen Körpers, d. h. die Strahlen der verschiedensten Wellenlängen zur Erwärmung des temperaturempfindlichen Teiles eines Instrumentes benutzt wird.

Für die Praxis der Wärmeschutztechnik kommen fast ausschließlich Flüssigkeitsthermometer und Thermoelemente in Frage. Besonders letztere sind es, die die heutige Entwicklung auf diesem Gebiet überhaupt herbeigeführt haben. Nur für wenige Ausnahmefälle kann es vorteilhaft oder notwendig sein, die anderen Meßweisen mit heranzuziehen. So haben Widerstandsthermometer, für welche Platin am gebräuchlichsten ist, gegenüber Thermoelementen den Vorzug, äußerst empfindliche Messungen zuzulassen und besonders bequem für die Messung mittlerer Temperaturen von Flächen oder Räumen (z. B. der Lufttemperatur in Gaskanälen) zu sein. Gleich den Thermoelementen ermöglichen sie auch in einfachster Weise eine Fernübertragung der Anzeigen.

Strahlungspyrometer müssen nicht wie die anderen Temperaturmeßgeräte mit der zu untersuchenden Stelle in direkte Berührung gebracht werden, können daher durch hohe Temperaturen nicht zerstört werden. Sie geben nur dann genaue Temperaturen an, wenn der untersuchte Körper „absolut schwarz strahlt", d. h. alle auf ihn treffenden Strahlen vollkommen absorbiert. Im anderen Falle wird die Temperatur zu niedrig gemessen und die Ergebnisse sind nur als Vergleichswerte verwendbar. Da jeder Körper in einem Hohlraum von überall gleicher Temperatur wie ein absolut schwarzer Körper strahlt, wenn nur die Beobachtungsöffnung im Hohlraum klein genug ist, so kann man die Temperatur von Körpern, die beispielsweise in einem Ofen geglüht werden, auf diese Weise auch genau messen.

a) Flüssigkeitsthermometer. Für die Wärmeschutztechnik kommen nur Quecksilberthermometer in Frage, die normal für Temperaturen von —38,9 bis +300° C gebaut werden. Durch Einfüllen von indifferenten Gasen unter Druck und Anwendung von Spezialgläsern oder Quarzglas können Quecksilberthermometer bis zu 750° hergestellt werden.

Eine meßtechnische Voraussetzung bei Verwendung dieser Thermometer ist, daß die Flüssigkeit, deren Ausdehnung zur Temperaturmessung herangezogen wird, sich vollständig im Raum der zu messenden Temperatur befindet, also nicht nur das Flüssigkeitsgefäß, sondern auch der Faden in der Kapillare bis zur Kuppe. Vielfach ragt aber bei praktischen Messungen der Faden aus der zu messenden Temperatur heraus, z. B. in die Luft. Zur Angabe des Thermometers muß bei sehr genauen Messungen eine Korrektur des herausragenden Fadens f addiert werden, die sich näherungsweise berechnet aus:

$$f = a \cdot n \cdot (t - t_0)\,. \tag{101}$$

Darin ist:

a = ein Koeffizient, der je nach der Glassorte des Thermometers etwas verschieden ist (= $^1/_{6370}$ bei Jenaer Glas 16III),

n = die Länge des herausragenden Fadens in Thermometergraden,

t = die am Thermometer abgelesene Temperatur,

t_0 = die mittlere Temperatur des herausragenden Fadens.

t_0 wird gemessen mit einem Hilfsthermometer, am besten mit dem Fadenthermometer von Mahlke, das als Quecksilbergefäß ein enges und langes Rohr besitzt und so direkt die mittlere Temperatur dieser Strecke messen läßt. Näheres vergleiche das oben zitierte Buch von Osc. Knoblauch und K. Hencky.

Bei Garantieversuchen in der Wärmeschutztechnik kommen Flüssigkeitsthermometer fast nur für zwei Zwecke in Frage: zur Messung der Temperatur des Bades für die Nebenlötstelle der verwendeten Thermoelemente und zur Messung der Lufttemperatur. Die letztere mißt man deshalb zweckmäßig mit gewöhnlichen Thermometern, weil einige wenige Ablesungen während der Versuche genügen, so daß man neben der Annehmlichkeit der direkten Ablesung den Vorteil hat, eine thermoelektrische Meßstelle weniger bedienen zu müssen.

Vielfach müssen Lufttemperaturen in der Nähe von Heiz- oder Kühlkörpern oder im Sonnenschein gemessen werden[1]. Hier wird bei gewöhnlichen Thermometern durch Strahlungsübertragung eine Fehlangabe hervorgerufen[2]. Zur Vermeidung solcher Einflüsse dient als bekanntestes das „Schleuderthermometer“ und das „Aspirationsthermometer“. Bei beiden ist das Quecksilbergefäß durch ein vernickeltes Metallgehäuse vor der direkten Einwirkung der Strahlung geschützt und es wird durch künstliche Luftbewegung — durch Schwingen an einer Schnur bzw. durch ein Uhrwerk mit Ventilator — der geringe Rest von Strahlung abgeführt, den der Strahlungsschutz noch aufnimmt.

Einfacher und überall da unentbehrlich, wo die genannten Thermometer das Temperaturfeld in der Luft in einer für den Meßzweck unzulässigen Weise verändern würden (z. B. in der Nähe von Heizkörpern), ist das Doppelthermometer von H. Hausen[3]. Die Meßeinrichtung

---

[1] Zum Beispiel in Kesselhäusern, bei denen sich sehr oft heiße Rohrleitungsteile, wie nackte Flanschen, Ventile usw., in der Nähe befinden.

[2] Auch der Beobachter darf sich nur möglichst kurz in der Nähe des Thermometer aufhalten.

[3] Hausen, H.: Zur Messung von Lufttemperaturen in geschlossenen Räumen. Gesundh.-Ing. 1921. Festnummer zum Kongreß für Heizung und Lüftung, S. 43. Derartige Thermometersätze werden z. B. von der Thermometerfabrik Joh. Greiner, München, geliefert.

vergleicht die Angabe eines gewöhnlichen Thermometers mit der eines Thermometers mit vergoldetem Quecksilbergefäß, das also einen anderen, und zwar geringeren Strahlungsfehler besitzt. Die wahre Lufttemperatur errechnet sich aus der Formel

$$t_L = t_g - a \cdot (t_{gl} - t_g). \qquad (102)$$

Darin bedeutet:

t_L = die wahre Lufttemperatur in °C,

t_g = die Anzeigen des Goldthermometers in °C,

t_{gl} = die Anzeigen des Glasthermometers in °C,

a = die Eichkonstante der verwendeten Apparatur.

Da bei der Messung der Wärmeleitzahl die Lufttemperatur nicht benötigt wird, sondern nur um nach ihrer Feststellung auch Betriebswerte unter den Versuchsbedingungen, z. B. den Wärmeverlust errechnen oder überprüfen zu können, so genügt meist, das Thermometer mit einem Strahlungsschutz zu versehen. Als solcher kann ein — oben und unten offener — Zylinder aus blanker Metallfolie dienen, der um das Quecksilbergefäß herum aufgehängt wird und es gegen alle heißen oder kalten Flächen (Fenster) abschirmt.

Vielfach wird von Praktikern die falsche Meinung geäußert, daß bei ungenauen Temperaturmessungen der prozentuale Fehler jeweils gleich ist, das Ergebnis derartiger Versuche also vergleichweise Schlußfolgerungen zulasse. Dies wird z. B. für Messungen des Temperaturabfalls eines Wärmeträgers in Rohrleitungen angeführt, die betriebstechnisch oft interessieren. Es müssen aber gerade hier durch Beobachtung der in dem erwähnten Buch von Knoblauch und Hencky dargelegten Vorschriften alle Einbaufehler aufs sorgfältigste vermieden werden; denn diese können sich an den beiden Enden der Leitung in durchaus verschiedenem Maße geltend machen. Ist beispielsweise die wahre Temperatur am Beginn der Leitung 355° C, am Ende der Leitung 345° C und ist der Meßfehler am ersten Wert —4° C, am zweiten +1° C, so sind sie, auf die Temperaturen selbst bezogen, 1,1 bzw. 0,3%, also scheinbar bedeutungslos. Sie wirken sich aber auf die Temperaturdifferenz von 10° C mit 50% aus, geben also den gesuchten Wärmeverlust der Leitung um diesen hohen Betrag falsch an.

b) Thermoelemente. Thermoelemente haben den großen Vorzug kleinster Abmessungen und gestatten daher Messungen in einem „Punkt". Außerdem ist eine fortlaufende Aufzeichnung und eine Fernübertragung unschwer durchführbar. Durch Verwendung geringster Drahtstärken kann erreicht werden, daß die Thermoelemente auch zeitlich veränderlichen Temperaturen sehr schnell folgen.

Die von den Thermoelementen hervorgerufene elektromotorische Kraft kann entweder nach der Ausschlagmethode, d. h. durch Messung der Stromstärke im Thermoelement mittels eines Zeigergalvanometers[1] oder nach der „Kompensationsmethode", bei welcher die elektromotorische Kraft im stromlosen Zustande des Elementes ermittelt wird, gemessen werden. Letztere ermöglicht besonders genaue Feststellungen, ist jedoch für betriebsmäßige Messungen zu umständlich.

Abb. 87 gibt das Schaltungsschema einer üblichen Thermoelementenmessung. Hierbei ist eine sog. Nebenlötstelle benutzt. Thermoelemente zeigen ja nur Temperaturdifferenzen an, so daß man in die Messung eine Bezugstemperatur aufnehmen muß, auf welche man die festgestellte Temperaturdifferenz bezieht. Würde man, wie dies bei Messungen hoher Temperaturen in der Technik üblich ist, die Thermoelemente mit den Schenkeln direkt an das Galvanometer anschließen, so würde es den Temperaturunterschied zwischen Instrument und Meßstelle anzeigen. Die Instrumententemperatur, die sich oft merklich von der Lufttemperatur unterscheidet, ist nur schwer genügend genau feststellbar.

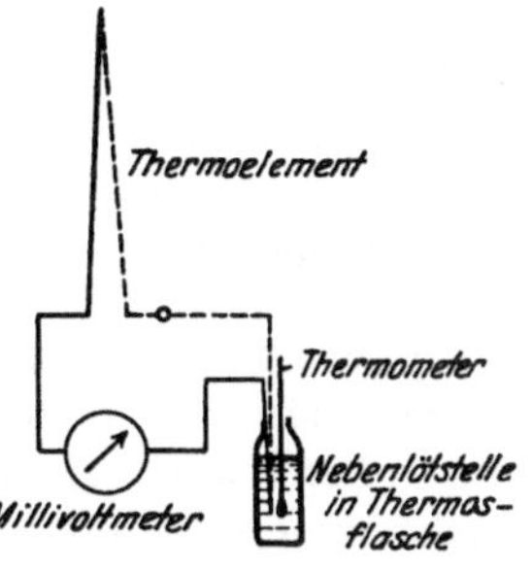

Abb. 87. Schaltschema eines Thermoelementes.

Diese Ungenauigkeit läßt sich durch eine Nebenlötstelle, deren Temperatur bekannt ist, vermeiden. In der Regel taucht man die Nebenlötstelle in schmelzendes Eis[2], hält sie also auf einer Bezugstemperatur von 0°. In dieser Weise sollte man jedenfalls die Eichung der Thermoelemente vornehmen lassen. Für praktische Messungen ist es zuweilen bequemer, die Nebenlötstelle in Wasser oder Öl zu bringen, dessen Temperatur mit einem Quecksilberthermometer gemessen und durch Verwendung einer Thermosflasche vor starken Schwankungen bewahrt wird[3]. Hält man die Temperatur der Flüssigkeit von vorneherein in ungefährer Höhe der Lufttemperatur,

[1] Für genaue Laboratoriumsmessungen benutzt man am besten Instrumente mit Bändchenaufhängung des beweglichen Systems, für Betriebsmessungen meist solche mit Spitzenlagerung. Erstere verlangen sorgfältige Aufstellung auf einem ruhig stehenden Tisch unter Einstellung einer eingebauten Libelle. Für empfindliche Registrierinstrumente wird auch Einspannung der Drehspule zwischen zwei dünnen Metallbändchen ausgeführt (Siemens & Halske) oder Spannfadenaufhängung mit Führungsspitze (Hartmann & Braun), bei denen keine ganz genaue Senkrechtstellung des Instrumentes notwendig ist.

[2] Im Winter ist das Eis zur Vermeidung einer etwaigen Unterkühlung mit Wasser anzufeuchten. Hat man im Freien bei Frost zu messen, muß statt Eis ein Ölbad genommen werden, dessen Temperatur mit einem Quecksilberthermometer gemessen wird, oder man verwendet ein genügend großes Gefäß mit Wasser, das während der Versuchszeit nicht völlig zum Gefrieren kommt.

[3] Die Nebenlötstelle muß elektrisch isoliert sein, also entweder in nicht leitendes Öl getaucht werden oder bei Verwendung von Wasser und Eis durch ein enges Glasröhrchen, das in seinem oberen Teil zur Vermeidung des Herausgleitens des Elementes einen schwach S-förmigen Knick erhält oder in das das Element

so läßt sich die Bezugstemperatur während der Versuchszeit auf $\pm 1/2°$ konstant halten, auch wenn die Lufttemperatur wie in Kesselhäusern ziemlich schwankt.

Die meist gebräuchlichen Metallkombinationen von Thermoelementen sind nachstehend angegeben:

Bei Elementen für sehr hohe Temperaturen müssen je nach den Betriebsumständen sorgfältig ausgewählte Schutzrohre gegen den Einfluß von Gasen und Dämpfen angewendet werden.

Art des Elementes	Verwendbar bis zu Temperaturen von °C	Thermokraft in Millivolt pro 100° C Temperaturdifferenz
Kupfer-Konstantan . .	500[1]	etwa 4,0
Silber-Konstantan . . .	600	„ 4,0
Eisen-Konstantan	800	„ 5,0
Nickel-Nickelchrom . . .	1100	„ 3,5
Platin-Platinrhodium . .	1600	„ 1,0

Für Abnahmeversuche an Wärmeschutzstoffen sind meist Kupfer - Konstantan - Elemente ausreichend. Bei Eisenelementen muß besonderer Wert auf Ausglühen nach dem Ziehen des Drahtes und auf Homogenität gelegt werden.

Hat man öfters Messungen vorzunehmen, so besorgt man sich von einem Drahtwerk einen Vorrat von vielleicht 1000 m, etwa in einer Stärke von 0,5 mm, wobei jeder Draht für sich emailliert und umsponnen und dann beide Drähte nochmals umsponnen sein sollen. Die Umspinnung kann mit Seide oder Baumwolle vorgenommen werden. Die gemeinschaftliche Umspinnung der zusammengehörigen Drähte erleichtert die Übersicht und Handhabung bei mehreren Meßstellen. Für Messungen über 150° C muß die Umspinnung des Stückes, das in den Bereich der hohen Temperaturen kommt, durch Asbest oder kleine Glasperlen ersetzt und oberhalb 250° muß das Element hart gelötet werden[2]. Besitzt man einen derartigen größeren Drahtvorrat, den man in einem wissenschaftlichen Institut eichen läßt[3], so kann man jederzeit unbrauchbar gewordene Elemente (Bruch, Oxydation usw.) in einfacher Weise durch neue ersetzen, wobei nur jeweils die bei der Eichung verwendete Länge eingehalten werden muß, wenn man nach der Ausschlagmethode mißt.

mittels Siegellack eingekittet wird, geschützt sein. Allerdings darf der Thermokreis an einer Stelle mit der Umgebung Schluß haben. Man macht davon Gebrauch, wenn man die Temperatur von metallischen Körpern, Rohrleitungen usw. messen muß, um eine recht gute Übertragung der Wärme auf das Element zu erreichen, und legt deshalb den Lötkopf unmittelbar auf die warme Stelle auf.

[1] Schon bei etwa 350° C beginnt Kupfer zu oxydieren, so daß man bei höheren Temperaturen die Elemente von Zeit zu Zeit erneuern muß.

[2] Die Art des Lötmittels ist für Thermoelemente gleichgültig. An sich würde schon ein einfaches Zusammendrehen der Drahtenden genügen.

[3] Zum Beispiel Technisch-Physikalische Reichsanstalt, Charlottenburg; Forschungsheim für Wärmeschutz E. V., München; Laboratorium für technische Physik an der Technischen Hochschule in München.

Empfehlenswert ist, die Eichung mit zwei oder drei Längen vornehmen zu lassen, etwa 3 oder 5 m für günstige Meßstellen und 15 m für schwierigere Fälle. Über 25 m Länge hinauszugehen hat den Nachteil einer zu großen Verringerung des Meßausschlages. Bei sehr großen Entfernungen kann man die Elementenenden durch Kupferleitungen mit dem Instrument bzw. der Nebenlötstelle verbinden, wobei jedoch Voraussetzung ist, daß die sämtlichen vier Anschlußstellen gleiche Temperaturen aufweisen, um zusätzliche Thermokräfte zu vermeiden. Die Nebenlötstelle pflegt man 1,5 m lang zu wählen. Messungen durch Kompensation der Thermokraft sind von der Länge der Elemente unabhängig, jedoch wie erwähnt für Betriebsmessungen zu umständlich.

Die Einhaltung der bei der Eichung verwendeten Elementenlänge (einschließlich Nebenlötstelle) ist deshalb notwendig, weil die Stromstärke, also die Angaben des Millivoltmeters außer von der Thermokraft auch von dem Widerstand des Stromkreises abhängig sind, d. h. von dem Widerstand des Elementes und dem inneren Widerstand des Instrumentes. An sich könnte man durch Verwendung eines kleinen verstellbaren Widerstandes mit einer in Ohm geteilten Skala abweichende Längen ausgleichen. Einfacher erscheint für die Praxis jedoch die Einhaltung der Eichlänge. Kleinere Kürzungen der Elemente durch Reparaturen können, wenn sie so groß sind, daß sie ins Gewicht fallen, durch entsprechende Verlängerung der Nebenlötstelle ausgeglichen werden, für die man nur geringe Drahtmengen aufwenden muß.

Instrumente mit möglichst hohem inneren Widerstand sind deshalb empfehlenswert, weil dann die Abweichungen von der normalen Elementenlänge um so größer sein dürfen, bevor sie von Bedeutung werden. Außerdem sind derartige Instrumente in ihren Angaben um so unabhängiger von der Temperatur[1].

Außer der einfachen Schaltung nach Abb. 87 ist es für Versuche, bei denen eine größere Anzahl von Meßstellen beobachtet werden muß, notwendig, einpolige, besser zweipolige Umschalter zu verwenden, wenn nicht ein Mehrfachschreiber zur Verfügung steht. Schaltungsschema für letztere Anordnung vgl. Abb. 88. Auch hier ist darauf zu achten, daß die sämtlichen Klemmen am Umschalter und am Instrument gleiche Temperatur besitzen, d. h. also, nicht etwa von einem heißen Körper (Vorsicht bei Messung in Kesselhäusern!) oder einer Lichtquelle ungleichmäßig bestrahlt werden. Gegebenenfalls ist ein einfacher Strahlungsschutz vorzubauen. Aus diesem Grunde legt man das Instrument, wo angängig, bei Kupfer-Konstantan-Elementen stets in den Kupferzweig, weil die Instrumentenklemmen aus Messing sind und daher schlimmstenfalls nur geringe zusätzliche Thermokräfte auftreten.

[1] Selbst registrierende Instrumente können heute mit einem inneren Widerstand von etwa 40 bis 50 Ω je 1 mV Meßbereich ausgestattet werden.

Zur Erzielung größerer Ausschläge bei geringen Temperaturdifferenzen kann man nach Abb. 89 mehrere Elemente mit je einer Nebenlötstelle hintereinander schalten. Die Ablesegenauigkeit steigt dann angenähert mit der Anzahl der Elemente. Die Elemente der beiden Gruppen müssen aber so vereinigt sein, daß sie sämtlich die entsprechende Temperatur annehmen und überall, auch an den Lötköpfen, elektrisch isoliert sind. Knoblauch und Hencky empfehlen diese Schaltung auch für die unmittelbare Messung des Mittelwertes verschiedener Temperaturen, wenn die Meßelemente an die fraglichen Stellen verteilt werden.

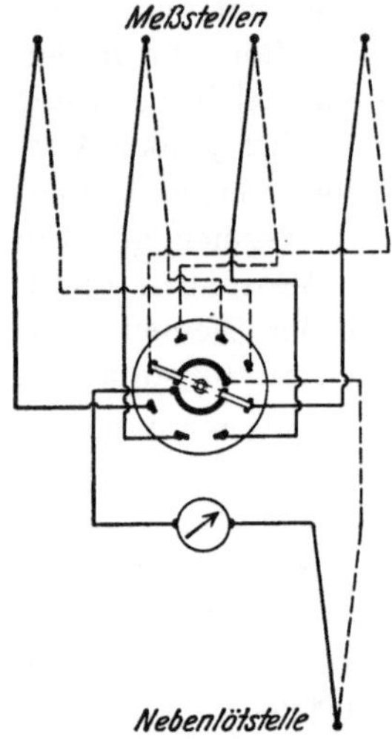

Abb. 88. Schaltung für mehrere Meßstellen unter Verwendung eines zweipoligen Umschalters.

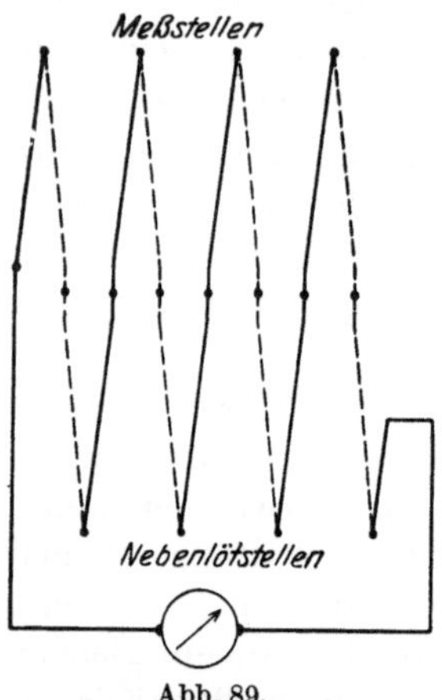

Abb. 89. Hintereinanderschaltung mehrerer Elemente.

Zu beachten ist, besonders bei den letztgenannten Schaltungen, daß stets durch Stichproben geprüft werden muß, ob nicht Übergangswiderstände an den Umschaltern vorhanden sind oder einzelne Elemente irgendwie gestört werden. Beispielsweise können galvanische Wirkungen auftreten, wenn die Körper nicht vollständig trocken sind[1] (Baustoffe). Kontrollen sind auf mannigfache Weise möglich, sei es durch probeweises Anschalten eines einzelnen Elementes an das Instrument, durch kritischen Vergleich der Angaben der verschiedenen Elemente oder durch probeweises Zuschalten eines Zusatzwiderstandes, wobei dann das Verhältnis der geänderten Ausschläge das gleiche wie das Verhältnis der geänderten elektrischen Widerstände sein muß[2].

Selbstverständlich sind auch beim Einbau von Thermoelementen die oben erwähnten Regeln für Temperaturmessungen sorgfältig zu beachten. Man hat also einerseits für eine bestmögliche Wärmezufuhr von der Meßstelle zum

[1] Derartige Einflüsse sind oft nicht leicht zu erkennen und zuweilen nur sehr schwer auszuscheiden. Besonders unangenehm können auch vagabundierende Ströme werden, mit denen man bei Laboratoriumsmessungen an Apparaten, die durch Wasserkühlung mit der Erde in Verbindung stehen, in großen Städten vielfach rechnen muß. Hier hilft nur sorgfältigste Isolation des ganzen Thermoelementes.

[2] Vgl. auch W. Redenbacher: Über den Gebrauch von Thermoelementen. Arch. Wärmewirtsch. 1924 S. 209. Die Widerstände der Elemente kann man bei ihrer Eichung mitbestimmen lassen.

Element zu sorgen, andererseits die Wärmeableitung durch das Element von der Meßstelle auf ein Mindestmaß herabzudrücken.

Bei Messungen in festen Körpern oder an ihren Oberflächen muß z. B. das Thermoelement von seiner Lötstelle ab etwa 10 cm in der Temperatur der Meßstelle fortgeführt werden, weil sonst der in den Drähten des Elementes unvermeidliche Wärmestrom (die Drähte müssen ja durch ein oft sehr starkes Temperaturgefälle abgeführt werden) sich in seiner Kühlwirkung bis auf die Lötstelle auswirken würde. W. Nusselt[1] erhielt z. B. bei Messungen an Dämmstoffen, die in einem Laboratoriumsapparat eingebaut waren, bei einer Meßtemperatur von 116,3° C einen um 41,4° C zu geringen Wert bei direkter Abführung des Elementes.

Diese Führung eines Elementes auf Flächen gleicher Temperatur ist meist unschwer vorzunehmen, da man das Element gegebenenfalls spiralig anordnen kann. Mißt man die Temperatur eines Rohres unter einer Dämmschicht, so hat man das Element nur auf die fragliche Länge auf dem Rohr entlang zu führen. Der Forderung eines möglichst guten Wärmeüberganges auf das Element wird man hierbei dadurch nachkommen, daß man den Lötkopf des Elementes mit Bindedraht fest auf das gereinigte Rohr aufbindet und so für eine innige Berührung sorgt.

Ähnlich hat man bei der Messung der Temperatur von freien Oberflächen fester Körper zu verfahren. Hier besteht stets eine sehr plötzliche Temperaturänderung zwischen Oberfläche und dem angrenzenden Gas oder Dampf, so daß für ein völlig flaches Anliegen des Elementes auf der Länge von etwa 10 cm unbedingt Sorge getragen werden muß. Zur Verbesserung des Wärmeüberganges pflegt man eine künstliche Vergrößerung der Berührungsoberfläche des Lötkopfes zu schaffen, indem man ihn auf ein dünnes Metallplättchen (etwa Kupfer 2×2 cm) lötet und innige Berührung sicherstellt[2]. Die Oberflächenbeschaffenheit dieses Metallplättchens darf sich hinsichtlich seiner Strahlungskonstante nicht wesentlich von der zu messenden Oberfläche unterscheiden, damit es wirklich die gleiche Temperatur annimmt, die die Oberfläche vor seiner Aufbringung besaß. Für die Messung auf Dämmschichten ist dies hinreichend bei Verwendung oxydierten Kupferbleches erreicht.

---

[1] Vgl. Fußnote 2 auf S. 142.

[2] Zum Beispiel bei ebenen Wänden durch Aufkitten oder durch Anpressen mittels eines dünnen Holzstäbchens, das sich gegen eine Federung stützt, die in einiger Entfernung von der Meßstelle befestigt ist. Bei stark gekrümmten Körpern wird man das Element aufbinden, auf metallischen Flächen kann es eventuell auch mit einem kleinen Schräubchen befestigt werden. Vgl. auch hier das Buch von Knoblauch und Hencky.

Zweiter Teil.

Die Berechnung und Anwendung des Wärme- und Kälteschutzes in der Industrie.

A. Die Wärmeverluste während des Betriebes.

33. Wärmeverlust bei nichtgedämmter Anlage.

Der Wärmeverlust nichtgedämmter Körper ist heute nur noch dort von Interesse, wo

1. sehr geringe Temperaturen des Körpers die Wirtschaftlichkeit eines Wärmeschutzes fraglich erscheinen lassen (etwa unter 50° Übertemperatur, besonders bei geringen Benutzungszeiten),
2. ein Wärmeschutz aus besonderen Gründen nicht ausführbar ist (z. B. bei Ventilspindeln, Rohraufhängungen, mechanisch oder thermisch sehr stark beanspruchten Rohren usw.),
3. ein Überblick über die ,,Wärmeersparniszahl" einer Dämmschicht gewünscht wird (vgl. S. 206).

Betrachtet man zunächst die Temperatur t_w des nichtgedämmten Körpers als gegeben, also beispielsweise bei Leitungen die Rohrtemperatur, so berechnet sich der Wärmeverlust nach Gleichung (6) und (7), S. 12, wenn man dort $t_a = t_w$ setzt. Für eine Rohrleitung also z. B.:

$$q = \alpha_2 \cdot \pi \cdot d_i \cdot (t_w - t_2)\,. \tag{7}$$

Die Wärmeübergangszahl α_2 setzt sich für eine Leitung durch Luft aus dem Wärmeübergang durch Leitung und Konvektion und aus dem Wärmeübergang durch Strahlung zusammen, d. h. die Wärmeübergangszahl ist

$$\alpha_2 = \alpha_0 + \alpha_s\,. \tag{66}$$

Die Werte von α_0 sind für ruhende Luft aus Zahlentafel 11 und 12, S. 50, zu entnehmen, für Windanfall aus Zahlentafel 9, S. 48; kommt Schwitzwasser- oder Reifbildung in Frage, so ist Abschnitt 10, S. 51, heranzuziehen.

Weiter ist nach Teil I

$$\alpha_s = a \cdot C^1, \tag{84}$$

worin im allgemeinen die Konstante des Strahlungsaustausches C^1 durch die Strahlungszahl C_1 des wärmeabgebenden Körpers selbst ersetzt werden kann, da sein Flächenverhältnis zu den umgebenden Wandungen in Gleichung (79), S. 58, sehr klein ist. Die Werte von a bzw. α_s (letztere für $C_1 = 4{,}0$ und $4{,}6$) sind in Zahlentafel 17, 18 und 19, S. 60 bis 61 f., zusammengestellt.

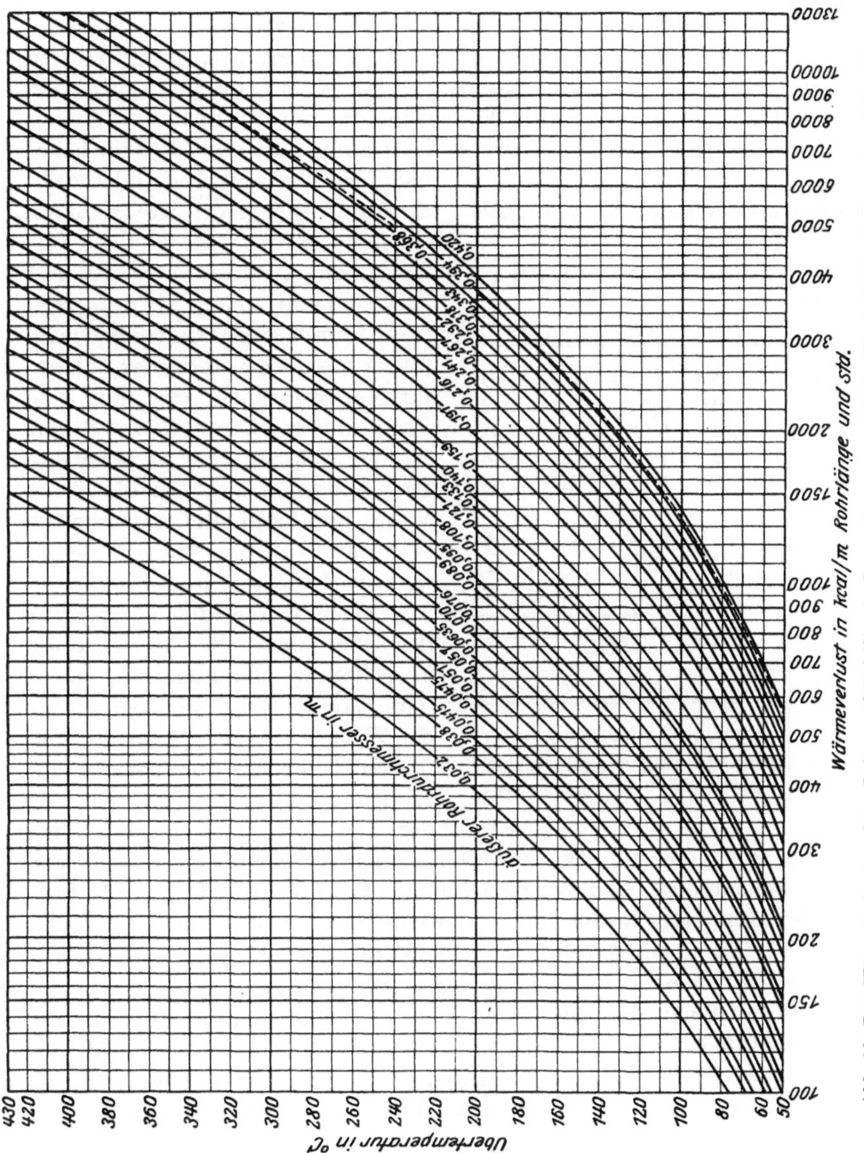

Abb. 90. Der Wärmeverlust nackter Rohre und Behälter in Innenräumen von 20° C. (Gestrichelte Linie = ebene Wand.)

Zahlenbeispiel. Wie groß ist der Wärmeverlust einer Sattdampfleitung von 159 mm Außendurchmesser bei 200° C Rohrtemperatur, wenn die Leitung durch das Freie führt, die mittlere jährliche Lufttemperatur 10° C beträgt und ein Windanfall von 5 m/sec anzusetzen ist?

Es ist: nach Zahlentafel 9 $\alpha_0 = 21{,}7$ kcal/m²h°C
nach Zahlentafel 19 $\alpha_s = 9{,}2$ kcal/m²h°C ($C_1 = 4{,}0$)
$\alpha_2 = 30{,}9$ kcal/m²h°C

Damit wird: $q = 30{,}9 \cdot \pi \cdot 0{,}159 \cdot 190 = 2940$ kcal/mh.

In einer ausführlichen Arbeit über „die Wärmeersparniszahl und den Wärmeverlust nichtisolierter Anlagen" gibt K. Wrede das sehr überübersichtliche Diagramm, Abb. 90, welches für den häufigsten Fall einer Lufttemperatur von 20° C für beliebige Übertemperaturen und Durchmesser die Wärmeverluste in Innenräumen entnehmen läßt[1]. Das Diagramm gilt für $C^1 = 4{,}0$ und läßt sich auf andere Lufttemperaturen durch einen Multiplikationsfaktor laut nebenstehender Zahlentafel 57 umrechnen bzw. auf eine Strahlungskonstante $C^1 = 4{,}6$ laut Zahlentafel 58. Die gestrichelte Kurve bezieht sich auf die ebene Wand und kann auch auf schwach gekrümmte Körper (Kessel, Behälter usw.) angewendet werden.

Zahlentafel 57. Multiplikationsfaktor des Wärmeverlustes bei verschiedenen Lufttemperaturen zu Abb. 90.

Lufttemperatur in °C	Übertemperatur des Rohres über Luft			
	50	100	200	400 °C
— 10	0,87	0,87	0,88	0,89
0	0,91	0,91	0,91	0,92
+ 10	0,95	0,95	0,96	0,97
+ 30	1,05	1,05	1,05	1,04
+ 40	1,10	1,10	1,09	1,08

Zahlentafel 58. Multiplikationsfaktor des Wärmeverlustes bei $C^1 = 4{,}6$ und 20° C Lufttemperatur zu Abb. 90.

Rohrdurchmesser in m	Übertemperatur des Rohres über Luft				
	50	100	200	300	400 °C
0,032	1,07	1,07	1,08	1,10	1,11
0,108	1,08	1,08	1,09	1,11	1,12
0,420	1,09	1,09	1,10	1,12	1,13

Bisher wurde die Temperatur der Rohr- bzw. Behälterwandung als bekannt vorausgesetzt. Nachdem jedoch meist die Temperatur des Wärmeträgers gegeben ist, muß überall da die Wandtemperatur erst ermittelt werden, wo sie sich von der des Wärmeträgers erheblich unterscheidet, das ist etwa unterhalb einer Wärmeübergangszahl von $\alpha_1 = 1000$ kcal/m²h°. In dieser Beziehung muß bei nichtgedämmten Rohren eine Berücksichtigung der inneren Wärmeübergangszahl häufiger stattfinden als bei geschützten, wo nach S. 188 der entsprechende Grenzwert der Wärmeübergangszahl α_1 etwa 200 beträgt.

K. Wrede hat deshalb für überhitzten Wasserdampf eine weitere Korrekturtabelle gemäß Zahlentafel 59 aufgestellt, welche die Wandtemperatur nackter Anlagen als Bruchteil der Dampftemperatur für die verschiedensten Verhältnisse angibt. Die Zahlentafel ist für eine Lufttemperatur von 20° C aufgestellt.

Vorstehende Angaben genügen für die häufigsten Berechnungen der Wärmeersparniszahl. In Sonderfällen ist eine Berechnung unter Berück-

[1] Aus Heft 6 der Mitteilungen des Forschungsheims für Wärmeschutz mit freundlicher Genehmigung des Verfassers und des Institutes entnommen.

sichtigung der genauen Wärmeübergangszahlen, sowie des Wärmefortleitungswiderstandes in der Rohrwandung nach den Gleichungen in Teil I unschwer möglich. Vgl. auch vorstehendes Zahlenbeispiel. Die Genauigkeit der Berechnungen ist jedoch immer beschränkt, weil:

1. die Strahlungskonstante der Wandung mindestens um etwa $\pm 5\%$ unsicher ist,

2. der Wärmeübergang durch Luftbewegung im wirklichen Betriebe um etwa $\pm 20\%$ zweifelhaft ist,

3. der Ansatz der Lufttemperatur bzw. der Temperatur der Raumwandung, sowie der Abstrahlungsverhältnisse weitere Unsicherheiten in die Berechnung hereinbringt[1].

Zahlentafel 59.
Multiplikationsfaktor der Dampftemperatur zur Ermittlung der Wandtemperatur.

Dampfdruck in ata	Dampftemperatur in °C	Dampfgeschwindigkeit in m/sec			
		10	20	40	60
2	150	0,81	0,88	0,92	0,95
	200	0,76	0,84	0,90	0,92
	250	0,73	0,81	0,87	0,90
5	200	0,88	0,93	0,96	0,97
	250	0,85	0,90	0,94	0,96
	300	0,81	0,87	0,92	0,94
10	250	0,91	0,95	0,97	0,98
	300	0,88	0,93	0,96	0,97
	350	0,85	0,91	0,95	0,96
20	300	0,93	0,97	0,98	0,99
	350	0,91	0,95	0,97	0,98
	400	0,90	0,94	0,96	0,97

34. Der Wärmeverlust gedämmter Körper.

Die Berechnung des Wärmeverlustes gedämmter Körper ist die häufigste und wichtigste Ermittlung der Wärmeschutztechnik, weil sie die Grundlage aller Wirtschaftlichkeitsbetrachtungen und sehr vieler betriebstechnischer Berechnungen ist.

Es sind daher vielerlei Rechentafeln veröffentlicht worden, die eine einfache, sichere und schnelle Feststellung des Wärmeverlustes gestatten sollen. Die Erfahrung hat gezeigt, daß hierbei Zahlentafeln den Bedürfnissen der Praxis besser gerecht werden, als Netzdiagramme und Nomogramme. Aus diesem Grunde wurden vom Verfasser für die „Regeln für die Prüfung von Wärme- und Kälteschutzanlagen“ des Vereins Deutscher Ingenieure die nachstehenden Zahlentafeln aufgestellt, die heute die einheitliche Berechnungsgrundlage in der deutschen Industrie bilden. Die Wärmeübergangszahl an der äußeren Oberfläche ist dabei gemäß den Formeln (85), (86) und (87), S. 63 angenommen.

a) Der Wärmeverlust unter üblichen Betriebsverhältnissen (ohne Berücksichtigung des Wärmeübergangs zwischen Wärmeträger und

[1] Die Wärmeverluste werden z. B. verringert durch in der Nähe befindliche warme Teile, wie Kesselmauerwerk usw. Der Einfluß von naheliegendem ungeheizten Mauerwerk dagegen, das sich nur durch die vom Rohr selbst ausgestrahlte Wärme über Lufttemperatur erhitzt, beträgt nach Wrede meist nicht über 2%.

Wandung). Zur Berechnung des Wärmeverlustes muß man die Wärmeleitzahl der Dämmschicht kennen. Diese ist aus den Gewährleistungen der Lieferfirmen zu entnehmen oder aus den allgemeinen Erfahrungswerten der Zahlentafeln 24 bis 29. Für praktische Berechnungen sind stets die sog. Betriebswärmeleitzahlen zugrunde zu legen (vgl. S. 105).

Die Rechentafeln unterscheiden mit Rücksicht auf die Wärmeübergangszahl auf der Oberfläche der Dämmschicht:

Anlagen mit höherer Temperatur als die der umgebenden Luft,
Anlagen mit niedrigerer Temperatur als die der umgebenden Luft,
Anlagen in Innenräumen,
Anlagen im Freien.

Ferner ist der Krümmungsdurchmesser zu berücksichtigen, d. h. ob

ebene Fläche oder Rohre

vorliegen. Dadurch entstehen die nachstehenden Rechentafeln (Zahlentafel 60 I bis IV), deren Zahlenangaben sinngemäß miteinander und mit dem Temperaturunterschied zwischen Wärmeträger und Luft zu multiplizieren sind.

Zahlentafel 60 IA gibt die Wärmedurchgangszahl k_e für die ebene Wand [nach Formel (17), S. 15, unter Vernachlässigung des Wärmeübergangs auf der Seite des Wärmeträgers]. Die Zahlentafel ist für Innenräume und für Wärmeübergangsverhältnisse an der Außenfläche entsprechend einer Übertemperatur des Wärmeträgers gegen Luft von 200° C aufgestellt[1].

Zahlentafel 60 IB gibt ebenfalls die Wärmedurchgangszahl k_e, jedoch für die äußeren Wärmeübergangsverhältnisse bei Kälteträgern[2].

Zahlentafel 60 II gibt einen Durchmesserfaktor, um aus den Zahlentafeln 60 I bzw. Ia für Rohre beliebigen Durchmessers den stündlichen Wärmeverlust je lfd. m zu ermitteln.

Zahlentafel 60 III enthält einen Temperaturfaktor, der bei anderen Temperaturunterschieden zwischen Wärmeträger und Luft als 200° C die Änderung der äußeren Wärmeübergangszahl berücksichtigt. Mit ihm ist also das Produkt aus k_e (nach 60 IA bzw. 60 IB) und dem Temperaturunterschied zwischen Wärmeträger und Luft zu multiplizieren. Bei Rohren kommt dazu noch die Multiplikation mit dem Durchmesserfaktor. Da der Temperaturfaktor meist nur wenig von 1 verschieden ist, so kann er oft fortgelassen werden.

Für Kälteträger kommt der Temperaturfaktor stets in Wegfall.

---

[1] Selbstverständlich ist dabei in die Zahlentafeln mit der Wärmeleitzahl einzugehen, die bei der jeweils tatsächlich vorhandenen Temperatur zutrifft, also nicht etwa allgemein mit der Wärmeleitzahl bei 200° C Innentemperatur.

[2] Hier kann die Wärmeübergangszahl von der äußeren Oberfläche an die Luft als unabhängig von der Innentemperatur angesehen werden.

Zahlentafel 60 IVa und b berücksichtigt die Zunahme der Verluste im Freien für die mittlere jährliche Windgeschwindigkeit von 5 m/sec bzw. für Sturm von 25 m/sec. Im Freien kommt der Temperaturfaktor stets in Wegfall, er wird also durch den Windfaktor ersetzt.

Der Berechnungsgang ist unter Benutzung der Tafeln also folgender:

A. Innenräume.	B. Im Freien.
I. Ebene Wand (stündliche Wärmeverluste je m²)	
1. Entnahme der Wärmedurchgangszahl k_e aus Zahlentafel 60 I A bzw. I B.	1. wie nebenstehend
2. Multiplikation mit dem Temperaturunterschied zwischen Wärmeträger und Luft	2. „ „
3. Multiplikation mit dem Temperaturfaktor (Zahlentafel 60 III)	3. Multiplikation mit dem Windfaktor (Zahlentafel 60 IV)
II. Rohre über 400 mm Dmr. oder schwach gekrümmte Wände (stündliche Wärmeverluste je m² mittlerer Fläche)	
Rechnung wie unter I. bei der ebenen Wand, also mit den Zahlentafeln 60 I, III und IV. Will man den Verlust nicht in m² mittlerer Fläche erhalten, so multipliziert man mit folgenden Werten:	Rechnung wie obenstehend unter I., 1. bis 3.
a) Wärmeverlust je lfd. m Rohr: Multiplikationsfaktor $= \pi \cdot (d_i + s)$	wie nebenstehend
b) Wärmeverlust je m² nackte Fläche: Multiplikationsfaktor $= \frac{d_i + s}{d_i}$	
III. Rohre unter 400 mm Dmr. (stündliche Wärmeverluste je lfd. m Rohrlänge)	
Rechnung wie unter I., 1. bis 3. und	Rechnung wie obenstehend unter I., 1. bis 3. und außerdem
4. Multiplikation mit dem Durchmesserfaktor (Zahlentafel 60 II)	4. Multiplikation mit dem Durchmesserfaktor (Zahlentafel 60 II)

Beispiel:

Gegeben: Rohrdurchmesser . . . . 200/216 mm
Dampftemperatur . . . . 350°
Wärmeleitzahl des Dämmstoffes . . . . 0,09 kcal/m h°
Dämmstärke . . . . 100 mm

Gesucht: Wärmeverlust bei einer Lufttemperatur in Innenräumen von + 20° und im Freien bei normalem Windanfall und — 10°.

A. Innenräume.	B. Im Freien.
1. aus Zahlentafel 60 I A. . $k_e = 0,82$	1. wie nebenstehend . . . . = 0,82
2. Temperaturunterschied (350 — 20) . . . . = 330	2. [350 — (— 10)] . . . . . . = 360
3. aus Zahlentafel 60 III: Temperaturfaktor . . . . . . = 1,00	3. aus Zahlentafel 60 IV: Windfaktor . . . . = 1,05
4. aus Zahlentafel 60 II: Durchmesserfaktor . . . . = 0,977	4. wie nebenstehend . . . . = 0,977
Ergebnis je 1 m Rohrlänge: $0,82 \cdot 330 \cdot 1,00 \cdot 0,977 = 264,5$ kcal/m h.	Ergebnis je 1 m Rohrlänge: $0,82 \cdot 360 \cdot 1,05 \cdot 0,977 = 303$ kcal/m h.

Zahlentafel 60 IA. Wärmedurchgangszahl k_e für die

Wärme-leitzahl in kcal/m h °	Wärmedurchgangszahl in kcal/m² h °							
	20	30	40	50	60	70	80	90
0,030	1,30	0,905	0,695	0,563	0,473	0,409	0,360	0,321
0,032	1,38	0,965	0,735	0,600	0,504	0,435	0,383	0,342
0,034	1,46	1,02	0,780	0,635	0,534	0,461	0,406	0,363
0,036	1,53	1,07	0,820	0,670	0,563	0,486	0,428	0,383
0,038	1,61	1,13	0,865	0,705	0,593	0,511	0,450	0,403
0,040	1,68	1,18	0,905	0,735	0,620	0,537	0,473	0,423
0,042	1,75	1,23	0,950	0,770	0,650	0,563	0,495	0,443
0,044	1,82	1,28	0,990	0,805	0,680	0,588	0,518	0,463
0,046	1,89	1,33	1,03	0,835	0,705	0,615	0,541	0,483
0,048	1,96	1,38	1,07	0,870	0,735	0,640	0,563	0,504
0,050	2,03	1,43	1,11	0,905	0,765	0,665	0,583	0,523
0,052	2,10	1,48	1,15	0,940	0,795	0,690	0,605	0,543
0,054	2,17	1,53	1,19	0,970	0,820	0,715	0,630	0,563
0,056	2,24	1,58	1,23	1,01	0,850	0,735	0,650	0,582
0,058	2,30	1,63	1,26	1,04	0,880	0,760	0,675	0,600
0,060	2,36	1,68	1,30	1,07	0,905	0,785	0,695	0,620
0,062	2,43	1,73	1,34	1,11	0,935	0,810	0,715	0,640
0,064	2,49	1,77	1,38	1,14	0,965	0,835	0,735	0,660
0,066	2,55	1,82	1,42	1,17	0,990	0,860	0,760	0,680
0,068	2,61	1,87	1,46	1,20	1,020	0,880	0,780	0,700
0,070	2,67	1,91	1,49	1,23	1,04	0,905	0,800	0,720
0,072	2,73	1,96	1,53	1,26	1,07	0,930	0,820	0,735
0,074	2,79	2,01	1,57	1,29	1,10	0,955	0,845	0,755
0,076	2,85	2,05	1,16	1,32	1,13	0,980	0,865	0,775
0,078	2,91	2,10	1,64	1,35	1,15	1,00	0,885	0,795
0,080	2,97	2,14	1,68	1,38	1,18	1,02	0,905	0,815
0,082	3,03	2,19	1,71	1,41	1,21	1,05	0,930	0,830
0,084	3,09	2,24	1,75	1,44	1,23	1,07	0,950	0,850
0,086	3,15	2,28	1,79	1,47	1,26	1,09	0,970	0,870
0,088	3,20	2,32	1,82	1,50	1,28	1,11	0,990	0,890
0,090	3,25	2,36	1,86	1,53	1,30	1,13	1,010	0,905
0,092	3,31	2,41	1,89	1,56	1,33	1,16	1,03	0,925
0,094	3,37	2,45	1,93	1,59	1,36	1,18	1,05	0,945
0,096	3,42	2,49	1,96	1,62	1,38	1,20	1,07	0,965
0,098	3,48	2,53	1,99	1,65	1,41	1,23	1,09	0,980
0,100	3,53	2,57	2,03	1,68	1,43	1,25	1,11	0,995
0,105	3,66	2,67	2,11	1,75	1,49	1,30	1,16	1,04
0,110	3,79	2,77	2,19	1,82	1,56	1,36	1,21	1,09
0,115	3,92	2,87	2,28	1,89	1,62	1,42	1,26	1,14
0,120	4,04	2,97	2,36	1,96	1,68	1,47	1,30	1,18

(Fortsetzung S. 178.)

[1] In obenstehender Zahlentafel ist die Temperatur der inneren Wandung gleich strömenden Gasen einen etwas zu großen Wärmeverlust ergibt.

ebene Wand und 200° C Temperaturdifferenz[1].

bei einer Dämmstärke in mm von							Wärmeleitzahl in kcal/m h °
100	110	120	130	140	150	200	
0,290	0,264	0,243	0,224	0,209	0,195	0,147	0,030
0,309	0,281	0,259	0,239	0,223	0,208	0,157	0,032
0,328	0,298	0,275	0,254	0,237	0,221	0,167	0,034
0,346	0,315	0,290	0,268	0,250	0,234	0,176	0,036
0,364	0,332	0,305	0,283	0,263	0,247	0,186	0,038
0,383	0,349	0,321	0,297	0,276	0,259	0,195	0,040
0,401	0,366	0,337	0,312	0,290	0,272	0,205	0,042
0,419	0,383	0,352	0,326	0,304	0,284	0,215	0,044
0,437	0,399	0,367	0,340	0,317	0,297	0,224	0,046
0,455	0,416	0,383	0,354	0,331	0,309	0,234	0,048
0,473	0,433	0,398	0,368	0,344	0,321	0,243	0,050
0,492	0,449	0,413	0,383	0,357	0,334	0,253	0,052
0,509	0,466	0,428	0,397	0,370	0,346	0,263	0,054
0,527	0,482	0,443	0,411	0,383	0,359	0,272	0,056
0,545	0,498	0,458	0,425	0,396	0,371	0,281	0,058
0,563	0,514	0,473	0,439	0,409	0,383	0,290	0,060
0,581	0,531	0,489	0,453	0,422	0,395	0,299	0,062
0,600	0,547	0,504	0,467	0,435	0,407	0,309	0,064
0,615	0,563	0,518	0,481	0,448	0,419	0,319	0,066
0,635	0,579	0,534	0,495	0,461	0,431	0,328	0,068
0,650	0,595	0,550	0,508	0,473	0,443	0,337	0,070
0,670	0,610	0,563	0,522	0,486	0,456	0,346	0,072
0,690	0,625	0,579	0,536	0,498	0,468	0,355	0,074
0,705	0,645	0,593	0,550	0,511	0,480	0,364	0,076
0,720	0,660	0,605	0,563	0,524	0,492	0,374	0,078
0,735	0,675	0,620	0,577	0,537	0,504	0,383	0,080
0,755	0,690	0,635	0,591	0,550	0,516	0,392	0,082
0,770	0,705	0,650	0,605	0,563	0,527	0,401	0,084
0,790	0,720	0,665	0,620	0,575	0,540	0,410	0,086
0,805	0,735	0,680	0,630	0,588	0,552	0,419	0,088
0,820	0,750	0,695	0,645	0,600	0,563	0,428	0,090
0,835	0,770	0,705	0,660	0,615	0,575	0,437	0,092
0,855	0,785	0,720	0,670	0,625	0,587	0,446	0,094
0,870	0,800	0,735	0,685	0,640	0,600	0,455	0,096
0,890	0,815	0,750	0,695	0,650	0,610	0,464	0,098
0,905	0,830	0,765	0,710	0,665	0,620	0,473	0,100
0,950	0,865	0,800	0,745	0,695	0,650	0,495	0,105
0,990	0,905	0,835	0,780	0,725	0,680	0,518	0,110
1,03	0,945	0,870	0,810	0,755	0,705	0,541	0,115
1,07	0,980	0,905	0,840	0,785	0,735	0,563	0,120

(Fortsetzung S. 179.)

der Temperatur des Wärmeträgers gesetzt, eine Annahme, die nur bei sehr langsam

Zahlentafel 60 IA.

Wärme-leitzahl in kcal/m h°	Wärmedurchgangszahl in kcal/m²h°							
	20	30	40	50	60	70	80	90
0,125	4,16	3,07	2,44	2,03	1,74	1,53	1,35	1,22
0,130	4,28	3,16	2,52	2,10	1,80	1,58	1,40	1,26
0,135	4,40	3,25	2,60	2,17	1,86	1,63	1,45	1,30
0,140	4,51	3,35	2,67	2,24	1,91	1,68	1,49	1,35
0,145	4,62	3,45	2,75	2,30	1,97	1,73	1,54	1,39
0,150	4,73	3,53	2,82	2,36	2,03	1,78	1,59	1,43

Zahlentafel 60 IB. Wärmedurchgangszahl k_e

Wärme-leitzahl in kcal/m h°	Wärmedurchgangszahl in kcal/m²h°									
	20	30	40	50	60	70	80	90	100	110
0,030	1,26	0,890	0,685	0,558	0,471	0,407	0,358	0,320	0,289	0,264
0,032	1,33	0,940	0,725	0,593	0,500	0,433	0,381	0,341	0,308	0,281
0,034	1,40	0,990	0,770	0,625	0,530	0,459	0,404	0,361	0,327	0,298
0,036	1,47	1,04	0,810	0,660	0,558	0,484	0,426	0,381	0,345	0,314
0,038	1,54	1,09	0,850	0,690	0,586	0,508	0,449	0,402	0,363	0,331
0,040	1,60	1,14	0,890	0,725	0,615	0,533	0,471	0,422	0,381	0,348
0,042	1,66	1,19	0,930	0,760	0,645	0,558	0,493	0,441	0,399	0,364
0,044	1,73	1,24	0,965	0,790	0,675	0,583	0,515	0,461	0,417	0,381
0,046	1,79	1,28	1,00	0,825	0,700	0,610	0,537	0,481	0,435	0,398
0,048	1,85	1,33	1,04	0,860	0,725	0,630	0,558	0,500	0,453	0,414
0,050	1,90	1,38	1,08	0,890	0,755	0,655	0,580	0,520	0,471	0,430
0,052	1,96	1,43	1,12	0,920	0,785	0,680	0,600	0,540	0,488	0,446
0,054	2,02	1,47	1,16	0,950	0,810	0,705	0,620	0,558	0,506	0,462
0,056	2,08	1,52	1,19	0,985	0,835	0,725	0,645	0,578	0,523	0,478
0,058	2,13	1,56	1,23	1,01	0,865	0,750	0,665	0,597	0,541	0,494
0,060	2,18	1,60	1,26	1,04	0,890	0,775	0,685	0,615	0,558	0,510
0,062	2,23	1,65	1,30	1,07	0,915	0,800	0,710	0,635	0,576	0,527
0,064	2,28	1,69	1,33	1,10	0,940	0,820	0,725	0,655	0,593	0,543
0,066	2,33	1,73	1,37	1,13	0,965	0,845	0,750	0,675	0,610	0,558
0,068	2,39	1,77	1,40	1,16	0,990	0,865	0,770	0,690	0,625	0,575
0,070	2,44	1,81	1,43	1,19	1,02	0,890	0,790	0,710	0,645	0,590
0,072	2,49	1,85	1,47	1,22	1,04	0,910	0,810	0,725	0,660	0,605
0,074	2,53	1,88	1,50	1,25	1,07	0,935	0,830	0,745	0,675	0,620
0,076	2,58	1,92	1,54	1,28	1,09	0,955	0,850	0,765	0,690	0,635
0,078	2,63	1,96	1,57	1,31	1,12	0,980	0,870	0,785	0,710	0,650
0,080	2,67	2,00	1,60	1,33	1,14	1,00	0,890	0,800	0,725	0,665

[1] Siehe Fußnote 1 S. 176.

(Fortsetzung.)

bei einer Dämmstärke in mm von							Wärmeleitzahl in kcal/m h°
100	110	120	130	140	150	209	
1,11	1,02	0,940	0,875	0,815	0,765	0,583	0,125
1,15	1,06	0,975	0,905	0,845	0,795	0,605	0,130
1,19	1,10	1,01	0,940	0,875	0,820	0,630	0,135
1,23	1,13	1,04	0,970	0,905	0,850	0,650	0,140
1,26	1,17	1,08	1,00	0,935	0,880	0,675	0,145
1,30	1,20	1,11	1,03	0,965	0,905	0,695	0,150

für die ebene Wand bei Kälteanlagen[1].

bei einer Dämmstärke in mm von									Wärmeleitzahl in kcal/m h°
120	130	140	150	200	250	300	350	400	
0,242	0,224	0,209	0,195	0,147	0,118	0,099	0,085	0,074	0,030
0,258	0,239	0,223	0,208	0,157	0,126	0,106	0,091	0,079	0,032
0,274	0,253	0.236	0,220	0,166	0,134	0,112	0,097	0,084	0,034
0,289	0,267	0,249	0,233	0,176	0,141	0,118	0,102	0,089	0,036
0,305	0,282	0,263	0,246	0,185	0,149	0,125	0,108	0,094	0,038
0,320	0,296	0,276	0,258	0,195	0,157	0,131	0,113	0,099	0,040
0,336	0,310	0,289	0,271	0,204	0,165	0,138	0,118	0,103	0,042
0,351	0,325	0,303	0,283	0,214	0,172	0,144	0,124	0,108	0,044
0,366	0,339	0,316	0,295	0,223	0,180	0,150	0,129	0,113	0,046
0,381	0,353	0,329	0,308	0,233	0,187	0,157	0,135	0,118	0,048
0,396	0,367	0,342	0,320	0,242	0,195	0,163	0,140	0,123	0,050
0,411	0,381	0,355	0,333	0,252	0,203	0,170	0,146	0,128	0,052
0,426	0,395	0,368	0,345	0,261	0,210	0,176	0,151	0,133	0,054
0,441	0,408	0,381	0,357	0,271	0,218	0,182	0,157	0,138	0,056
0,456	0,422	0,394	0,369	0,280	0,225	0,188	0,162	0,142	0,058
0,471	0,436	0,407	0,381	0,289	0,233	0,195	0,168	0,147	0,060
0,485	0,450	0,420	0,393	0,298	0,240	0,201	0,173	0,152	0,062
0,500	0,464	0,433	0,405	0,307	0,247	0,208	0,179	0,157	0,064
0,515	0,477	0,446	0,417	0,317	0,255	0,214	0,184	0,162	0,066
0,530	0,490	0,459	0,429	0,327	0,263	0,220	0,190	0,166	0,068
0,544	0,503	0,471	0,441	0,336	0,271	0,227	0,195	0,171	0,070
0,558	0,517	0,484	0,453	0,345	0,279	0,233	0,201	0,176	0,072
0,572	0,531	0,496	0,464	0,354	0,286	0,240	0,206	0,181	0,074
0,586	0,545	0,508	0,476	0,363	0,293	0,246	0,211	0,185	0,076
0,600	0,558	0,521	0,488	0,372	0,300	0,252	0,217	0,190	0,078
0,615	0,571	0,533	0,500	0,381	0,308	0,258	0,222	0,195	0,080

Zahlentafel 60 II.

Rohrdurchmesser in mm innerer/äußerer	Wärmeleitzahl in $\frac{kcal}{m\,h°}$	Dämm-				
		20	30	40	50	60
4/8	0,03	0,0750	0,0929	0,109	0,125	
	0,09	0,0802	0,0987	0,116	0,132	
	0,15	0,0832	0,1027	0,121	0,138	
Interpolationswert für 1 mm Rohrdurchmesserdifferenz	—	*0,0038*	*0,0043*	*0,0046*	*0,0050*	
10/14	0,03	0,0984	0,119	0,137	0,155	
	0,09	0,1032	0,125	0,144	0,162	
	0,15	0,1064	0,129	0,149	0,168	
Interpolationswert für 1 mm Rohrdurchmesserdifferenz	—	*0,0035*	*0,0037*	*0,0040*	*0,0043*	
20/25	0,03	0,137	0,160	0,181	0,202	
	0,09	0,142	0,166	0,188	0,209	
	0,15	0,145	0,170	0,193	0,215	
Interpolationswert für 1 mm Rohrdurchmesserdifferenz	—	*0,0033*	*0,0034*	*0,0036*	*0,0037*	
25/30	0,03	0,154	0,177	0,199	0,220	0,240
	0,09	0,158	0,183	0,206	0,228	0,249
	0,15	0,161	0,187	0,211	0,234	0,254
Interpolationswert für 1 mm Rohrdurchmesserdifferenz	—	*0,0033*	*0,0035*	*0,0036*	*0,0037*	*0,0039*
32/38	0,03	0,181	0,205	0,227	0,250	0,271
	0,09	0,185	0,211	0,235	0,258	0,280
	0,15	0,187	0,214	0,240	0,263	0,285
Interpolationswert für 1 mm Rohrdurchmesserdifferenz	—	*0,0031*	*0,0032*	*0,0034*	*0,0035*	*0,0037*
40/44,5	0,03	0,202	0,226	0,250	0,273	0,295
	0,09	0,205	0,232	0,257	0,281	0,304
	0,15	0,207	0,235	0,262	0,286	0,309
Interpolationswert für 1 mm Rohrdurchmesserdifferenz	—	*0,0032*	*0,0033*	*0,0034*	*0,0035*	*0,0036*
50/57	0,03	0,242	0,268	0,292	0,317	0,340
	0,09	0,245	0,273	0,299	0,325	0,349
	0,15	0,247	0,276	0,304	0,329	0,353
Interpolationswert für 1 mm Rohrdurchmesserdifferenz	—	*0,0032*	*0,0033*	*0,0034*	*0,0034*	*0,0035*
60/70	0,03	0,284	0,310	0,336	0,361	0,385
	0,09	0,286	0,315	0,342	0,369	0,395
	0,15	0,287	0,319	0,347	0,373	0,398
Interpolationswert für 1 mm Rohrdurchmesserdifferenz	—	*0,0031*	*0,0032*	*0,0032*	*0,0034*	*0,0034*

Durchmesserfaktor.

stärke in mm

70	80	90	100	110	120	130	140	150	200
0,259									
0,269									
0,274									
0,0040									
0,291									
0,301									
0,306									
0,0038									
0,315									
0,326									
0,331									
0,0037									
0,361	0,383	0,404	0,424						
0,371	0,392	0,413	0,434						
0,377	0,399	0,421	0,443						
0,0036	*0,0036*	*0,0037*	*0,0038*						
0,407	0,429	0,452	0,473						
0,418	0,438	0,461	0,474						
0,423	0,445	0,469	0,492						
0,0035	*0,0035*	*0,0036*	*0,0036*						

Zahlentafel 60 II.

Rohrdurchmesser in mm innerer/äußerer	Wärmeleitzahl in $\frac{kcal}{m\,h\,°}$	Dämm-				
		20	30	40	50	60
70/**76**	0,03	0,303	0,330	0,355	0,381	0,406
	0,09	0,304	0,335	0,362	0,389	0,415
	0,15	0,306	0,337	0,366	0,394	0,419
Interpolationswert für 1 mm Rohrdurchmesserdifferenz	—	*0,0031*	*0,0032*	*0,0032*	*0,0033*	*0,0033*
80/**89**	0,03	0,343	0,372	0,397	0,425	0,449
	0,09	0,344	0,376	0,403	0,432	0,458
	0,15	0,346	0,378	0,408	0,436	0,462
Interpolationswert für 1 mm Rohrdurchmesserdifferenz	—	*0,0032*	*0,0032*	*0,0033*	*0,0033*	*0,0034*
90/**102**	0,03	0,385	0,414	0,440	0,467	0,493
	0,09	0,385	0,417	0,446	0,474	0,502
	0,15	0,387	0,420	0,450	0,478	0,506
Interpolationswert für 1 mm Rohrdurchmesserdifferenz	—	*0,0032*	*0,0032*	*0,0032*	*0,0033*	*0,0033*
100/**108**	0,03	0,405	0,433	0,460	0,487	0,513
	0,09	0,405	0,436	0,465	0,494	0,521
	0,15	0,406	0,438	0,469	0,499	0,525
Interpolationswert für 1 mm Rohrdurchmesserdifferenz	—	*0,0031*	*0,0031*	*0,0032*	*0,0032*	*0,0033*
125/**133**	0,03	0,484	0,512	0,539	0,567	0,594
	0,09	0,483	0,514	0,544	0,574	0,603
	0,15	0,484	0,516	0,549	0,578	0,607
Interpolationswert für 1 mm Rohrdurchmesserdifferenz	—	*0,0031*	*0,0032*	*0,0032*	*0,0032*	*0,0032*
150/**159**	0,03	0,566	0,595	0,622	0,651	0,679
	0,15	0,564	0,598	0,631	0,660	0,690
Interpolationswert für 1 mm Rohrdurchmesserdifferenz	—	*0,0031*	*0,0031*	*0,0031*	*0,0032*	*0,0032*
175/**191**	0,03	0,665	0,695	0,724	0,752	0,782
	0,15	0,661	0,695	0,730	0,761	0,792
Interpolationswert für 1 mm Rohrdurchmesserdifferenz	—	*0,0031*	*0,0031*	*0,0031*	*0,0032*	*0,0032*

(Fortsetzung.)

stärke in mm

70	80	90	100	110	120	130	140	150	200
0,428	0,450	0,474	0,494						
0,439	0,459	0,483	0,505						
0,444	0,465	0,490	0,513						
0,0034	*0,0035*	*0,0035*	*0,0036*						
0,473	0,496	0,519	0,540						
0,484	0,505	0,529	0,552						
0,488	0,511	0,536	0,560						
0,0034	*0,0034*	*0,0035*	*0,0035*						
0,517	0,540	0,564	0,586						
0,528	0,549	0,574	0,598						
0,532	0,555	0,581	0,606						
0,0033	*0,0033*	*0,0034*	*0,0035*						
0,537	0,560	0,584	0,607	0,631	0,652	0,676	0,697	0,718	0,820
0,548	0,569	0,595	0,619	0,643	0,661	0,684	0,706	0,728	0,831
0,552	0,575	0,601	0,627	0,648	0,669	0,691	0,714	0,736	0,839
0,0033	*0,0034*	*0,0034*	*0,0034*	*0,0035*	*0,0035*	*0,0035*	*0,0036*	*0,0036*	*0,0038*
0,621	0,645	0,668	0,693	0,716	0,739	0,763	0,785	0,808	0,915
0,632	0,653	0,679	0,705	0,729	0,749	0,771	0,796	0,817	0,925
0,635	0,659	0,687	0,713	0,735	0,757	0,779	0,803	0,827	0,933
0,0032	*0,0033*	*0,0033*	*0,0033*	*0,0034*	*0,0034*	*0,0035*	*0,0035*	*0,0035*	*0,0037*
0,705	0,729	0,754	0,779	0,805	0,827	0,853	0,873	0,900	1,010
0,719	0,744	0,773	0,799	0,822	0,845	0,871	0,893	0,919	1,028
0,0032	*0,0032*	*0,0033*	*0,0033*	*0,0033*	*0,0034*	*0,0034*	*0,0034*	*0,0034*	*0,0036*
0,807	0,835	0,860	0,886	0,911	0,935	0,962	0,983	1,009	1,124
0,822	0,847	0,876	0,905	0,927	0,952	0,981	1,001	1,027	1,142
0,0032	*0,0032*	*0,0033*	*0,0033*	*0,0033*	*0,0033*	*0,0033*	*0,0034*	*0,0034*	*0,0035*

Zahlentafel 60 II.

Rohrdurchmesser in mm innerer/äußerer	Wärmeleitzahl in $\frac{kcal}{m\,h\,°}$	Dämm-				
		20	30	40	50	60
200/**216**	0,03 0,15	0,744 0,737	0,775 0,772	0,802 0,808	0,834 0,840	0,864 0,872
Interpolationswert für 1 mm Rohrdurchmesserdifferenz	—	*0,0031*	*0,0031*	*0,0031*	*0,0031*	*0,0032*
225/**241**	0,03 0,15	0,823 0,813	0,856 0,850	0,882 0,888	0,911 0,918	0,941 0,952
Interpolationswert für 1 mm Rohrdurchmesserdifferenz	—	*0,0030*	*0,0030*	*0,0031*	*0,0031*	*0,0031*
250/**267**	0,03 0,15	0,902 0,890	0,932 0,928	0,964 0,966	0,994 0,999	0,022 1,029
Interpolationswert für 1 mm Rohrdurchmesserdifferenz	—	*0,0031*	*0,0031*	*0,0031*	*0,0031*	*0,0032*
275/**292**	0,03 0,15	0,982 0,967	1,012 1,005	1,043 1,044	1,073 1,076	1,103 1,108
Interpolationswert für 1 mm Rohrdurchmesserdifferenz	—	*0,0030*	*0,0030*	*0,0030*	*0,0031*	*0,0031*
300/**318**	0,03 0,15	1,060 1,044	1,090 1,083	1,123 1,123	1,152 1,155	1,184 1,189
Interpolationswert für 1 mm Rohrdurchmesserdifferenz	—	*0,0031*	*0,0031*	*0,0031*	*0,0032*	*0,0032*
325/**343**	0,03 0,15	1,139 1,122	1,170 1,161	1,204 1,201	1,234 1,233	1,264 1,267
Interpolationswert für 1 mm Rohrdurchmesserdifferenz	—	*0,0031*	*0,0031*	*0,0031*	*0,0032*	*0,0032*
350/**368**	0,03 0,15	1,219 1,200	1,250 1,238	1,283 1,281	1,314 1,314	1,346 1,347
Interpolationswert für 1 mm Rohrdurchmesserdifferenz	—	*0,0030*	*0,0030*	*0,0030*	*0,0031*	*0,0031*
375/**394**	0,03 0,15	1,300 1,279	1,329 1,316	1,361 1,358	1,394 1,393	1,425 1,427
Interpolationswert für 1 mm Rohrdurchmesserdifferenz	—	*0,0031*	*0,0031*	*0,0031*	*0,0031*	*0,0031*
400/**419**	0,03 0,15	1,382 1,357	1,408 1,393	1,440 1,435	1,472 1,471	1,505 1,505

(Fortsetzung.)

stärke in mm

70	80	90	100	110	120	130	140	150	200
0,888	0,914	0,942	0,967	0,994	1,016	1,044	1,067	1,093	1,211
0,900	0,928	0,958	0,987	1,009	1,035	1,063	1,086	1,112	1,228
0,0032	*0,0032*	*0,0032*	*0,0032*	*0,0033*	*0,0033*	*0,0033*	*0,0033*	*0,0034*	*0,0034*
0,968	0,995	1,023	1,048	1,074	1,101	1,129	1,151	1,177	1,296
0,981	1,007	1,037	1,067	1,090	1,117	1,146	1,169	1,196	1,314
0,0031	*0,0031*	*0,0032*	*0,0032*	*0,0032*	*0,0032*	*0,0032*	*0,0032*	*0,0033*	*0,0034*
1,050	1,076	1,105	1,131	1,159	1,183	1,212	1,235	1,263	1,385
1,061	1,089	1,120	1,150	1,173	1,200	1,229	1,255	1,282	1,401
0,0032	*0,0032*	*0,0033*	*0,0033*	*0,0033*	*0,0033*	*0,0033*	*0,0033*	*0,0033*	*0,0033*
1,129	1,158	1,187	1,211	1,241	1,266	1,294	1,318	1,345	1,468
1,140	1,169	1,203	1,232	1,258	1,281	1,312	1,337	1,364	1,485
0,0031	*0,0031*	*0,0031*	*0,0032*	*0,0032*	*0,0032*	*0,0032*	*0,0032*	*0,0032*	*0,0033*
1,210	1,238	1,268	1,295	1,324	1,349	1,380	1,402	1,428	1,552
1,221	1,248	1,282	1,315	1,341	1,365	1,395	1,420	1,447	1,571
0,0032	*0,0032*	*0,0032*	*0,0032*	*0,0032*	*0,0032*	*0,0032*	*0,0032*	*0,0033*	*0,0034*
1,293	1,319	1,349	1,377	1,406	1,430	1,462	1,483	1,511	1,638
1,301	1,328	1,363	1,396	1,420	1,446	1,477	1,500	1,528	1,653
0,0032	*0,0032*	*0,0032*	*0,0032*	*0,0032*	*0,0032*	*0,0032*	*0,0032*	*0,0033*	*0,0034*
1,374	1,400	1,430	1,458	1,487	1,512	1,543	1,565	1,597	1,722
1,381	1,410	1,444	1,476	1,500	1,527	1,558	1,580	1,610	1,738
0,0031	*0,0031*	*0,0031*	*0,0031*	*0,0031*	*0,0032*	*0,0032*	*0,0032*	*0,0032*	*0,0033*
1,453	1,479	1,511	1,539	1,570	1,595	1,626	1,648	1,679	1,808
1,460	1,488	1,524	1,557	1,582	1,609	1,640	1,664	1,664	1,823
0,0031	*0,0031*	*0,0032*	*0,0032*	*0,0032*	*0,0032*	*0,0032*	*0,0032*	*0,0032*	*0,0033*
1,532	1,558	1,590	1,618	1,650	1,676	1,707	1,729	1,759	1,890
1,538	1,565	1,601	1,635	1,662	1,690	1,720	1,744	1,775	1,905

Zahlentafel 60 III. Temperaturfaktor.

Rohrdurchmesser in mm	Wärmeleitzahl in kcal/m h°	Dämmstärke in mm							
		20	30	40	50	60	80	100	200
Temperaturdifferenz zwischen Wärmeträger und Luft 50° C									
4/8—20/25	0,03	0,99	1,00	1,00	1,00				
	0,09	0,97	0,98	0,99	0,99				
	0,15	0,95	0,97	0,98	0,98				
25/30—60/70	0,03	0,99	1,00	1,00	1,00	1,00	1,00	1,00	1,00
	0,09	0,96	0,98	0,98	0,99	0,99	0,99	1,00	1,00
	0,15	0,92	0,96	0,97	0,98	0,98	0,99	0,99	1,00
70/76—100/108	0,03	0,99	1,00	1,00	1,00	1,00	1,00	1,00	1,00
	0,09	0,95	0,97	0,98	0,99	0,99	0,99	1,00	1,00
	0,15	0,91	0,95	0,97	0,97	0,98	0,99	1,99	1,00
110/121—400/432	0,03	0,99	1,00	1,00	1,00	1,00	1,00	1,00	1,00
	0,09	0,95	0,97	0,98	0,99	0,99	0,99	1,00	1,00
	0,15	0,90	0,94	0,96	0,97	0,98	0,99	0,99	1,00
ebene Wand	0,03	0,98	0,99	0,99	1,00	1,00	1,00	1,00	1,00
	0,09	0,94	0,96	0,97	0,98	0,98	0,99	0,99	1,00
	0,15	0,90	0,93	0,95	0,96	0,96	0,97	0,98	0,99
Temperaturdifferenz zwischen Wärmeträger und Luft 100° C									
4/8—20/25	0,03	0,99	1,00	1,00	1,00				
	0,09	0,98	0,99	0,99	0,99				
	0,15	0,97	0,98	0,99	0,99				
25/30—100/108	0,03	0,99	1,00	1,00	1,00	1,00	1,00	1,00	1,00
	0,09	0,97	0,99	0,99	0,99	1,00	1,00	1,00	1,00
	0,15	0,95	0,97	0,98	0,99	0,99	0,99	0,99	1,00
110/121 bis ebene Wand	0,03	0,99	1,00	1,00	1,00	1,00	1,00	1,00	1,00
	0,09	0,97	0,98	0,98	0,99	0,99	1,00	1,00	1,00
	0,15	0,94	0,96	0,97	0,98	0,98	0,99	0,99	1,00
Temperaturdifferenz zwischen Wärmeträger und Luft 200° C Temperaturfaktor stets = 1,00									
Temperaturdifferenz zwischen Wärmeträger und Luft 300° C									
4/8—20/25	0,03	1,00	1,00	1,00	1,00				
	0,09	1,01	1,01	1,00	1,00				
	0,15	1,02	1,01	1,01	1,01				
25/30—100/108	0,03	1,01	1,00	1,00	1,00	1,00	1,00	1,00	1,00
	0,09	1,02	1,01	1,01	1,00	1,00	1,00	1,00	1,00
	0,15	1,03	1,02	1,02	1,01	1,01	1,00	1,00	1,00
110/121 bis ebene Wand	0,03	1,01	1,00	1,00	1,00	1,00	1,00	1,00	1,00
	0,09	1,02	1,02	1,01	1,01	1,01	1,01	1,00	1,00
	0,15	1,04	1,03	1,02	1,02	1,01	1,01	1,01	1,00

(Fortsetzung nächste Seite.)

Zahlentafel 60 III. (Fortsetzung.)

Rohrdurchmesser in mm	Wärmeleitzahl in kcal/m h °	Dämmstärke in mm							
		20	30	40	50	60	80	100	200
Temperaturdifferenz zwischen Wärmeträger und Luft **400°** C									
4/8—20/25	0,03	1,01	1,00	1,00	1,00				
	0,09	1,03	1,01	1,01	1,00				
	0,15	1,04	1,02	1,02	1,01				
25/30—100/108	0,03	1,01	1,01	1,00	1,00	1,00	1,00	1,00	1,00
	0,09	1,04	1,02	1,02	1,01	1,01	1,01	1,00	1,00
	0,15	1,06	1,04	1,03	1,02	1,02	1,01	1,01	1,00
110/121	0,03	1,01	1,01	1,00	1,00	1,00	1,00	1,00	1,00
bis ebene Wand	0,09	1,05	1,03	1,02	1,02	1,02	1,01	1,01	1,00
	0,15	1,07	1,05	1,04	1,03	1,02	1,02	1,01	1,00

Zahlentafel 60 IV. Windfaktor.

Rohrdurchmesser in mm	Wärmeleitzahl in kcal/m h °	Dämmstärke in mm							
		20	30	40	50	60	80	100	200
A. Windgeschwindigkeit 5 m/sec									
4/8—16/20	0,03	1,07	1,04	1,03	1,02				
	0,09	1,17	1,09	1,08	1,07				
	0,15	1,25	1,16	1,12	1,10				
20/25—32/38	0,03	1,08	1,05	1,04	1,03	1,02			
	0,09	1,19	1,12	1,10	1,08	1,06			
	0,15	1,27	1,18	1,14	1,12	1,09			
40/44,5—100/108	0,03	1,09	1,06	1,04	1,04	1,03	1,02	1,02	1,01
	0,09	1,20	1,14	1,11	1,09	1,07	1,05	1,04	1,02
	0,15	1,28	1,20	1,16	1,13	1,10	1,08	1,07	1,03
110/121—400/432	0,03	1,09	1,06	1,04	1,04	1,03	1,02	1,02	1,01
	0,09	1,19	1,14	1,11	1,09	1,08	1,06	1,05	1,02
	0,15	1,24	1,19	1,16	1,14	1,11	1,09	1,07	1,03
ebene Wand	0,03	1,10	1,07	1,05	1,04	1,04	1,03	1,02	1,02
	0,09	1,21	1,16	1,13	1,11	1,10	1,08	1,07	1,04
	0,15	1,27	1,22	1,18	1,16	1,14	1,12	1,10	1,05
B. Sturm von 25 m/sec									
4/8—100/108	0,03	1,12	1,08	1,06	1,05	1,04	1,02	1,02	1,01
	0,09	1,28	1,19	1,16	1,12	1,10	1,07	1,06	1,04
	0,15	1,42	1,30	1,24	1,18	1,15	1,11	1,08	1,06
110/121—400/432	0,03	1,13	1,08	1,06	1,05	1,04	1,03	1,02	1,01
	0,09	1,29	1,21	1,17	1,13	1,11	1,09	1,07	1,04
	0,15	1,43	1,32	1,26	1,20	1,16	1,12	1,10	1,06
ebene Wand	0,03	1,16	1,10	1,08	1,06	1,05	1,04	1,03	1,02
	0,09	1,34	1,23	1,18	1,15	1,13	1,10	1,08	1,04
	0,15	1,49	1,35	1,28	1,22	1,19	1,14	1,11	1,06

b) Der Wärmeverlust mit Berücksichtigung des inneren Wärmeüberganges. Nachstehende Zahlentafel 61 zeigt, unter welchen Verhältnissen eine Berücksichtigung der Wärmeübergangszahl zwischen Wärmeträger und Wandung bei Gasen und Dämpfen notwendig wird, wenn man eine Rechengenauigkeit von 2% einzuhalten wünscht. Dies ist im allgemeinen dann der Fall (vgl. S. 31), wenn die Wärmeübergangszahl zwischen Wärmeträger und Begrenzungswand den Wert 200 kcal/m² h° unterschreitet. Für die Frage, ob man diese Genauigkeit scharf einhalten will oder nicht, ist entscheidend, daß eine Vernachlässigung der inneren Wärmeübergangszahl stets die Wärmeverluste zu groß ergibt, also als Sicherheitszuschlag wirkt. Da dies in der Praxis in der Regel erwünscht ist, und die Abweichungen nur selten belangvoll werden, so wird in den Regeln des Vereins Deutscher Ingenieure auf eine besondere Korrektur des Rechnungsganges ganz verzichtet. Hier sei der Vollständigkeit halber jedoch eine solche angegeben. Sie besteht darin, daß man den Temperaturunterschied zwischen Wärmeträger und Luft um die

Zahlentafel 61. Grenzverhältnisse für $\alpha_1 > 200$.

Temperatur der Rohrwandung in °C	Überhitzter Wasserdampf		Luft, Rauch- und Abgase
	Geschwindigkeit in m/sec	Absoluter Druck ata	Geschwindigkeit × Druck in ata × m/sec
< 100	—	—	> 100—150
< 200	> 10	> 11	> 200—230
	> 20	> 6	
	> 40	> 4	
< 300	> 10	> 15	> 250
	> 20	> 9	
	> 40	> 5	
< 400	> 10	> 19	> 300
	> 20	> 12	
	> 40	> 7	

Korrekturgröße A der Zahlentafel 62

verringert. Die Anwendung der Zahlentafel 62 setzt voraus, daß man erst den Wärmeverlust in üblicher Weise errechnet und dann den Rechnungsgang wie folgt wiederholt oder, was das gleiche ist, den normal berechneten Wärmeverlust gemäß untenstehendem Beispiel auf den korrigierten Temperaturunterschied $t_1 - t_2 - A$ reduziert.

1. Entnahme von k_e aus Zahlentafel 60 IA (Wärmeverluste) bzw. 60 IB (Kälteverluste).

2. Multiplikation mit dem korrigierten Temperaturunterschied $t_1 - t_2 - A$ (Zahlentafel 62).

3. Multiplikation mit dem Temperaturfaktor der Zahlentafel 60 III oder dem Windfaktor der Zahlentafel 60 IV.

4. Multiplikation mit dem Durchmesserfaktor der Zahlentafel 60 II.

Zahlentafel 62. Korrekturglied A bei niedriger Wärmeübergangszahl des Wärmeträgers (= Temperaturunterschied zwischen Wärmeträger und Rohr).

Lichter Durchmesser in mm	Wärmeübergangszahl in kcal/m² h °	Temperaturunterschied A zwischen Wärmeträger und Rohr in ° C bei einem Wärmeverlust in kcal/m h von									
		25	50	100	200	300	400	500	600	700	800
25	25	13	26	51	102	—	—	—	—	—	—
	50	6	13	26	51	—	—	—	—	—	—
	100	3	6	13	26	—	—	—	—	—	—
	200	2	3	6	13	—	—	—	—	—	—
50	25	6	13	26	51	76	—	—	—	—	—
	50	3	6	13	26	38	—	—	—	—	—
	100	2	3	6	13	19	—	—	—	—	—
	200	1	2	3	6	10	—	—	—	—	—
100	25	—	6	13	26	38	51	—	—	—	—
	50	—	3	6	13	19	26	—	—	—	—
	100	—	2	3	6	10	13	—	—	—	—
	200	—	1	2	3	5	6	—	—	—	—
200	25	—	3	6	13	19	26	32	38	—	—
	50	—	2	3	6	10	13	16	19	—	—
	100	—	1	2	3	5	6	8	10	—	—
	200	—	0	1	2	2	3	4	5	—	—
300	25	—	—	4	9	13	17	21	26	30	34
	50	—	—	2	4	6	9	11	13	15	17
	100	—	—	1	2	3	4	5	6	7	9
	200	—	—	1	1	2	2	3	3	4	4
400	25	—	—	3	6	10	13	16	19	22	26
	50	—	—	2	3	5	6	8	10	11	13
	100	—	—	1	2	2	3	4	5	6	6
	200	—	—	0	1	1	2	2	2	3	3

Nachstehendes Zahlenbeispiel zeigt die Anwendung des Rechnungsganges für das Beispiel von S. 175. Es seien dabei noch folgende Annahmen gemacht:

Dampfdruck . . . . 10 ata
Strömungsgeschwindigkeit . . . 5 m/sec
Leitungslänge . . . . 25 m

Nach Zahlentafel 7, S. 47 ist die innere Wärmeübergangszahl

$$66 \cdot 0{,}85 \cdot 1{,}29 = 72 \text{ kcal/m}^2 \text{ h}^\circ.$$

Damit wird der Temperaturunterschied zwischen Dampf und Rohr (Korrekturglied A der Zahlentafel 62)

In Innenräumen . . . . etwa 6°
im Freien . . . . etwa 8°

Der korrigierte Temperaturunterschied $t_1 - t_2 - A$ ist also 324 bzw. 352° und damit reduziert sich das Ergebnis von S. 175 wie folgt:

der Wärmeverlust in Innenräumen . . . $265 \cdot \frac{324}{330} = 260$ kcal/m h

der Wärmeverlust im Freien . . . . . . $303 \cdot \frac{352}{360} = 296$ kcal/m h

Man sieht, daß trotz der sehr niedrigen Wärmeübergangszahl die Korrektur nur etwa 2% beträgt, da eine wirksame Dämmschicht vorhanden ist, die den Einfluß des Wärmeübergangs zurückdrängt.

35. Der Wärmeaustausch mit dem Erdreich.

a) Wärmeaustausch durch ebene Bodenflächen. Um eine leichtere Berechnung nach den Krischerschen Gleichungen S. 28 zu ermöglichen, hat W. Weyh zwei Ausdrücke, die in Gleichung (49) und (50) mehrfach vorkommen, wie folgt zusammengefaßt:

$$\frac{\lambda_e}{z + \frac{\lambda_e}{\alpha_a}} = A, \tag{103}$$

$$\lambda_e \cdot \text{funkt}\left(\frac{l}{b}, \frac{z}{b}, \frac{\lambda_e}{b \cdot \alpha_a}\right) = B. \tag{104}$$

Bei Benutzung von Zahlentafel 63 und 64, welche diese Werte A und B für verschiedene Verhältnisse angibt, läßt sich dann nach den Formeln rechnen:

$$Q = l \cdot [A \cdot b\,(t_2 - t_e) + B\,(t_1' - t_2)], \tag{49a}$$

$$t_1' = \frac{k' \cdot b \cdot t_1 + B \cdot t_2 - A \cdot b\,(t_2 - t_e)}{k' \cdot b + B}, \tag{50a}$$

$$k' = \frac{1}{\frac{1}{\alpha_i} + \frac{s_D}{\lambda_D} - \frac{1}{\alpha_a}}, \tag{51a}$$

worin gemäß S. 28 l die Länge, b die Breite der Bodenfläche in m, t_1 die Raumtemperatur, t_2 die Lufttemperatur der Umgebung, t_e die Erdtemperatur ist.

Zu den Zahlentafeln ist zu bemerken:

Die Wärmeübergangszahlen zwischen Luft und Erdoberfläche in der Umgebung des betrachteten Raumes sind mit folgenden Durchschnittswerten zugrunde gelegt:

$\alpha_a = 13$ kcal/m²h° (im Freien bei ruhiger Luft),
$\alpha_a = 5$ kcal/m²h° (in Nebenräumen).

Die Wärmeübergangszahl α_i am Boden des zu berechnenden Raumes ist mit 5 kcal/m²h° angenommen.

Damit sind die folgenden vier praktischen Fälle der vereinfachten Berechnung zugänglich gemacht:

1. Räume, die an das Freie grenzen, = Außenräume, nichtabgedämmt, $\alpha_a = 13$,

2. Räume, die an das Freie grenzen, = Außenräume, abgedämmt, $\alpha_a = 13$,

3. Räume, die von anderen Räumen umgeben sind, = Innenräume, abgedämmt, $\alpha_a = 5$,

4. Räume, die von anderen Räumen umgeben sind, = Innenräume, nichtabgedämmt, $\alpha_a = 5$.

Für Innenräume mit nichtabgedämmtem Boden ist $\alpha_i = \alpha_a$, und $t_1' = t_1$. Für frei liegende Räume jeder Art und für umschlossene Räume mit gedämmten Bodenflächen ist k' und t_1' zu errechnen.

Die Maße der Bodenfläche sollen ohne die Stärke der Umfassungswände eingesetzt werden.

Als Lufttemperatur t_2 im Freien hat man wegen der großen Wärmeträgheit der Erde die mittleren Lufttemperaturen während eines längeren Betriebszeitraumes anzusetzen, also etwa die ungünstigste Jahreszeit-Mitteltemperatur, sei es im Sommer (bei Kühlräumen) oder im Winter (bei beheizten Räumen). Je geringer die Grundwassertiefe ist, und je kleinere Breiten die Räume besitzen, um so kürzer ist der Zeitraum zu wählen, doch wird man kaum je unter 1 Monat annehmen. Einen Anhaltspunkt hierfür gibt Zahlentafel 65. Ist der Raum von anderen Räumen umgeben, so ist als t_2 die mittlere Lufttemperatur dieser Räume anzusetzen.

Die Erdtemperatur bzw. Grundwassertemperatur t_e ist je nach den klimatischen Verhältnissen 8 bis 11°, im Mittel also 10° und zeitlich unveränderlich. Die Wärmeleitzahl des Erdreichs kann man nach den in Abschnitt 23 erwähnten Messungen von O. Krischer wie folgt wählen, wenn keine genauen Unterlagen vorhanden sind, um Feuchtigkeit und Zusammensetzung nach Zahlentafel 43, S. 126 berücksichtigen zu können:

reiner Sandboden (8 Vol.-% Feuchtigkeit)

Raumgewicht 1500 kg/m³ $\lambda_e = 0{,}9$ kcal/m h°
Raumgewicht 2000 kg/m³ $= 1{,}5$ kcal/m h°

toniges oder lehmiges Erdreich (28 Vol.-% Feuchtigkeit)

Raumgewicht 1500 kg/m³ $\lambda_e = 1{,}3$ kcal/m h°
Raumgewicht 2000 kg/m³ $= 2{,}2$ kcal/m h°

Meist ist auch das Raumgewicht nicht näher bekannt, so daß man $\lambda_e = 1{,}0$ allgemein für sandiges, $\lambda_e = 2{,}0$ für toniges Erdreich nehmen kann.

W. Weyh erläutert den Gebrauch der Zahlentafeln durch folgendes Beispiel:

Zahlenbeispiel.

Gegeben: Kühlraum $l = 20$ m, $b = 10$ m
Raum im Innern eines Gebäudes ($\alpha_i = \alpha_a = 5$)
Lufttemperatur $t_1 = +1°$
Mittlere Lufttemperatur der umgebenden Räume $t_2 = +15°$
Grundwassertiefe $z = 5$ m
Temperatur des Grundwassers $t_e = +10°$
Wärmeleitzahl des Erdreichs $\lambda_e = 1{,}5$ kcal/mh°.

1. Wärmeaufnahme der Bodenfläche im nichtabgedämmten Zustand. Aus Zahlentafel 63 erhält man für $\lambda_e = 1{,}5$ und $z = 5$ bei Räumen, die von anderen umgeben sind:

$$A = 0{,}28.$$

Zahlentafel 63.

Werte von $A = \frac{\lambda_e}{z + \frac{\lambda_e}{\alpha_a}}$.

(AR = Außenraum, der an das Freie grenzt; IR = Innenraum, der von anderen Räumen umgeben ist.)

Wärmeleitzahl des Erdreichs		Grundwassertiefe z in m		
		$z = 2$	$z = 5$	$z \geqq 10$
$\lambda_e = 1{,}0$	AR	0,48	0,20	0,10
	IR	0,46	0,19	0,10
$\lambda_e = 1{,}5$	AR	0,71	0,29	0,15
	IR	0,65	0,28	0,15
$\lambda_e = 2{,}0$	AR	0,93	0,39	0,20
	IR	0,83	0,37	0,19

Aus Zahlentafel 64 für $\lambda_e = 1{,}5$, $z = 5$, $b = 10$ m, $l/b = 20/10 = 2$ bei Räumen, die von anderen umgeben sind:

$$B = 6{,}3.$$

In diesem Falle wird $t_1' = t_1$, da $\alpha_i = \alpha_a$ und keine Abdämmung vorhanden ist; nach Gleichung (49a) ist:

$$Q = 20\,[0{,}28 \cdot 10\,(15 - 10) + 6{,}3\,(1 - 15)] = 20 \cdot [14{,}0 - 88{,}2] = -1484 \text{ kcal/h}.$$

(Das negative Vorzeichen bedeutet eine Wärmeaufnahme, ein positives dagegen eine Wärmeabgabe der Bodenfläche.)

2. Wärmeaufnahme der abgedämmten Bodenfläche.

Gegeben: $\lambda_D = 0{,}05$ kcal/mh°, $s_D = 0{,}08$ m
A und B wie oben.

Aus Gleichung (51) erhält man

$$k' = \frac{1}{\frac{1}{5} + \frac{0{,}08}{0{,}05} - \frac{1}{5}} = \frac{0{,}05}{0{,}08} = 0{,}625,$$

damit nach Gleichung (50):

$$t_1' = \frac{0{,}625 \cdot 10 \cdot 1 + 6{,}3 \cdot 15 - 0{,}28 \cdot 10\,(15 - 10)}{0{,}625 \cdot 10 + 6{,}3} = \frac{86{,}85}{12{,}55} = 6{,}9°$$

und nach Gleichung (49):

$$Q = 20\,[0{,}28 \cdot 10\,(15 - 10) + 6{,}3\,(6{,}9 - 15)] = 20 \cdot [14{,}0 - 51{,}0] = -740 \text{ kcal/h}.$$

Eine etwa unter der Annahme einer überall senkrecht verlaufenden Wärmeströmung durchgeführte Berechnung würde Werte liefern, die in diesem Fall bei nicht abgedämmter Bodenfläche nur den dritten Teil, bei der abgedämmten Fläche nur etwa die Hälfte der tatsächlichen Werte betragen; bei kleineren Räumen werden die Unterschiede noch erheblich größer.

Zahlentafel 64.

Werte von $B = \lambda_e \cdot \text{funkt}\left(\frac{l}{b}, \frac{z}{b}, \frac{\lambda_e}{\alpha_a \cdot b}\right)$.

(AR = Außenraum, der an das Freie grenzt, IR = Innenraum, der von anderen Räumen umgeben ist.)

Breite der Bodenfläche in m	$l:b$		Wärmeleitzahl des Erdreichs											
			$\lambda_e = 1{,}0$				$\lambda_e = 1{,}5$				$\lambda_e = 2{,}0$			
			$z=2$	5	10	∞	$z=2$	5	10	∞	$z=2$	5	10	∞
$b = 2$ m	1	AR	4,0	3,9	3,9	3,9	5,5	5,4	5,4	5,4	6,0	5,9	5,8	5,8
		IR	2,9	2,8	2,8	2,8	3,1	2,9	2,9	2,8	3,2	3,0	3,0	3,0
	2	AR	3,5	3,4	3,3	3,3	4,5	4,4	4,4	4,4	5,4	5,2	5,1	5,1
		IR	2,5	2,4	2,3	2,3	2,6	2,5	2,4	2,4	2,7	2,5	2,4	2,4
	5	AR	3,0	2,9	2,8	2,8	3,9	3,8	3,7	3,7	4,8	4,6	4,5	4,5
		IR	2,2	2,1	2,1	2,1	2,3	2,1	2,1	2,1	2,5	2,2	2,2	2,1
$b = 5$ m	1	AR	6,0	5,2	5,1	5,0	7,8	6,8	6,7	6,6	9,9	8,4	8,3	8,2
		IR	4,7	4,1	4,0	4,0	6,0	5,4	5,3	5,3	7,4	6,4	6,3	6,3
	2	AR	5,2	4,4	4,3	4,2	7,1	5,9	5,8	5,7	8,6	7,5	7,3	7,0
		IR	4,1	3,5	3,4	3,4	5,4	4,5	4,4	4,4	6,6	5,4	5,2	5,2
	5	AR	4,6	3,7	3,6	3,5	6,5	5,1	4,9	4,8	8,0	6,3	6,1	5,8
		IR	3,8	3,0	2,9	2,9	5,0	4,1	3,8	3,8	6,0	4,7	4,5	4,5
$b = 10$ m	1	AR	9,0	6,6	6,1	6,0	12,2	9,0	8,3	8,1	15,4	11	10,2	9,9
		IR	7,3	5,1	4,8	4,6	10,1	7,1	6,5	6,3	12,8	8,8	8,2	7,8
	2	AR	8,0	5,6	5,1	4,9	11,1	7,5	6,9	6,6	14	9,6	8,7	8,3
		IR	6,7	4,5	4,2	4,0	9,5	6,3	5,6	5,4	11,7	7,6	7,0	6,4
	5	AR	7,5	4,9	4,3	4,0	10,3	6,8	5,8	5,6	13	8,5	7,4	7,0
		IR	6,3	4,0	3,5	3,3	8,9	5,6	4,8	4,5	11	7,0	6,0	5,4
$b = 20$ m	1	AR	16	10	8,0	7,0	22	13,5	10,6	9,0	27	18	13	11,8
		IR	13	7,8	6,2	5,6	18	10,7	8,4	7,6	22	13,2	10,2	9,4
	2	AR	14,5	8,5	6,7	5,7	20	11,7	9,0	7,5	25	14,5	11	9,4
		IR	12	6,9	5,3	4,5	16,5	9,6	7,4	6,2	21	12	9,2	7,8
	5	AR	13,5	7,7	5,8	4,7	19	10,5	7,8	6,5	23	13	9,8	8,0
		IR	11	6,2	4,7	3,8	15,8	8,9	6,5	5,3	20	11	8,0	6,6
$b = 40$ m	1	AR	41	17,5	12,5	8,7	45	23	16,5	11,3	52	28	20	14
		IR	23	13	9,4	6,7	32	18	12,8	9,1	38	22	15,6	11,6
	2	AR	38	15	10,5	7,0	42	20	13,6	9,1	49	24	17	11,3
		IR	22	12	8,0	5,2	31	16,5	11,1	7,2	37	20	13,8	9,0
	5	AR	37	14	9,5	6,0	41	19	12,6	7,6	48	22	15,5	9,6
		IR	21	11	7,3	4,4	30	15	10,1	6,1	36	19	12,7	7,6

Zahlentafel 65. Richtwerte der Lufttemperaturen (für die klimatischen Verhältnisse in Deutschland).

Mittlere Jahrestemperatur		Kontinentales Klima etwa + 7°	Maritimes Klima etwa + 9°
Winter	Mitteltemperatur einer Januar-Woche . . .	etwa — 5 bis — 7°	— 1 bis — 3°
	Januar-Mittel	— 3°	+ 1°
	Winter-Mittel	— 1,5°	+ 1,8°
Sommer	Mitteltemperatur einer Juli-Woche	etwa + 20 bis + 21°	+ 18 bis 19°
	Juli-Mittel.	+ 18°	+ 16°
	Sommer-Mittel. . . .	+ 17°	+ 15°

b) Wärmeverlust von Rohrleitungen im Erdreich. Trotz der einfachen von Krischer angegebenen Berechnungsformel (53) S. 30 ist die Ermittlung der Wärmeverluste von Rohren im Erdreich recht umständlich, da man zur Wahl der in die Gleichung einzuführenden Stärke der ausgetrockneten Erdschicht und — bei Vorhandensein von Luftschichten — der gleichwertigen Wärmeleitzahl des Luftmantels, die Temperaturverteilung kennen müßte. Diese ist also zunächst zu schätzen, am Ergebnis durch Nachrechnung zu prüfen und gegebenenfalls abzuändern; dann muß neuerdings die Rechnung wiederholt werden.

W. Christian[1] hat deshalb für unmittelbar ins Erdreich verlegte Rohre Rechnungstafeln des „Einheitswärmeverlust q'" aufgestellt, d. i. den Wärmeverlust je lfd. m und Stunde für 1° Temperaturunterschied zwischen Rohr und Erde. Der Wärmeverlust in kcal/mh beträgt dann:

$$q = q' \cdot (t_i - t_e) \tag{105}$$

Zahlentafel 66 und 67 gibt q' für nackte und gedämmte Rohre. In den Zahlentafeln für gedämmte Rohre ist der Einheitswärmeverlust je nach der Rohrtemperatur verschieden angegeben. Dies kommt daher, daß, wenn die Oberflächentemperatur der Dämmschicht 100° übersteigt, die anliegende Zone des Erdreichs austrocknet und damit ihre Wärmeleitzahl ändert. Man kann die Grenztemperatur des Rohres bei der die Austrocknung beginnt aus der Zahlentafel 67 abschätzen, indem man prüft, bei welcher Rohrtemperatur der Einheitswärmeverlust abnimmt. Ist für einen Rohrdurchmesser und eine Wärmeleitzahl eine Abnahme nicht eingetragen, so liegt die Austrocknungstemperatur des Rohres über 400°. Wenn also z. B. für ein Rohr von 200 mm Außendurchmesser, 0,75 m tief in sandigen Boden verlegt, bei 50 mm Dämmstärke und einer Wärmeleitzahl von 0,05 der Einheitswärmeverlust bis 350° zu 0,589 angegeben ist, während er bei 400° nur um ein Geringes weniger, 0,581 beträgt, so kann aus den beiden Zahlen entnommen werden, daß

[1] Christian, W.: Die Wärmeverluste von unmittelbar im Erdreich verlegten Rohrleitungen. Wärme- u. Kältetechn. 1937 Heft 3.

Zahlentafel 66. Einheitswärmeverlust q' bei nichtgedämmten Rohren ohne Kanal (Austrocknungs-Temperatur 100° C)[1].

Äußerer Rohrdurchmesser in mm	Temperatur des Rohres in °C	Einheitswärmeverlust q' in kcal/m h°				Äußerer Rohrdurchmesser in mm	Temperatur des Rohres in °C	Einheitswärmeverlust q' in kcal/mh°			
		Verlegungstiefe 0,75 m		Verlegungstiefe 1,5 m				Verlegungstiefe 0,75 m		Verlegungstiefe 1,5 m	
		sandig	lehmig	sandig	lehmig			sandig	lehmig	sandig	lehmig
50	bis 100	1,38	2,00	1,18	1,71	200	bis 100	2,10	3,02	1,66	2,40
	bei 150	1,04	1,44	0,90	1,25		bei 150	1,57	2,17	1,26	1,73
	200	0,88	1,17	0,75	1,01		200	1,33	1,75	1,06	1,41
	250	0,79	1,01	0,67	0,87		250	1,19	1,52	0,95	1,23
	300	0,72	0,92	0,62	0,78		300	1,10	1,38	0,87	1,10
	350	0,68	0,84	0,59	0,72		350	1,03	1,28	0,82	1,01
	400	0,65	0,79	0,56	0,68		400	0,99	1,20	0,78	0,95
100	bis 100	1,67	2,40	1,38	2,00	400	bis 100	2,80	4,05	2,09	3,02
	bei 150	1,25	1,70	1,04	1,44		bei 150	2,11	3,06	1,56	2,17
	200	1,06	1,41	0,88	1,17		200	1,79	2,36	1,33	1,78
	250	0,95	1,22	0,79	1,02		250	1,60	2,05	1,19	1,54
	300	0,88	1,11	0,72	0,92		300	1,47	1,86	1,10	1,38
	350	0,82	1,03	0,68	0,85		350	1,38	1,72	1,03	1,28
	400	0,78	0,99	0,65	0,79		400	1,32	1,60	0,98	1,20

die Austrocknungstemperatur nicht viel unter 400°, also etwa bei 390° liegt. Beim 400 mm-Rohr beträgt sie, wie ein Vergleich der beiden fraglichen Zahlen von 0,974 und 0,914 zeigt, ungefähr 310°, da der Einheitsverlust für 350° schon verhältnismäßig stark von jenen bei 300° abweicht. Genauere Angaben über die Austrocknungstemperatur bei einer Wärmeleitzahl der Dämmschicht von 0,1 finden sich in der Originalarbeit von W. Christian.

Den Zahlentafeln liegt ein λ_e für sandiges Erdreich von 0,9 und ein solches von 1,3 für Lehmboden zugrunde. Die Werte sind also nicht die von Weyh gewählten. Will man mit anderen Wärmeleitzahlen rechnen, so erleichtern die Zahlentafeln wenigstens die Schätzung der Temperaturverteilung (durch Schätzung des Wärmeverlustes). Man wird aber kaum Anlaß haben, die Zahlentafeln aus diesem Grunde nicht unmittelbar zu benutzen, weil genauere Angaben über die Art des Bodens nur selten vorliegen und der Einfluß von λ_e bei gedämmten Leitungen nur mäßig ist.

Wärmewirtschaftlich interessant ist ein Vergleich der Wärmeverluste von Rohren in freier Luft und im Erdreich, also die Wärmeschutzwirkung, die durch das Erdreich zustande kommt. Zahlentafel 68a und b zeigt das Ergebnis für nackte und gedämmte Leitungen, bei letzteren jedoch

[1] Es sei darauf aufmerksam gemacht, daß in Spalte 1 der Zahlentafeln 66 und 67 der Außendurchmesser der Rohre angegeben ist, nicht der Innendurchmesser. Dies ist bei Interpolationen zu berücksichtigen.

Zahlentafel 67a[1]. Einheitswärmeverlust q' bei gedämmten Rohren ohne Kanal und einer Verlegungstiefe von 0,75 m.

Äußerer Rohrdurchmesser in mm	Temperatur des Rohres in ° C	Einheitswärmeverlust q' in kcal/m h ° bei einer Dämmstärke von								
		50 mm			100 mm			150 mm		
		$\lambda = 0{,}05$	$\lambda = 0{,}10$	$\lambda = 0{,}15$	$\lambda = 0{,}05$	$\lambda = 0{,}10$	$\lambda = 0{,}15$	$\lambda = 0{,}05$	$\lambda = 0{,}10$	$\lambda = 0{,}15$
		Sandiger Boden.								
50	bis 300	0,249	0,443	0,592	0,180	0,333	0,466			
	350	0,249	0,443	0,554	0,180	0,333	0,466			
	400	0,249	0,443	0,529	0,180	0,333	0,466			
100	bis 200	0,373	0,632	0,823	0,256	0,464	0,636	0,214	0,403	0,573
	250	0,373	0,632	0,804	0,256	0,464	0,636	0,214	0,403	0,573
	300	0,373	0,632	0,743	0,256	0,464	0,636	0,214	0,403	0,573
	350	0,373	0,601	0,698	0,256	0,464	0,636	0,214	0,403	0,573
	400	0,373	0,722	0,665	0,256	0,464	0,614	0,214	0,403	0,573
200	bis 150	0,589	0,952	1,193	0,391	0,686	0,916	0,310	0,564	0,776
	200	0,589	0,952	1,178	0,391	0,686	0,916	0,310	0,564	0,776
	250	0,589	0,934	1,052	0,391	0,686	0,916	0,310	0,564	0,776
	300	0,589	0,864	0,971	0,391	0,686	0,898	0,310	0,564	0,776
	350	0,589	0,815	0,912	0,391	0,686	0,843	0,310	0,564	0,776
	400	0,581	0,775	0,871	0,391	0,671	0,802	0,310	0,564	0,758
400	bis 150	0,974	1,49	1,77	0,635	1,08	1,40	0,491	0,87	1,18
	200	0,974	1,49	1,62	0,635	1,08	1,40	0,491	0,87	1,18
	250	0,974	1,33	1,45	0,635	1,08	1,36	0,491	0,87	1,18
	300	0,974	1,23	1,33	0,635	1,08	1,26	0,491	0,87	1,18
	350	0,914	1,16	1,25	0,635	1,02	1,18	0,491	0,87	1,12
	400	0,872	1,10	1,19	0,635	0,97	1,12	0,491	0,87	1,07
		Lehmiger Boden.								
50	bis 350	0,259	0,474	0,654	0,184	0,349	0,497			
	400	0,259	0,474	0,642	0,184	0,349	0,497			
100	bis 300	0,394	0,698	0,937	0,265	0,493	0,692	0,217	0,418	0,602
	350	0,394	0,698	0,864	0,265	0,493	0,692	0,217	0,418	0,602
	400	0,394	0,698	0,809	0,265	0,493	0,692	0,217	0,418	0,602
200	bis 200	0,635	1,08	1,40	0,409	0,741	1,02	0,319	0,596	0,84
	250	0,635	1,08	1,36	0,409	0,741	1,02	0,319	0,596	0,84
	300	0,635	1,08	1,22	0,409	0,741	1,02	0,319	0,596	0,84
	350	0,635	1,01	1,14	0,409	0,741	1,02	0,319	0,596	0,84
	400	0,635	0,94	1,06	0,409	0,741	0,98	0,319	0,596	0,84
400	bis 200	1,077	1,74	2,14	0,673	1,19	1,60	0,511	0,938	1,30
	250	1,077	1,72	1,88	0,673	1,19	1,60	0,511	0,938	1,30
	300	1,077	1,55	1,68	0,673	1,19	1,58	0,511	0,938	1,30
	350	1,077	1,43	1,55	0,673	1,19	1,39	0,511	0,938	1,30
	400	1,063	1,34	1,46	0,673	1,15	1,26	0,511	0,938	1,30

[1] Man beachte die Fußnote zu Zahlentafel 66.

Zahlentafel 67b. Einheitswärmeverlust q' bei gedämmten Rohren ohne Kanal und einer Verlegungstiefe von 1,5 m.

Äußerer Rohrdurchmesser in mm	Temperatur des Rohres in °C	Einheitswärmeverlust q' in kcal/m h° bei einer Dämmstärke von								
		50 mm			100 mm			150 mm		
		λ=0,05	λ=0,10	λ=0,15	λ=0,05	λ=0,10	λ=0,15	λ=0,05	λ=0,10	λ=0,15
		Sandiger Boden.								
50	bis 250	0,242	0,417	0,551	0,176	0,321	0,441			
	300	0,242	0,417	0,519	0,176	0,321	0,441			
	350	0,242	0,413	0,486	0,176	0,321	0,441			
	400	0,242	0,393	0,464	0,176	0,321	0,429			
100	bis 200	0,357	0,587	0,749	0,249	0,440	0,592	0,205	0,373	0,513
	250	0,357	0,587	0,686	0,249	0,440	0,592	0,205	0,373	0,513
	300	0,357	0,556	0,632	0,249	0,440	0,592	0,205	0,373	0,513
	350	0,357	0,521	0,596	0,249	0,440	0,555	0,205	0,373	0,513
	400	0,357	0,497	0,567	0,249	0,440	0,528	0,205	0,373	0,501
200	bis 150	0,550	0,852	1,04	0,373	0,634	0,824	0,298	0,527	0,709
	200	0,550	0,852	0,965	0,373	0,634	0,824	0,298	0,527	0,709
	250	0,550	0,781	0,860	0,373	0,634	0,806	0,298	0,527	0,709
	300	0,550	0,720	0,791	0,373	0,634	0,741	0,298	0,527	0,709
	350	0,532	0,678	0,743	0,373	0,602	0,698	0,298	0,527	0,666
	400	0,505	0,645	0,709	0,373	0,571	0,666	0,298	0,527	0,634
400	bis 150	0,870	1,26	1,45	0,589	0,952	1,19	0,463	0,788	1,03
	200	0,870	1,16	1,23	0,589	0,952	1,18	0,463	0,788	1,03
	250	0,862	1,04	1,10	0,589	0,938	1,05	0,463	0,788	1,01
	300	0,795	0,95	1,02	0,589	0,864	0,97	0,463	0,788	0,93
	350	0,747	0,90	0,96	0,589	0,814	0,91	0,463	0,752	0,88
	400	0,712	0,86	0,91	0,582	0,775	0,87	0,463	0,717	0,83
		Lehmiger Boden.								
50	bis 300	0,254	0,455	0,619	0,181	0,339	0,477			
	350	0,254	0,455	0,602	0,181	0,339	0,477			
	400	0,254	0,455	0,564	0,181	0,339	0,477			
100	bis 250	0,382	0,658	0,869	0,259	0,474	0,654	0,211	0,395	0,555
	300	0,382	0,658	0,804	0,259	0,474	0,654	0,211	0,395	0,555
	350	0,382	0,647	0,738	0,259	0,474	0,647	0,211	0,395	0,555
	400	0,382	0,606	0,688	0,259	0,474	0,606	0,211	0,395	0,555
200	bis 200	0,604	0,991	1,26	0,395	0,698	0,938	0,310	0,568	0,785
	250	0,604	0,991	1,11	0,395	0,698	0,938	0,310	0,568	0,785
	300	0,604	0,910	1,00	0,395	0,698	0,938	0,310	0,568	0,785
	350	0,604	0,837	0,92	0,395	0,698	0,864	0,310	0,568	0,785
	400	0,604	0,784	0,86	0,395	0,698	0,810	0,310	0,568	0,775
400	bis 150	0,986	1,51	1,81	0,636	1,08	1,41	0,490	0,869	1,17
	200	0,986	1,51	1,65	0,636	1,08	1,41	0,490	0,869	1,17
	250	0,986	1,33	1,43	0,636	1,08	1,36	0,490	0,869	1,17
	300	0,986	1,20	1,29	0,636	1,08	1,23	0,490	0,869	1,17
	350	0,924	1,11	1,19	0,636	1,01	1,13	0,490	0,869	1,08
	400	0,866	1,05	1,11	0,636	0,94	1,06	0,490	0,869	1,01

Zahlentafel 68. Wärmeschutzwirkung des Erdreichs gegenüber Verlegung in freier Luft. (Verlegungstiefe 1,5 m, Verlegungsweise: unmittelbar in die Erde, Werte für die gedämmten Rohre nur bis zur beginnenden Austrocknung des Erdreichs.)

A. Nackte Rohre.

Äußerer Rohrdurchmesser in mm	Multiplikationsfaktor für Verlegung im Erdreich					
	Sandiger Boden			Lehmiger Boden		
	100°	200°	400°	100°	200°	400°
50	0,233	0,133	0,076	0,337	0,180	0,092
100	0,154	0,088	0,048	0,223	0,117	0,058
200	0,109	0,061	0,032	0,158	0,081	0,039
400	0,078	0,043	0,021	0,113	0,057	0,026

B. Gedämmte Rohre.

Äußerer Rohrdurchmesser in mm	Dämmstärke in mm	Multiplikationsfaktor für Verlegung im Erdreich					
		Sandiger Boden			Lehmiger Boden		
		$\lambda_{is} = 0,05$	0,10	0,15	$\lambda_{is} = 0,05$	0,10	0,15
50	50	0,846	0,750	0,679	0,881	0,818	0,761
	100	0,907	0,833	0,762	0,933	0,880	0,824
100	50	0,811	0,679	0,596	0,868	0,761	0,692
	100	0,886	0,790	0,712	0,922	0,850	0,785
	150	0,911	0,835	0,764	0,937	0,884	0,827
200	50	0,734	0,587	0,490	0,806	0,683	0,590
	100	0,842	0,719	0,634	0,891	0,792	0,721
	150	0,882	0,786	0,705	0,917	0,848	0,781
400	50	0,647	0,483	0,383	0,733	0,580	0,476
	100	0,774	0,626	0,535	0,836	0,710	0,630
	150	0,832	0,723	0,632	0,881	0,796	0,718

nur bis zur Austrocknungstemperatur. Für die Leitungen in freier Luft ist ein Windanfall von 5 m/sec in Rechnung gestellt.

Zusammenfassend läßt sich aus den Zahlentafeln 66 bis 68 folgern:

1. In Lehmboden ist der Wärmeverlust größer als im Sandboden, vor allem natürlich bei nackten Rohren.

2. Die Wirkung der Austrocknung des dem Rohr benachbarten Erdreichs bei hohen Temperaturen ist recht erheblich, besonders stark wieder bei nicht gedämmten Rohren, wo der Einheitswärmeverlust bei 400° weniger als die Hälfte des Einheitsverlustes bei 100° beträgt.

3. Die Verlegungstiefe ist von geringer Bedeutung, so daß man die Werte von 1,5 m Tiefe auch für größere Tiefen beibehalten kann.

4. Trotz der starken Verminderung des Verlustes nichtgedämmter Leitungen durch das Erdreich ist doch eine Dämmschicht **stets wirtschaftlich**. Ihre Stärke kann aber geringer sein als bei Freileitungen. Bei nichtgedämmten Leitungen würden sehr große Wärme-

mengen im Erdreich aufgespeichert und bei Unterbrechung des Betriebs verloren. Außerdem macht sich bei nichtgedämmten Rohren eine Temperaturerhöhung der Erde bis zu Abständen von 10 m geltend und hat Schäden für den Pflanzenwuchs im Gefolge oder erhöht die Temperaturen in den Kellern benachbarter Häuser in unerwünschter Weise.

36. Der Kälteverlust nichtgedämmter Kühlrohre.

Der Kälteverlust nichtgedämmter Rohre kann nur dann mit Hilfe der Wärmeübergangszahl für Leitung, Konvektion und Strahlung berechnet werden, wenn die Rohrtemperatur den Taupunkt der Luft nicht unterschreitet. Ist dies letztere der Fall, so schlägt sich Wasser, bzw. bei Temperaturen unter 0° Reif an der Kühlfläche nieder. Bei Reifbildung nimmt diese so lange zu, bis an der Oberfläche der Reifschicht die Sättigungstemperatur der Luft oder, wenn jene über dem Gefrierpunkt liegt, die Temperatur 0° erreicht wird. Die Kondenswasser- und Reifbildung entzieht der kalten Fläche noch zusätzliche Kältemengen durch das Freiwerden der Kondensations- und Erstarrungswärme (s. S. 51). K. Schropp hat diese Vorgänge, die bei Aufgaben der Kälteübertragung (etwa an die Luft eines Kühlraums) wichtig sind, eingehend untersucht[1]. Für den Kälteschutz spielen diese Zusammenhänge nur insofern eine Rolle, als der üblichen Ansicht entgegengetreten werden muß, daß eine Reifschicht auf nichtgedämmten Teilen (z. B. auf einem Ventil) eine nützliche Dämmwirkung ausübe, so daß das Fehlen der Dämmschicht keine allzu großen Verluste hervorbringe. Schropp hat gezeigt, daß bei den meist gebräuchlichen Kühlsoletemperaturen der Gesamtkälteverbrauch durch Leitung, Konvektion und Strahlung einerseits und durch Tau- und Reifbildung andererseits trotz der Eisschicht gleich oder sogar noch größer sein kann, als an der nackten Kühlfläche in völlig trockener Luft. Nach kurzzeitiger Bereifung oder bei sehr tiefen Temperaturen ist allerdings tatsächlich eine gewisse Dämmwirkung vorhanden, die freilich nie mit der einer Dämmschicht verglichen werden kann. Die Regel aber ist ein Reifniederschlag mit so hohen Wärmeleitzahlen der vermeintlichen Schutzschicht[2],

---

[1] Schropp, K.: Untersuchungen über die Tau- und Reifbildung an Kühlrohren in ruhender Luft und ihr Einfluß auf die Kälteübertragung. Diss. München 1934; Z. ges. Kälteind. Bd. 45 (1935) Heft 5.

[2] Am Beginn der Bereifung bildet sich eine sehr lose Reifschicht (Raumgewicht unter 100 kg/m³), die mit zunehmender Verstärkung sowohl in den anwachsenden neuen Schichten, wie in den vorhandenen älteren immer dichter wird. Wird an der Oberfläche zuletzt 0° erreicht, so bleibt eine Wasserhaut über der nun völlig glatten Eisschicht, von der der Niederschlag abtropft. Schropp fand z. B. bei einem Versuch Wärmeleitzahlen der Bereifung, die allmählich von 0,08 auf 1,2 kcal/m h° anstiegen. Die Vorgänge sind physikalisch ziemlich verwickelt.

daß die eintretende Vergrößerung der äußeren Oberfläche eine Vermehrung der Verluste bringt[1].

Für die Verhältnisse nach Bildung einer Eisschicht gibt Schropp folgendes bezeichnende Beispiel[2]:

Rohrdurchmesser	50 mm
Soletemperatur	— 10°
Lufttemperatur	+ 20°
Strahlungszahl des Rohres	$C = 4{,}2$
Stärke der Reifschicht bei Erreichung der Oberflächentemperatur von 0°	3,5 cm
Wärmeleitzahl der Reifschicht	1,2 kcal/m h°
Luftfeuchtigkeit	56%.

Dann ist

Kälteabgabe nichtgedämmt in völlig trockener Luft	41,1 kcal/m h
Kälteabgabe mit Reifschicht	86 kcal/m h
„ mit 50 mm Dämmschicht ($\lambda = 0{,}05$)	7,8 kcal/m h.

Auf die recht verwickelte und nicht für alle Fälle durchführbare Berechnung braucht hier nicht weiter eingegangen zu werden, weil die Zahlen beweisen, daß stets auf gut instand gehaltene Dämmschichten geachtet werden muß.

37. Zusätzliche Wärmeverluste.

Für viele betriebstechnische Berechnungen müssen außer den Wärmeverlusten durch die glatten Flächen einer Rohrleitung, eines Kessels oder eines Behälters noch zusätzliche Wärmeverluste, z. B. durch die Rohraufhängung, durch Flanschen, Ventile, Armaturen und Unterstützungsglieder usw., berücksichtigt werden. Die Berechnung dieser zusätzlichen Verluste ist nur mit gewissen Annäherungen möglich und dem entspricht dann auch die Genauigkeit der Gesamtberechnungen, z. B. des Temperaturabfalles einer Rohrleitung.

a) Nackte Flanschen. Wenn auch heute in der Praxis der Wärmeschutz von Flanschen als wirtschaftlich wichtig anerkannt ist, so trifft man im Betrieb doch vielfach Flanschen an, deren Schutzhülle bei

[1] Von der Tatsache, daß bei entsprechend großen Wärmeleitzahlen die durch eine Umhüllung bewirkte Oberflächenvergrößerung die Wärmeabgabe gegenüber dem nicht umhüllten Körper vermehrt, wird bei elektrischen Leitungen zur Verringerung der Erwärmung der Drähte Gebrauch gemacht. In der Wärmeschutztechnik spielt diese Erscheinung keine Rolle und ist deshalb meist unbekannt.

[2] Ein weiteres lehrreiches Beispiel über den Kälteverlust eines Rohres in trockener und in atmosphärischer Luft, letzteren berechnet für den Beginn der Niederschlagsbildung, gibt Schropp in dem Aufsatz: Die Vorgänge beim Kälteaustausch zwischen festen Körpern und Luft und Maßnahmen zu dessen Verringerung. Wärme- u. Kältetechn. 1936 Heft 12. Hier wird auch die Erhöhung der Strahlungsverluste blanker (verzinkter) Rohre durch die Wasserhaut bzw. den Reifniederschlag gezeigt.

Flanschreparaturen entfernt und nicht mehr erneuert wurde. Die Berechnung des Verlustes nackter Flanschen ist auch nötig, weil der Berechnungsgang für geschützte Flanschen auf der prozentualen Ersparnis an Wärme gegenüber dem nicht gedämmten Zustand aufgebaut werden muß, da die Flanschform für eine genauere Berechnungsweise zu verwickelt ist.

Abb. 91 gibt nach W. Weyh[1] den Wärmeverlust nackter Flanschen in Innenräumen in Abhängigkeit von der Übertemperatur des

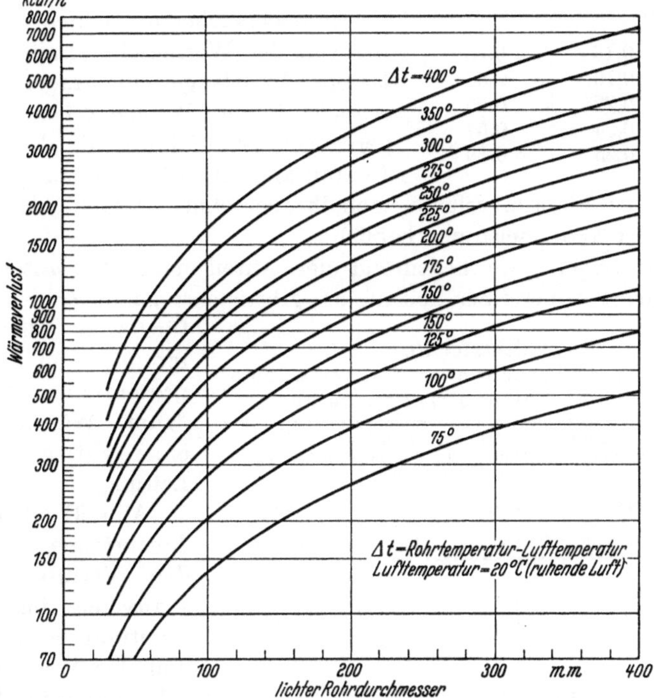

Abb. 91. Wärmeverlust nackter Flanschen bei großer Wärmeübergangszahl in Innenräumen.

Wärmeträgers gegen die umgebende Luft und vom Rohrdurchmesser. Dabei ist ein Unterschied zwischen Wärmeträgern mit großen Wärmeübergangszahlen zu machen (wie Sattdampf, Heißwasser) und solchen mit geringen.

Im letzteren Fall, also bei Heißdämpfen und Heißgasen hat man nach Cammerer[2] mit einem Wärmeverlust des nackten Flansches zu rechnen, der rd. 80% des Wärmeverlustes bei Sattdampf beträgt.

---

[1] Weyh, W.: Wärmeersparnis durch Flanschisolierung. Arch. Wärmew. Bd. 16 (1935) S. 151.

[2] Wärmeschutzwissenschaftliche Mitteilungen der Firma Rheinhold & Co., Berlin. 1927 Heft 3.

Dabei kann man in die Abb. 91 mit hinreichender Genauigkeit die Dampftemperatur einführen, obwohl streng genommen die Rohrtemperatur maßgebend wäre. Der Grund des geringeren Wärmeverlustes bei Heißdampf — bezogen auf die Einheit des Temperaturunterschieds — ist, daß eine niedrige Wärmeübergangszahl zwischen Wärmeträger und Rohr den als Kühlrippe wirkenden Flansch nicht mehr auf Dampftemperatur aufzuheizen vermag.

Zahlentafel 69.

Lichter Rohrdurchmesser in mm	Am Flansch freibleibende Rohrlänge in m	Gleichflächige Rohrlänge eines Flanschpaares in m
50	0,16	0,45
100	0,19	0,50
200	0,22	0,53
300	0,24	0,57
400	0,25	0,60

In nebenstehender Zahlentafel 69 ist die von der Wärmeschutzhülle frei gelassene Rohrlänge eingetragen, die in Abb. 91 in den Wärmeverlust mit eingerechnet ist und um die deshalb die Gesamtlänge einer Leitung zu verringern ist, wenn die Flanschverluste nach ihr berechnet werden. Diese Verringerung ist aber meist unerheblich.

Um zu zeigen, wie bedeutend der Anteil nackter Flanschen am Gesamtwärmeverlust einer Leitung ist, gibt nachstehende Zahlentafel 70 für eine Flanschentfernung von 5 m den prozentualen Zuschlag zum Wärmeverlust einer gut geschützten Leitung.

Zahlentafel 70.
Anteil nackter Flanschen am Gesamtwärmeverlust einer Leitung (Innenräume).

Rohrdurchmesser in mm	Zuschlag zur wirklichen Rohrlänge in % zur Berücksichtigung des Wärmeverlustes der nackten Flanschen bei			
	100°	200°	300°	400°
	Sattdampf und Heißwasser		überhitztem Dampf	
50	45	60	72	144
100	50	67	80	160
400	60	80	96	192

Abb. 91 gilt nur für Innenräume. Will man den Verlust nackter Flanschen im Freien ermitteln, so muß man von der Annahme von Eberle[1] ausgehen, wonach der Wärmeverlust eines Flansches je Flächeneinheit gleich dem Verlust einer nackten Rohrleitung des zugehörigen Durchmessers ist. Zur Vereinfachung dieser Berechnung ist in Zahlentafel 69 noch die gleichflächige Rohrlänge eines Flanschenpaares eingetragen, so daß die Feststellung der Fläche der Flanschen entfällt.

Zahlenbeispiel 1. Wie groß ist der Unterschied in kcal/h im Wärmeverlust eines Flansches bei 150 mm Rohrdurchmesser und 20° C Lufttemperatur, wenn Sattdampf bzw. Heißdampf von 220° C durch die Leitung strömt?

Für Sattdampf ergibt sich aus Abb. 91 ein Verlust von 840 kcal/h, für Heißdampf nach obigem 20% weniger, also 168 kcal/h weniger.

Zahlenbeispiel 2. Wie groß ist der Verlust eines Sattdampfleitungsflansches gemäß vorstehendem Beispiel im Freien bei 5 m/s Windanfall und 0° C Lufttemperatur?

[1] Eberle, Chr.: Versuche über den Wärme- und Spannungsverlust bei Fortleitung gesättigten und überhitzten Wasserdampfes. Z. VDI Bd. 52 (1908) S. 481.

Nach Zahlentafel 69 ist die gleichwertige Rohrlänge des Flansches 0,515 m. Der Wärmeverlust einer nackten Leitung von 150 mm Rohrdurchmesser ist nach Abb. 90 S. 171 3430 kcal/m h, der Verlust des Flansches also 0,515 · 3430 = 1770 kcal/h. Bei einer Flanschentfernung von 5 m trifft daher auf den laufenden Meter Rohr ein Flanschverlust von 354 kcal/h, das sind 237 % des Rohrverlustes selbst, der für $\lambda = 0{,}07$ und 70 mm Dämmstärke 149 kcal/mh betragen würde. Im Freien erhöhen also nackte Flanschen den Leitungsverlust gegenüber Tafel 70 um ein vielfaches.

b) Geschützte Flanschen. W. Weyh hat an 4 Typen von Flanschdämmungen die in Zahlentafel 71 angegebenen Werte gefunden. Die angegebenen Wärmeersparniszahlen kann man auch bei anderen Rohrdurchmessern als dem Untersuchten gelten lassen. Die Flanschkappen *A* und *B* bestanden aus doppelwandigen zweiteiligen Blechgehäusen, deren Zwischenräume mit verschiedenen Dämmstoffen in einer Stärke von 35 bzw. 70 mm ausgefüllt waren. Bei der Schutzhülle *C* wurden zwei Formstücke von 50 mm Stärke verwendet, die dem Flansch gut angepaßt und mit Stahlbändern zusammengehalten waren. Flanschdämmung *D* bestand aus vier Weißblechen, die um den Flansch drei konzentrische Luftschichten von je 10 mm Stärke bildeten.

Zahlentafel 71. Wärmeersparniszahl und Wärmeabgabe eines nackten und geschützten Flansches von 100 mm l. W. bei Sattdampf.

Art der Schutzhülle	Temperaturunterschied zwischen Rohr und Luft				
	50°	100°	200°	300°	400°
	Wärmeabgabe in kcal/h				
Ohne Schutz	80	204	456	1082	1693
A	28,4	69	171	333	510
B	18,3	43	109	205	317
C	13,7	32	72	103	136
D	7,6	19	52	98	151
	Wärmeersparniszahlen in %				
A	64,5	66,2	68,0	69,3	70,0
B	77,0	79,0	80,6	81,1	81,3
C	82,8	84,4	87,3	90,5	92,0
D	90,5	90,7	90,9	91,0	91,1

Von den in Teil I, S. 88, des Buches erwähnten Flanschschutzhüllen kann man die Wirkung von Formstücken oder Wärmeschutzmasse etwa gleich dem Typ *C* der Zahlentafel 71 setzen; desgleichen Asbestmatratzen oder Asbestschnüre genügender Stärke, nur hat man dabei gegebenenfalls eine Zusammenpressung beim Befestigen zu beachten. Bei Blechkappen wird bei öfterer Abnahme oft der Sitz der Kappe schlecht, besonders wenn die vielfach verwendete Asbestdichtungsschnur im Laufe der Zeit fortbleibt. Hier ist dann mit einer erheblichen Entlüftung zu rechnen.

Wird der Schutz des Flansches mit gleichem Material und in gleicher Stärke vorgenommen wie bei der Rohrleitung, so ist eine besondere Berechnung des Flanschverlustes nicht notwendig und man kann die Wärmeverluste der Leitung einfach für das glatte Rohr von der tatsächlichen Länge berechnen.

Wichtig ist, daß bei Heißdampf nach Aufbringung einer Schutzhülle der vorerwähnte Einfluß der Wärmeübergangszahl praktisch in Fortfall kommt, so daß man die prozentuale Wärmeersparnis der Schutzhülle nach Zahlentafel 71 auch bei Heißdampf auf den vollen Temperaturunterschied zwischen Dampf und Luft beziehen muß. Die tatsächliche Wärmeersparnis η_H in Prozent ist deshalb bei Heißdampf unter gleichen Verhältnissen nur

$$\eta_H = 100 - 1{,}25\,(100 - \eta_s), \tag{106}$$

wenn η_s die Wärmeersparniszahl der Zahlentafel 71 ist. Also entspricht einer bei Sattdampf festgestellten Wärmeersparniszahl von

$$\eta_s = 60 \quad 65 \quad 70 \quad 75 \quad 80 \quad 85 \quad 90 \quad 95\%,$$

bei Heißdampf eine tatsächliche Wärmeersparnis von

$$\eta_H = 50 \quad 56{,}2 \quad 62{,}5 \quad 68{,}8 \quad 75 \quad 81{,}3 \quad 87{,}5 \quad 93{,}7\%.$$

Zusammenfassend. Der Wärmeverlust von geschützten Flanschen errechnet sich, indem man gemäß vorstehender Zusammenstellung Zahlentafel 71 den entsprechenden Teilbetrag des Verlustes des nackten Flansches aus Abb. 91 ansetzt, gleichgültig um welche Art Wärmeträger es sich handelt. Dabei ist, wie schon erwähnt, in Abb. 91 stets einfach mit der Temperatur des Dampfes als Flanschtemperatur zu rechnen. Bei überhitztem Dampf wird jedoch die tatsächliche Wärmeersparnis geringer.

Zahlenbeispiel:

Rohrdurchmesser	200/216 mm
Wärmeträger	überhitzter Dampf 350° C
Lufttemperatur	25° C
Asbestmatratze, 60 mm stark . .	Typ C

Zu bestimmen ist der Wärmeverlust des nackten und des geschützten Flansches und die tatsächliche Wärmeersparnis der Schutzhülle.

Aus Abb. 91 ergibt sich der Wärmeverlust des nackten Flansches zu $0{,}8 \cdot 2450 = 1960$ kcal/h.

Nach Zahlentafel 71 kann die Wärmeersparnis bei guter Ausführung zu 91% geschätzt werden. Der Verlust ist also

$$0{,}09 \cdot 2450 = 220 \text{ kcal/h}.$$

Die tatsächliche Wärmeersparnis wird nach Gleichung (106)

$$100 - 1{,}25 \cdot (100 - 91) = 89\%.$$

c) Sonstige zusätzliche Wärmeverluste. Für die Rohraufhängung ist auf die Leitungslänge bei Aufhängung an Ketten, dünnen Bandeisen usw. etwa ein Zuschlag von

$$10 \text{ bis } 15\%$$

notwendig. Bei starken Gleitlagern wird man den Zuschlag auf 20% erhöhen.

Für den Wärmeverlust von Ventilen und Schiebern kann als Anhaltspunkt dienen, daß nach Eberle der Wärmeverlust eines nackten

Zahlentafel 72. Wärmeverlust nackter und geschützter Ventile und Schieber. (Nach K. Hencky.)
(Ohne zugehöriges Flanschenpaar der Rohrleitung.)

Art des Wärmeschutzes[1]		Innendurchmesser des Rohres in mm	Gleichwertige Länge eines geschützten Rohres in m bei einer Rohrtemperatur von	
			100°	400°
Innenräume	nackt	100	6	16
		500	9	26
	1/4 nackt	100	2,5	5,0
	3/4 geschützt	500	3,0	7,5
	1/3 nackt	100	3,0	6,0
	2/3 geschützt	500	4,0	10,0
Im Freien	nackt	100	15	22
		500	19	32
	1/4 nackt	100	4,5	6,0
	3/4 geschützt	500	6,0	8,5
	1/3 nackt	100	6,0	8,0
	2/3 geschützt	500	7,0	11,0

Ventils gleich dem Wärmeverlust von 1 m nackter Leitung gesetzt werden kann. In den Regeln des Vereins deutscher Ingenieure sind vorstehende Werte vorgeschlagen, wobei berücksichtigt ist, daß bei gedämmten Ventilen stets Teile frei bleiben müssen (Ventilspindel, Handrad usw.).

Wasserabscheider und ähnliche größere Einbauten in einer Leitung werden wie Kessel und Behälter berechnet. Man muß aber noch gewisse Zuschläge für Armaturen, Rohrstutzen usw. machen. Bei Kesseln und Behältern gibt nebenstehende Zahlentafel 73 einen gewissen Anhaltspunkt, die für einen mittelgroßen Wärmespeicher aufgestellt ist und auch den Einfluß der Anschlußventile, der Unterstützungsglieder usw. mit einschließt[2].

Zahlentafel 73.
Zuschlag auf den Wärmeverlust von Kesseln, Behältern usw. für Nebenteile.

Wärmedurchgangszahl der eigentlichen Dämmschicht in kcal/m² h °	Zuschlag zur Ermittlung des Gesamtwärmeverlustes auf die Wärmeverluste durch die Dämmschicht bei	
	nackten Nebenteilen in %	betriebsmäßig geschützten Nebenteilen in %
0,5	130	45
1,0	65	22,5

Diese Zuschläge gelten nur für Innenräume; im Freien erfahren die Zuschläge der nackten Nebenteile schon bei mittlerem Windanfall eine Steigerung auf das Doppelte und mehr.

[1] Unter der Annahme mittlerer Schutzschichtstärken und Wärmeleitzahlen von 0,07 bei 100°, 0,09 bei 400°.

[2] Cammerer, J. S.: Richtlinien für die Vergebung von Wärmeschutzanlagen. Wärme Bd. 49 (1926) S. 751.

38. Die Wärmeersparniszahl.

Der zu Beginn der wissenschaftlichen Entwicklung des Wärmeschutzes von Eberle eingeführte Begriff der Wärmeersparniszahl, d. i. die prozentuale Ersparnis durch einen Wärmeschutz gegenüber dem nackten Zustand der Anlage, zeigt zwar anschaulich den allgemeinen Wert eines Wärmeschutzes (vgl. Zahlentafel 71, S. 203) reicht jedoch zur Kennzeichnung der Leistung eines Schutzstoffes nicht aus. Hierfür fehlt diesem Begriff die notwendige Eindeutigkeit (Einfluß der Luftbewegung), die Übersichtlichkeit in den Voraussetzungen (Einfluß von

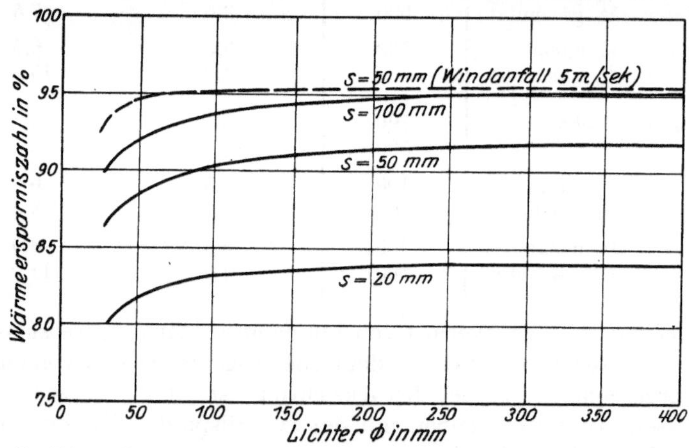

Abb. 92. Abhängigkeit der Wärmeersparniszahl von Rohrdurchmesser und Dämmstärke. (Wärmeleitzahl der Dämmschicht 0,08 kcal/m h °, Übertemperatur des Rohres 300 °C.)

Rohrdurchmesser, Temperatur usw.) und die Möglichkeit feinerer Unterscheidungen. Eine kurze Erläuterung der Zusammenhänge genügt hier deshalb: Es bezeichne

η = Wärmeersparniszahl in %,
q_n = Wärmeverlust der nackten Anlage,
q = Wärmeverlust der geschützten Anlage.

Dann ist:

$$\eta = 100 \cdot \frac{q_n - q}{q_n}. \tag{107}$$

Von wesentlichem Einfluß sind:

Krümmungsradius des zu schützenden Gegenstandes,
Temperatur der zu schützenden Anlage,
äußere Wärmeübergangsverhältnisse (Luftbewegung),
Lufttemperatur,
Stärke der Schutzschicht,
Wärmeleitzahl der Schutzschicht.

Abb. 92 zeigt die Wärmeersparniszahl in Abhängigkeit vom Rohrdurchmesser und Dämmstärke in Innenräumen. Die Abhängigkeit vom Durchmesser ist nur unterhalb 100 mm merklich. Der Einfluß der Dämmstärke ist größer. Schon 20 mm erzielen 80 bis 84%. Die gestrichelte Linie zeigt die starke Zunahme der Wärmeersparniszahl durch Windanfall im Freien, da dieser den Verlust im nichtgeschützten Zustand ungleich stärker erhöht als im geschützten.

Abb. 93 gibt den Einfluß von Wärmeleitzahl und Übertemperatur des Rohres. Die letztere Abhängigkeit wird oft übersehen, obwohl gerade sie sehr wichtig ist. So ist die Wärmeersparniszahl einer bestimmten Schutzhülle bei 100° C etwa 80% und erhöht sich bei 270° C

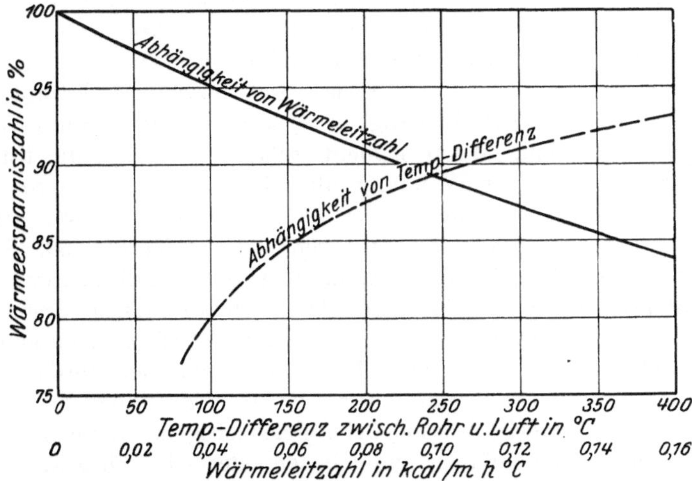

Abb. 93. Abhängigkeit der Wärmeersparniszahl von der Wärmeleitzahl (Dämmstärke 50 mm, Temperaturdifferenz 300°) und der Temperaturdifferenz (Wärmeleitzahl 0,08 kcal/m h °).

auf 90%[1], während die Verdoppelung der Dämmstärke von 50 auf 100 mm die Wärmeersparniszahl nur um 3% steigert.

Zuweilen wird nach dem „Wirkungsgrad der Wärmefortleitung" in einer Rohrleitung gefragt, also nach dem Verhältnis der am Ende der Leitung zur Verfügung stehenden Wärme zu der in die Leitung einströmenden Wärme. Je nach Leitungslänge und Rohrbelastung ist der Wirkungsgrad etwa 96 bis 99%, d. h. es gehen nur wenige Prozent der fortgeleiteten Wärme an die Umgebung verloren. Bei Fernheizwerken können die Beträge größer werden.

Aus den hohen Werten der Wärmeersparniszahl kann schon gefolgert werden, daß sich die Anlagekosten eines Wärmeschutzes gegenüber dem nackten Zustand so schnell bezahlt machen, daß **grundsätzlich nur dort, wo die ersparte Wärme keine Verwendung mehr finden kann (und wo auch die ausgestrahlte Wärme nicht stört) auf einen Wärmeschutz verzichtet werden darf.**

[1] Gerade hieraus erkennt man die Ungeeignetheit der Wärmeersparniszahl zur Kennzeichnung der Güte einer Wärmeschutzhülle, da sie sich in solchem Maße mit den Betriebsverhältnissen ändert.

Je nach Temperatur und Krümmungsradius genügen bei glatten Flächen schon 500 bis 4500 Betriebsstunden, bei Flanschen und Ventilen 2000 bis 9000 Betriebsstunden zur Abschreibung.

B. Die im Dauerzustand aufgespeicherte Wärmemenge.

39. In der Behälter- oder Rohrwandung gespeicherte Wärme.

Zur Berechnung der in einer eisernen Behälter- oder Rohrwand aufgespeicherten Wärme — Formeln S. 41 — gibt Abb. 94 ein Nomogramm. Die Temperatur der Wandung kann hierbei wie im Abschnitt 34a, S. 173, mit wenigen Ausnahmen (Gase und überhitzte Dämpfe von sehr geringen Strömungsgeschwindigkeiten) = der Temperatur des Wärmeträgers gesetzt werden. Wo dies nicht zulässig ist, kann die tatsächliche Übertemperatur der Wandung über Lufttemperatur durch Subtraktion des Korrekturgliedes A der Zahlentafel 62, S. 189, berücksichtigt werden. Bei nackten Leitungen vgl. Zahlentafel 59, S. 173.

Aus der rechten Skala des Nomogramms in Abb. 94 sind die lichten Durchmesser entsprechend den „Normalien des Vereins Deutscher Ingenieure zu Rohrleitungen mit Dampf von hoher Spannung 1912“ aufgetragen. Die Skala ist auch mit den Werten für das Rohrgewicht versehen, um das Nomogramm auch für anders dimensionierte Rohre verwendbar zu machen. Die Skala des Rohrgewichts ermöglicht gleichzeitig die Berechnung der Speicherwärme je 1 m² Fläche von ebenen oder schwach gekrümmten Wandungen, wenn man das Gewicht aus folgender Tabelle entnimmt:

Zahlentafel 74. Gewicht eiserner Behälterwandungen.

Wandstärke in mm	Gewicht in kg/m²	Wandstärke in mm	Gewicht in kg/m²	Wandstärke in mm	Gewicht in kg/m²	Wandstärke in mm	Gewicht in kg/m²
1	7,9	6	47,1	12	94	22	173
2	15,7	7	54,9	14	110	24	188
3	23,6	8	62,8	16	126	26	204
4	31,4	9	70,6	18	141	28	220
5	39,3	10	78,5	20	157	30	236

Die Benutzung des Nomogramms erfolgt in der Weise, daß man den in Frage kommenden Punkt der Skala des Rohrdurchmessers bzw. des Wandungsgewichts mit dem betreffenden Punkt der Skala der Temperaturen verbindet und an der mittleren Skala den gesuchten Wert der aufgespeicherten Wärme abliest.

Als Beispiel ist eingezeichnet:

lichter Rohrdurchmesser . . . . 150 mm
Rohrtemperatur . . . . 350° C
Lufttemperatur . . . . 25° C (Kesselhaus).

Also Übertemperatur des Rohres 325° C. Damit ergibt sich:

$$w_w = 710 \text{ kcal/m}.$$

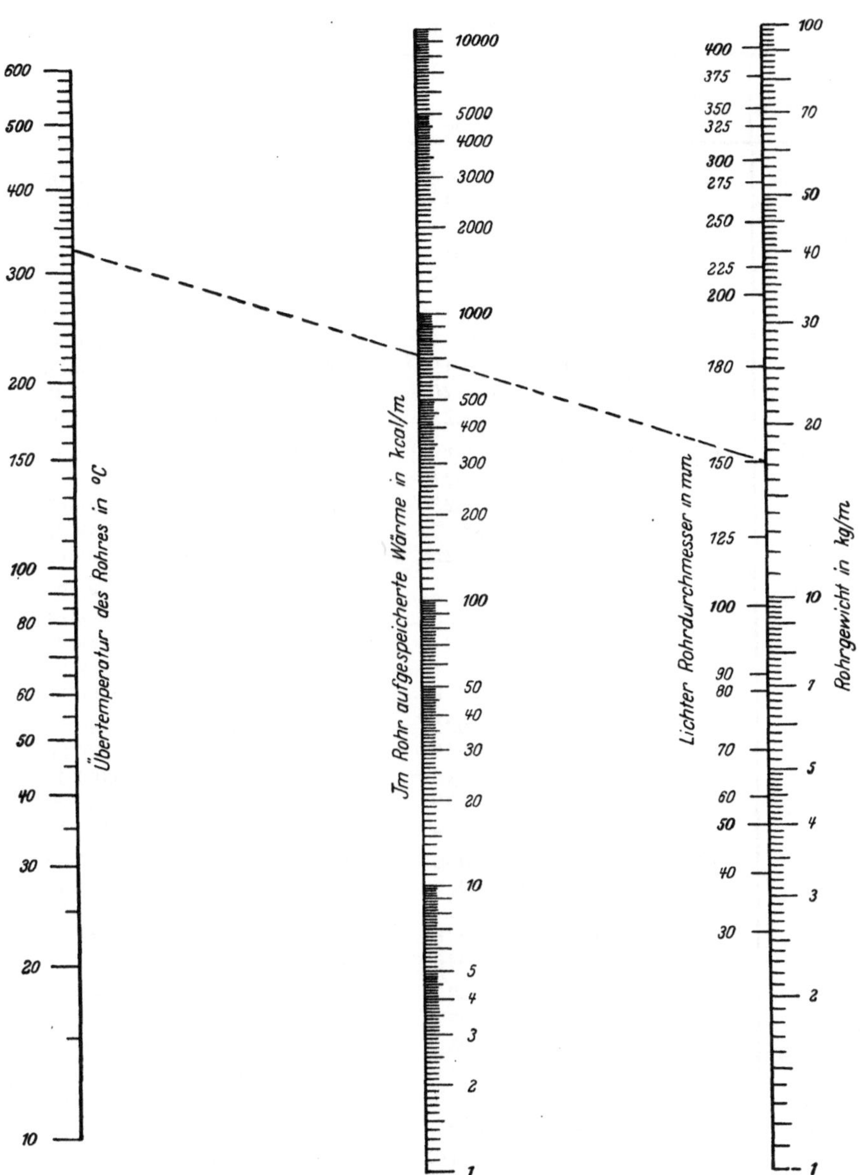

Abb. 94. In eisernen Wandungen gespeicherte Wärme.

40. In einer Wärmeschutzschicht gespeicherte Wärme.

Zur bequemen Auswertung der ziemlich umständlichen Gleichung (64) auf S. 42 für die in einer Dämmschicht gespeicherte Wärme wird wieder die Darstellung in Zahlentafeln gewählt.

Zahlentafel 75. Grundtafel der Einheits-

Rohr-bezeichnung	Rohr-durchmesser in mm	Wärme-leitzahl in kcal/m h °	In 1 m Dämmschicht auf gespeicherte Wärme, bezogen auf Dämmstärke			
			20	30	40	50
25	25/32	0,03	0,00141	0,00221	0,00309	0,00405
		0,06	0,00155	0,00240	0,00332	0,00433
		0,09	0,00166	0,00257	0,00354	0,00459
		0,12	0,00175	0,00269	0,00372	0,00484
		0,15	0,00184	0,00281	0,00387	0,00504
30	32/38	0,03	0,00163	0,00251	0,00350	0,00459
		0,06	0,00178	0,00273	0,00376	0,00490
		0,09	0,00191	0,00291	0,00400	0,00516
		0,12	0,00201	0,00306	0,04418	0,00542
		0,15	0,00210	0,00319	0,00436	0,00564
40	41,5/47,5	0,03	0,00197	0,00302	0,00418	0,00541
		0,06	0,00215	0,00326	0,00447	0,00577
		0,09	0,00230	0,00348	0,00474	0,00607
		0,12	0,00242	0,00365	0,00495	0,00636
		0,15	0,00253	0,00381	0,00516	0,00662
50	50/57	0,03	0,00232	0,00352	0,00483	0,00620
		0,06	0,00255	0,00380	0,00518	0,00664
		0,09	0,00272	0,00406	0,00549	0,00697
		0,12	0,00285	0,00425	0,00573	0,00730
		0,15	0,00297	0,00443	0,00596	0,00758
60	57,5/63,5	0,03	0,00250	0,00389	0,00525	0,00674
		0,06	0,00274	0,00419	0,00565	0,00720
		0,09	0,00292	0,00446	0,00598	0,00755
		0,12	0,00307	0,00467	0,00623	0,00790
		0,15	0,00320	0,00486	0,00647	0,00818
70	70/76	0,03	0,00301	0,00451	0,00613	0,00782
		0,06	0,00328	0,00485	0,00656	0,00833
		0,09	0,00348	0,00515	0,00692	0,00871
		0,12	0,00364	0,00539	0,00719	0,00908
		0,15	0,00380	0,00561	0,00746	0,00941
80	80/89	0,03	0,00343	0,00520	0,00700	0,00890
		0,06	0,00376	0,00560	0,00747	0,00944
		0,09	0,00399	0,00592	0,00786	0,00992
		0,12	0,00417	0,00618	0,00820	0,0103
		0,15	0,00434	0,00643	0,00852	0,0107
90	88,5/95	0,03	0,00370	0,00551	0,00742	0,00943
		0,06	0,00403	0,00592	0,00791	0,0100
		0,09	0,00428	0,00626	0,00831	0,0105
		0,12	0,00447	0,00654	0,00867	0,0109
		0,15	0,00466	0,00681	0,00900	0,0113
100	100/108	0,03	0,00401	0,00616	0,00826	0,0105
		0,06	0,00438	0,00662	0,00883	0,0111
		0,09	0,00463	0,00698	0,00926	0,0116
		0,12	0,00485	0,00729	0,00964	0,0121
		0,15	0,00504	0,00759	0,0100	0,0125

speicherwärme in kcal/m (berechnet von K. Spatz).

die Einheit des Raumgewichts, der spezifischen Wärme und der Temperaturdifferenz bei einer in mm von

60	70	80	90	100	125	150
0,00514	0,00628	0,00747	0,00877	0,0102		
0,00546	0,00662	0,00790	0,00922	0,0107		
0,00574	0,00694	0,00826	0,00962	0,0112		
0,00602	0,00723	0,00864	0,0100	0,0117		
0,00628	0,00752	0,00894	0,0104	0,0121		
0,00574	0,00699	0,00824	0,00978	0,0113		
0,00610	0,00738	0,00868	0,0103	0,0118		
0,00642	0,00772	0,00912	0,0107	0,0123		
0,00672	0,00806	0,00950	0,0111	0,0128		
0,00698	0,00840	0,00983	0,0115	0,0132		
0,00673	0,00814	0,00961	0,0113	0,0129		
0,00715	0,00860	0,0101	0,0118	0,0135		
0,00750	0,00896	0,0105	0,0122	0,0141		
0,00782	0,00932	0,0109	0,0126	0,0146		
0,00810	0,00968	0,0113	0,0130	0,0150		
0,00772	0,00928	0,0109	0,0127	0,0145		
0,00816	0,00976	0,0114	0,0132	0,0151		
0,00854	0,0102	0,0119	0,0137	0,0157		
0,00890	0,0106	0,0124	0,0141	0,0162		
0,00920	0,0109	0,0127	0,0145	0,0167		
0,00834	0,0100	0,0118	0,0136	0,0156		
0,00884	0,0106	0,0124	0,0142	0,0163		
0,00923	0,0110	0,0129	0,0147	0,0169		
0,00961	0,0114	0,0134	0,0152	0,0174		
0,00993	0,0118	0,0138	0,0157	0,0179		
0,00964	0,0115	0,0135	0,0154	0,0177		
0,0102	0,0121	0,0141	0,0161	0,0184		
0,0106	0,0126	0,0146	0,0167	0,0190		
0,0100	0,0131	0,0151	0,0173	0,0196		
0,0114	0,0135	0,0156	0,0178	0,0202		
0,0109	0,0130	0,0152	0,0173	0,0198		
0,0115	0,0136	0,0159	0,0181	0,0206		
0,0120	0,0142	0,0165	0,0189	0,0214		
0,0124	0,0147	0,0171	0,0195	0,0220		
0,0128	0,0152	0,0176	0,0200	0,0226		
0,0115	0,0137	0,0160	0,0182	0,0208		
0,0122	0,0144	0,0168	0,0191	0,0219		
0,0127	0,0150	0,0175	0,0199	0,0227		
0,0132	0,0155	0,0180	0,0205	0,0233		
0,0136	0,0160	0,0185	0,0210	0,0238		
0,0128	0,0153	0,0177	0,0201	0,0229	0,0301	0,0378
0,0135	0,0160	0,0185	0,0210	0,0238	0,0311	0,0388
0,0141	0,0166	0,0192	0,0219	0,0247	0,0320	0,0398
0,0146	0,0172	0,0199	0,0227	0,0256	0,0329	0,0408
0,0151	0,0177	0,0205	0,0232	0,0262	0,0338	0,0417

Zahlentafel 75.

Rohr-bezeichnung	Rohr-durchmesser in mm	Wärme-leitzahl in kcal/m h °	In 1 m Dämmschicht aufgespeicherte Wärme, bezogen auf Dämmstärke			
			20	30	40	50
120	119/127	0,03	0,00464	0,00690	0,00916	0,0116
		0,06	0,00505	0,00742	0,00975	0,0123
		0,09	0,00533	0,00780	0,0103	0,0128
		0,12	0,00558	0,00812	0,0107	0,0133
		0,15	0,00580	0,00844	0,0111	0,0138
125	125/133	0,03	0,00504	0,00751	0,0100	0,0126
		0,06	0,00548	0,00807	0,0106	0,0133
		0,09	0,00580	0,00850	0,0111	0,0139
		0,12	0,00606	0,00885	0,0116	0,0145
		0,15	0,00630	0,00919	0,0120	0,0150
130	131/140	0,03			0,0105	0,0135
		0,06			0,0111	0,0143
		0,09			0,0116	0,0148
		0,12			0,0121	0,0153
		0,15			0,0126	0,0158
150	150/159	0,03			0,0117	0,0147
		0,06			0,0125	0,0155
		0,09			0,0131	0,0162
		0,12			0,0136	0,0168
		0,15			0,0141	0,0174
160	162/171	0,03			0,0125	0,0157
		0,06			0,0133	0,0166
		0,09			0,0139	0,0173
		0,12			0,0145	0,0180
		0,15			0,0151	0,0186
180	175/191	0,03			0,0138	0,0175
		0,06			0,0146	0,0184
		0,09			0,0153	0,0192
		0,12			0,0159	0,0199
		0,15			0,0165	0,0206
200	200/216	0,03			0,0156	0,0197
		0,06			0,0165	0,0207
		0,09			0,0173	0,0215
		0,12			0,0180	0,0223
		0,15			0,0187	0,0230
225	225/241	0,03			0,0173	0,0215
		0,06			0,0183	0,0226
		0,09			0,0191	0,0235
		0,12			0,0199	0,0244
		0,15			0,0206	0,0252
250	250/267	0,03			0,0191	0,0236
		0,06			0,0202	0,0248
		0,09			0,0211	0,0258
		0,12			0,0220	0,0268
		0,15			0,0028	0,0277

(Fortsetzung.)

die Einheit des Raumgewichts, der spezifischen Wärme und der Temperaturdifferenz bei einer in mm von

60	70	80	90	100	125	150
0,0141	0,0168	0,0194	0,0220	0,0249	0,0325	0,0410
0,0149	0,0176	0,0203	0,0230	0,0260	0,0337	0,0422
0,0155	0,0183	0,0211	0,0239	0,0269	0,0347	0,0432
0,0160	0,0189	0,0218	0,0247	0,0278	0,0356	0,0443
0,0165	0,0194	0,0224	0,0253	0,0285	0,0365	0,0452
0,0152	0,0181	0,0210	0,0238	0,0269	0,0350	0,0439
0,0161	0,0190	0,0219	0,0248	0,0280	0,0362	0,0451
0,0168	0,0197	0,0227	0,0257	0,0290	0,0372	0,0462
0,0173	0,0204	0,0234	0,0265	0,0299	0,0382	0,0472
0,0178	0,0209	0,0241	0,0272	0,0306	0,0392	0,0482
0,0160	0,0187	0,0220	0,0249	0,0280	0,0365	0,0457
0,0169	0,0198	0,0231	0,0260	0,0292	0,0377	0,0469
0,0176	0,0206	0,0239	0,0270	0,0302	0,0388	0,0480
0,0182	0,0213	0,0246	0,0278	0,0312	0,0398	0,0491
0,0187	0,0219	0,0252	0,0285	0,0319	0,0408	0,0502
0,0178	0,0208	0,0244	0,0277	0,0311	0,0399	0,0502
0,0188	0,0218	0,0255	0,0289	0,0323	0,0413	0,0516
0,0195	0,0236	0,0264	0,0300	0,0334	0,0424	0,0528
0,0202	0,0243	0,0272	0,0308	0,0343	0,0435	0,0540
0,0208	0,0250	0,0279	0,0316	0,0352	0,0445	0,0551
0,0190	0,0224	0,0258	0,0294	0,0330	0,0429	0,0532
0,0200	0,0235	0,0270	0,0306	0,0343	0,0443	0,0546
0,0208	0,0243	0,0279	0,0317	0,0354	0,0454	0,0559
0,0215	0,0251	0,0288	0,0326	0,0365	0,0465	0,0572
0,0222	0,0258	0,0296	0,0335	0,0375	0,0476	0,0583
0,0210	0,0257	0,0287	0,0322	0,0364	0,0471	0,0584
0,0220	0,0268	0,0299	0,0336	0,0378	0,0485	0,0599
0,0229	0,0277	0,0309	0,0348	0,0390	0,0497	0,0612
0,0237	0,0285	0,0319	0,0358	0,0401	0,0509	0,0625
0,0244	0,0293	0,0327	0,0367	0,0412	0,0520	0,0638
0,0236	0,0277	0,0319	0,0363	0,0406	0,0521	0,0641
0,0248	0,0290	0,0332	0,0376	0,0421	0,0538	0,0659
0,0257	0,0300	0,0343	0,0388	0,0433	0,0551	0,0675
0,0266	0,0309	0,0354	0,0399	0,0445	0,0563	0,0690
0,0273	0,0318	0,0364	0,0409	0,0457	0,0575	0,0702
0,0261	0,0307	0,0352	0,0396	0,0446	0,0570	0,0700
0,0274	0,0321	0,0366	0,0413	0,0463	0,0588	0,0718
0,0284	0,0331	0,0378	0,0426	0,0476	0,0601	0,0735
0,0293	0,0341	0,0390	0,0438	0,0488	0,0614	0,0752
0,0301	0,0350	0,0401	0,0449	0,0500	0,0626	0,0764
0,0285	0,0335	0,0385	0,0436	0,0487	0,0615	0,0761
0,0299	0,0350	0,0401	0,0453	0,0504	0,0635	0,0781
0,0310	0,0362	0,0414	0,0468	0,0520	0,0651	0,0799
0,0320	0,0373	0,0427	0,0480	0,0534	0,0665	0,0817
0,0329	0,0383	0,0438	0,0492	0,0547	0,0679	0,0832

Zahlentafel 75.

Rohrbezeichnung	Rohrdurchmesser in mm	Wärmeleitzahl in kcal/m h °	In 1 m Dämmschicht aufgespeicherte Wärme, bezogen auf Dämmstärke			
			20	30	40	50
275	275/292	0,03			0,0209	0,0261
		0,06			0,0221	0,0274
		0,09			0,0230	0,0285
		0,12			0,0239	0,0296
		0,15			0,0248	0,0305
300	300/318	0,03			0,0233	0,0279
		0,06			0,0236	0,0294
		0,09			0,0248	0,0305
		0,12			0,0257	0,0316
		0,15			0,0266	0,0326
325	325/343	0,03			0,0247	0,0301
		0,06			0,0260	0,0317
		0,09			0,0272	0,0329
		0,12			0,0282	0,0341
		0,15			0,0291	0,0352
350	350/368	0,03			0,0264	0,0321
		0,06			0,0278	0,0337
		0,09			0,0290	0,0350
		0,12			0,0301	0,0362
		0,15			0,0311	0,0373
375	375/394	0,03			0,0277	0,0347
		0,06			0,0293	0,0364
		0,09			0,0305	0,0379
		0,12			0,0317	0,0392
		0,15			0,0328	0,0403
400	400/419	0,03			0,0293	0,0366
		0,06			0,0310	0,0384
		0,09			0,0323	0,0400
		0,12			0,0336	0,0414
		0,15			0,0347	0,0426

Zahlentafel 75 gibt zunächst den großen Klammerausdruck der Gleichung (64) für verschiedene Durchmesser, Dämmstärken, sowie für fünf verschiedene Wärmeleitzahlen, je 1° C Übertemperatur der Rohr- bzw. Behälterwandung über Lufttemperatur berechnet bei 200° C Übertemperatur. Er sei mit „Einheitsspeicherwärme“ bezeichnet und ist mit dem wirklichen Temperaturunterschied und mit einem Temperaturfaktor zu multiplizieren, der berücksichtigt, daß die gespeicherte Wärme nicht genau proportional der Temperaturdifferenz ist. Der Faktor, der selbstverständlich nichts mit dem Temperaturfaktor der Zahlentafel 60 III für die Berechnung des Wärmeverlustes zu tun hat, ist aus Zahlentafel 76 zu entnehmen, kann aber bei der Unsicherheit, mit der die spezifische Wärme meist gegeben ist, fast stets vernachlässigt werden.

(Fortsetzung.)

die Einheit des Raumgewichts, der spezifischen Wärme und der Temperaturdifferenz bei einer in mm von						
60	70	80	90	100	125	150
0,0310	0,0364	0,0419	0,0474	0,0530	0,0674	0,0826
0,0325	0,0381	0,0436	0,0492	0,0548	0,0694	0,0846
0,0337	0,0393	0,0451	0,0508	0,0564	0,0710	0,0866
0,0348	0,0405	0,0464	0,0522	0,0579	0,0726	0,0885
0,0357	0,0416	0,0475	0,0534	0,0593	0,0742	0,0902
0,0335	0,0394	0,0452	0,0511	0,0569	0,0728	0,0887
0,0351	0,0412	0,0471	0,0530	0,0588	0,0750	0,0909
0,0364	0,0425	0,0486	0,0547	0,0606	0,0767	0,0929
0,0376	0,0437	0,0500	0,0561	0,0621	0,0782	0,0948
0,0386	0,0449	0,0513	0,0574	0,0636	0,0799	0,0966
0,0362	0,0422	0,0488	0,0549	0,0616	0,0780	0,0948
0,0379	0,0441	0,0507	0,0568	0,0635	0,0802	0,0970
0,0392	0,0455	0,0525	0,0587	0,0654	0,0820	0,0990
0,0405	0,0468	0,0540	0,0602	0,0669	0,0838	0,101
0,0417	0,0480	0,0554	0,0616	0,0684	0,0854	0,103
0,0389	0,0453	0,0514	0,0585	0,0660	0,0836	0,102
0,0406	0,0474	0,0536	0,0607	0,0682	0,0859	0,104
0,0421	0,0492	0,0554	0,0627	0,0702	0,0879	0,106
0,0434	0,0506	0,0570	0,0643	0,0718	0,0897	0,108
0,0445	0,0519	0,0584	0,0658	0,0734	0,0913	0,110
0,0425	0,0481	0,0552	0,0624	0,0700	0,0885	0,107
0,0443	0,0503	0,0576	0,0648	0,0724	0,0909	0,110
0,0459	0,0521	0,0596	0,0670	0,0746	0,0931	0,112
0,0473	0,0535	0,0612	0,0686	0,0763	0,0950	0,114
0,0484	0,0549	0,0627	0,0702	0,0780	0,0968	0,116
0,0438	0,0506	0,0582	0,0656	0,0738	0,0934	0,113
0,0458	0,0530	0,0606	0,0681	0,0763	0,0960	0,116
0,0475	0,0549	0,0627	0,0704	0,0786	0,0980	0,119
0,0490	0,0564	0,0645	0,0722	0,0805	0,100	0,121
0,0502	0,0578	0,0662	0,0739	0,0823	0,102	0,123

Seine Abhängigkeit vom Rohrdurchmesser, auf die in Zahlentafel 76 nicht eingegangen ist, beträgt nur etwa 1%.

Die Berechnung der aufgespeicherten Wärme wird also auf die Formel gebracht:

$$w = R \cdot c \cdot \text{Einheitsspeicherwärme} \cdot \text{Temperaturfaktor} \cdot (t_1 - t_2). \qquad (108)$$

Folgendes Zahlenbeispiel möge den Gebrauch der Tafeln erläutern:

Zahlenbeispiel. Rohrtemperatur . . . . 350° C
Lufttemperatur . . . . 25° C
Rohrdurchmesser . . . . 150/159 mm
Dämmstärke . . . . 80 mm
Wärmeleitzahl der Wärmeschutzschicht . 0,1 kcal/m h°
Raumgewicht der Wärmeschutzschicht . 450 kg/m³
Spezifische Wärme der Schutzschicht . . 0,21 kcal/kg°.

Zahlentafel 76. Temperaturfaktor für die aufgespeicherte Wärme.

Temperatur-unterschied in °C	Wärmeleitzahl in kcal/m h °C	Dämmstärke in mm			
		20	50	100	150
50	0,03	1,01	1,01	1,0	1,0
	0,06	1,02	1,01	1,01	1,0
	0,09	1,03	1,02	1,01	1,01
	0,12	1,04	1,02	1,01	1,01
	0,15	1,05	1,02	1,01	1,01
100	0,03	1,01	1,01	1,0	1,0
	0,06	1,01	1,01	1,0	1,0
	0,09	1,02	1,01	1,0	1,0
	0,12	1,03	1,01	1,01	1,0
	0,15	1,04	1,02	1,01	1,01
200	0,03 bis 0,15	1,0	1,0	1,0	1,0
400	0,03	1,0	1,0	1,0	1,0
	0,06	0,98	0,99	1,0	1,0
	0,09	0,97	0,99	1,0	1,0
	0,12	0,97	0,98	0,99	0,99
	0,15	0,97	0,98	0,99	0,99

Dann ergibt sich aus der Zahlentafel 75

$$\text{Einheitsspeicherwärme} = 0{,}0267;$$

aus Zahlentafel 76

$$\text{Temperaturfaktor} = 1{,}0$$

und damit wird die gespeicherte Wärme:

$$w = 450 \cdot 0{,}21 \cdot 0{,}0267 \cdot (350 - 25),$$
$$w = 825 \text{ kcal/m}.$$

Im Zahlenbeispiel S. 208 war für die gleichen Verhältnisse gefunden worden:

$$w_w = 710 \text{ kcal/m},$$

so daß insgesamt in der Leitung gespeichert sind:

$$w_w + w = 710 + 825 = 1535 \text{ kcal/m}.$$

C. Die Wärmeverluste einer Rohrleitung bei unterbrochener Betriebsweise.

41. Der Wärmeverlust beim Anheizen.

Der Wärmeverlust einer Leitung an die Umgebung während ihrer Betriebszeit, also gerechnet vom Öffnen bis zum Schließen des Ventils errechnet sich nach den Ausführungen auf S. 35 aus dem Wärmeverlust des Dauerzustandes der Wärmeströmung (Zahlentafel 60) nach der Gleichung:

$$Q_B = (z_B - z_0) \cdot q + z_0 \cdot q_0. \tag{109}$$

Darin ist:

Q_B = Wärmeverlust während der gesamten Betriebszeit der Leitung in kcal/m,

q = Wärmeverlust im Dauerzustand in kcal/mh,

q_0 = Wärmeverlust an die Umgebung am Ende einer nicht vollständigen vorhergehenden Auskühlung in kcal/mh,

z_0 = „rechnerische“ Anwärmezeit der Leitung in h,

z_B = Gesamtbetriebszeit, während der die Leitung unter Druck steht, in h.

Sowohl die Messungen von Cammerer wie die Berechnungen von Scholz ergaben, daß z_0 als unabhängig vom Rohrdurchmesser angesehen werden kann. Dagegen ist die Dicke und Art der Dämmschicht zu berücksichtigen. Dies geschieht bequemer nach der von W. Dürhammer[1] berechneten Zahlentafel 77 als nach dem von E. Scholz selbst gezeichneten Schaubild. Zahlenbeispiel vgl. S. 222.

Zahlentafel 77. Rechnungsmäßige Anheizzeit z_0 gedämmter Leitungen und Behälter. (Nach E. Scholz berechnet von W. Dürhammer.)

Wärmeleitzahl der Dämmschicht in kcal/m h °	Raumgewicht der Dämmschicht in kg/m³	Anheizzeit z_0 bei einer Dämmstärke in mm von			
		20	50	80	120
Organische Stoffe (spezifische Wärme = 0,45 kcal/kg° C)					
0,03	80	0,10	0,5	1,3	2,7
0,04	200	0,19	1,0	2,4	5,3
0,06	500	0,35	1,8	4,2	9,2
Anorganische Stoffe (spezifische Wärme = 0,21 kcal/kg° C)					
0,05	100	0,04	0,2	0,5	1,0
—	200	0,08	0,4	0,9	2,0
—	300	0,11	0,6	1,5	3,0
0,075	300	0,08	0,4	1,0	2,1
—	500	0,14	0,7	1,7	3,6
—	700	0,19	1,0	2,3	5,0
0,100	500	0,11	0,6	1,3	2,8
—	800	0,17	0,9	2,1	4,5

Die beim Beginn der Anheizung nach unvollständiger Auskühlung schon vorhandenen Wärmeverluste an die Umgebung q_0 finden sich nach Formel (57), S. 36, die sich einfacher wie folgt schreibt, wenn man den restlichen Temperaturunterschied zwischen Rohr und Außenluft am Schluß einer Betriebsunterbrechung in Bruchteilen des Betriebsunterschiedes mit p bezeichnet:

$$q_0 = p \cdot q. \tag{57a}$$

Die Zahlenwerte für p sind in Zahlentafel 78 des folgenden Abschnittes berechnet, da sie vor allem für die Ermittlung der Auskühlungsverluste in den Betriebspausen benötigt werden.

[1] Dürhammer, W.: Die Berechnung der Anwärmeverluste von Rohrleitungen. Wärme- u. Kältetechn. Bd. 38 (1936) Heft 1.

42. Die Auskühlungsverluste in den Betriebspausen.

Das auf S. 32 erwähnte Tafelwerk von Esser, auf das bei möglichst genauen Rechnungen zurückgegriffen werden muß, ist insofern umständlich im Gebrauch, als es trotz des großen Umfangs nur für verhältnismäßig wenig Rohrdurchmesser aufgestellt werden konnte und die gleichzeitige Interpolation nach dem Produkt von Raumgewicht und spezifischer Wärme der Wärmeschutzschicht den Überblick erschwert. Zahlentafel 78, die auf den Esserschen Zahlen aufgebaut ist, und den im vorigen Abschnitt erwähnten Resttemperaturunterschied p am

Zahlen-

Resttemperaturunterschied p zwischen Rohr und Luft nach der

Auskühlzeit in Stunden	λ Wärme-leitzahl in kcal/m h °	Rohr-							
		32/38				82,5/89			
		bei einer Dämm-							
		20	40	60	80	40	60	80	100
									Wärme-
8	0,050	—	—	0,02	0,08	0,04	0,10	0,18	0,27
	0,075	—	—	0,07	0,13	0,04	0,12	0,21	0,30
	0,100	—	—	0,06	0,12	0,03	0,10	0,20	0,29
	0,125	—	—	0,06	0,11	0,02	0,09	0,18	0,28
	0,150	—	—	0,05	0,11	0,02	0,08	0,15	0,25
16	0,050	—	—	—	0,01	—	—	0,02	0,05
	0,075	—	—	—	0,02	—	—	0,05	0,09
	0,100	—	—	—	0,02	—	—	0,04	0,10
	0,125	—	—	—	0,02	—	—	0,03	0,08
	0,150	—	—	—	0,01	—	—	0,01	0,05
24	0,050	—	—	—	—	—	—	—	0,01
	0,075	—	—	—	—	—	—	0,01	0,03
	0,100	—	—	—	—	—	—	0,02	0,03
	0,125	—	—	—	—	—	—	0,01	0,02
	0,150	—	—	—	—	—	—	—	—
									Gebranntes
8	0,075	—	—	—	0,02	0,01	0,04	0,08	0,15
	0,100	—	—	0,03	0,08	0,02	0,07	0,15	0,24
	0,125	—	—	0,04	0,10	0,02	0,07	0,15	0,24
	0,150	—	—	0,04	0,12	0,01	0,07	0,14	0,23
16	0,075	—	—	—	—	—	—	—	0,02
	0,100	—	—	—	0,01	—	—	0,02	0,06
	0,125	—	—	—	0,02	—	—	0,03	0,06
	0,150	—	—	—	0,01	—	—	0,02	0,05
24	0,075	—	—	—	—	—	—	—	0,01
	0,100	—	—	—	—	—	—	—	0,02
	0,125	—	—	—	—	—	—	—	0,01
	0,150	—	—	—	—	—	—	—	—

Schluß einer Auskühlzeit enthält, vereinfacht die Entnahme der Zahlen dadurch, daß sie für die Wärmeschutzhülle die durchschnittliche Abhängigkeit der Wärmeleitzahl vom Raumgewicht einführt, so daß es genügt, die Zahlentafel nach der Wärmeleitzahl allein zu unterteilen. Allerdings ist der Zusammenhang zwischen Wärmeleitzahl und Raumgewicht nicht bei allen Wärmeschutzstoffen gleich, doch genügt eine Unterteilung nach zwei Hauptgruppen: den porös gebrannten Kieselgursteinen und den Kieselgurwärmeschutzmassen. Denn für die häufigsten sonst gebräuchlichen Wärmeschutzstoffe: pulverförmige Stoffe, Schlackenwolle und Glaswolle kann man die gleichen Werte wie für die

tafel 78.
Auskühlung in Bruchteilen des Unterschieds im Betriebszustande.

durchmesser in mm														
150/159					253/367					402/420				
stärke in mm von														
40	60	80	100	125	40	60	80	100	125	40	60	80	100	125
schutzmassen														
0,13	0,21	0,31	0,40	0,48	0,25	0,38	0,48	0,55	0,63	0,36	0,49	0,58	0,64	0,71
0,08	0,20	0,31	0,42	0,51	0,22	0,31	0,43	0,52	0,62	0,27	0,43	0,53	0,60	0,68
0,06	0,16	0,28	0,38	0,49	0,14	0,27	0,39	0,48	0,58	0,21	0,36	0,47	0,55	0,64
0,05	0,14	0,26	0,35	0,47	0,12	0,25	0,35	0,45	0,55	0,17	0,32	0,43	0,52	0,62
0,03	0,13	0,24	0,34	0,45	0,09	0,21	0,33	0,43	0,53	0,16	0,30	0,40	0,49	0,59
0,02	0,05	0,10	0,16	0,24	0,05	0,15	0,23	0,30	0,38	0,13	0,25	0,34	0,42	0,49
0,01	0,04	0,11	0,17	0,26	0,04	0,10	0,19	0,28	0,38	0,07	0,18	0,28	0,36	0,46
—	0,02	0,08	0,13	0,23	0,02	0,08	0,15	0,24	0,33	0,04	0,13	0,22	0,31	0,41
—	0,02	0,07	0,12	0,21	0,01	0,06	0,13	0,21	0,30	0,03	0,10	0,19	0,28	0,37
—	0,01	0,05	0,11	0,20	—	0,04	0,11	0,19	0,27	0,02	0,09	0,16	0,25	0,34
—	—	0,03	0,05	0,09	0,02	0,06	0,11	0,16	0,23	0,05	0,12	0,19	0,26	0,34
—	—	0,04	0,07	0,13	0,01	0,04	0,09	0,15	0,22	0,02	0,08	0,15	0,22	0,30
—	—	0,03	0,06	0,12	—	0,03	0,06	0,12	0,19	—	0,05	0,10	0,17	0,25
—	—	0,02	0,05	0,10	—	0,02	0,04	0,10	0,16	—	0,04	0,08	0,14	0,23
—	—	0,01	0,04	0,09	—	—	0,03	0,08	0,14	—	0,03	0,06	0,11	0,20
Kieselgurmaterial														
0,05	0,12	0,20	0,28	0,36	0,18	0,25	0,35	0,43	0,51	0,24	0,37	0,47	0,53	0,60
0,04	0,13	0,24	0,33	0,44	0,14	0,24	0,35	0,44	0,54	0,19	0,34	0,45	0,52	0,61
0,04	0,13	0,24	0,33	0,44	0,11	0,22	0,33	0,42	0,53	0,17	0,30	0,42	0,50	0,60
0,03	0,12	0,23	0,32	0,43	0,08	0,19	0,32	0,41	0,51	0,16	0,29	0,39	0,48	0,58
—	0,01	0,05	0,08	0,12	0,03	0,06	0,13	0,19	0,26	0,06	0,13	0,22	0,28	0,42
—	0,02	0,08	0,11	0,19	0,02	0,06	0,12	0,20	0,29	0,03	0,11	0,20	0,27	0,37
—	0,02	0,06	0,10	0,18	0,01	0,05	0,11	0,19	0,29	0,02	0,09	0,18	0,26	0,35
—	0,01	0,05	0,10	0,18	—	0,03	0,10	0,17	0,26	0,01	0,08	0,16	0,24	0,33
—	—	0,01	0,01	0,03	—	—	0,05	0,08	0,13	0,02	0,05	0,10	0,15	0,21
—	—	0,01	0,04	0,08	—	—	0,05	0,09	0,15	—	0,04	0,08	0,15	0,22
—	—	0,02	0,05	0,08	—	—	0,04	0,08	0,14	—	0,03	0,06	0,12	0,21
—	—	0,01	0,03	0,08	—	—	0,03	0,07	0,13	—	0,02	0,03	0,10	0,19

Kieselgurwärmeschutzmassen ansetzen. Die spezifische Wärme kann für alle anorganischen Stoffe gleich angenommen werden (s. S. 137).

Wärmeleitzahl in kcal/m h °	Raumgewicht in kg/m³
Kieselgur-Wärmeschutzmassen, Pulver, Glaswolle, Schlackenwolle	
0,050	240
0,075	505
0,100	645
0,125	760
0,150	860
Gebrannte Kieselgursteine	
0,075	265
0,100	530
0,125	680
0,150	800

In Zahlentafel 78 ist der Zusammenhang zwischen Wärmeleitzahl und Raumgewicht mit nebenstehenden Werten zugrunde gelegt.

Neben der reinen Rechengenauigkeit der Zahlentafel 78 (gegenüber dem Tafelwerk von Esser $\pm 3\%$) ist in der Annahme der vorstehenden Zahlenwerte natürlich insofern eine gewisse Unsicherheit begründet, als im einzelnen Fall der Wärmeleitzahl ein etwas anderes Raumgewicht zugeordnet sein kann. Das gilt vor allem bei Vollkorn-Wärmeschutzmassen z. B. aus Gichtstaub. Aus diesem Grunde hätte es auch keinen Sinn, die Verschiebung zwischen Wärmeleitzahl und Raumgewicht durch die Temperaturabhängigkeit der ersteren (obige Werte gelten für 100°) berücksichtigen zu wollen. Innerhalb der für Dämpfe und Heißgase in Betracht kommenden Verhältnisse sind diese Fehlermöglichkeiten aber ohne praktische Bedeutung. Für Heißwasser gilt Zahlentafel 78 nicht, hier spielen jedoch die Anheiz- und Auskühlverluste meist keine sehr große wirtschaftliche Rolle. Man kann sich gegebenenfalls mit den beiden Grenzfällen der Berechnung behelfen, indem man bei nicht allzu langen Betriebsunterbrechungen mit dem zeitlichen Temperaturmittelwert nach den Formeln für den Dauerzustand rechnet bzw. bei sehr langen Unterbrechungen als Auskühlverlust die ganze Speicherwärme des Wassers, des Rohres und der Wärmeschutzhülle ansetzt. Organische Dämmstoffe, z. B. Korkschalen, sind in Zahlentafel 78 nicht berücksichtigt worden, weil diese nach Temperaturbereich und Betriebsart (Heizbetrieb) nur für Verhältnisse in Frage kommen, die eine genaue Berechnung der unterbrochenen Betriebsweise wohl nie nötig machen.

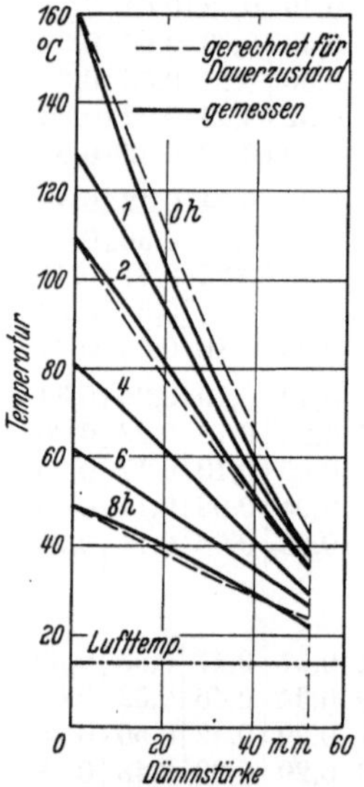

Abb. 95. Temperaturverteilung in der Wärmeschutzschicht eines Rohres beim Auskühlen.

Zur Berechnng des Auskühlverlustes ist die im Rohr und in der Wärmeschutzhülle im Betrieb gespeicherte Wärme nötig, die mit Hilfe der Rechentafeln des Abschnitts 39 und 40 zu finden sind.

Sei wieder:

w_r = Betriebsspeicherwärme des Rohres in kcal/m,

w = Betriebsspeicherwärme der Wärmeschutzhülle in kcal/m,

p = verbleibender Temperaturunterschied zwischen Rohr und Luft am Ende einer Betriebsunterbrechung in Bruchteilen des Betriebswertes,

so ist der Auskühlverlust Q_a in einer Betriebsunterbrechung

$$Q_a = (w_r + w) \cdot (1 - p). \tag{110}$$

Diese Gleichung setzt voraus, daß die Temperaturverteilung in der Wärmeschutzhülle während der Auskühlung für die augenblickliche Rohrtemperatur nach den bekannten Formeln für die Temperaturverteilung im Dauerzustand berechnet werden kann. Ein Vergleich gemessener Temperaturlinien mit derart berechneten in Abb. 95 zeigt die Zulässigkeit dieser Annahme.

Ein Zahlenbeispiel ist am Schluß des folgenden Abschnittes mit aufgeführt.

43. Der jährliche Gesamtaufwand bei unterbrochenem Betrieb.

Die jährlichen Aufwendungen für die Wärmeverluste bei unterbrochener Betriebsweise müssen vor allem für Wirtschaftlichkeitsbetrachtungen errechnet werden. Die Ermittlung ist an Hand vorstehender Angaben unschwer möglich. Es gelten dafür folgende Gleichungen, wenn wieder als Betriebszeit die Zeit vom Öffnen bis zum Schließen des Ventils betrachtet wird, also die eigentliche Arbeitszeit zuzüglich der vorausgehenden Zeit, während welcher die Leitung bereits unter Druck genommen wurde. Zur besseren Übersicht seien die Formelbezeichnungen nochmals zusammengestellt:

V = Gesamtwärmeverlust in kcal/m Jahr,
A = der Auskühlverlust in der Betriebspause in kcal/m Jahr,
$w_r + w$ = die im Dauerbetrieb im Rohr und in der Dämmschicht aufgespeicherte Wärmemenge in kcal/m,
E = die Ersparnis an Wärmeverlusten durch das Anwärmen gegenüber dem Dauerzustand während der Zeit z_0 in kcal/m Jahr,
n = jährliche Betriebsstundenzahl einschließlich Anwärmezeiten in h,
q = Wärmeverlust im Dauerbetrieb in kcal/mh,
q_0 = restlicher Wärmeverlust am Schluß der werktäglichen Betriebsunterbrechung in kcal/mh,
q_0' = restlicher Wärmeverlust am Schluß der Betriebsunterbrechungen für Sonn- und Feiertage in kcal/mh,
ν = Anzahl der Betriebsunterbrechungen an Werktagen im Jahr,
ν' = Anzahl der Betriebsunterbrechungen an Sonn- und Feiertagen im Jahr,
p = der Temperaturunterschied zwischen Rohr und Luft in Bruchteilen des Betriebstemperaturunterschiedes nach werktäglichen Betriebsunterbrechungen,
p' = der Temperaturunterschied zwischen Rohr und Luft in Bruchteilen des Betriebstemperaturunterschiedes nach Betriebsunterbrechungen über Sonn- und Feiertage.

Es gilt dann:

$$E = z_0 \cdot \nu \cdot (q - q_0) + z_0 \cdot \nu' \cdot (q - q_0'). \tag{111}$$

Für den Wärmeverlust q_0 an die Umgebung beim Beginn der Anwärmung nach den Betriebspausen gilt:

$$\left.\begin{aligned} q_0 &= q \cdot p \\ q_0' &= q \cdot p' \end{aligned}\right\} \qquad (57\,a)$$

Nach sehr langen Betriebspausen wird:

$$p = 0,$$

also gilt für Sonn- und Feiertage genügend genau allgemein

$$p' = 0.$$

Damit wird

$$q_0' = 0$$

und die Gleichung (111) läßt sich auch schreiben:

$$E = z_0 \cdot q \cdot [\nu \cdot (1 - p) + \nu']. \qquad (111\,a)$$

Der Auskühlverlust in den Betriebspausen schreibt sich

$$A = \nu \cdot (w_r + w) \cdot (1 - p) + \nu' \cdot (w_r + w)\,(1 - p'), \qquad (112)$$

oder, wenn man wieder $p' = 0$ setzt,

$$A = (w_w + w)\,[\nu \cdot (1 - p) + \nu']. \qquad (112\,a)$$

Der jährliche Gesamtverlust ist daher:

$$V = n \cdot q - E + A \qquad (113)$$

$$= n \cdot q + (w + w_r - z_0 \cdot q)\,[\nu \cdot (1 - p) + \nu']. \qquad (113\,a)$$

Will man die Wärmeaufwendungen, bezogen auf die tatsächliche Arbeitsstunde, berechnen, also unter Ausschluß der Anwärmezeit, so hat man den jährlichen Wärmeaufwand V mit der jährlichen Arbeitsstundenzahl zu dividieren.

Zur Umrechnung in Reichsmark sind die Größen E und A noch mit dem jeweiligen Wärmepreis zu multiplizieren.

Zahlenbeispiel. Es sollen die jährlichen Gesamtwärmeverluste für zwei Wärmeschutzstoffe berechnet werden. Die technischen Angaben sind:

Rohrdurchmesser	159/159 mm
Rohrtemperatur	350°
Lufttemperatur	25°
Wärmeschutzschicht	
gebranntes Kieselgurmaterial	$\lambda = 0{,}075$ kcal/m h° $R = 275$ kg/m³
Wärmeschutzmasse	$\lambda = 0{,}10$ kcal/m h° $R = 650$ kg/m³
Dicke der Dämmschicht	80 mm
Tägliche Betriebszeit der Leitung	10 Stunden
Tägliche Arbeitszeit	9 Stunden
Zahl der Arbeitstage	310
Zahl der Betriebsunterbrechungen an Sonn- und Feiertagen	52.

Nach den Zahlentafeln 60 und 75 ist:
Für das gebrannte Kieselgurmaterial $q = 204$ kcal/mh, $w_r + w = 1222$ kcal/m,
für die Wärmeschutzmasse. . . . . . . 268 kcal/mh, $= 1950$ kcal/m.

Nach Zahlentafel 77 ist $z_0 = 1{,}0$ bzw. 1,7, nach Zahlentafel 78 $p = 0{,}09$ bzw. 0,13. Es ist also:

Gebranntes Kieselgurmaterial:	Wärmeschutzmasse:
$E = 57600$ kcal/mh	$E = 147000$ kcal/mh
$A = 408000$ kcal/mh	$A = 628000$ kcal/mh
$n \cdot q = 3100 \cdot 204 = 632000$ kcal/mh	$n \cdot q = 3100 \cdot 268 = 832000$ kcal/mh.

Somit wird der gesamte Wärmeaufwand für eine tatsächliche Arbeitsstunde unter Benutzung von Gleichung (113)

für das gebrannte Kieselgurmaterial . . . $\frac{982\,400}{9 \cdot 310} = 352$ kcal/mh,

für die Wärmeschutzmasse. . . . . . . $\frac{1\,313\,000}{9 \cdot 310} = 470$ kcal/mh.

Es zeigt sich also, daß die Arbeitsstunde infolge der Betriebsunterbrechungen durch einen Wärmeverlust je lfd. m Rohrleitung belastet ist, der bei dem gebrannten Kieselgurmaterial um 73%, bei der Wärmeschutzmasse um 76% höher ist als bei völlig durchlaufender Betriebsweise. Die Ersparnis durch das gebrannte Kieselgurmaterial je lfd. m und Stunde beträgt bei durchlaufender Betriebsweise 64 kcal/mh, bei der unterbrochenen Betriebsweise 118 kcal/mh.

Bei dem vorstehenden Beispiel sind zwei Wärmeschutzstoffe einander gegenübergestellt, deren technische Eigenschaften sich nicht allzusehr unterscheiden. Bei sehr verschiedenen Dämmstoffen kann je nach den Verhältnissen nicht nur die arbeitsstündliche Ersparnis des besseren Stoffes bei unterbrochener Betriebsweise dem absoluten Betrag nach sich erhöhen, sondern auch die Gesamtersparnis kann von der Größenordnung wie im Dauerbetrieb sein, trotz der kürzeren Betriebszeiten.

D. Die Bemessung von Wärme- und Kälteschutzanlagen unter betriebstechnischen Gesichtspunkten.

Die Bemessung der Stärke einer Dämmschicht kann nach zwei Arten von Gesichtspunkten vorgenommen werden:

1. Betriebstechnische Gesichtspunkte, welche eine bestimmte Beeinflussung des Wärmeträgers oder der Temperaturverteilung in den Stoffschichten vorschreiben.

2. Wirtschaftliche Gesichtspunkte zur Erzielung des günstigsten Verhältnisses zwischen den Wärmeersparnissen der Dämmschicht und den notwendigen Kapitalaufwendungen.

Die häufigsten betriebstechnischen Forderungen sind:

1. Höchstzulässiger Temperaturabfall des Wärmeträgers in einer Leitung mit Rücksicht auf die Verbrauchsapparate und Maschinen

oder im Hinblick auf Änderungen des Aggregatzustandes des Wärmeträgers (Einfrieren, Kondensieren, Auskristallisieren).

2. Beschränkung der Wärmeabgabe des zu schützenden Gegenstandes, z. B. mit Rücksicht auf eine Raumtemperatur.

3. Begrenzung der Dämmwirkung durch die höchstzulässige Temperatur der Anlage bzw. der Dämmschicht selbst infolge der wärmestauenden Wirkung der Dämmschicht.

4. Höchstzulässige Stärke der Dämmschicht unter konstruktiven Gesichtspunkten z. B. auf Schiffen.

5. Vermeidung von Schwitzwasserniederschlag auf der Oberfläche bei Anlagen mit niedrigerer Temperatur als die der umgebenden Luft.

Die vorstehend genannten Forderungen sind jedoch nur dann für die Stärke einer Dämmschicht bestimmend, wenn die Bemessung unter dem Gesichtspunkt der Wirtschaftlichkeit entweder kleinere Stärken liefert als die betriebstechnisch notwendigen oder größere als die betriebstechnisch zulässigen Stärken. Nur in ganz wenigen Fällen kann man auf diesen Vergleich mit der wirtschaftlichsten Stärke verzichten; so, wenn es sich lediglich um die Erzielung von gewissen Temperaturen handelt, ohne daß gleichzeitig die Erhaltung von Wärme eine Ersparnis bedeutet (z. B. bei der Fortleitung von wertlosen Abgasen, durch die eine Erwärmung der Umgebung vermieden werden soll, oder beim Schutz von Wasserleitungen gegen Einfrieren).

In den nachfolgenden Abschnitten sind zunächst die wichtigsten betriebstechnischen Berechnungen behandelt.

44. Der Kondensatanfall.

Bei Sattdampf ist die Temperatur lediglich durch den Druck bestimmt. Die Temperatur des Sattdampfes am Ende einer Leitung hängt also nur vom Druckabfall in der Leitung ab, der im wesentlichen vom Rohrdurchmesser, von der Rohrlänge, von der Art der Leitung und ihrer Ausführung beeinflußt wird, aber nur unerheblich von der Güte des Wärmeschutzes. Wenn also der Wärmeverlust bei Sattdampf die Temperatur am Ende der Leitung nicht ändert, so äußert er sich doch darin, daß ein Teil des Dampfes kondensiert und damit dem eigentlichen Verwendungszweck verloren geht. Außerdem kann die im Kondensat enthaltene Wärme unter Umständen ebenfalls einen erheblichen zusätzlichen Verlust darstellen (vgl. S. 272 und 295).

Die Größe des Kondensatanfalls errechnet sich aus der Gleichung

$$K = \frac{q \cdot (l + l')}{r}. \tag{114}$$

Darin ist:

K = der Kondensatanfall in der gesamten Leitung in kg/h,
q = der Wärmeverlust in kcal/mh,

l = die Länge der Leitung in m,

l' = der Zuschlag zur Leitungslänge für Flanschen, Ventile, Rohraufhängung usw. in m,

r = die Verdampfungswärme des Sattdampfes in kcal/kg.

Nachstehende Zahlentafel gibt für Wasserdampf die Verdampfungswärme in Abhängigkeit vom Druck. Gleichzeitig ist die Sattdampftemperatur beigefügt, die für die Berechnung des Wärmeverlustes

Zahlentafel 79.

Sattdampftemperatur und Verdampfungswärme von Wasser.
(Nach O. Knoblauch, E. Raisch, H. Hausen, W. Koch 1932.)

Druck in ata	Sattdampftemperatur in °C	Verdampfungswärme in kcal/kg	Druck in ata	Sattdampftemperatur in °C	Verdampfungswärme in kcal/kg	Druck in ata	Sattdampftemperatur in °C	Verdampfungswärme in kcal/kg
0,1	45,4	571,4	21	213,9	449,3	50	262,7	391,9
0,5	80,9	550,9	22	261,2	446,9	55	268,7	383,6
1,0	99,1	539,8	23	218,5	444,5	60	274,3	375,7
1,5	111,0	532,2	24	220,8	442,1	65	279,6	368,0
2,0	119,6	526,6	25	222,9	439,8	70	284,5	360,4
3,0	132,9	517,6	26	225,0	437,5	75	289,2	353,0
4,0	142,9	510,5	27	227,0	435,3	80	293,6	345,6
5,0	151,1	504,5	28	229,0	433,1	85	297,9	338,3
6,0	158,1	499,2	29	230,9	431,0	90	301,9	331,2
7,0	164,2	494,4	30	232,8	428,9	95	305,8	324,0
8,0	169,6	490,0	32	236,4	424,7	100	309,5	316,8
9,0	174,5	486,0	34	239,8	420,7	110	316,5	302
10	179,0	482,1	36	243,1	416,9	120	323,1	287
11	183,2	478,5	38	246,2	413,0	130	329,3	272
12	187,1	475,0	40	249,2	409,3	140	335,0	256
13	190,7	471,8	42	252,1	405,7	150	340,5	240
14	194,1	468,6	44	254,9	402,1	160	345,7	224
15	197,4	465,6	46	257,6	398,7	170	350,7	206
16	200,4	462,7	48	260,2	395,2	180	355,4	188
17	203,4	459,8				190	359,9	168
18	206,2	457,1				200	364,2	146
19	208,8	454,5				220	372,1	74
20	211,4	451,9						

notwendig ist. Bei längeren Leitungen ist natürlich die mittlere Verdampfungswärme anzusetzen bzw. die mittlere Temperatur für die ganze Leitungslänge, entsprechend dem mittleren Druck, der mit hinreichender Genauigkeit gegeben zu sein pflegt.

Zahlenbeispiel. Wie groß ist der Kondensatanfall in einem 125/133 mm-Rohr je lfd. m bei einem Dampfdruck von 10 atü (= 11 ata), wenn die Leitung in einem nicht begehbaren Kanal mit einer Lufttemperatur von etwa 40° C verlegt ist?

Dämmstärke . . . . 50 mm
Wärmeleitzahl der Dämmschicht . . . . . 0,1 kcal/m h°.

Nach Zahlentafel 79 ist:

$$t_i = 183° \text{ C},$$
$$r = 478{,}5 \text{ kcal/kg}.$$

Nach den Zahlentafeln 60 wird:

$$q = 1{,}68 \cdot 143 \cdot 0{,}575 \cdot 1{,}0 = 138 \text{ kcal/m h}.$$

Damit wird:

$$K = 138/478{,}5 = 0{,}289 \text{ kg/m h}.$$

45. Der Temperaturabfall eines Wärmeträgers in einer Rohrleitung.

Strömt ein Wärmeträger — Gas, Dampf oder Flüssigkeit, ausgenommen Sattdampf — durch eine Rohrleitung, so hat der Wärmeverlust eine Temperaturverminderung zur Folge, deren Vorausberechnung für die Wirtschaftlichkeit und Leistung von Maschinen und Apparaten erhebliche praktische Bedeutung besitzt. Der Wärmeentzug kann auch eine Änderung des Aggregatzustandes des Wärmeträgers hervorrufen, der für seine Fortleitung unerwünscht ist und auch dort einen Wärmeschutz verlangt, wo die Wärmeverluste an sich keine wirtschaftliche Bedeutung haben.

Der Temperaturabfall ist aus der Bedingung, daß der die Temperaturerniedrigung verursachende Wärmeverlust der Rohrleitung an die Umgebung gleich der Verringerung des Wärmeinhaltes des Wärmeträgers sein muß, abzuleiten. Die bekannte Differentialgleichung für zwei unendlich nahe Punkte der Leitung lautet:

$$d\vartheta = -\frac{q \cdot dl}{G \cdot c}. \tag{115}$$

Darin ist:

ϑ = die Temperaturdifferenz zwischen Wärmeträger und der Umgebung,
q = der Wärmeverlust an die Umgebung in kcal/mh,
l = die Länge der Leitung in m,
G = die stündliche Gewichtsmenge des Wärmeträgers in kg/h,
c = die spezifische Wärme des Wärmeträgers in kcal/kg°C.

Nach Gleichung (38) des Teiles I kann man für die durch die Wärmeschutzschicht je Längen- und Zeiteinheit an die Umgebung verlorene Wärme setzen:

$$q = \frac{\pi \cdot \vartheta}{\frac{1}{2\lambda} \cdot \ln \frac{d_a}{d_i} + \frac{1}{\alpha \cdot d_a}}, \tag{38}$$

so daß die Differentialgleichung wird:

$$\frac{d\vartheta}{\vartheta} = -\frac{dl}{G \cdot c} \cdot \frac{\pi}{\frac{1}{2\lambda} \cdot \ln \frac{d_a}{d_i} + \frac{1}{\alpha \cdot d_a}} \tag{115a}$$

Um die Lösung zu vereinfachen, seien die Größen

α = die Wärmeübergangszahl an der Oberfläche des Dämmstoffes,
λ = die Wärmeleitleitfähigkeit des Dämmstoffes,
c = spezifische Wärme des Wärmeträgers

zunächst als konstant betrachtet. Dies ist, wie noch später zu besprechen sein wird, in der Weise zulässig, daß man die Größen α und λ mit ihren Werten am Beginn der Leitung einführt, während man bei Leitungen mit größerem Temperaturabfall die spezifische Wärme mit ihrem Wert für das arithmetische Mittel der Anfangs- und Endtemperatur ansetzen muß.

Unter dieser Vereinfachung findet sich die Gleichung der Temperaturabfallskurve wie folgt:

$$\ln \frac{(t_1 - t_2)_e}{(t_1 - t_2)_a} = -\frac{l}{G \cdot c} \cdot \frac{\pi}{\frac{1}{2\lambda} \cdot \ln \frac{d_a}{d_i} + \frac{1}{\alpha \cdot d_a}} \tag{116}$$

Hierin bedeutet die Hinzufügung des Index a bzw. e, daß sich die betreffenden Größen mit ihren Zahlenwerten für den Anfang bzw. für das Ende der Leitung verstehen.

Da der Wärmeverlust q meist ohnehin berechnet werden muß, so kann man die Gleichung (116) einfacher wie folgt schreiben:

$$\ln \frac{(t_1 - t_2)_e}{(t_1 - t_2)_a} = -\frac{l}{G \cdot c} \cdot \frac{q_a}{(t_1 - t_2)_a}. \tag{116a}$$

Für die Auswertung der Gleichung (116) ist im Anhang eine Tafel der natürlichen Logarithmen für den in Frage kommenden Bereich von 0,3 bis 0,939 angegeben, außerdem ist in den Zahlentafeln 80 bis 86 die spezifische Wärme der wichtigsten technischen Gase, Dämpfe und Flüssigkeiten angegeben. Wie oben erwähnt, muß die spezifische Wärme mit ihrem Wert bei der mittleren Temperatur in vorstehende Gleichung eingeführt werden, die sich erst nach vorläufiger Berechnung des Temperaturabfalls angeben läßt, so daß in den Fällen eines sehr großen Temperaturabfalls eine zweimalige Wiederholung der Berechnung notwendig ist.

Ist nicht die stündlich durch die Leitung strömende Gewichtsmenge des Wärmeträgers gegeben, sondern die stündliche Strömungsgeschwindigkeit, so ist die Gewichtsmenge aus der Kontinuitätsgleichung zu berechnen:

$$G \cdot v = f \cdot w \cdot 3600. \tag{117}$$

Darin ist:

f = der Querschnitt des Rohres in m²,
w = die Strömungsgeschwindigkeit des Wärmeträgers in m/sec,
v = das spezifische Volumen des Wärmeträgers in m³/kg.

Zur schnellen Auswertung dieser Gleichung ist in Zahlentafel 89 die Querschnittsfläche f für verschiedene Rohrdurchmesser, sowie das

Produkt $f \cdot 3600$ angegeben. Außerdem geben die Zahlentafeln 80, 81, 85, 87 und 88 die spezifische Volumina, bzw. deren reziproke Werte, die spezifischen Gewichte für Gase, Dämpfe und Flüssigkeiten.

Die Gleichungen bleiben auch anwendbar, wenn der Wärmeverlust nicht vollständig gleichmäßig über die ganze Länge der Leitung verteilt ist, sondern sich beispielsweise durch nicht-, bzw. nicht wie die Rohrleitung geschützte Flanschen oder durch die Wärmeabführung der Rohraufhängung in regelmäßigen Abständen an gewissen Punkten erhöht. Man hat hierfür nur zur Leitungslänge die entsprechenden Zuschläge (vgl. Abschnitt 37 auf S. 200) zu machen. Nur bei Vorhandensein von Teilen, die eine einmalige starke Erhöhung des Wärmeverlustes an einzelnen Stellen bedingen, muß die Berechnung in die dadurch bezeichneten Abschnitte zerlegt werden.

Die Tafel der natürlichen Logarithmen im Anhang ist mit Absicht nur bis zu einem Verhältnis der Endtemperaturdifferenz zur Anfangstemperaturdifferenz im Betrage 0,939 durchgeführt, denn wenn der Temperaturabfall kleiner als 6% der Anfangstemperatur ist, so kommt man bei Benutzung des Rechenschiebers zu einer ebenso guten bzw. besseren Genauigkeit, wenn man den bekannten einfachen Rechnungsgang wählt. Diese Formel lautet:

$$(t_1)_a - (t_1)_e = \frac{q_a \cdot l}{G \cdot c}. \tag{118}$$

Vorstehend ist bei der Entwicklung von Gleichung (116) die äußere Wärmeübergangszahl an der Oberfläche, die Wärmeleitzahl der Dämmschicht und die spezifische Wärme als gleich über die ganze Rohrlänge angesetzt worden.

Die Temperaturabhängigkeit der Wärmeübergangszahl ist immer zu vernachlässigen und tritt hinter sonstigen Unsicherheiten (Zugluft in Innenräumen, ungleichmäßiger Windanfall) ganz zurück.

Die Temperaturabhängigkeit der Wärmeleitzahl ist ebenfalls fast stets unwesentlich; denn die mittlere Temperatur der Dämmschicht der ganzen Leitung ändert sich gegenüber der mittleren Temperatur in der Dämmschicht am Beginn der Leitung nur um $^1/_4$ des Betrages des Temperaturabfalls. Eine Korrektur kann daher nur bei einem außergewöhnlich großen Temperaturabfall in Frage kommen, sowie bei einer ungewöhnlich temperaturbeeinflußten Wärmeleitzahl. In diesem Falle hat man die rechte Seite der Gleichung (116), bevor man delogarithmiert, einfach mit dem Verhältnis

$$\frac{\text{Wärmeleitzahl bei mittlerer Dampftemperatur}}{\text{Wärmeleitzahl bei Anfangsdampftemperatur}}$$

zu multiplizieren.

Die nachträgliche Korrektur für die spezifische Wärme entsprechend dem zunächst berechneten Temperaturabfall, so wie sie auf S. 227 angegeben ist, setzt die Zulässigkeit folgender Annahmen voraus:

1. Der mittlere Wert der spezifischen Wärme für den fraglichen Temperaturabfall ist gleich seinem Wert bei der mittleren Temperatur.

2. Als mittlere Temperatur des Wärmeträgers genügt die Einsetzung des arithmetischen Mittels der Anfangs- und Endtemperatur des Wärmeträgers trotz des logarithmischen Verlaufes der Temperaturabfallskurve. Zahlenmäßige Betrachtungen zeigen, daß auch hierdurch kein merklicher Fehler hervorgerufen wird.

Aus vorstehenden Rechengrundlagen lassen sich folgende Feststellungen ableiten, die bei Übernahme von Gewährleistungen des Temperaturabfalles wohl zu beachten sind. Über die richtige Art von Gewährleistungen vgl. Abschnitt 61, S. 298.

1. Der Temperaturabfall ist beeinflußt von sehr vielen Größen, die sich meßtechnisch im Betrieb schwer erfassen lassen, wie z. B. Temperatur, Druck, stündliche Gewichtsmengen bzw. Strömungsgeschwindigkeit des Wärmeträgers, äußere Wärmeübergangsverhältnisse.

2. Verbindliche Angaben über den Temperaturabfall eines Wärmeträgers durch die Lieferfirma des Wärmeschutzes sind daher oft betriebstechnisch notwendig, jedoch ungeeignet als Garantiegrundlage für die Güte des Dämmstoffes.

3. Der Temperaturabfall ist auch abhängig von zusätzlichen Wärmeverlusten (Flanschen, Ventilen, Rohraufhängung usw.), die nur annähernd berechnet werden können.

4. Bei Temperaturabfallsmessungen besteht zwischen Anfang und Ende einer Leitung Phasenverschiebung etwaiger Temperaturschwankungen; daher lange Meßzeiten.

5. Bei Sattdampf kein Temperaturabfall, nur Kondensatanfall.

6. Der Temperaturabfall ist umgekehrt proportional der Menge des Wärmeträgers, also bei Halblast doppelt so groß, als bei Vollast.

Zahlentafel 80. Spezifisches Volumen und spezifische Wärme von Wasser.

Temperatur in °C	Druck in ata				Temperatur in °C	Druck in ata			
	1,03	100	200	300		1,03	100	200	300
Spezifisches Volumen in dm³/kg[1]					Spezifische Wärme in kcal/kg °[2]				
0	1,00	0,996	0,991	0,987	0	1,00	1,00	1,00	0,99
50	1,012	1,008	1,003	0,999	50	1,00	0,99	0,99	0,98
100	1,043	1,038	1,032	1,026	100	1,00	0,99	0,99	0,99
200	—	1,147	1,132	1,117	200	—	1,06	1,05	1,04
300	—	1,41	1,37	1,32	300	—	1,35	1,27	1,22
					350	—	—	1,96	1,54

[1] Trautz, M. u. H. Steyer: Die Zustandsgrößen des Wassers im Bereich von 10 bis 500° und am Sättigungsdruck bis 300 ata. Forschung 1931 S. 45.

[2] Koch, W.: Die spezifische Wärme des Wassers von 0° bis 350° C. Forschung 1934 S. 138.

Zahlentafel 81. Spezifisches Gewicht und spezifische Wärme von Kälteträger (Solen). (Nach W. Koch.)

Gew.-%	− 40°	− 30°	− 20°	− 10°	0°	20°
Spezifisches Gewicht: Kochsalzlösungen						
0					1,000	0,998
4					1,030	1,026
8					1,061	1,055
12					1,092	1,085
16				1,127	1,124	1,116
20				1,160	1,156	1,147
24				1,194	1,189	1,179
26				1,211	1,206	1,196
Calciumchloridlösungen						
0					1,000	0,998
4					1,035	1,033
8					1,071	1,067
12					1,108	1,102
16				1,149	1,146	1,139
20				1,190	1,186	1,178
24			1,236	1,232	1,227	1,218
28	1,290	1,285	1,280	1,275	1,270	1,260
32		1,332	1,326	1,321	1,315	1,305
36					1,361	1,348
40						1,393
Magnesiumchloridlösungen						
0					1,000	0,998
4					1,035	1,032
8					1,070	1,066
12					1,106	1,102
16				1,146	1,143	1,138
20			1,187	1,185	1,182	1,176
24			1,228	1,225	1,222	1,216
28				1,267	1,264	1,258
32				1,309	1,306	1,209

Gew.-%	− 40°	− 30°	− 20°	− 10°	0°	20°
Spezifische Wärme kcal/kg °: Kochsalzlösungen						
0					1,005	0,999
5					0,938	0,941
10					0,885	0,892
14				0,851	0,854	0,860
18				0,825	0,827	0,832
22			0,795	0,798	0,801	0,806
26				0,776	0,778	0,781
Calciumchloridlösungen						
0					1,005	0,999
5					0,929	0,931
10					0,859	0,863
15					0,790	0,801
20				0,729	0,735	0,746
24			0,687	0,693	0,699	0,711
28	0,644	0,650	0,656	0,662	0,668	0,680
32		0,621	0,627	0,633	0,639	0,651
36					0,613	0,627
40						0,602
Magnesiumchloridlösungen						
0					1,005	0,999
5					0,926	0,930
10					0,853	0,861
12				0,821	0,825	0,835
16			0,762	0,768	0,774	0,786
20		0,712	0,719	0,724	0,730	0,743
24			0,678	0,684	0,690	0,703
28				0,647	0,653	0,665
32				0,609	0,615	0,627

Zahlentafel 82.

Spezifische Wärme von Wasserdampf in kcal/kg°. (Nach Knoblauch, Raisch, Hausen, Koch 1923 bzw. 1932.)

Dampfdruck in ata	0,5	1	2	4	6	8	10	12	14	16	18	20	30	40	60	80	100	150	200
Sättigungstemperatur t_s in °C	80,9	99,1	119,6	142,9	158,1	169,6	179,1	187,1	194,1	200,4	206,1	211,4	232,8	249,2	274,3	293,6	309,5	340,5	364,2
Bei t_s °C	0,474	0,484	0,498	0,525	0,552	0,578	0,606	0,635	0,664	0,695	0,727	0,760	0,880	0,99	1,21	1,45	1,80	2,99	6,66
120	0,467	0,476	0,497																
140	0,465	0,472	0,488																
160	0,464	0,470	0,482	0,512	0,549														
180	0,464	0,469	0,479	0,502	0,528	0,561	0,604												
200	0,466	0,469	0,477	0,495	0,515	0,539	0,568	0,601	0,644										
220	0,467	0,470	0,476	0,491	0,506	0,524	0,546	0,569	0,596	0,628	0,664	0,699							
240	0,468	0,471	0,477	0,488	0,501	0,515	0,531	0,548	0,567	0,589	0,612	0,629	0,813						
260	0,470	0,473	0,478	0,487	0,498	0,509	0,521	0,534	0,548	0,563	0,579	0,591	0,703	0,878					
280	0,472	0,475	0,479	0,487	0,496	0,505	0,515	0,525	0,536	0,548	0,559	0,570	0,644	0,751	1,115				
300	0,475	0,477	0,481	0,488	0,495	0,503	0,511	0,519	0,527	0,536	0,545	0,556	0,610	0,681	0,897	1,294			
320	0,477	0,479	0,483	0,489	0,496	0,502	0,509	0,516	0,523	0,529	0,536	0,548	0,589	0,640	0,781	1,000	1,396		
340	0,480	0,482	0,485	0,491	0,496	0,502	0,507	0,513	0,519	0,524	0,530	0,542	0,575	0,614	0,713	0,854	1,058		
360	0,483	0,485	0,487	0,492	0,497	0,502	0,507	0,512	0,516	0,521	0,526	0,538	0,566	0,597	0,672	0,769	0,898	1,565	
380	0,486	0,488	0,490	0,494	0,498	0,503	0,507	0,511	0,515	0,519	0,523	0,535	0,559	0,586	0,645	0,717	0,806	1,164	2,241
400	0,489	0,491	0,492	0,496	0,500	0,504	0,508	0,511	0,515	0,518	0,521	0,533	0,555	0,577	0,626	0,683	0,749	0,976	1,464
420	0,492	0,493	0,495	0,499	0,502	0,506	0,509	0,511	0,514	0,517	0,520	0,532	0,551	0,571	0,613	0,659	0,711	0,869	1,161
440	0,496	0,496	0,498	0,501	0,505	0,507	0,510	0,513	0,515	0,518	0,520	0,532	0,547	0,566	0,603	0,642	0,684	0,801	0,996
460	0,499	0,500	0,501	0,504	0,507	0,510	0,512	0,515	0,517	0,519	0,521	0,531	0,547	0,563	0,595	0,629	0,664	0,754	0,894
480	0,502	0,503	0,504	0,507	0,510	0,512	0,515	0,517	0,519	0,520	0,522	0,532	0,546	0,560	0,589	0,619	0,650	—	—
500	0,506	0,506	0,508	0,510	0,512	0,515	0,517	0,519	0,520	0,522	0,524	0,533	0,545	0,558	0,584	0,611	0,638	—	—

Zahlentafel 83. Die spezifische Wärme der Luft. (Nach Max Jakob.)

Druck in ata	Spezifische Wärme in kcal/kg ° bei einer Temperatur von ° C							
	− 79,3	− 50	0	+ 50	+ 100	+ 150	+ 200	+ 250
0	0,241	0,241	0,241	0,241	0,242	0,243	0,244	0,245
50	0,317	0,283	0,265	0,258	0,253	0,251	0,250	0,250
100	0,416	0,327	0,287	0,272	0,264	0,258	0,256	0,254
150	0,496	0,360	0,305	0,285	0,273	0,265	0,261	0,258
200	0,515	0,380	0,320	0,296	0,281	0,271	0,265	0,262

Zahlentafel 84.

Wahre spezifische Wärme C_{p0} der Gase und Dämpfe in kcal/Mol° bei verschiedenen Temperaturen t (° C) und konstantem Druck $p = 0$ at abs.[1].

Die Umrechnung von Mol auf Nm³ (0° und 760 mm QS) bzw. auf nm³ (10° und 735,5 mm QS) geschieht durch Division dieser Zahlen mit dem Molvolumen von 22,414 bzw. 24 m³. Die Umrechnung von kcal/Mol° auf kcal/kg° geschieht durch Division der Zahlen der Zahlentafel mit den Molekulargewichten M (unterste Zeile der Zahlentafel). Die Druckabhängigkeit der spezifischen Wärme kann meist vernachlässigt werden.

t	H_2	N_2	O_2	CO	NO	H_2O	CO_2	N_2O	SO_2	CH_4	Luft
0	6,86	6,96	6,99	6,96	7,16	7,98	8,61	9,39	9,31	8,24	6,94
100	6,96	6,98	7,13	7,00	7,15	8,10	9,69	10,05	10,17	9,40	6,99
200	6,99	7,05	7,37	7,09	7,25	8,32	10,47	10,77	10,94	10,70	7,10
300	7,01	7,16	7,61	7,23	7,42	8,56	11,23	11,40	11,53	12,15	7,24
400	7,03	7,31	7,84	7,40	7,62	8,84	11,79	11,89	12,03	13,40	7,40
500	7,06	7,47	8,02	7,57	7,79	9,12	12,25	12,37	12,38	14,60	7,57
600	7,12	7,63	8,18	7,75	7,95	9,41	12,63	12,73	12,65	15,65	7,72
700	7,20	7,78	8,31	7,90	8,09	9,72	12,94	13,07	12,86	16,60	7,87
800	7,28	7,91	8,41	8,03	8,22	10,02	13,20	13,28	13,02	17,40	7,99
900	7,38	8,03	8,50	8,15	8,32	10,30	13,41	13,48	13,15	18,23	8,10
1000	7,49	8,14	8,60	8,24	8,41	10,58	13,60	13,66	13,25	—	8,21
1100	7,59	8,24	8,66	8,33	8,48	10,84	13,74	13,79	13,34	—	8,29
1200	7,69	8,32	8,73	8,41	8,55	11,08	13,87	13,92	13,41	—	8,37
1300	7,80	8,38	8,79	8,47	8,61	11,31	13,98	14,02	13,46	—	8,43
1400	7,89	8,44	8,85	8,53	8,65	11,52	14,07	14,11	13,51	—	8,49
1500	7,98	8,49	8,90	8,57	8,69	11,71	14,15	14,19	13,56	—	8,54
1600	8,08	8,54	8,96	8,62	8,73	11,88	14,22	14,25	13,59	—	8,59
1700	8,16	8,59	9,01	8,66	8,77	12,04	14,28	14,31	13,62	—	8,64
1800	8,24	8,63	9,08	8,69	8,80	12,19	14,33	14,36	13,65	—	8,68
1900	8,32	8,66	9,14	8,72	8,82	12,33	14,38	14,40	13,67	—	8,72
2000	8,38	8,70	9,19	8,75	8,85	12,45	14,42	14,44	13,69	—	8,77
$M =$	2,02	28,03	32,00	28,00	30,01	18,02	44,00	44,03	64,07	16,03	28,964

[1] Justi, E. u. H. Lüder: Spezifische Wärme, Entropie und Dissoziation technischer Gase und Dämpfe. Forschung Bd. 6 (1935) S. 209.

Zahlentafel 85. Spezifisches Gewicht und spezifische Wärme — für 1 kg und 1 nm³ — industrieller Gasgemische[1].

Art des Gases	Analyse in %						Spezifisches Gewicht in kg/m³ bei 0° und 760 mm	Berechneter Heizwert in kcal/m³ bei 0° und 760 mm	Spezifische Wärme bei 0° und 760 mm in	
	CO	H_2	CH_4	CmHn	CO_2	N_2			kcal/kg °	kcal/m³ °
Leuchtgas	9	49	34	4	2	2	0,54	5010	0,652	0,352
Kokereigas	7	51	29	—	3	10	0,53	4007	0,591	0,331
Luftgas aus Steinkohle	25	11	1	—	6	57	1,16	1130	0,273	0,317
Mischgas aus Braunkohlenbriketts. .	28	13	5	0,2	7	46,8	1,12	1644	0,286	0,320
Wassergas aus Koks	40	45	0,5	—	5	9,5	0,76	2420	0,413	0,314
Gichtgas[2] bei einem Koksverbrauch von 75% . . .	24	2,7	0,2	—	15	58	1,32	750	0,245	0,323
100% . . .	26,7	2,8	0,2	—	12,3	58	1,31	830	0,247	0,321
140% . . .	31	2,8	0,2	—	8	58	1,27	950	0,250	0,318

Zahlentafel 86. Spezifische Wärme von Feuergasen aus festen oder flüssigen Brennstoffen bei konstantem Druck für 1 kg Gas bei t° C.

Temperatur in t° C	Spezifische Wärme in kcal/kg° bei einer Luftüberschußzahl		
	1,0	2,0	3,0
0	0,243	0,242	0,242
100	0,248	0,246	0,245
200	0,254	0,251	0,249
300	0,259	0,255	0,253
400	0,264	0,259	0,256
500	0,270	0,264	0,261
600	0,275	0,268	0,265
700	0,280	0,272	0,269
800	0,285	0,276	0,272
900	0,291	0,280	0,277
1000	0,297	0,285	0,280
1500	0,323	0,306	0,299
2000	0,350	0,327	0,318

[1] Analysen nach der Hütte.
[2] Nach amerikanischen Versuchen. Stahl u. Eisen 1916, S. 119.

Zahlentafel 87. Spezifisches Volumen des überhitzten Wasser-

Druck in ata	Spezifisches Volumen in m³/kg								
	120	140	160	180	200	220	240	260	280
1	1,829	1,926	2,022	2,118	2,214	2,309	2,404	2,500	2,594
2	0,9041	0,9542	1,0036	1,0526	1,1012	1,1496	1,1978	1,2457	1,2936
3		0,6300	0,6640	0,6973	0,7303	0,7631	0,7955	0,8279	0,8600
4			0,4940	0,5197	0,5449	0,5698	0,5944	0,6189	0,6432
5			0,3919	0,4130	0,4336	0,4538	0,4738	0,4936	0,5132
6			0,3237	0,3418	0,3593	0,3764	0,3933	0,4100	0,4265
7				0,2908	0,3062	0,3211	0,3358	0,3502	0,3645
8				0,2526	0,2664	0,2797	0,2927	0,3055	0,3181
9				0,2228	0,2354	0,2474	0,2591	0,7206	0,2819
10				0,1989	0,2105	0,2216	0,2323	0,2427	0,2530
12					0,1731	0,1828	0,1920	0,2009	0,2096
14					0,1463	0,1550	0,1631	0,1710	0,1786
16						0,1340	0,1414	0,1485	0,1553
18						0,1176	0,1245	0,1310	0,1372
20						0,1045	0,1110	0,1170	0,1227
25							0,0864	0,0916	0,0965
30							0,0698	0,0746	0,0789
35								0,0623	0,0663
40								0,0530	0,0568
45								0,0456	0,0493
50									0,0433
55									0,0382
60									
70									
80									
90									
100									
110									
120									

Zahlentafel 88. Spezifisches Volumen von Luft.

Temperatur in °C	Spezifisches Volumen von Luft in m³/kg bei einem Druck in ata von						
	1,0	1,033	1,1	1,2	1,5	2	5
— 20	0,742	0,718	0,675	0,618	0,495	0,371	0,148
— 10	0,771	0,746	0,701	0,643	0,514	0,386	0,154
0	0,80	0,774	0,727	0,667	0,533	0,400	0,160
+ 25	0,873	0,845	0,794	0,727	0,582	0,437	0,174
50	0,946	0,915	0,860	0,788	0,631	0,473	0,189
75	1,019	0,986	0,927	0,850	0,680	0,510	0,204
100	1,092	1,057	0,992	0,910	0,728	0,546	0,219
125	1,166	1,127	1,060	0,972	0,778	0,583	0,233
150	1,240	1,20	1,127	1,032	0,827	0,620	0,248
200	1,386	1,34	1,26	1,156	0,924	0,693	0,277
300	1,68	1,625	1,527	1,400	1,119	0,840	0,336
400	1,97	1,905	1,79	1,641	1,313	0,985	0,394
500	2,26	2,19	2,05	1,882	1,506	1,130	0,452

dampfes. (Nach Knoblauch, Raisch, Hausen, Koch 1932.)

bei einer Temperatur in ° C von

300	320	340	360	380	400	420	440	460	480
2,689	2,784	2,878	2,973	3,067	3,161	3,256	3,350	3,444	3,538
1,3413	1,3888	1,4363	1,4838	1,5311	1,5784	1,6256	1,6728	1,7200	1,7671
0,8920	0,9240	0,9558	0,9875	1,0192	1,0508	1,0824	1,1139	1,1454	1,1768
0,6674	0,6915	0,7155	0,7394	0,7633	0,7871	0,8108	0,8345	0,8581	0,8817
0,5327	0,5521	0,5714	0,5906	0,6097	0,6288	0,6478	0,6668	0,6858	0,7047
0,4428	0,4591	0,4753	0,4913	0,5074	0,5233	0,5392	0,5551	0,5709	0,5867
0,3786	0,3926	0,4065	0,4204	0,4342	0,4479	0,4615	0,4752	0,4887	0,5023
0,3305	0,3429	0,3551	0,3673	0,3794	0,3914	0,4034	0,4154	0,4273	0,4392
0,2931	0,3041	0,3151	0,3260	0,3368	0,3475	0,3582	0,3688	0,3794	0,3900
0,2631	0,2731	0,2830	0,2929	0,3026	0,3123	0,3220	0,3316	0,3411	0,3506
0,2182	0,2266	0,2350	0,2432	0,2514	0,2596	0,2677	0,2757	0,2837	0,2916
0,1861	0,1934	0,2006	0,2078	0,2149	0,2219	0,2289	0,2358	0,2427	0,2495
0,1620	0,1685	0,1749	0,1812	0,1874	0,1936	0,1998	0,2058	0,2118	0,2179
0,1432	0,1491	0,1548	0,1605	0,1661	0,1716	0,1771	0,1826	0,1880	0,1933
0,1282	0,1335	0,1388	0,1439	0,1490	0,1540	0,1590	0,1639	0,1688	0,1737
0,1011	0,1055	0,1099	0,1141	0,1183	0,1224	0,1264	0,1304	0,1343	0,1383
0,0830	0,0868	0,0906	0,0942	0,0977	0,1012	0,1047	0,1080	0,1114	0,1147
0,0700	0,0735	0,0768	0,0800	0,0831	0,0861	0,0891	0,0921	0,0949	0,0978
0,0602	0,0634	0,0664	0,0693	0,0721	0,0748	0,0774	0,0801	0,0826	0,0852
0,0526	0,0555	0,0583	0,0609	0,0635	0,0660	0,0684	0,0707	0,0731	0,0753
0,0464	0,0492	0,0518	0,0543	0,0566	0,0589	0,0611	0,0633	0,0654	0,0675
0,0413	0,044	0,0465	0,0488	0,0510	0,0531	0,0552	0,0572	0,0591	0,0610
0,0371	0,0397	0,0420	0,0442	0,0463	0,0483	0,0502	0,0521	0,0539	0,0557
0,0302	0,0328	0,0350	0,0370	0,0389	0,0407	0,0424	0,0440	0,0457	0,0472
0,0249	0,0275	0,0296	0,0316	0,0333	0,0349	0,0365	0,0380	0,0395	0,0409
	0,0233	0,0254	0,0273	0,0289	0,0305	0,0319	0,0333	0,0347	0,0360
	0,0198	0,0220	0,0238	0,0254	0,0269	0,0283	0,0296	0,0308	0,0320
	0,0169	0,0192	0,0210	0,0226	0,0240	0,0253	0,0265	0,0277	0,0288
		0,0167	0,0186	0,0201	0,0215	0,0228	0,0239	0,0251	0,0261

Zahlenbeispiele. a) Leitungen mit geringem Temperaturabfall. (Endtemperaturdifferenz gegen Luft 0,94 bis 1,0 der Anfangstemperaturdifferenz).

Gegeben sei:

Wärmeträger	überhitzter Wasserdampf
Anfangstemperatur	380° C
Dampfdruck	25 atü = 26 ata
Rohrdurchmesser	150/159 mm
Dämmstärke	100 mm
Wärmeleitzahl des Wärmeschutzes	0,08 kcal/m h°
Leitungslänge (+ Zuschläge für Einbauten)	160 m
Lufttemperatur	20° C
Lage der Leitung	Innenräume
stündliche Dampfmenge	10000 kg/h.

Nach Zahlentafel 60 ist:

$$q_a = 0{,}735 \cdot 360 \cdot 0{,}789 = 208 \text{ kcal/m h}.$$

Zahlentafel 89. Lichter Rohrquerschnitt f und Werte von $3600 \cdot f$.

Lichter Rohr-durchm. in mm	Lichter Rohrquer-schnitt f in m^2	$f \cdot 3600$	Lichter Rohr-durchm. in mm	Lichter Rohrquer-schnitt f in m^2	$f \cdot 3600$	Lichter Rohr-durchm. in mm	Lichter Rohrquer-schnitt f in m^2	$f \cdot 3600$
10	0,000079	0,284	100	0,007854	28,28	250	0,049087	176,6
15	0,000177	0,637	100,5	0,007933	28,56	253	0,050273	181,0
20	0,000314	1,130	105	0,008659	30,18	260	0,053093	191,0
25	0,000491	1,768	110	0,009503	34,20	270	0,057256	206,0
26	0,000531	1,912	113	0,010029	36,10	277	0,060263	217,0
30	0,000707	2,545	115	0,010387	37,40	280	0,061575	221,5
32	0,000804	2,894	119	0,011122	40,10	290	0,066052	238,0
35	0,000962	3,465	120	0,011310	40,70	300	0,070686	254,5
35,5	0,000990	3,562	125	0,012272	44,2	303	0,072107	259,8
40	0,001257	4,530	130	0,013273	47,8	310	0,075477	271,8
41,5	0,001353	4,870	131	0,013478	48,5	320	0,080425	289,8
45	0,001590	5,720	135	0,014314	51,5	327	0,083982	302,2
50	0,001964	7,070	140	0,015394	55,4	330	0,085530	308,0
51	0,002043	7,360	143	0,016061	57,8	340	0,090792	326,8
54	0,002290	8,240	145	0,016513	59,4	350	0,096211	346,2
55	0,002376	8,550	150	0,017672	63,6	352	0,097314	350,2
57,5	0,002597	9,340	160	0,020106	72,4	360	0,101788	366,8
60	0,002827	10,17	162	0,020612	74,3	370	0,107521	387,0
64	0,003217	11,58	170	0,022698	81,7	377	0,111628	402,0
65	0,003318	11,94	180	0,025447	91,6	380	0,113411	408,0
70	0,003848	13,85	190	0,028353	100,2	390	0,119459	430,0
75	0,004418	15,90	200	0,031416	113,2	400	0,125664	452,0
80	0,005027	18,10	203	0,032366	116,5	402	0,126923	457,0
82,5	0,005346	19,25	210	0,034636	124,7			
85	0,005675	20,42	220	0,038013	137,0			
88,5	0,006151	22,15	228	0,040828	147,0			
90	0,006362	22,90	230	0,041548	149,5			
95	0,007088	25,52	240	0,045239	162,9			

Nach Zahlentafel 82 ist:

$$c = 0{,}538 \text{ (für den Anfang der Leitung).}$$

Damit wird nach Gleichung (118):

$$\text{Temperaturabfall} = \frac{208 \cdot 160}{10\,000 \cdot 0{,}538} = 6{,}2^\circ \text{ C}.$$

Für diesen geringen Temperaturabfall ist eine Korrektur der spezifischen Wärme gemäß ihrer Änderung bei einer um 3° niedrigeren Temperatur selbstverständlich überflüssig.

b) Berechnung der Strömungsgeschwindigkeit.

Für das Dampfgewicht unter Beispiel a) ist die Strömungsgeschwindigkeit zu berechnen.

Nach Zahlentafel 89 ist:

$$F \cdot 3600 = 63{,}6.$$

Nach Zahlentafel 87 ist:

$$v = 0{,}114,$$

damit wird nach Gleichung (117)

$$w = \frac{10\,000 \cdot 0{,}114}{63{,}6} = 17{,}9 \text{ m/s}.$$

c) Leitungen mit großem Temperaturabfall (Endtemperaturdifferenz kleiner als 0,94 × Anfangstemperaturdifferenz).

Gegeben:

Wärmeträger	überhitzter Wasserdampf
Anfangstemperatur	380° C
Dampfdruck	2 atü = 3 ata
Rohrdurchmesser	51/57 mm
Dämmstärke	60 mm
Wärmeleitzahl	0,08 kcal/m h °
Leitungslänge einschließlich Zuschläge . . .	160 m
Lufttemperatur	20° C
Lage der Leitung	Innenräume.

Außer der Temperatur und der Leitungslänge sei auch die Strömungsgeschwindigkeit die gleiche wie unter Zahlenbeispiel a), also 17,9 m/s. Hierfür berechnet sich das Dampfgewicht zu 130 kg/h.

Nach Zahlentafel 60 ist:

$$\frac{q_a}{(t_1 - t_2)_a} = 0{,}411.$$

Nach Zahlentafel 82 ist zunächst für den Anfang der Leitung:

$$c = 0{,}492.$$

Damit wird nach Gleichung (116a)

$$\ln \frac{(t_1 - t_2)_e}{(t_1 - t_2)_a} = -\frac{160 \cdot 0{,}411}{130 \cdot 0{,}492} = -1{,}02.$$

Durch Delogarithmieren nach der Zahlentafel im Anhang erhält man:

$$\frac{(t_1 - t_2)_e}{(t_1 - t_2)_a} = 0{,}36.$$

Damit wird:

$$(t_1 - t_2)_e = 0{,}36 \cdot 360 = 130\,^\circ\text{C},$$

$$(t_1)_e = 130 + 20 = 150^\circ \text{ C}.$$

Der Temperaturabfall ist:

$$380 - 150 = 230^\circ \text{ C}.$$

Führt man nun entsprechend der erheblich niedrigeren mittleren Temperatur in der Leitung von 265° C eine korrigierte mittlere spezifische Wärme von

$$c_m = 0{,}483$$

ein, so wird:

$$\ln \frac{(t_1 - t_2)_e}{(t_1 - t_2)_a} = -1{,}04,$$

$$\frac{(t_1 - t_2)_e}{(t_1 - t_2)_a} = 0{,}353,$$

$$(t_1 - t_2)_e = 0{,}353 \cdot 360 = 127^\circ \text{ C}.$$

Der Temperaturabfall ist:

$$233^\circ \text{ C}.$$

Die Endtemperatur des Dampfes ist also 147° C, so daß der Dampf noch mit 14° Überhitzung am Ende der Leitung ankommt, da die Sättigungstemperatur, wenn man zunächst von dem kleinen Druckabfall absieht, 132,9° C beträgt.

d) Berechnung des Wärmeschutzes bei gegebenem Temperaturabfall.

Es ist ein Wärmeschutz zu ermitteln derart, daß der Temperaturabfall im vorstehenden Zahlenbeispiel c) nur 200° wird, die Endtemperatur also 180° C bleibt.

Dann ist:

$$\frac{(t_1 - t_2)_e}{(t_1 - t_2)_a} = \frac{160}{360} = 0{,}445\,.$$

Für die mittlere Temperatur von 280° wird

$$c_m = 0{,}483\,.$$

Es ist also:

$$-0{,}810 = -\frac{160}{130 \cdot 0{,}483} \cdot \frac{q_a}{(t_1 - t_2)_a}\,,$$

$$q_a = 114{,}5 \text{ kcal/m h}\,.$$

Aus den Berechnungstafeln 60 für den Wärmeverlust auf S. 176 kann nun für die verschiedenen Wärmeleitzahlen der in Betracht kommenden Stoffe ermittelt werden, bei welcher Dämmstärke der Wärmeverlust von 114,5 kcal/mh vorhanden ist. Es findet sich:

Wärmeleitzahl in kcal/m h °C	Notwendige Dämmstärke in mm
0,065	67
0,070	77
0,075	88
0,080	100

Ein Vergleich der Zahlenbeispiele a und c zeigt, daß ein großer Temperaturabfall nicht nur bei großen Leitungslängen, sondern vor allem durch geringe Rohrdurchmesser und Dampfdrücke hervorgerufen wird; denn mit dem Durchmesser nehmen die Wärmeverluste etwa proportional ab, die Dampfmengen jedoch (entsprechend der Querschnittsfläche) proportional dem Quadrat des Durchmessers. Bei geringen Drücken nimmt die Dampfmenge außerdem infolge des großen spezifischen Volumens ab.

Es ist deshalb unter sonst gleichen Verhältnissen bei Wasser der Temperaturabfall stets viel kleiner als bei Wasserdampf weil die spezifische Wärme rund doppelt so groß ist (sie kann stets genügend genau = 1,00 gesetzt werden) und das spezifische Volumen von 1 kg nur $^1/_{100}$ bis $^1/_{1000}$ desjenigen von Dampf ist. Umgekehrt ist bei Heißluft oder Heißgasen die spezifische Wärme nur etwa halb so groß als bei Wasserdampf.

Für Heißwasser sei noch ein Zahlenbeispiel angefügt:

Zahlenbeispiel. Es ist der Temperaturabfall der Kondensatleitung einer Fernheizanlage zu berechnen:

Leitungslänge (einschließlich zusätzliche Wärmeverluste)	600 m
Rohrdurchmesser	82,5/89 mm
Anfangstemperatur	90° C
Strömungsgeschwindigkeit	2,5 m/sec
Dämmstärke	50 mm
Wärmeleitzahl	0,065 kcal/m h °
Lufttemperatur	10° C
Windanfall	25 m/sec.

Die Berechnung sei zunächst versuchsweise mit der Formel für einen geringen Temperaturabfall (118) durchgeführt. Es ist:

$$q_a = 0{,}465 \cdot 80 \cdot 1{,}14 = 42{,}5 \text{ kcal/m},$$

$$F \cdot 3600 = 19{,}25.$$

Nach Zahlentafel 80:

$$v = 0{,}00104,$$

$$G = \frac{19{,}25 \cdot 2{,}5}{0{,}00104} = 46\,300 \text{ kg/h},$$

$$\text{Der Temperaturabfall ist } = \frac{42{,}5 \cdot 600}{46\,300 \cdot 1{,}00} = 0{,}55^\circ \text{ C}.$$

Der Temperaturabfall ist also so gering, daß die Verwendung der einfachen Formel ohne weiteres zulässig ist.

46. Der Schutz von Wasserleitungen gegen Einfrieren.

Eine häufige betriebstechnische Aufgabe ist der Schutz von Wasserleitungen gegen Einfrieren im Winter. Sehr oft wird gefordert, „daß durch die Dämmschicht das Einfrieren absolut verhindert werden soll". Dies ist eine physikalische Unmöglichkeit, sobald das Wasser in der Rohrleitung still steht. Der Wärmeschutz kann nur die Aufgabe haben, die Auskühlzeit des Wassers bis zum Gefrieren so zu verlängern, daß vor diesem Zeitpunkt die Leitung wieder in Betrieb gesetzt wird und damit etwaige Schädigungen ausgeschlossen sind.

Es handelt sich hier also um eine Aufgabe des nichtstationären Wärmeaustausches. Für die Praxis genügt der nachstehend entwickelte Rechnungsgang mit Gleichungen des stationären Wärmestromes, weil die Berücksichtigung der in der Dämmschicht aufgespeicherten Wärme nur eine untergeordnete Rolle spielt. Man muß ohnedies unabhängig von der Genauigkeit der Berechnung auf alle Fälle einen erheblichen Sicherheitszuschlag (bis zu 50%) vorsehen, weil man die Temperatur und die Bewegungsverhältnisse der Luft nur mit abgeschätzen Werten einsetzen kann und in den Leitungen stets Teile sitzen, die einer besonderen Einfriergefahr ausgesetzt sind (z. B. Hähne, Schieber, Rohraufhängungen usw.).

Abb. 96 zeigt zunächst das Schema des Auskühlvorganges, der eintritt, sobald eine Leitung außer Betrieb gesetzt wird. Der Wärmeaustausch mit der kalten Außenluft kann dann nur mehr aus der im Wasser, im Rohr und im Wärmeschutz gespeicherten Wärme (entsprechend der natürlichen Wasserwärme) gedeckt werden, im Gegensatz zum Betriebszustand, während dessen dauernd eine Zufuhr an neuer Wärme durch das durchströmende Wasser stattfindet.

Die Berechnung dieses Vorganges zergliedert sich in drei Teile:

a) Berechnung des Wärmeentzuges durch die kalte Außenluft während der Auskühlzeit.

b) Berechnung der Speicherwärme im Wasser, im Rohr und in der Dämmschicht.

c) Berechnung der bei einer noch unschädlichen Eisbildung frei werdenden Erstarrungswärme.

Man darf nämlich einen geringen Eisansatz an den Wandungen der Leitungen zulassen, solange dadurch der Bestand der Leitung oder ihre Wiederinbetriebnahme nicht gefährdet wird, da die dabei frei werdende Erstarrungswärme sehr erheblich ist und eine günstige Bemessung des Wärmeschutzes ermöglicht.

In Abb. 96 nimmt daher zunächst die Temperatur der Leitung von ihrem Anfangswert t_1 bis auf 0° ab, um hier so lange konstant zu bleiben, bis das gesamte Wasser gefroren ist. Alsdann geht die weitere Auskühlung bis auf die Temperatur der umgebenden Luft t_2 vor sich. Für unsere Berechnung interessiert nur der in der Abbildung schraffierte Teil, d. h. die Abkühlung der Leitung bis auf 0° und der zulässige Teil des Einfriervorganges des Wassers.

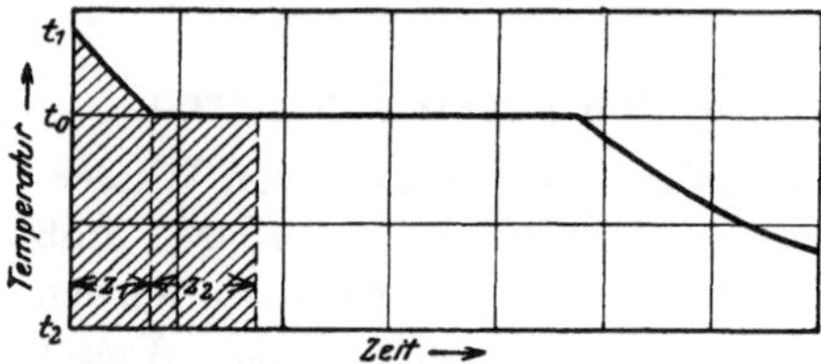

Abb. 96. Temperaturverlauf beim Einfrieren einer Wasserleitung.

In diese beiden Teile zerlegt man zweckmäßig auch die Berechnung. Es bezeichne:

z = die Zeit bis zur Überschreitung des zulässigen Eisansatzes, also die Gesamtauskühlzeit in h,
z_1 = die Zeit bis zur Abkühlung des Wassers auf 0° in h,
z_2 = die Zeit für die Bildung des zulässigen Eisansatzes in h,
W_1 = die im Wasser über 0° C je lfd. m Rohrleitung gespeicherte Wärme in kcal/m,
W_2 = die in der Rohrleitung über 0° C je lfd. m gespeicherte Wärme in kcal/m,
W_3 = die in der Dämmschicht über 0° je lfd. m gespeicherte Wärme in kcal/m,
W_0 = die durch den Eisansatz je lfd. m Rohr frei werdende Erstarrungswärme in kcal/m,
q_1 = der mittlere Wärmeverlust in der Zeit z_1 je lfd. m und in der Stunde in kcal/m h,
q_2 = der mittlere Wärmeverlust in der Zeit z_2 je lfd. m und in der Stunde in kcal/m h.

Man kann dann die Auskühlzeit nach der Formel berechnen:

$$z = z_1 + z_2 = \frac{W_1 + W_2}{q_1} + \frac{W_0}{q_2}. \qquad (119)$$

In vorstehender Gleichung ist die in der Dämmschicht gespeicherte Wärme W_3 vernachlässigt, was bei allen größeren Leitungen angebracht ist. Nur bei kleinen Leitungen mit geringem Wasserinhalt spielt W_3 eine Rolle und man kann dann die Formel wie folgt ergänzen[1]:

[1] Man kommt zu dieser Näherungsformel, indem man sich die Speicherwärme der Schutzschicht wie die Wärmen W_1 und W_2 innerhalb der trägheitslos gedachten Dämmschicht aufgespeichert denkt. Sie ist aber nur mit $^2/_3$ ihres Betrages angesetzt, da sie in Wirklichkeit über den ganzen Querschnitt der Schutzschicht verteilt ist.

Rohrdurchmesser unter 50 mm:

$$z = \frac{W_1 + W_2 + 0{,}67\,W_3}{q_1} + \frac{W_0}{q_2}. \tag{120}$$

Nachstehende Zahlentafel 90 gibt einen Überblick über die ungefähren Auskühlungszeiten von geschützten und ungeschützten Rohrleitungen bei folgenden Annahmen:

Anfangstemperatur des Wassers	+ 8° C
Lufttemperatur	— 20° C
Lage der Leitung	im Freien
Windanfall	5 m/sec
Wärmeleitzahl der Dämmschicht	0,05 kcal/m h°
Raumgewicht	200 kg/m³
Spezifische Wärme	0,4 kcal/kg °

Man sieht:

1. Der Nutzen einer Dämmschicht ist sehr groß, wie ja auch aus einer Betrachtung über die Wärmeersparniszahl hervorgeht.

2. Die Einfrierzeit beträgt trotz Dämmschicht bei kleinen Rohrdurchmessern nur wenige Stunden. Sie steigt mit dem Rohrdurchmesser außerordentlich an.

Zahlentafel 90.
Auskühlzeiten von Wasserleitungen.

Rohrdurchmesser in mm	Auskühlzeit in h bei nackten Leitungen		Auskühlzeit in h bei Windanfall und einer Dämmstärke in mm von	
	ruhige Luft	Wind von 5 m/sec	50	100
25/32	0,8	0,17	3,5	5,5
100/108	4,2	1,1	22	35
400/420	20	6	111	203

Der überwiegende Anteil der für die Auskühlung zur Verfügung stehenden Wärmemenge wird vom zulässigen Eisansatz geliefert. Da man seine Größe (vgl. unten) recht beliebig annehmen kann, so ist die Aufstellung der einfachen Gleichungen (119) und (120) für die Praxis völlig ausreichend.

Nachstehend einige Angaben zur Durchführung der Berechnung:

a) Der mittlere Wärmeverlust der Leitung. Die Berechnung erfolgt nach den Zahlentafeln 60, S. 175, wobei man während der Abkühlzeit des Wassers von der Anfangstemperatur bis auf 0° das arithmetische Mittel beider als Rohrtemperatur einsetzt, während der Bildung des Eisansatzes dagegen 0°.

b) Die Speicherwärme. Die im Wasser und in der Rohrleitung gespeicherte Wärme kann aus Abb. 97 je 1° Übertemperatur über 0° entnommen werden. Um die Größe W_1 und W_2 zu erhalten, sind die Tafelwerte als noch mit den entsprechenden Temperaturen zu multiplizieren.

Für die in der Dämmschicht gespeicherte Wärme vgl. die Zahlentafeln S. 210.

c) Durch Bildung von Eisansatz frei werdende Wärme. Für die Bemessung des zulässigen Eisansatzes sei angenommen, daß ein Eisansatz, der 25% des Querschnitts einnimmt, den Wasserdurchgang des

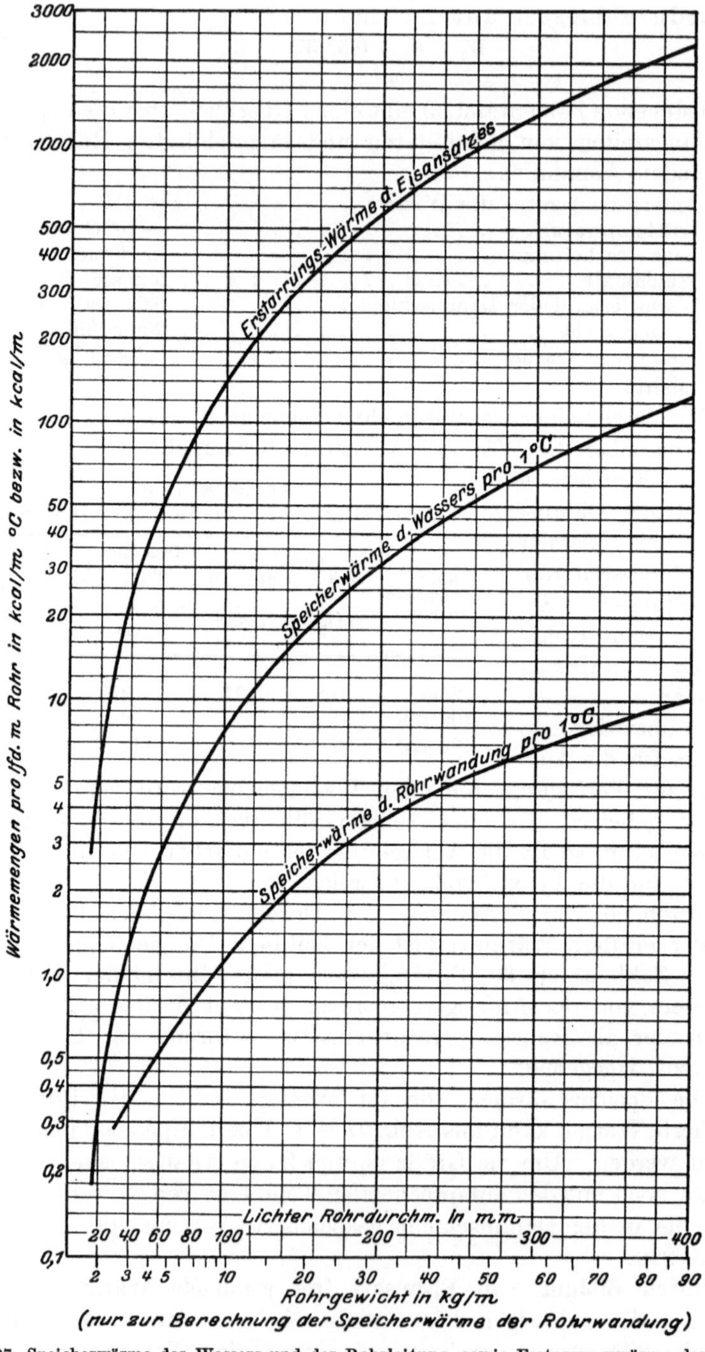

Abb. 97. Speicherwärme des Wassers und der Rohrleitung, sowie Erstarrungswärme des Eises.

Rohres bei Inbetriebnahme noch nicht allzu stark behindert und schnell genug wieder abgeschmolzen wird. Die Volumenzunahme des ganzen Rohrinhaltes beträgt dabei 2,2%. Eine Gefährdung der Leitung tritt dadurch nicht ein, da im Wasserzufluß ein Druckausgleich möglich ist. Druckspannungen im Eis selbst können bei dem allmählichen Gefriervorgang ebenfalls nicht auftreten.

Die bei der Eisbildung je lfd. m frei werdende Erstarrungswärme (79,15 kcal/kg) kann ebenfalls aus Abb. 97 entnommen werden. Diese Größe W_0 ist direkt aus der Abbildung erhältlich.

Zahlenbeispiel. Eine Rohrleitung von 150/159 mm Durchmesser soll gegen Einfrieren derart geschützt werden, daß die Leitung 2·24 Stunden außer Betrieb bleiben kann. Die Leitung liegt im Innern eines Wasserturmes, der bis zu $-20°$ aufweisen kann. Die Wärmeleitzahl des Dämmstoffes betrage 0,05 kcal/mh°, die Speicherwärme der Dämmschicht kommt in diesem Falle nicht in Betracht. Die Temperatur des Wassers sei $+6°$ C.

Man berechnet dann am einfachsten die Auskühlzeiten für einige Dämmstärken, aus denen dann die nötige Stärke interpoliert werden kann.

Nach Abb. 97 ist:

$$W_1 = 17{,}8 \cdot 6 = 106{,}5 \text{ kcal/m},$$
$$W_2 = 2{,}2 \cdot 6 = 13{,}2 \text{ kcal/m},$$
$$W_0 = 325 \text{ kcal/m}.$$

Die Berechnung ergibt:

Dämmstärke in mm	q_1 in kcal/m h	q_2 in kcal/m h
50	13,5	11,8
80	9,8	8,5
100	8,5	7,4

Damit wird nach Gleichung (119):

Dämmstärke in mm	z_1 in h	z_2 in h	z in h
50	9,0	27,6	36,6
80	12,0	38,2	50,2
100	14,0	43,8	57,8

Da angenommen sei, daß der Sicherheitszuschlag für etwaige Abweichungen der Wirklichkeit von den Annahmen bereits in der Wahl der Lufttemperatur zum Ausdruck gekommen sei, kann im vorliegenden Fall eine Stärke von

70 mm

zur Ausführung gebracht werden.

Besonders bei kleinen Leitungen ist es oft nicht möglich, eine Dämmschicht so stark zu bemessen, daß das Einfrieren während der Betriebspause, die ja mit Rücksicht auf die Feiertage oft ziemlich groß sein kann, verhindert wird. Hier bleiben nur folgende Maßnahmen:

Entleeren der Leitungen während der Betriebspause,

Ständiges Laufenlassen der Leitungen[1],

Verlegen im Erdreich.

Hilfsbeheizung mit Dampf, Warmwasser oder Elektrizität.

Natürlich ist auch in diesen Fällen eine Dämmschicht notwendig, ausgenommen bei Verlegung im Erdreich unter der Frostzone.

[1] Die Wassermenge, die stündlich durch die Leitung strömen muß, um ein Einfrieren zu verhindern, kann daraus berechnet werden, daß je 1 kcal/h Wärmeverlust der gesamten Leitung 1 l Wasser stündlich durchströmen muß, dividiert durch die zulässige Abkühlung des Wassers.

Auf den praktischen Gesichtspunkt, daß der erhöhten Einfriergefahr von Ventilen, Schiebern, der Rohraufhängung usw. ein besonderes Augenmerk zuzuwenden ist, wurde schon hingewiesen. Man wird beispielsweise die Rohrschellen ähnlich wie bei Kälteleitungen größer als den eigentlichen Rohrdurchmesser wählen, um zwischen Rohr und Schelle Hartholzstücke unterlegen zu können.

Über elektrische Hilfsheizung mit Hilfe der Elektrowärmeschutzverfahrens vgl. S. 90. Nebenstehend der benötigte Stromverbrauch.

Bei selbsttätiger Einschaltung des Stromes durch einen Temperaturregler wird aber Strom während der Frosttage nur verhältnisgleich dem tatsächlichen Temperaturunterschied zwischen Rohr und Luft verbraucht.

Zahlentafel 91.
Durchschnittlicher Anschlußwert für Rohre bei Elektrowärmeschutzanlagen gegen Einfrieren von Wasser. (Lufttemperatur — 20 ° C.)

Rohrdurchmesser in mm	Anschlußwert in Watt/m
19/26	14
51/57	15
100/108	23
203/216	38
402/420	68

47. Berechnung der Temperaturverteilung in den Stoffschichten mit Rücksicht auf deren Temperaturbeständigkeit.

In Abschnitt 4e S. 20 wurde die Berechnung der Temperaturverteilung in den Stoffschichten eines gedämmten Körpers angegeben und an Zahlenbeispielen gezeigt, wie man bei Anlagen mit sehr hohen Temperaturen (Feuerungskammern von Kesseln, Winderhitzern, Roheisenmischern usw.) nachzuprüfen hat, ob bei der vorgesehenen Wandbauweise nicht die für die Dämmstoffe höchst zulässigen Temperaturen überschritten werden. Natürlich sind derartige Berechnungen nicht nur mit Rücksicht auf den Dämmstoff durchzuführen, sondern es ist auch die temperaturerhöhende Rückwirkung auf die Anlage selbst, z. B. auf die feuerfeste Innenausmauerung nachzuprüfen. Diese wirkt sich allerdings weniger in einer Steigerung der inneren Oberflächentemperatur des feuerfesten Mauerwerkes aus, die sich meist ohnedies nur wenig von der Temperatur der heißen Gase unterscheidet, sondern in der Veränderung des Temperaturgefälles in der Steinschicht (S. 80). Man muß sich deshalb mit Rücksicht auf die Betriebssicherheit auf Dämmstärken beschränken, die weit unter den wirtschaftlichen Maßen liegen. Ähnlich verhält es sich bei Heißgasleitungen mit Gastemperaturen über 600°, die im Innern mit einem Schamottefutter versehen sind. Hier muß man eine Dämmschicht innerhalb der eisernen Rohrwandung anordnen, da sonst die Wandung nach Dämmung glühend würde. Platzrücksichten werden deshalb meist zu einer äußersten Beschränkung der Dämmschicht zwingen. In dieser Beziehung bieten die neuzeitlichen hochtemperaturbeständigen Dämmsteine große Vorteile, da sie unter

Umständen ein Schamottefutter entbehrlich machen und so bei gleichem Raumbedarf einen viel höheren Wärmeschutz verwirklichen lassen.

Eine weitere Notwendigkeit die Temperaturverteilung in einer Wärmeschutzschicht zu berechnen, besteht bei organischen Stoffen. Organische Stoffe haben vielfach eine niedrigere Wärmeleitzahl als anorganische und besitzen auch oft bessere Festigkeitseigenschaften (Möglichkeit größerer Formstücke!). Ihre Temperaturbeständigkeit reicht aber nur bis 100° C bei Back-Kork bis 150° C. Auch manche anorganische Stoffe sind durch die zulässigen Verwendungstemperaturen unerwünscht eingeschränkt, z. B. Magnesiaschalen, die je nach Verarbeitung und Rohstoff etwa oberhalb 300° C Kohlensäure abgeben. Ein altbekanntes Mittel einen Stoff über die Grenze seiner Temperaturbeständigkeit hinaus zu verwenden, ist die Anwendung eines Schutzunterstriches, der die Temperatur auf der Innenseite des Stoffes auf die zulässige Grenztemperatur herabmindert. Die erforderliche Stärke dieser Schutzschicht berechnet sich für Rohre nach folgender Formel, wenn man der Einfachheit halber die äußere Wärmeübergangszahl als Konstante (etwa mit 8,0 kcal/m² h°) einführt und Rohrtemperatur = Temperatur des Wärmeträgers setzt:

$$\ln \frac{d_m}{d_i} = \frac{\frac{2}{\alpha_2 \cdot d_a} + \frac{1}{\lambda_a} \cdot \ln \frac{d_a}{d_i}}{\frac{1}{\lambda_i} \cdot \frac{t_1 - t_2}{t_1 - t_x} + \frac{1}{\lambda_a} - \frac{1}{\lambda_i}}. \tag{121}$$

Darin ist:

d_m = Durchmesser der Trennungsfläche von Schutzschicht und Dämmstoff in m,

λ_i = Wärmeleitzahl der Schutzschicht in kcal/m h °,

λ_a = Wärmeleitzahl des Dämmstoffes in kcal/m h °,

t_x = zulässige Temperatur der Trennungsfläche zwischen Schutzschicht und Dämmstoff in ° C.

Die notwendige Stärke der Schutzschicht ist also von einer ganzen Reihe von Größen abhängig.

Im allgemeinen bewegt sich das Verhältnis zwischen der Wärmeleitzahl der Schutzschicht und der des Dämmstoffes zwischen den Grenzen 1,5 bis 2,0, weil die Ausführung eines Unterstriches andernfalls entweder technisch oder wirtschaftlich keinen Sinn mehr hat. Kommt die Wärmeleitzahl des Unterstriches der der Dämmschicht näher, so wird man zweckmäßig gleich die ganze Schutzhülle aus dem Stoff des Unterstriches machen, überschreitet sie die angegebenen Grenzwerte, so verschlechtert sie die Gesamtwärmeleitzahl allzu stark. Bleibt man bei den in der Praxis üblichen Schutzschichtstärken von 10 bis 20 mm und läßt bei organischen Stoffen eine Höchsttemperatur von 100° zu, so findet man, daß die zulässige Rohrtemperatur der Leitung durch den

Unterstrich nur auf etwa 125° C erhöht wird. Wollte man Rohrleitungen von 200° mit organischen Stoffen dämmen, so müßten etwa 70 bis 80% der Gesamtstärke Schutzunterstrich sein.

Zahlentafel 92. Mittlere Wärmeleitzahl unter Einrechnung der Schutzschicht. (Rohrtemperatur 150° C, Lufttemperatur 40° C).

Wärmeleitzahl des Dämmstoffes in kcal/m h °	Verhältnis der Wärmeleitzahlen der Schutzschicht und des Dämmstoffes	Mittlere Wärmeleitzahl λ_m der Gesamtschicht in kcal/m h °
0,045	1,5	0,057
	2,0	0,069
0,06	1,5	0,076
	2,0	0,092

In Zahlentafel 92 ist für wirtschaftliche Dämmstärken berechnet, wie stark sich die Wärmeleitzahl der Gesamtdämmschicht durch den Schutzunterstrich gegenüber der Wärmeleitzahl des eigentlichen Dämmstoffes verschlechtert (Rohrtemperatur 150°). Da heute anorganische Stoffe, z. B. Kieselgur-Leichtmassen mit Wärmeleitzahlen von 0,06 bis 0,07 und einer Temperaturbeständigkeit von etwa 500° zu mäßigen Preisen zur Verfügung stehen, so sieht man aus der Tabelle, daß nur der günstigste Wert der Zusammenstellung Vorteile bieten kann.

48. Die Oberflächentemperatur auf Dämmschichten.

Die Temperatur der Oberfläche eines Dämmstoffes spielte früher in Abnahmebedingungen und Versuchsprotokollen eine erhebliche Rolle. Es war ja eine auch dem Nichtfachmann ohne weiteres einleuchtende Tatsache, daß eine Dämmung unter gleichen Verhältnissen um so besser sein müsse, je weniger „heiß" sie sich anfühle. Dies führte aber in der Praxis zu vielen Fehlschlüssen, da eben die Voraussetzung völlig gleicher Verhältnisse nur selten wirklich zutrifft. Man soll daher heute, wo man die tatsächlich maßgebende Größe, nämlich den Wärmeverlust, messen kann, nur mehr dort eine Angabe der Oberflächentemperatur verlangen, wo bestimmte Gründe vorliegen, z. B. mit Rücksicht auf eine Explosionsgefahr von Staub, auf Verbrennungen bei Berühren usw.

Die Gründe, warum die Oberflächentemperatur oder gar das bloße Befühlen einer Dämmschicht mit der Hand nicht einmal eine rohe Nachprüfung der Güte des Dämmstoffes zuläßt, sind folgende:

1. Wie im Beispiel S. 12 schon gezeigt, wird die Oberflächentemperatur stark von den Wärmeübergangsverhältnissen der Luft beeinflußt.

2. Die Oberflächentemperatur hängt auch von der Höhe der Lufttemperatur ab. Die Dämmschicht kann nur den Unterschied zwischen den Temperaturen der Oberfläche und der Luft beeinflussen. Auf einem Kessel mit einer Lufttemperatur von 35 bis 45° fühlt sich jede Dämmschicht einer Dampfleitung heiß an.

3. Beim Befühlen einer Dämmschicht mit der Hand treten bestimmte physiologische Täuschungen auf. Die Hand empfindet weniger die Temperatur als die zugeführte Wärmemenge. Bekannt ist die schwere Brandwirkung von kondensierendem Wasserdampf infolge der hohen Wärmeübergangszahl. Aus dem gleichen Grunde werden Stoffe hoher Temperaturleitfähigkeit (Blechverkleidungen, Mäntel aus Beton oder Gips) heißer empfunden als reine Dämmstoffe mit gleicher Temperatur, da bei jenen der befühlenden Hand, die eine Störung des Temperaturfeldes hervorruft, rascher von allen Seiten erhebliche Wärmemengen zugeführt werden. Darum wird auch ein eiserner Gegenstand, beispielsweise ein Träger oder ein Geländer, auf einem Kessel stets als wärmer als die umgebende Luft empfunden, obwohl er nur die Temperatur der Luft haben kann.

4. Oberflächen gleichen Wärmeverlustes können sehr verschiedene Oberflächentemperaturen besitzen, wenn ihre Strahlungskonstante verschieden ist. Eine Verkleidung von verzinktem Eisenblech oder blankem Aluminiumblech hat bei völlig gleichen übrigen Verhältnissen eine viel höhere Temperatur als farbig lackiertes Blech oder eine gewöhnliche Dämmungsoberfläche.

Trotzdem ist zuweilen ein Überblick über die zu erwartenden ungefähren Oberflächentemperaturen erwünscht. Sie können nach folgenden Formeln berechnet werden, wenn man zur Abkürzung setzt:

$$B = \frac{d_a}{2\lambda} \cdot \ln \frac{d_a}{d_i}. \tag{122}$$

Rohrleitungen in sehr ruhiger Luft in Innenräumen:

$$t_a - t_2 = -\left(50 + \frac{10}{B}\right) + \sqrt{\left(50 + \frac{10}{B}\right)^2 + \frac{20}{B} \cdot (t_i - t_2)}. \tag{123}$$

Rohrleitungen in Innenräumen bei normaler Luftbewegung:

$$t_a - t_2 = -\left(90 + \frac{11{,}1}{B}\right) + \sqrt{\left(90 + \frac{11{,}1}{B}\right)^2 + \frac{22{,}2}{B} \cdot (t_1 - t_2)}. \tag{124}$$

Senkrechte ebene Wände:

$$t_a - t_2 = -\left(70 + 8{,}33\,\frac{\lambda}{s}\right) + \sqrt{\left(70 + 8{,}33\,\frac{\lambda}{s}\right)^2 + 16{,}67 \cdot \frac{\lambda}{s} \cdot (t_1 - t_2)}. \tag{125}$$

Formel (123) geht auf eine ältere vom Verfasser abgeänderte Formel von van Rinsum über den Wärmeübergang bei Rohren zurück[1], die hier als Grenzwert mit Nutzen herangezogen werden kann.

Formel (124) leitet sich aus Gleichung (85), S. 63, ab.

Formel (125) aus Gleichung (87), S. 63.

Dabei ist mit einer Strahlungszahl von 4,6 gerechnet.

[1]
$$\alpha = 5{,}0 + 0{,}05 \cdot (t_a - t_2). \tag{126}$$

Näheres vergleiche J. S. Cammerer, Mitt. Forsch.-Heim Wärmeschutz München, Heft 2.

Zahlentafel 93. **Übertemperaturen der Oberfläche von Wärmeschutzschichten über Lufttemperatur.**

Rohrdurchmesser in mm	Wärmeleitzahl in kcal/m h °	Dämmstärke in mm							
		20	30	40	60	80	100	125	150
		Temperaturunterschied zwischen Rohr und Luft 100° C							
10/14	0,03	9	6	4	3				
	0,06	16	10	8	5				
	0,09	22	14	11	7				
	0,12	27	18	14	9				
	0,15	37	21	16	11				
50/57	0,03	12 (18)	8 (11)	6 (8)	4 (6)	3 (4)	2 (3)		
	0,06	20 (27)	14 (20)	11 (15)	7 (10)	5 (7)	4 (6)		
	0,09	27 (35)	19 (26)	15 (20)	10 (14)	7 (10)	5 (8)		
	0,12	33 (40)	24 (31)	19 (24)	13 (17)	9 (13)	7 (10)		
	0,15	39 (45)	28 (35)	22 (28)	15 (20)	11 (15)	9 (12)		
100/108	0,03	13 (19)	9 (14)	7 (11)	4 (6)	3 (5)	2 (3)	1 (2)	1 (2)
	0,06	22 (28)	15 (21)	12 (17)	8 (11)	6 (8)	4 (6)	3 (5)	3 (4)
	0,09	29 (36)	21 (27)	16 (23)	11 (15)	8 (12)	6 (9)	5 (8)	4 (6)
	0,12	34 (44)	26 (33)	20 (27)	14 (19)	11 (15)	8 (12)	6 (9)	5 (8)
	0,15	39 (50)	30 (38)	24 (31)	17 (23)	13 (18)	10 (14)	8 (12)	6 (10)
200/216	0,03	14 (20)	10 (15)	7 (11)	5 (7)	3 (5)	3 (4)	2 (3)	2 (3)
	0,06	23 (29)	17 (22)	13 (19)	9 (13)	6 (8)	5 (8)	4 (6)	3 (5)
	0,09	30 (37)	23 (29)	18 (24)	12 (18)	9 (14)	7 (11)	6 (9)	5 (8)
	0,12	35 (46)	28 (35)	22 (29)	16 (21)	12 (17)	9 (14)	7 (11)	6 (9)
	0,15	40 (52)	32 (41)	26 (34)	19 (25)	14 (20)	11 (16)	9 (14)	8 (12)
400/419	0,03	14 (21)	10 (16)	8 (12)	5 (8)	4 (6)	3 (5)	3 (4)	2 (3)
	0,06	24 (30)	17 (23)	14 (19)	9 (14)	7 (11)	6 (9)	5 (7)	4 (6)
	0,09	31 (38)	23 (30)	19 (25)	13 (19)	10 (15)	8 (12)	6 (10)	5 (8)
	0,12	36 (47)	28 (37)	23 (30)	17 (23)	13 (18)	11 (15)	9 (12)	7 (10)
	0,15	41 (54)	33 (43)	27 (36)	20 (27)	15 (22)	13 (18)	11 (15)	9 (13)
Ebene Wand	0,03	14 (18)	10 (14)	8 (11)	5 (8)	4 (6)	3 (5)	3 (4)	2 (3)
	0,06	24 (28)	17 (21)	14 (17)	10 (12)	8 (10)	6 (8)	5 (7)	4 (6)
	0,09	31 (35)	23 (28)	20 (23)	14 (17)	11 (14)	9 (12)	7 (10)	6 (8)
	0,12	36 (41)	28 (33)	24 (28)	18 (21)	14 (17)	12 (14)	10 (12)	8 (10)
	0,15	41 (47)	33 (38)	28 (32)	21 (25)	16 (20)	14 (17)	12 (15)	10 (13)
		Temperaturunterschied zwischen Rohr und Luft 200° C							
10/14	0,03	17	11	8	5				
	0,06	29	20	14	10				
	0,09	39	27	20	14				
	0,12	48	33	25	18				
	0,15	56	39	30	22				
50/57	0,03	23 (32)	15 (22)	11 (17)	7 (11)	5 (8)	4 (6)		
	0,06	38 (48)	26 (35)	20 (27)	13 (18)	9 (14)	7 (11)		
	0,09	50 (61)	36 (45)	28 (36)	18 (25)	13 (19)	10 (15)		
	0,12	59 (71)	44 (53)	34 (43)	23 (31)	17 (24)	13 (19)		
	0,15	68 (80)	51 (61)	40 (49)	27 (36)	20 (28)	16 (23)		

Zahlentafel 93. (Fortsetzung.)

Rohrdurchmesser in mm	Wärmeleitzahl in kcal/m h°	Dämmstärke in mm							
		20	30	40	60	80	100	125	150
		Temperaturunterschied zwischen Rohr und Luft 200° C							
100/108	0,03	24 (35)	17 (25)	12 (18)	8 (12)	6 (9)	4 (7)	3 (5)	3 (4)
	0,06	41 (51)	29 (38)	22 (30)	15 (21)	11 (16)	8 (13)	6 (10)	5 (8)
	0,09	53 (64)	39 (49)	30 (40)	21 (29)	16 (22)	12 (18)	9 (14)	7 (12)
	0,12	63 (74)	47 (58)	37 (48)	26 (35)	20 (27)	16 (22)	12 (18)	10 (15)
	0,15	72 (83)	55 (65)	44 (54)	31 (41)	24 (32)	19 (27)	15 (21)	12 (18)
200/216	0,03	26 (37)	18 (26)	14 (20)	9 (14)	7 (10)	5 (8)	4 (7)	3 (5)
	0,06	43 (53)	37 (41)	24 (33)	17 (23)	13 (18)	10 (15)	8 (12)	6 (10)
	0,09	56 (68)	42 (55)	32 (44)	23 (32)	18 (26)	14 (20)	11 (17)	9 (14)
	0,12	66 (79)	50 (64)	40 (51)	29 (38)	23 (30)	18 (25)	14 (20)	12 (17)
	0,15	75 (88)	58 (70)	48 (59)	34 (44)	27 (36)	22 (30)	17 (24)	14 (20)
400/419	0,03	27 (40)	19 (28)	15 (22)	10 (16)	7 (11)	6 (10)	5 (7)	4 (6)
	0,06	44 (55)	32 (42)	26 (35)	18 (25)	14 (20)	11 (16)	9 (13)	7 (11)
	0,09	57 (69)	43 (55)	35 (45)	25 (34)	20 (27)	16 (22)	12 (18)	10 (16)
	0,12	67 (82)	52 (65)	43 (54)	31 (41)	25 (32)	20 (27)	16 (22)	13 (19)
	0,15	76 (92)	60 (74)	50 (62)	36 (47)	30 (39)	24 (33)	19 (27)	16 (23)
Ebene Wand	0,03	26 (34)	19 (25)	15 (21)	11 (14)	8 (11)	7 (9)	6 (7)	5 (6)
	0,06	42 (50)	32 (38)	26 (31)	19 (23)	15 (18)	12 (15)	10 (13)	9 (11)
	0,09	55 (65)	43 (51)	35 (42)	26 (31)	21 (26)	17 (22)	14 (19)	12 (16)
	0,12	65 (75)	52 (59)	43 (49)	32 (38)	26 (31)	22 (26)	18 (22)	16 (19)
	0,15	74 (85)	60 (68)	50 (57)	38 (44)	31 (37)	26 (31)	22 (27)	19 (23)
		Temperaturunterschied zwischen Rohr und Luft 300° C							
10/14	0,03	25	16	11	6				
	0,06	42	28	21	14				
	0,09	56	39	29	20				
	0,12	68	48	36	24				
	0,15	80	56	43	30				
50/57	0,03	33 (43)	22 (32)	16 (23)	10 (14)	7 (12)	5 (9)		
	0,06	54 (67)	38 (48)	29 (38)	19 (26)	14 (19)	10 (15)		
	0,09	71 (85)	51 (62)	40 (50)	26 (35)	20 (27)	14 (21)		
	0,12	84 (97)	62 (73)	46 (60)	33 (43)	25 (33)	18 (27)		
	0,15	96 (110)	72 (83)	57 (68)	40 (50)	30 (39)	22 (32)		
100/108	0,03	35 (47)	24 (34)	18 (26)	12 (17)	9 (13)	7 (11)	5 (8)	4 (6)
	0,06	58 (71)	42 (52)	32 (41)	22 (29)	16 (23)	13 (18)	11 (14)	8 (12)
	0,09	76 (90)	56 (67)	44 (54)	30 (39)	22 (31)	18 (25)	15 (20)	11 (17)
	0,12	89 (105)	68 (79)	54 (64)	38 (48)	28 (38)	23 (31)	19 (25)	15 (21)
	0,15	101 (119)	78 (90)	63 (74)	45 (56)	34 (44)	27 (37)	22 (30)	18 (25)
200/216	0,03	37 (49)	26 (36)	20 (28)	13 (20)	10 (15)	8 (13)	6 (10)	5 (8)
	0,06	61 (73)	45 (55)	35 (46)	24 (33)	18 (25)	14 (20)	11 (16)	9 (14)
	0,09	79 (94)	59 (71)	47 (60)	34 (44)	26 (35)	20 (28)	16 (23)	13 (20)
	0,12	93 (110)	71 (84)	58 (70)	42 (53)	32 (42)	26 (35)	21 (28)	17 (24)
	0,15	105 (124)	82 (97)	67 (81)	49 (61)	38 (49)	31 (41)	25 (34)	21 (29)

Zahlentafel 93. (Fortsetzung.)

Rohr-durch-messer in mm	Wärme-leitzahl in kcal/m h°	Dämmstärke in mm							
		20	30	40	60	80	100	125	150
		Temperaturunterschied zwischen Rohr und Luft 300 C							
400/419	0,03	38 (51)	27 (38)	21 (31)	15 (22)	11 (17)	9 (14)	7 (10)	6 (9)
	0,06	62 (75)	47 (58)	37 (47)	26 (35)	20 (27)	16 (23)	13 (19)	11 (16)
	0,09	81 (97)	62 (75)	50 (61)	36 (46)	28 (37)	22 (31)	18 (25)	15 (22)
	0,12	95 (113)	74 (88)	60 (73)	45 (56)	35 (44)	28 (38)	23 (32)	19 (27)
	0,15	107 (127)	85 (100)	70 (83)	53 (64)	42 (52)	34 (44)	28 (37)	23 (32)
Ebene Wand	0,03	37 (45)	27 (34)	21 (27)	15 (20)	12 (15)	10 (13)	8 (10)	7 (9)
	0,06	60 (72)	45 (55)	37 (45)	27 (33)	22 (27)	18 (23)	15 (19)	13 (16)
	0,09	77 (89)	60 (70)	50 (58)	37 (44)	30 (36)	25 (31)	21 (26)	18 (23)
	0,12	91 (104)	72 (82)	60 (69)	46 (54)	38 (44)	31 (38)	26 (33)	23 (29)
	0,15	102 (116)	82 (94)	69 (79)	54 (62)	44 (51)	37 (44)	32 (38)	27 (34)
		Temperaturunterschied zwischen Rohr und Luft 400° C							
10/14	0,03	32	20	15	10				
	0,06	54	36	27	18				
	0,09	72	49	37	25				
	0,12	87	61	47	31				
	0,15	100	71	55	37				
50/57	0,03	42 (55)	28 (38)	21 (30)	13 (20)	10 (15)	7 (11)		
	0,06	69 (83)	49 (60)	37 (48)	24 (33)	18 (25)	14 (20)		
	0,09	89 (106)	65 (78)	50 (63)	34 (45)	25 (34)	20 (28)		
	0,12	106 (123)	79 (92)	62 (75)	42 (54)	32 (42)	25 (34)		
	0,15	121 (136)	91 (103)	72 (85)	50 (62)	38 (49)	29 (40)		
100/108	0,03	45 (59)	31 (43)	24 (33)	15 (23)	11 (17)	9 (14)	7 (11)	5 (8)
	0,06	74 (86)	53 (65)	41 (52)	28 (38)	20 (29)	16 (23)	13 (19)	10 (15)
	0,09	95 (109)	71 (83)	56 (68)	39 (50)	29 (39)	23 (32)	18 (26)	14 (21)
	0,12	112 (128)	86 (99)	68 (81)	48 (60)	37 (48)	29 (39)	23 (32)	19 (27)
	0,15	127 (142)	99 (110)	79 (92)	57 (69)	44 (56)	35 (46)	28 (37)	23 (32)
200/216	0,03	47 (63)	33 (47)	26 (37)	17 (26)	13 (20)	10 (15)	8 (12)	6 (10)
	0,06	77 (90)	57 (68)	45 (56)	31 (41)	23 (32)	19 (27)	15 (22)	12 (18)
	0,09	98 (115)	75 (90)	60 (73)	43 (54)	33 (44)	26 (36)	12 (30)	17 (25)
	0,12	116 (132)	90 (106)	73 (87)	53 (66)	41 (53)	33 (44)	27 (36)	22 (31)
	0,15	132 (148)	103 (119)	85 (99)	62 (75)	49 (61)	40 (51)	32 (42)	26 (36)
400/419	0,03	49 (65)	35 (49)	29 (39)	19 (28)	14 (22)	11 (17)	9 (14)	7 (11)
	0,06	79 (94)	59 (72)	47 (60)	33 (44)	26 (35)	21 (29)	17 (24)	14 (21)
	0,09	101 (119)	78 (93)	63 (77)	46 (58)	36 (47)	29 (39)	24 (33)	20 (28)
	0,12	119 (140)	93 (111)	76 (91)	56 (69)	45 (56)	37 (48)	30 (40)	25 (34)
	0,15	135 (154)	106 (124)	89 (105)	66 (80)	53 (65)	44 (56)	36 (46)	30 (40)
Ebene Wand	0,03	47 (57)	34 (43)	28 (35)	20 (25)	16 (20)	13 (16)	11 (14)	9 (11)
	0,06	75 (87)	58 (68)	47 (56)	35 (42)	28 (33)	23 (28)	19 (23)	16 (20)
	0,09	96 (110)	76 (87)	63 (73)	47 (56)	38 (46)	32 (39)	27 (33)	23 (28)
	0,12	113 (130)	90 (100)	76 (86)	57 (67)	47 (56)	40 (48)	34 (41)	29 (35)
	0,15	127 (144)	103 (116)	89 (100)	67 (77)	55 (64)	47 (56)	40 (48)	35 (42)

Zahlentafel 93 gibt die Übertemperatur der Oberflächen von Dämmschichten für verschiedene Rohrdurchmesser, Temperaturen, Wärmeleitzahlen und Stärken. Die eingeklammerten Werte verstehen sich nach Gleichung (123), gelten also für kleinere Räume bzw. für vor Luftzug geschützt liegende Rohre. Die nicht eingeklammerten Zahlen sind nach Gleichung (124) berechnet. Unter besonders ungünstigen Verhältnissen (Rohre in Winkeln u. ä.) können die letztgenannten Zahlen eine Verdoppelung erfahren. Die Zahlentafel kann mit Rücksicht auf Staubablagerung in der Praxis auch für Blechmäntel aus lackiertem, verbleitem, verzinktem und aluminiumbronziertem Eisenblech genommen werden. Blechmäntel aus blankem Aluminium oder Weißblech bedürfen einer Sonderberechnung.

49. Die Vermeidung von Schwitzwasser und Reifbildung an Oberflächen.

An den Oberflächen von Körpern, die kälter als die angrenzende Luft sind, kann sich Wasser aus dem Feuchtigkeitsgehalt der Luft niederschlagen. Ist die Temperatur der Oberfläche unter 0°, so bildet sich Reif. Diese Erscheinung ist mit Rücksicht auf die entstehenden Schäden der verschiedensten Art (gesundheitliche Schäden für die Bewohner feuchter Räume, Zerstörung von Bau- und Dämmstoffen, Verderb von Lagergütern, Störung von Herstellungsvorgängen usw.) sorgfältig zu bekämpfen, manchmal aber nur schwer völlig zu vermeiden. Die physikalische Ursache ist folgende:

Der Feuchtigkeitsgehalt, den Luft in Form von Wasserdampf enthalten kann, besitzt eine oberste Grenze. Dieser mögliche Höchstbetrag ist um so größer, je höher die Lufttemperatur ist. Daher muß sich an kalten Oberflächen Wasser abscheiden, wenn der in der Luft vorhandene Feuchtigkeitsgehalt über den möglichen Höchstbetrag für die Oberflächentemperatur hinausgeht.

Zahlentafel 94 enthält den Höchstbetrag der Luftfeuchtigkeit in Abhängigkeit von der Temperatur. Beträgt die Luftfeuchtigkeit nur einen Bruchteil des möglichen Höchstwertes, so nennt man diesen, ausgedrückt in Prozent des Höchstwertes, die „relative Feuchtigkeit" der Luft. In der Zahlentafel ist für verschiedene relative Luftfeuchtigkeiten angegeben, wie groß die Untertemperatur einer Oberfläche werden darf, bevor Schwitzwasser ausfällt. Beträgt z. B. die relative Luftfeuchtigkeit bei 20° C 50%, so tritt Schwitzwasser an allen Oberflächen mit Temperaturen unter 8,5° auf, weil der Wasserdampfgehalt von $\frac{50 \cdot 17{,}29}{100} = 8{,}65\ \mathrm{g/m^3}$ der mögliche Höchstbetrag für 8,5° C ist.

In ständig feuchtigkeitsgesättigter Luft, z. B. in Kellern können auch nichtgekühlte Körper, z. B. Eisenträger, schwitzen, weil sie den

Zahlentafel 94. Feuchtigkeitsgehalt und Taupunkt der Luft.

Luft-temperatur in °C	Maximale Feuchtigkeitsmenge je 1 m³ Luft in g/m³	Zulässige Abkühlung der Luft in °C bis zur Taubildung bei einer relativen Luftfeuchtigkeit in %						
		30	40	50	60	70	80	90
−20	0,90	—	—	—	—	—	—	—
−15	1,41	—	—	—	5,6	4,0	2,5	1,2
−10	2,17	—	—	8,0	5,9	4,2	2,6	1,3
− 5	3,27	14,1	10,8	8,2	6,2	4,4	2,7	1,3
± 0	4,84	14,7	11,3	8,7	6,5	4,6	2,9	1,4
2	5,56	15,0	11,7	9,0	6,8	4,8	3,0	1,5
4	6,36	15,3	12,1	9,3	7,1	5,1	3,2	1,5
6	7,26	15,7	12,5	9,7	7,3	5,3	3,3	1,6
8	8,27	16,0	12,9	10,1	7,6	5,4	3,4	1,6
10	9,40	16,4	13,3	10,4	7,8	5,5	3,5	1,7
12	10,66	16,8	13,6	10,7	8,0	5,6	3,5	1,7
14	12,06	17,1	13,9	10,9	8,1	5,7	3,6	1,8
16	13,63	17,5	14,2	11,1	8,3	5,8	3,7	1,8
18	15,36	17,9	14,5	11,3	8,4	5,9	3,7	1,9
20	17,29	18,3	14,7	11,5	8,5	6,0	3,8	1,9
25	23,1	19,2	15,3	11,9	8,8	6,2	3,9	1,9
30	30,4	20,1	15,9	12,3	9,1	6,5	4,1	2,0
35	39,4	21,0	16,5	12,7	9,6	6,8	4,2	2,0
40	50,7	21,9	17,2	13,2	9,9	7,0	4,4	2,1
45	64,5	22,9	17,8	13,6	10,2	7,3	4,6	2,1
50	82,3	23,8	18,4	14,0	10,5	7,5	4,7	2,2

Temperaturschwankungen der Luft erst allmählich folgen können, also zeitweise kälter sind.

An Flächen, die Wärme an die Luft abgeben, kann nie Schwitzwasser ausfallen.

Man verfügt über folgende Abhilfemöglichkeiten:

1. Verringerung der relativen Luftfeuchtigkeit, z. B. durch Einführung trockener Warmluft (Entnebelungsanlagen).

2. Beheizung der kalten Flächen, z. B. Heizrohre in der Luftschicht zwischen schwitzenden Doppelfenstern von Fabrikdächern oder elektrische Flächenbeheizung (z. B. nach dem Elektrowärmeschutzverfahren der S. 90, Ausführungsbeispiel Abb. 98).

3. Verminderung des Temperaturunterschieds zwischen kalter Oberfläche und Luft durch kräftige Luftbewegung, z. B. mit Hilfe eines Ventilators bei Schaufenstern.

4. Annäherung der Oberflächentemperatur an die Lufttemperatur durch Aufbringen von Dämmschichten, z. B. auf Wänden, Rohrleitungen, Dächern.

Bei unvermeidlicher Schwitzwasserbildung müssen wenigstens durch Ableiten des Tropfwassers Schäden verhindert werden. Im folgenden ist nur die Abhilfe durch Anbringung von Dämmschichten zu behandeln, die keine laufenden Betriebsaufwendungen erfordern.

Die zulässige Wärmedurchgangszahl k_{zul} der Wand eines Wohngebäudes oder eines Kühlraumes zur Vermeidung von Schwitzwasser ergibt sich aus der Gleichung:

$$k_{\text{zul}} = \alpha_1 \cdot \frac{t_1 - t_s}{t_1 - t_2}. \tag{127}$$

Hierin ist α_1 und t_1 die Wärmeübergangszahl bzw. Lufttemperatur im Rauminnern (bei wärmeren Räumen als die Umgebung) bzw. der Raumumgebung (bei Kühlräumen), t_s die Sättigungstemperatur der Luft, t_2 die Temperatur der Luft auf der kalten Wandseite.

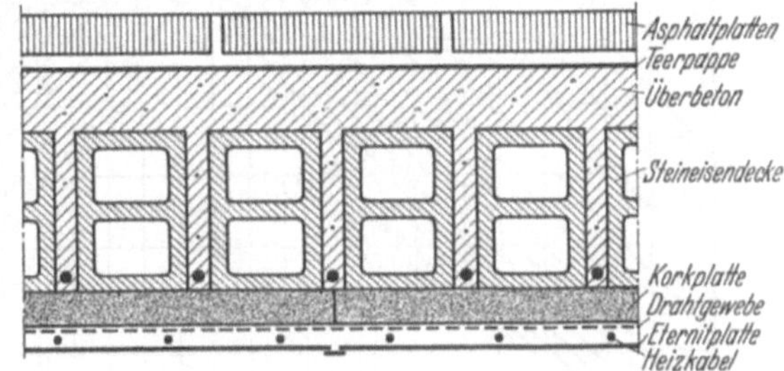

Abb. 98. Elektrische Flächenbeheizung gegen Schwitzwasser.

Für die notwendige Stärke der Dämmschicht auf einer Kälteleitung zur Vermeidung von Schwitzwasser gilt die Formel:

$$t_s - t_2 = \frac{t_1 - t_2}{1 + \frac{1}{2\lambda} \cdot \ln \frac{d_a}{d_i} \cdot \alpha_2 \cdot d_a}. \tag{128}$$

Beide Gleichungen beruhen auf dem Dauerzustand der Wärmeströmung, weil in ihm die Oberflächentemperatur einer gekühlten Fläche am geringsten ist.

Die Schwitzwassergefahr ist um so größer, die nötige Dämmstärke zu ihrer Vermeidung also ebenfalls, je kleiner die Wärmeübergangszahl zwischen Luft und Oberfläche ist. Im Diagramm Abb. 99, das Berechnungen der Dämmstärken erspart, ist deshalb mit dem praktischen Mindestwert der Wärmeübergangszahl von 4 kcal/m² h° gerechnet, entsprechend völlig stagnierender Luft (z. B. in den Winkeln von Räumen oder an Leitungen dicht an Wänden, vgl. S. 64). Die aus diesem Bild entnommenen Dämmstärken sind daher unbedingt sichere Werte.

Bei normaler Luftbewegung (freie Flächen größerer Räume) können jene Dämmstärken entnommen werden, die sich bei Verminderung des tatsächlich vorhandenen Temperaturunterschiedes um 15% ergeben.

Bei lebhafter Luftströmung (Räume mit starker Zugluft) darf diese Verminderung bis 30% betragen.

Hat die Dämmschicht gleichzeitig eine wirtschaftliche Aufgabe zu erfüllen, handelt es sich also um den Schutz künstlich erzeugter Kälte, so kommen „wirtschaftlichste“ Stärken in Betracht, die im allgemeinen noch höher als die Stärken zur Vermeidung von Schwitzwasser bei stagnierender Luft sind (Abschnitt 56, S. 273). Nur bei sehr großen

Kälteanlagen mit besonders niedrigen Kältepreisen pflegt die Stärke zur Vermeidung von Schwitzwasser größer als die wirtschaftlichste Stärke zu sein.

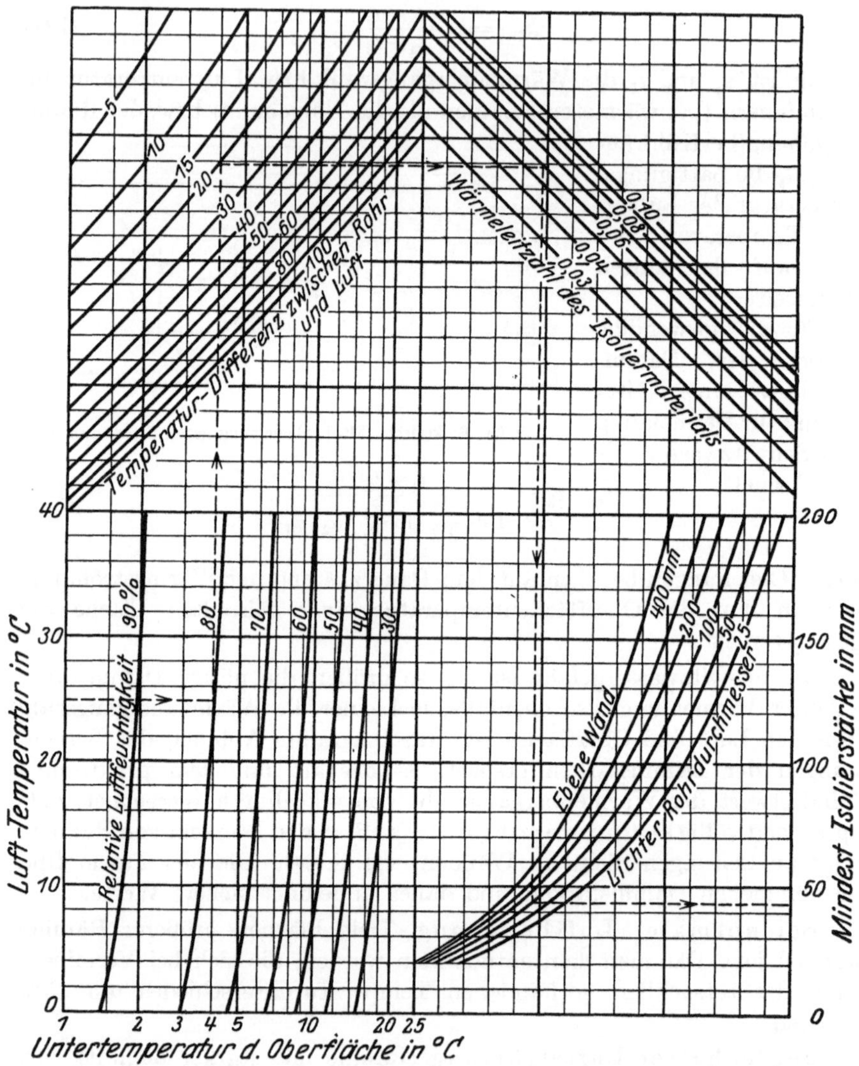

Abb. 99. Diagramm zur Berechnung der notwendigen Dämmstärke gegen Schwitzwasserbildung.

Die Anwendung des Diagramms geht aus dem eingezeichneten Beispiel hervor:

Zahlenbeispiel. Eine Frischwasserleitung von 5° C Wassertemperatur und 100 mm lichtem Durchmesser soll durch einen Fabrikationsraum mit +25° C Lufttemperatur führen, dessen Luftfeuchtigkeit 80% sei. Die Wärmeleitzahl der

Schutzschicht betrage 0,06 kcal/mh°C. Das Diagramm ergibt dann für die notwendige Dämmstärke 45 mm. Da es sich hierbei stets um Mindestdämmstärken handelt, muß die Abrundung auf Handelsmaß grundsätzlich nach oben erfolgen, so daß man also eine 50 mm starke Dämmschicht auszuführen hat. Wie durch ein Rückwärtsablesen des Diagramms zu ersehen ist, liegt alsdann die Oberflächentemperatur nunmehr etwa 3,6° unter der Lufttemperatur, während sie nach der genauen Ermittlung 4,0° darunter liegen dürfte, um Schwitzwasserbildung nicht auftreten zu lassen. Hier muß man unbedingt bei den Diagrammwerten bleiben, da derartige Leitungen stets sehr nahe an der Wand liegen, wo die Luft völlig in Ruhe ist.

Das Diagramm läßt sich auch für die Dämmschicht von Kühlraummauern anwenden. Man hat nur von der ermittelten Dämmstärke die gleichwertige Stärke der vorhandenen Wandkonstruktion abzuziehen, also z. B. bei 25 cm Betonwand mit einer Wärmeleitfähigkeit von 1,0 kcal/mh° 1 cm, wenn der Dämmstoff ein λ von 0,04 hat. Denn die gleichwertigen Stärken zweier Stoffe verhalten sich bei ebener Form umgekehrt proportional den Wärmeleitzahlen. Der Wärmeübergang an der kalten Oberfläche kann der Einfachheit halber vernachlässigt werden, d. h. man setzt auch hierfür als Temperaturdifferenz im zweiten Quadrant diejenige zwischen Innen- und Außenluft ein.

Da bei sehr hoher relativer Luftfeuchte (über 90%) die notwendigen Dämmstärken kaum mehr ausführbar sind, muß die tatsächlich vorhandene Luftfeuchtigkeit und die vorliegende Wärmeübergangszahl möglichst genau festgestellt werden. Bei Wandflächen, die nicht allseitig gegen Körper von Lufttemperatur strahlen, wie dies bei Wänden von Wohnräumen der Fall ist, empfiehlt es sich mit den Zahlen von Cammerer und Dürhammer der Tafel 20, S. 64 zu rechnen, für die sich ein $\alpha_s \sim 1{,}2$ kcal/m²h° ergibt. Dabei ist zu beachten:

1. Eine Luftfeuchtigkeit über 90% kann mit den üblichen Haarhygrometern nicht genau genug bestimmt werden. Es sind ventilierte Psychrometer oder Taupunktshygrometer erforderlich.

2. Die Luft ist unter Decken wärmer, ihre relative Feuchtigkeit daher geringer als in Raummitte.

3. An freien Wandflächen größerer Räume herrscht stets eine gewisse Luftbewegung die Wärmeübergangszahl ist dort größer, als bei den Sicherheitswerten der Abb. 99 zugrunde liegt.

4. An Wänden von Wohn- und Industrieräumen mit genügend porösem Putz kann ein kurzzeitiger, mäßiger Schwitzwasseranfall sehr wohl zugelassen werden. Daher ist es hier nicht nötig, mit extremen Wintertemperaturen zu rechnen, die im Laufe der Jahre nur sehr selten und nur an einzelnen Tagen auftreten.

Bei Schwitzwassergefahr, z. B. auf Kälteleitungen, können nur gut imprägnierte Dämmstoffe verwendet werden, deren Oberfläche eine feuchtigkeitsdichte Schutzschicht erhalten soll.

50. Das Gefrieren des Erdreichs unter Kühlräumen.

Bei Kühlanlagen mit Temperaturen die wesentlich unter 0° C liegen können Schädigungen dadurch auftreten, daß infolge des Gefrierens des Erdreichs und der damit verbundenen Ausdehnung die Bodenschichten der Kühlräume zerstört und durch Hebung der Fundamente auch Wände und Decken in Mitleidenschaft gezogen werden. Es ist daher nach der Mindestdämmstärke zu fragen, um derartige Erscheinungen unter allen Umständen zu verhindern[1].

In erster Linie muß man nach Abb. 47 und 48, S. 84, Säulen, die durch einen Kühlraum gehen, abdämmen, und zwar im allgemeinen nicht unter 60 mm stark (unter besonders ungünstigen Verhältnissen in der gleichen Stärke wie den Fußboden); denn andernfalls stellen sie, da sie die Fußbodendämmung durchbrechen, Wärmebrücken zwischen dem Rauminneren und dem Erdreich dar, infolge deren die Bodentemperatur an dieser Stelle besonders leicht 0° unterschreitet.

Diese Maßnahme vorausgesetzt, sind die gefährdeten Stellen nicht die Fundamente, sondern die an die glatte Bodenfläche angrenzende Erdschicht.

Für die hier zu entscheidende Frage genügt eine angenäherte Berechnungsweise, die mit den Formeln einer genau senkrechten Wärmeströmung zur Bodenfläche rechnet, also von den seitlichen Verlusten nach Abb. 9, S. 27, absieht und in einer gewissen Entfernung vom Fußboden die normale Erdtemperatur annimmt. Die Größe dieser Entfernung hängt außer von der tatsächlichen Grundwassertiefe von der Flächenausdehnung des Kühlraumes ab, da man die Wirkung der seitlich aus dem Erdreich zuströmenden Wärmemengen wenigstens bei der Festlegung dieser Größe berücksichtigen wird. W. Redenbacher[2] hat in seiner Dissertation München 1917 gelegentlich der Untersuchung der Leitfähigkeit des gewachsenen Erdbodens festgestellt, daß in dem untersuchten Fall in etwa 4 m Abstand vom Kellerboden die unveränderliche Temperatur von 11° C erhalten blieb. Grundwasserströmung war hierbei nicht vorhanden. E. Prätorius[3] fand bei Kesselanlagen,

[1] Bei einer großen Kühlanlage wurde zur Vermeidung jeder Gefahr eine Unterkellerung der gesamten Kühlräume in etwa 50 cm Höhe ausgeführt, durch die gegebenenfalls noch temperierte Luft geblasen werden soll. Da die Kosten dieser Maßnahme sich auf etwa 100000 RM. beliefen, so wird man zu derartigen Bauweisen nur greifen, wenn trotz reichlich bemessener Dämmschicht nach dem hier angegebenen Berechnungsgang keine völlige Sicherheit erreichbar erscheint. Für solche Maßnahmen tritt jedoch bei Gefrieranlagen, die in das Erdreich einschneiden, K. Seiffert ein: Gefrierräume im Erdreich. Wärme- und Kältetechn. Bd. 40 (1938) Heft 2.

[2] Redenbacher, W.: Die Wärmeleitfähigkeit des gewachsenen Erdbodens. — Der Dauerzustand der Temperaturverteilung trat hier erst nach über 4 Wochen ununterbrochener Betriebsweise ein. Ausfrieren des Erdreichs wurde verhindert.

[3] Prätorius, E.: Strahlungs- und Leitungsverluste in Wasserrohrkesseln im Beharrungszustand, während des Einlaufens und in den Betriebspausen. Arch. Wärmewirtsch. Bd. 6 (1925) S. 285; Bd. 7 (1926) S. 77.

daß sich eine gleichbleibende Temperatur in etwa 3 m Entfernung von den Kesselfundamenten einstellte. Zu berücksichtigen ist im letzteren Falle, daß die Anlage in täglich unterbrochener Betriebsweise arbeitete, wodurch eine Verminderung der Tiefe des Eindringens von Temperaturänderungen bedingt ist. Wenn nicht die Tiefe des Grundwasserspiegels einwandfrei bekannt ist, womit ja die Zone gleichbleibender Temperatur ohne weiteres gegeben ist, wird man also die unveränderte Erdtemperatur bei kleinen Kühlräumen bis 5 m Breite etwa in einer Entfernung von der Bodenfläche gleich dieser Breite annehmen, bei großen Kühlräumen nicht über 8 m gehen. Bemerkt sei, daß von einer großen Entfernung des Grundwassers nicht ohne weiteres auf eine geringe Feuchtigkeit des Bodens geschlossen werden kann, die vielleicht ein Ausfrieren überhaupt ausschließen würde, weil wasserstauende Schichten dazwischen liegen können, die das Regen- oder Sickerwasser aufhalten und weil es Bodenarten gibt, die viel Wasser kapillar festzuhalten vermögen.

Für die Berechnung der notwendigen Kälteschutzschicht, die verhindern soll, daß die Oberfläche des Erdreichs eine geringere Temperatur als 0° bekommt, läßt sich durch die Bedingung, daß der Wärmedurchgang durch die Fußbodenkonstruktion gleich der gesamten Wärmemenge ist, die vom Kühlraum bis zur Zone konstanter Temperatur wandert, folgende Gleichung aufstellen:

$$\frac{s_{is}}{\lambda_{is}} + \frac{s_1}{\lambda_1} + \frac{s_2}{\lambda_2} \ldots = -\frac{t_1}{t_0} \cdot \frac{s_0}{\lambda_0} - \frac{1}{\alpha_1}. \tag{129}$$

Darin bedeutet:

λ_{is} = die Wärmeleitfähigkeit der Dämmschicht in kcal/mh°,
s_{is} = die Dicke der Dämmschicht in m,
$\lambda_1, \lambda_2 \cdots$ = die Wärmeleitzahl der sonstigen Schichten, aus welchen der Boden des Kühlraumes besteht, in kcal/mh°,
$s_1, s_2 \cdots$ = ihre jeweilige Stärke in m,
λ_0 = die Wärmeleitfähigkeit des Erdreichs in kcal/mh°,
s_0 = die Dicke der Erdschicht zwischen Kühlraumboden und der Zone gleichbleibender Temperatur in m,
α_1 = die Wärmeübergangszahl von der Luft in dem Kühlraum auf die Bodenfläche in kcal/m²h°,
t_1 = die Temperatur des Kühlraumes in °C,
t_0 = die Temperatur des Erdreichs in °C.

Im Durchschnitt wird man $t_0 = +10°$ C, die Wärmeübergangszahl zwischen Luft und Boden mit 5,0, die Wärmeleitzahl des Erdreichs mit 2,0 ansetzen.

Für den äußersten Fall $s_0 = 8$ m wird dann die Gleichung

$$\frac{s_{is}}{\lambda_{is}} + \frac{s_1}{\lambda_1} + \frac{s_2}{\lambda_2} + \ldots = -0{,}4\,t_1 - 0{,}2\,. \tag{129a}$$

Nachstehende Zusammenstellung zeigt die sich hierfür errechnenden Mindestdämmstärken unter der Voraussetzung einer Bodenkonstruktion aus 24 cm Beton (Wärmeleitfähigkeit 1,0 kcal/mh°) bei verschiedenen

Zahlentafel 95.

Entfernung der Zonen unveränderlicher Temperatur bzw. des Grundwassers vom Kühlraumboden in m	Notwendige Dämmstärke zur Verhinderung des Gefrierens der angrenzenden Bodenschichten in mm	Temperatur des angrenzenden Erdreiches bei 100 mm Dämmstärke in °C
2	23	+ 5,0
5	83	+ 0,9
8	142	— 1,4 (Gefrierzone etwa 1 m)

Entfernungen der Zonen unveränderlicher Temperatur bzw. des Grundwassers vom Kühlraumboden, wenn die Lufttemperatur des Kühlraumes —10° C beträgt. Außerdem ist die Temperatur der obersten Schicht des Erdreichs angefügt, wenn eine übliche Dämmschicht aus Korksteinplatten von 100 mm Stärke (Wärmeleitzahl 0,04 kcal/mh°) verlegt wird.

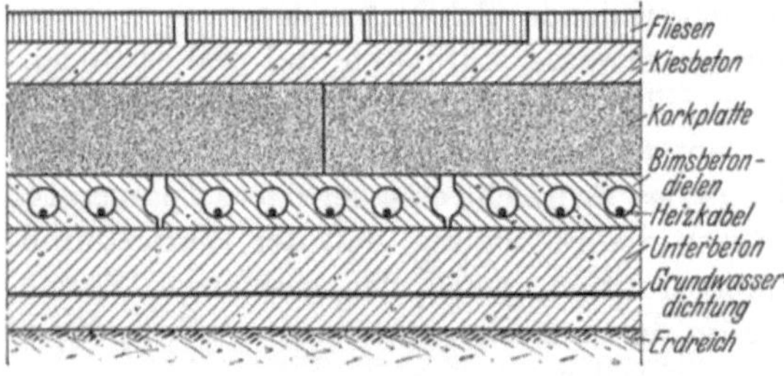

Abb. 100. Elektrische Bodenheizung gegen das Gefrieren des Erdreichs.

Die Zusammenstellung zeigt, daß man nur bei sehr tiefgekühlten Räumen eine wesentliche Verstärkung der Dämmschicht über das wirtschaftliche Maß hinaus vornehmen muß. Immerhin ist bei Räumen mit tiefer Temperatur eine Nachprüfung von Fall zu Fall angezeigt. Gegebenenfalls ermöglicht auch hier das „Elektrowärmeschutzverfahren“ (vgl. S. 90) mit einem Heizaufwand weniger Watt je m² Bodenfläche eine unbedingte Sicherheit. Ausführungsbeispiel Abb. 100.

51. Dämmung und Ausführung eisbeschickter Kühlräume.

Eisbeschickte Kühlräume werden vielfach ausgeführt, wo Eis billig zur Verfügung steht. Man hat „Nachbeschickungsanlagen“ und „Jahreseiskeller“ zu unterscheiden. Bei den Nachbeschickungsanlagen wird in gewissen Zeitabständen, etwa alle 3 bis 8 Tage der Eisbehälter aufgefüllt. Beim Jahreseiskeller wird im Winter aus einem benachbarten Gewässer oder auf einem Wasserbrausengerüst ein genügender Eisvorrat gewonnen, der im Kellergebäude aufgestapelt die Schmelzverluste und die Nutzkälte während eines Jahres aufbringt. Die Vorteile insbesondere der Jahreseiskeller sind: geringe Kühlkosten, sehr wenig Wartung und Störungsfreiheit (natürlich nur, wenn der Keller einwandfrei erbaut ist). Da die Lieferfirmen der Kältedämmung oft auch weitgehende Verpflichtung hinsichtlich richtigen Baus und Arbeitens der ganzen Anlage übernehmen müssen, seien nachstehend die wichtigsten konstruktiven Angaben gemacht, ohne daß dadurch freilich gründliche praktische Erfahrungen ganz ersetzt werden könnten.

Nachstehende Ausführungen stützen sich hinsichtlich der Nachbeschickungsanlagen auf die Arbeit von Br. Kochanski: „Das Wesen der neuzeitlichen Eiskühlung“[1], hinsichtlich der Jahreseiskeller auf einen Aufsatz des Verfassers: „Die Konstruktion und Berechnung von

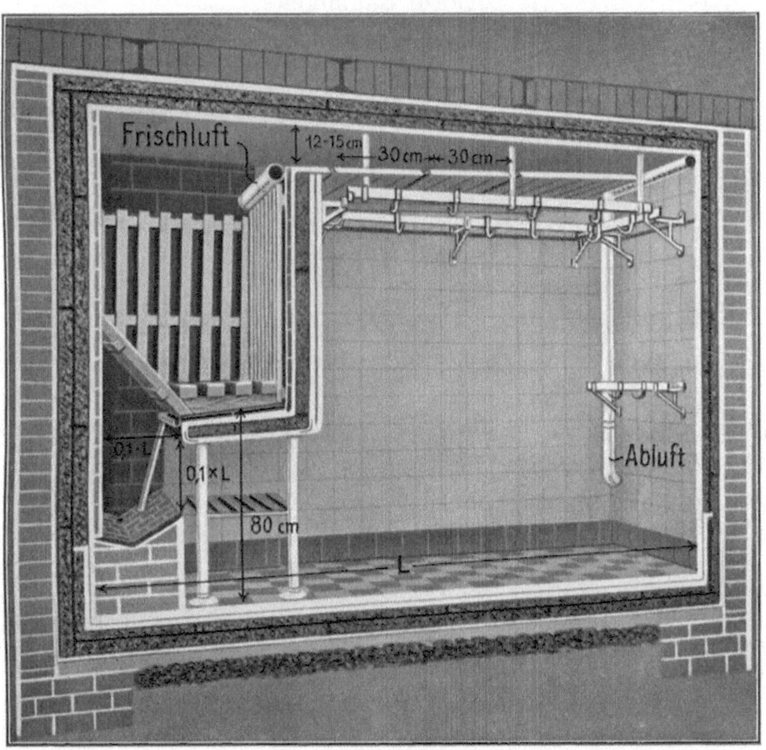

Abb. 101. Eis-Nachbeschickunganlage mit richtigen Maßen.

Jahreseiskellern“[2]. Bei beiden Arten von Kühlräumen ist beste Ausführung der Dämmschicht und richtige Führung und Bemessung aller Luftwege Voraussetzung eines befriedigenden Arbeitens, d. h. der Erzielung trockener Raumluft der gewünschten Temperatur (Fleischkühlräume 3 bis 5°, Bierkühlräume 5 bis 6°). Denn die Luftumwälzung wird ja nur durch geringe Temperaturunterschiede in Gang gehalten.

Abb. 101 gibt gute Maßverhältnisse einer Nachbeschickungsanlage. Im einzelnen ist zu beachten:

[1] Kochanski, Br.: Dtsch. Fleischer-Ztg. vom 15. Febr. u. 7. März 1936.

[2] Cammerer, J. S.: Z. ges. Kälteind. Bd. 43 (1936) S. 23.

1. Dämmschicht der Umfassungsflächen 12 bis 16 cm stark (meist in doppelter Lage) je nach der Temperatur der Umgebung. Für den Boden genügen 10 cm. Dämmung des Eiskastens 4 bis 6 cm zur Vermeidung von Schwitzwasser und Erzielung einer guten Luftumwälzung.

2. Rauminhalt des Eiskastens zum Gesamtraum etwa 1:6. Länge des Eiskasten = ganze Raumbreite.

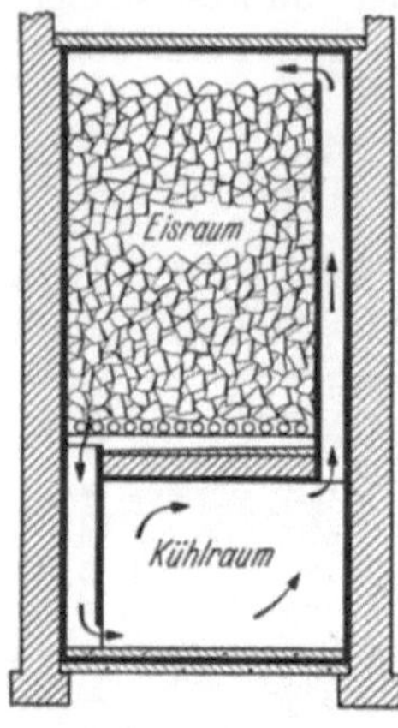

Abb. 102. Obereis.

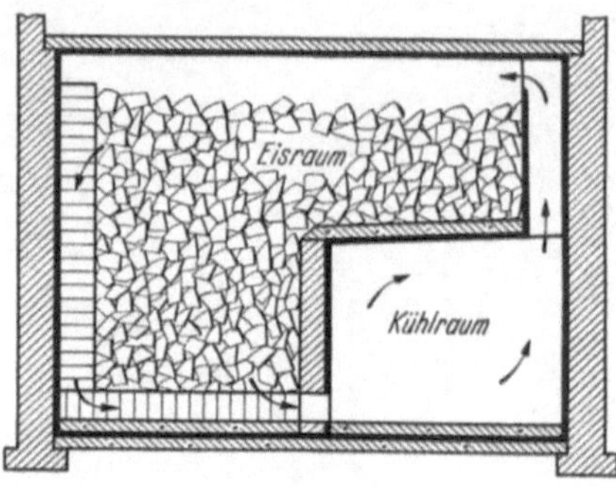

Abb. 103. Stirneis.

3. Mindestmaße der Kanäle usw. laut Zeichnung. Kühlraumhöhe soll etwa 2,20 m betragen.

4. Frischluftzuführung ist über dem Eis anzuordnen, Abluftrohr unter der Decke auf der dem Eiskasten entgegengesetzten Seite. Zweckmäßige Führung laut Zeichnung. Lüftung soll nur morgens und abends $^1/_2$ bis 1 Stunde geöffnet werden.

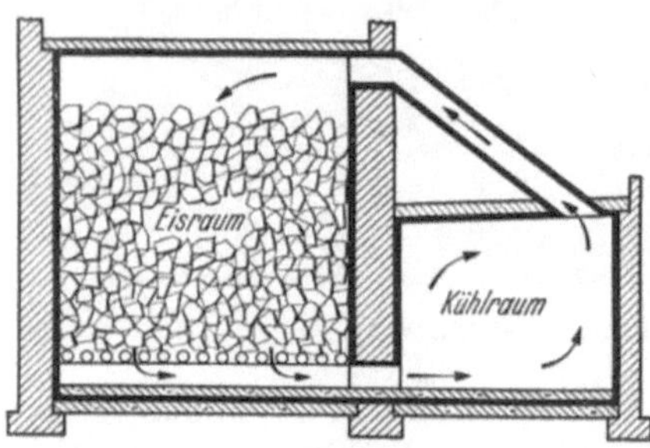

Abb. 104. Seiteneis.

5. Ungefährer Eisverbrauch 1000 kg im Jahr je 1 m³ Kühlraum (Vorraum hinzugerechnet).

Während bei Nachbeschickungsanlagen gegebenenfalls ein ungewöhnlich großer Eisverbrauch (z. B. durch vermehrte Benutzung des Kühraums oder heißes Wetter) unschwer durch entsprechend öftere Neubeschickung mit frischem Eis ausgeglichen werden kann, ist dies bei Jahreseiskellern nicht möglich. Für letztere steht erst nach Eintreten genügend starken Frostes neues Eis zur Verfügung. Jahreseiskeller müssen also stets sehr reichlich bemessen sein. Einzelheiten wie folgt:

1. Innere Raumanordnung: Die üblichen drei Arten der Anordnung des Kühlraums — Obereis, Seiteneis, Stirneis — geht aus den Abb. 102 bis 104 hervor. Obereis kommt nur für größere Kühlräume in Frage

und verlangt schwere Deckenkonstruktionen und sorgfältige Wasserdichtungen. Meist sind die Platzverhältnisse für die Wahl der Bauart maßgebend. Unterirdische Eiskeller sind teuer, der Eisverbrauch ist nur etwa 15% geringer und Lüftung der Nutzräume in kalten Nächten ist nicht möglich.

2. Größe: Der Anteil des Nutzraumes am Gesamtraum ist etwa 15 bis 20%. Übliche Eiskellergrößen 60 bis 120 m^3 Gesamtraum.

3. Eisvorrat: Er hat folgende Kältemengen zu decken:

Nutzkälte	etwa	2,5— 4%
Kühlung und Trocknung der Luft.	„	7—12%[1]
Notwendige Eisreserve zur Aufrechterhaltung einer Kühlwirkung am Ende der Betriebszeit. . . .		20%
Wärmezufuhr aus der Umgebung	„	64—70%[1]

Dazu kommt vielfach noch eine direkte Eisentnahme.

4. Dämmung: Da weitaus der größte Kältebedarf auf die Wärmezufuhr aus der Umgebung trifft, ist eine vorzügliche und starke Dämmung aller Flächen sehr wichtig. Üblich sind 12 bis 16 cm Korkplatten, doch verwenden erfahrene Firmen bis 20 cm starke Dämmplatten. Ansetzen am besten mit Goudron oder Korksteinkitt.

5. Füllen: Dichte Packung des Eises beim Einfüllen ist wichtig. Das Eis muß in Faust- bis Kopfgröße zerschlagen, in Schichten von 20 bis 30 cm Höhe überbraust und bei Frost durch Offenhalten der Einfüllöffnungen durchgefroren werden.

6. Luftführung: Frischluftzuführung am besten oben im Eisraum derart, daß Schmelzen eines unerwünschten Kanals im Eisblock, der die Kühlwirkung des Eises beeinträchtigt, verhindert wird.

Die Kaltluftkanäle müssen unterhalb des Lattenrostes des Eisraums ausgehen. Kanalquerschnitt etwa 0,2 m^2, gegebenenfalls Anordnung mehrerer Kanäle zur gleichmäßigen Kühlung des ganzen Nutzraums. Abluftkanäle des Kühlraums meist nur halb so groß. Der Sammelabluftkanal muß bis über das Dach gedämmt und zur Vermeidung von Windstauungen genügend hoch geführt sein. Vielfach erhält er unter der Eiskellerdecke eine regelbare Abzweigung, um die Abluft zum Eisstoß zurückführen zu können. Bewährt haben sich Lattenroste zur Führung der sich am Eis abkühlenden Luft nach der schematischen Abb. 103.

7. Entwässerung des Eisraums mit Wasserverschluß ausführen. Versitzgrube neben dem Eiskeller. Im Eisraum ein im Betrieb zugänglicher Gully.

Berechnung der Eiskellergröße erfolgt am besten in folgender Art.

[1] Neben der Wirkung besonders heißer und langer Sommer ist auch langanhaltendes feuchtes Wetter (durch vermehrten Feuchtigkeitsniederschlag auf dem Eis) die Ursache, warum in einzelnen Jahren der Eisverbrauch besonders hoch ist. Nähere Untersuchungen über den Einfluß der Luftfeuchtigkeit fehlen noch.

1. Festlegung des Nutzraums nach Größe und Form dergestalt, daß die Gesamtanlage nicht allzusehr von der Würfelform abweicht.

2. Der Eisraum wird zunächst 5mal so groß wie der Nutzraum geschätzt und die Dämmstärke wird angenommen.

3. Berechnung der Kälteabgabe an die Umgebung nach Abschnitt 34, S. 173 und 35a, S. 190.

4. Nachprüfung, ob der Eisraum nach Ziffer 2 Eis für das 1,5fache der Kälteabgabe an die Umgebung nach Ziffer 3 aufnehmen kann, zuzüglich einer gegebenenfalls geplanten unmittelbaren Eisentnahme.

5. Reicht die geschützte Eisraumgröße nicht aus, so muß entweder die Kälteabgabe durch Verstärkung der Dämmung vermindert oder der Eisraum vergrößert werden. Man beachte: ein Teil des Nutzens einer Eisraumvergrößerung geht durch Vermehrung der kälteabgebenden Oberfläche verloren.

In der obenerwähnten Arbeit des Verfassers sind einfache Rechentabellen und eine Begründung des vorstehenden Rechnungsganges angegeben.

E. Die Bemessung von Wärme- und Kälteschutzmitteln nach Wirtschaftlichkeit.

52. Allgemeines über die „wirtschaftlichste" Dämmstärke unter Zugrundelegung einer ununterbrochenen Betriebsweise.

Die im vorhergehenden Abschnitt behandelten betriebstechnischen Forderungen schließen im allgemeinen die Bemessung der Stärke einer Dämmschicht unter wirtschaftlichen Gesichtspunkten nicht aus, weil sich letztere in den zulässigen Grenzen hält bzw. die notwendige Mindestwirkung hervorbringt. Man kann deshalb in der Regel die „wirtschaftlichste" Stärke ausführen, bei der die Summe der jährlichen Gesamtaufwendungen für die laufenden Betriebsverluste einerseits und den Kapitaldienst zur Tilgung und Verzinsung andererseits ein Mindestwert wird. Abb. 105 zeigt die bekannte graphische Lösung dieser Aufgabe, wie sie erstmalig 1919 von M. Hottinger[1] im Prinzip aufgestellt und 1921 von M. Gerbel[2] sorgfältig durchgearbeitet wurde.

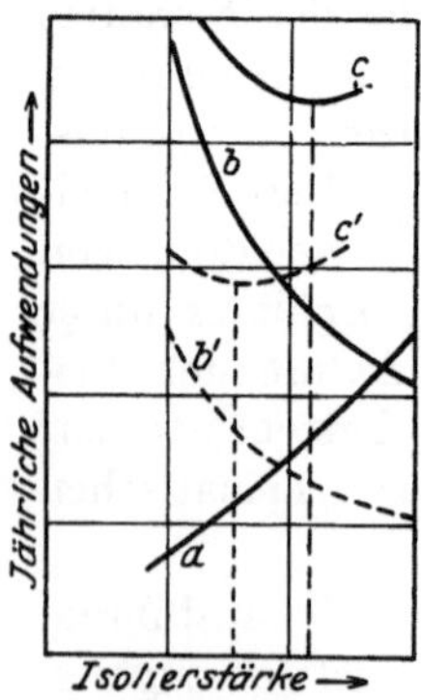

Abb. 105. Graphische Berechnung der wirtschaftlichsten Dämmstärke.

Von Gerbel u. a. wurden auch Formeln entwickelt, die sich jedoch nicht eingebürgert haben,

[1] Hottinger, M.: Theoretische Betrachtungen praktischer Beispiele aus der Lüftungs- und Wärmeschutztechnik. Gesundh.-Ing. Bd. 42 (1919) S. 161.

[2] Gerbel, M.: Die wirtschaftlichste Stärke einer Isolierung. VDI-Verlag 1921.

da die ihnen zugrunde liegende Abhängigkeit der Anlagekosten vom Volumen der Dämmschicht und der Oberfläche der Preisbildung in der Praxis nicht entspricht und ihre Handhabung umständlich ist.

Abb. 105 benötigt kaum einer Erläuterung. Man sieht (alles berechnet für eine Rohrleitung in RM./m Jahr) in Kurve *a* den jährlichen Kapitaldienst für Tilgung und Verzinsung der Anlagekosten in Abhängigkeit von der Dämmstärke aufgezeichnet, in Kurve *b* den Wärmeverlust an die Umgebung. Da Kurve *a* mit den Anlagekosten gleichmäßig oder meist sogar in erhöhtem Maße steigt, während die Betriebsverluste der Kurve *b* mit zunehmender Dämmstärke immer weniger wirksam vermindert werden, so ergibt die Summenkurve *c* des jährlichen Gesamtaufwandes bei einer bestimmten Stärke, der „wirtschaftlichsten“, einen Mindestwert. Bei anderen Stärken ist das Verhältnis zwischen Anlagekosten und erzielten Ersparnissen unwirtschaftlicher. Wählt man die Dämmstärke größer, so erzielen die Anlagekosten keine genügenden Ersparnisse mehr; wählt man sie geringer, so sind die laufenden Aufwendungen im Betrieb zu hoch.

Aus dem Gesagten läßt sich ableiten, daß die wirtschaftlichste Stärke von vielen Größen abhängig ist:

Krümmungsradius der zu schützenden Anlage (Rohrdurchmesser),
Temperatur des Wärmeträgers und der Luft,
Wärmeleitzahl des Dämmstoffes,
Wert einer verlorenen Kalorie,
Anlagekosten der Dämmschicht,
Betriebsart,
jährliche Betriebsdauer,
Tilgungs- und Verzinsungssatz.

Unter diesen Umständen bietet die Ermittlung der wirtschaftlichsten Stärke durch die graphische Berechnung zwar keine besonderen Schwierigkeiten, sie ist jedoch besonders bei größeren Anlagen mit verschiedenen Durchmessern und Temperaturen recht umständlich, weshalb in Abschnitt 56, S. 273, Zahlentafeln hierfür aufgestellt werden.

Um zunächst einen Überblick über die ungefähre Größe der wirtschaftlichsten Stärke und ihre Beeinflussung durch die verschiedenen Faktoren zu geben, ist in Abb. 106 für einen Stoff mit guter Wärmeleitzahl, mittleren Anlagekosten, Wärmepreisen und Kapitaldienstsätzen die Abhängigkeit der wirtschaftlichsten Stärke von Rohrdurchmesser und Temperatur gezeichnet. Aus der Abbildung ist zu ersehen, daß mit zunehmendem Rohrdurchmesser die wirtschaftlichste Stärke immer weniger ansteigt. Schon durch Berechnung der vier angedeuteten Punkte kann man mit recht guter Genauigkeit das ganze Diagramm für einen bestimmten Dämmstoff zeichnen, da ja doch auf Handelsmaße abgerundet werden muß.

Die wirtschaftlichsten Stärken von Wärme- und Kälteschutzanlagen sind von gleicher Größenordnung, da zwar bei Wärmeschutzanlagen der Temperaturunterschied zwischen der zu dämmenden Anlage und der Luft etwa 10mal so groß als bei Kälteschutzanlagen ist, jedoch gleichzeitig die Erzeugungskosten für 1 kcal nur $^1/_{10}$ bis $^1/_{50}$ betragen. Die wirtschaftlichsten Stärken sind größer, als früher erfahrungsgemäß geschätzt wurde. Sie müssen schon beim Entwurf der Anlagen berücksichtigt werden, damit der notwendige Platz zur Verfügung steht. Bei kleinen Kühlanlagen werden sie allerdings zum Teil so hoch, daß eine Beschränkung unvermeidlich ist.

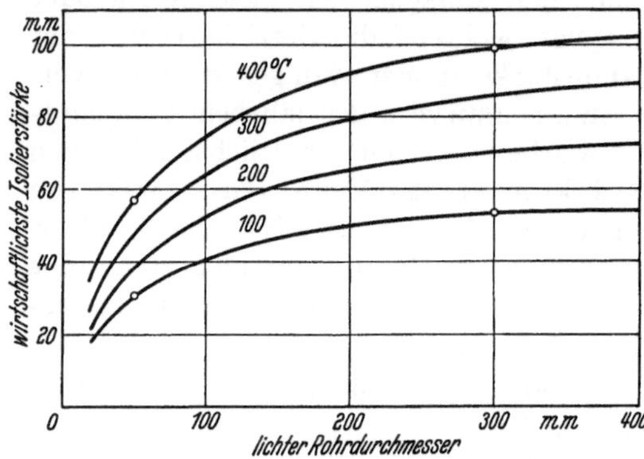

Abb. 106. Abhängigkeit der wirtschaftlichsten Stärke von Rohrdurchmesser und Temperatur.

Im allgemeinen ist es nicht notwendig, die Stärke im Freien anders zu bemessen, als in Innenräumen. Die Steigerung der Wärmeverluste durch die etwas tiefere mittlere jährliche Lufttemperatur und den Windanfall im Freien beträgt kaum 10 bis 20%. Die hierdurch bewirkte Erhöhung der wirtschaftlichsten Stärke hält sich annähernd innerhalb der notwendigen Abrundung auf Handelsmaß.

Bei der Berechnung der wirtschaftlichsten Stärke sind folgende 4 Fälle zu unterscheiden:

1. Die wirtschaftlichste Stärke im ununterbrochenen Betrieb, in welchem als Betriebsverluste nur die Wärmeverluste an die Umgebung im Dauerzustand des Wärmeaustausches anzusetzen sind, entsprechend den Erzeugungskosten.

2. Die wirtschaftlichste Stärke bei durchlaufendem Betrieb, der sich aber nicht über das ganze Jahr erstreckt (Heiz- bzw. Kühlzeiten im Winter bzw. im Sommer, bei Schiffen usw.). Auch hier kann man genügend genau die Betriebsverluste wie unter 1. ansetzen und lediglich mit einer entsprechend geringeren Betriebsstundenzahl rechnen (Kurven b' und c' in Abb. 105).

3. Die wirtschaftlichste Stärke bei regelmäßig (täglich) unterbrochener Betriebsweise, bei der die in der Anheiz- bzw. Auskühlungszeit verlorenen Wärmemengen in besonderer Weise berechnet werden müssen.

4. Die wirtschaftlichste Stärke bei Entwertung der übrigen nicht verlorenen Wärme durch die Wärmeverluste (z. B. Dampfmehrverbrauch von Kondensationsmaschinen durch den Überhitzungs-

verlust in der Zuleitung oder zusätzliche Wärmeverluste bei Nichtverwertung des Kondensats von Sattdampfleitungen). Siehe S. 270.

Es ist üblich von einer Rückwirkung der Dämmstärke auf die Bemessung der Anlage selbst abzusehen, was streng genommen nur für bereits bestehende Anlagen zutrifft. Wie später noch auseinandergesetzt wird, ist aber diese Vernachlässigung auch bei Neuanlagen fast stets zulässig.

Die Gerbelsche Berechnung gilt nur für Fall 1 und 2 genau. Fall 3 und 4 müssen daher noch besonders behandelt werden.

53. Die Berechnung der wirtschaftlichsten Dämmstärke bei täglich unterbrochener Betriebsweise.

Die Erläuterung der graphischen Berechnung der wirtschaftlichsten Stärke bei täglich unterbrochener Betriebsweise ist zum Verständnis der Zusammenhänge notwendig und sei an folgenden 2 Fällen gezeigt. Doch sei schon hier bemerkt, daß die Berechnungen in der Praxis ganz einfach gehalten werden können (Abschnitt 56c, S. 281).

	Fall 1:	Fall 2:
Rohrdurchmesser	50/57	200/216 mm
Wärmeleitzahl des Dämmstoffes	0,10	0,06 kcal/m h°
Raumgewicht des Dämmstoffes	600	300 kg/m³
Spezifische Wärme des Dämmstoffes	0,24	0,20 kcal/kg°
Temperatur des Wärmeträgers	420	220° C
Lufttemperatur	20° C	
Lage der Leitungen	Innenräume	
Tägliche Betriebszeit	10 Stunden	
Jährliche Betriebstage (Anzahl der Betriebsunterbrechungen)	300	
Wärmepreis	12,5	5 RM./1 Million kcal
Anlagekosten des Wärmeschutzes bei 40 mm Stärke	6,0 RM./m²	
Preissteigerung pro 10 mm Dämmstärke	1,0 RM./cm	
Tilgungs- und Verzinsungsfaktor	0,2	0,4

In Abb. 107 und 108 ist nun für diese beiden Fälle zunächst nach dem normalen Verfahren von Gerbel die Kurve des Kapitaldienstes *a* und der Betriebsverluste *b* in RM. je lfd. m und Jahr und der sich daraus ergebende Gesamtaufwand *c* (gestrichelte Kurve) in Abhängigkeit von der Stärke eingezeichnet, wobei die unterbrochene Betriebsweise lediglich durch Ansetzen der entsprechenden Betriebszeit berücksichtigt wird. Unter Betriebszeit sei dabei die Zeit verstanden, während welcher die Leitung unter Druck gesetzt ist, also die eigentliche Arbeitszeit zuzüglich einer etwaigen besonderen Anwärmezeit. Dieses Verfahren vernachlässigt also noch die Verringerung der Wärmeverluste an die Umgebung beim Anwärmen und die Auskühlungsverluste in den Betriebspausen. Vgl. auch die gestrichelten Kurven der Abb. 105, die zeigen, daß infolge der geringeren Betriebszeit Kurve *b'* flacher als

Kurve *b* (Dauerbetrieb) verläuft, so daß der Mindestwert des Gesamtaufwandes *c'* bei einer geringeren Stärke liegt, als jener der Kurve *c*.

Es müssen nun noch zwei weitere Kurven *d* und *e* hinzugefügt werden.

Kurve *d* stellt die Verminderung der Betriebsverluste dar, die dadurch erfolgt, daß in der Anheizzeit während der Zeit z_0 nur ein Bruchteil der Wärmeverluste im Dauerzustand — bei unvollkommener vorhergehender Auskühlung — bzw. gar keine Wärmeverluste vorhanden sind. Diese Kurve ist also im Diagramm negativ aufzutragen.

Die Auskühlungsverluste werden durch die Kurve *e* berücksichtigt. Die Berechnung der Kurven *d* und *e*

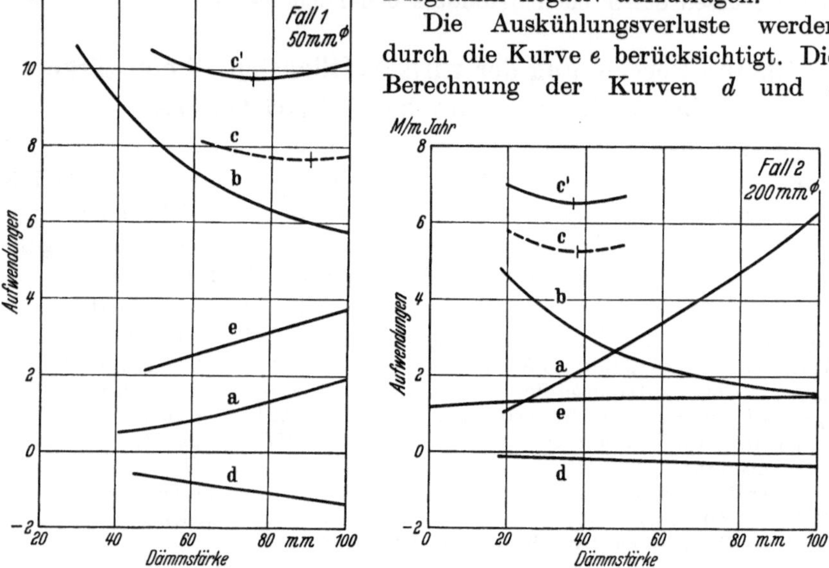

Abb. 107 u. 108. Berechnung der wirtschaftlichsten Stärke bei täglich unterbrochener Betriebsweise.

erfolgt nach Gleichungen (111) und (112), wobei man für die Dämmstärke 0 (nackte Leitung) die Kurve *d* stets, also auch für überhitzten Dampf und Heißgase durch den *O*-Punkt gehen lassen kann (also $z_0 = 0$, d. h. sofortiger Betriebszustand), während die Kurve *e* für die Dämmstärke 0 einen Auskühlungsverlust ergibt, der hinreichend genau auch für Unterbrechungen von nur 6 bis 8 Stunden gleich dem völligen Verlust der Speicherwärme der Rohrwandung gesetzt werden kann.

Kurve *d* hat die entgegengesetzte Neigung wie Kurve *e*. Während die erstere die wirtschaftlichste Stärke für sich allein gegenüber dem normalen Fall vergrößern würde, würde sie Kurve *e* verkleinern. Je nach dem Unterschied der Neigung dieser beiden Kurven rückt das Minimum der Kurve des Gesamtaufwandes *c'*, welcher sämtliche Kurven *a*, *b*, *d* und *e* zusammenfaßt, mehr oder weniger gegenüber dem Minimum der Kurve *c* nach innen.

Bei dem vorliegenden Beispiel ergibt sich, daß im Fall 1 der Mindestwert der Kurve *c* bei 90 mm liegt, jener der Kurve *c'* bei 75 mm. Der Unterschied der Berechnungsweise nach Ziffer 2 und 3, S. 264, ist also immerhin merklich. Im Fall 2 dagegen beträgt die wirtschaftlichste Stärke 38 mm bzw. 37 mm, d. h. der Unterschied ist geringer als die Zeichengenauigkeit, und die Berechnung der wirtschaftlichsten Stärke nach Gerbel läßt sich auch hier anwenden unter der Voraussetzung, daß man als Betriebszeit nicht die reine Arbeitszeit wählt, sondern die gesamte Zeit, in der die Leitung unter Druck steht.

Man sieht, daß die wirtschaftlichste Stärke bei täglich unterbrochenem Betrieb vielfach[1] gleich jener für durchlaufenden Betrieb derselben Betriebsstundenzahl gesetzt werden kann. Immer aber muß der dabei entstehende Gesamtaufwand nach Abschnitt 43, S. 221, gerechnet werden. In den vorstehenden Beispielen ist er um 30 bzw. 23% größer als nach der einfachen Gerbelschen Berechnung. Die Ermittlung dieses Gesamtaufwandes ist aber nicht umständlich, wenn die wirtschaftlichste Stärke bekannt ist (z. B. aus Zahlentafel 99 oder 100).

54. Die Erzeugungskosten einer verlorenen Wärme- und Kälteeinheit. Die Heizgradtage.

Der Wärme- bzw. Kältepreis muß bei Wirtschaftlichkeitsbetrachtungen gegeben sein. Dabei ist außer Heizwert und Preis des Brennstoffes und Wirkungsgrad der Erzeugungsanlage auch der Generalunkostenzuschlag des Werkes (unter Einschluß der Löhne und der Abschreibung für die Anlage) zu berücksichtigen. Den Preis für Abdampfwärme hat man nach den hierfür gültigen besonderen Gesichtspunkten zu bemessen. Die Erzeugungskosten von 1 Million kcal in Dampfform schwanken im allgemeinen etwa zwischen den Grenzwerten 1,5 bis 12 RM./1 Million kcal. Der niedrigste Wert findet sich bei den Selbsterzeugern der Brennstoffe, also den Braunkohlengruben und Kohlenzechen. Höhere Werte bei Werken mit ungünstiger Frachtlage und kleinen bzw. veralteten Anlagen. Bei Zentralheizungen kann man ziemlich allgemein etwa mit Werten von 8 bis 12 RM./1 Million kcal rechnen.

Bei nichtelektrischen Industrieöfen besitzen die Wandverluste im Betrieb unter Berücksichtigung der Abgasverluste und der bei niedrigeren Temperaturen verschlechterten Wärmeübertragung nach A. Schack[2] etwa den 2 bis 3fachen Wert des gleichen Nennbetrages von Brennstoffwärme. Für die Speicherwärme von Industrieöfen erreicht der Wärmewert etwa den $1^1/_2$ bis $2^1/_2$fachen Preis.

---

[1] In Abschnitt 56c ist gezeigt, daß man nur selten eine Sonderrechnung für die wirtschaftlichste Stärke durchführen muß. Wo die Zulässigkeit dieser Vereinfachung zweifelhaft erscheint, ist es einfacher, zur Nachprüfung nochmals den Gesamtaufwand bei einer um 10 oder 20 mm geringeren Stärke festzustellen.

[2] Schrifttumsangabe S. 79.

Während man bei Wärmeerzeugungsanlagen eine wenigstens angenäherte Kenntnis des tatsächlichen Wärmepreises wohl immer voraussetzen kann, fehlt sie vielfach bei Kälteanlagen, die sich großenteils in wenig sachkundigen Händen befinden. Nachstehend sei deshalb eine Übersicht über die ungefähren Kälteerzeugungskosten[1] bei verschieden großen Anlagen gegeben, welche die gesamte Anlage jedoch ausschließlich Gebäude und Grunderwerb umfaßt. Die angegebenen Grenzwerte verstehen sich dergestalt, daß der Preis um so niedriger ist, je größer die Anlage ist.

Sehr hoch stellt sich der Preis der Kalorie in verflüssigtem Gas. Für flüssigen Sauerstoff z. B. etwa RM. 3500.— für 1 Million kcal.

Zahlentafel 96. Kälteerzeugungskosten.

	Umfang der Leistung der Anlage in kcal/h	Antriebsart	Kühlwasserbeschaffung	Betriebsweise	Erzeugungskosten von 1 Million kcal in RM.
Große Kühlanlage	über 100000	Dieselmotor	Eigene Brunnenanlage	200 sechzehnstündige Arbeitstage	55—85
Mittlere Kühlanlage	15000 bis 100000	Dieselmotor	Desgl.	Desgl.	85—200
Kleine Kühlanlage	2500 bis 15000	Elektromotor	Städtische Leitung	200 sechsstündige Arbeitstage	300—580

Bei Wirtschaftlichkeitsbetrachtungen von Heizanlagen ist die Heizdauer durch die klimatischen Verhältnisse des betreffenden Ortes gegeben. Zahlentafel 97[2] gibt eine Zusammenstellung der sog. „Heizgradtage" deutscher Städte auf Grund des „Klima-Atlasses von Deutschland" des Preußischen Meteorologischen Institutes, Berlin 1921. Unter Heizgradtagen eines Ortes versteht man das Produkt aus der Anzahl der jährlichen Heiztage (für Wohnräume wählt man meist die Tage mit Außentemperaturen unter $+10°$) und dem Temperaturunterschied zwischen Raumtemperatur und Außenlufttemperatur während eines Winters.

[1] Diese Zusammenstellung verdankt der Verfasser der Gesellschaft für Lindes Eismaschinen A.-G., Wiesbaden.

[2] Cammerer, J. S. u. H. Krause: Grundlagen für wirtschaftlichen Wärmeschutz. Der Einfluß der klimatischen Verhältnisse in Deutschland auf den Heizbedarf und den wirtschaftlichen Wärmeschutz von Wohn- und Industriebauten. Arch. Wärmew. Bd. 14 (1933) S. 117. — Ausführliche Untersuchungen über die Heizgradtage sind auch von W. Raiss und M. Hottinger veröffentlicht: Gesundh.-Ing. Bd. 53 (1933) S. 397 u. 553. Diese Arbeiten sind besonders auf die Erfordernisse der Heizungsindustrie zugeschnitten. Hottinger hat auch die Einflüsse des gebirgigen Charakters der Schweiz behandelt und Darstellungen der Heizgradtage von Europa und der ganzen Erde gegeben [Gesundh.-Ing. Bd. 54 (1934) S. 310 u. 260], indem er die Heizgradtage in Beziehung zur mittleren Jahrestemperatur brachte.

Durch Multiplikation der Heizgradtage mit 24, der Wärmedurchgangszahl k einer Wandkonstruktion und dem Wärmepreis für 1 kcal ergibt sich der jährliche Heizaufwand in RM./m².

Zahlentafel 97. Heizgradtage deutscher Städte.
Die Zahlentafel gilt für 20° Raumtemperatur und 10° Heizgrenze.

Abzug für 1° niedrigere Innentemperatur: bei 2800 Heizgradtagen 180 (6,5%/°C)
„ 3600 „ 205 (5,7%/°C)
„ 4500 „ 230 (5,1%/°C)

Zuschlag für Erhöhung der Heizgrenze um 2° = 225 Heizgradtage.

Für die zweithäufigste Verbindung: 18° Innentemperatur und 12° Außentemperatur ist daher unabhängig von der Anzahl der Heizgradtage von den untenstehenden Zahlentafelwerten ein Abzug von 5% zu rechnen.

Ort	Seehöhe in m	Heizgradtage	Ort	Seehöhe in m	Heizgradtage
Aachen	204	3050	Magdeburg	58	3290
Ansbach	425	3840	Mainz	95	2990
Augsburg	500	3570	Mannheim	100	2960
Berlin-Süd	49	3250	Marggrabowa	160	4530
Beuthen	290	3690	Mittenwald	910	4120
Brandenburg	35	3430	München	525	3600
Braunschweig	83	3350	Münster (Westf.)	60	3320
Bremen	10	3210	Neustrelitz	76	3630
Breslau	147	3450	Nürnberg	313	3750
Chemnitz	312	3630	Oldenburg	9	3370
Darmstadt	104	3090	Osnabrück	68	3250
Dessau	63	3340	Partenkirchen	715	3820
Dortmund	120	3130	Pforzheim	258	3315
Dresden	119	3200	Plauen i. V.	380	3880
Emden	8	3330	Quedlinburg	132	3400
Frankfurt a. M.	104	3070	Regensburg	343	3750
Freiburg i. Br.	285	2970	Rostock	27	3630
Gießen	165	3290	Siegen	240	3580
Görlitz	213	3560	Stettin	26	3550
Göttingen	151	3450	Stuttgart	263	2970
Halle	90	3270	Tilsit	14	4260
Hamburg	26	3400	Trier	148	3180
Hannover	57	3270	Ulm	479	3580
Heidelberg	120	2850	Wiesbaden	113	3050
Jena	157	3450	Wilhelmshaven	8	3370
Karlsruhe	125	2980	Würzburg	179	3260
Kaiserslautern	242	3310	Zwickau	282	3490
Kassel	200	3420			
Kiel	47	3680	Berge:		
Köln	56	2800	Brocken	1150	6440
Königsberg	8	4010	Glatzer Schneeberg	1250	5790
Leipzig	120	3380	Schneekoppe	1618	7720
Lindau	405	3270	Wendelstein	1727	6540
Lübeck	20	3540	Zugspitze	2964	8100

55. Die Wertsteigerung einer verlorenen Wärmeeinheit durch zusätzliche Betriebsverluste.

Die Aufwendungen im Betrieb für die Wärmeverluste an die Umgebung sind nur dann tatsächlich mit deren Erzeugungskosten gleichbedeutend, wenn die Möglichkeit der Ausnutzung der übrigen Wärme hierdurch nicht beeinträchtigt wird. Dies ist in der Regel auch der Fall. Immerhin gibt es manche wichtige Ausnahmefälle, bei denen die wirklichen Betriebsaufwendungen infolge dieses Wärmeverlustes ein Mehrfaches der reinen Erzeugungskosten sind und es müssen dann offenbar nicht die letzteren, sondern die ganzen durch ihn bedingten Mehraufwendungen in Ansatz gebracht werden[1].

Dies geschieht am einfachsten in Form eines

Betriebsaufwandsfaktors b,

der ausdrückt, welches Vielfache der Erzeugungskosten der reinen Wärmeverluste an die Umgebung die tatsächlichen Betriebsaufwendungen darstellen. Diese Aufwendungen sind ja innerhalb der praktisch vorkommenden Grenzen den Verlusten proportional. Man hat also nur den Wärmepreis mit dem Betriebsaufwandsfaktor zu multiplizieren, um im übrigen ohne weiteres den normalen Rechnungsgang auch in den bezeichneten Fällen beibehalten zu können.

Der Betriebsaufwandsfaktor ist je nach den näheren Umständen verschieden. Die beiden praktisch wichtigsten Fälle sind:

Heißdampfkraftleitungen mit unvollkommener Ausnutzung des Abdampfes,

Sattdampfleitungen mit unvollkommener Weiterverwendung des Kondensats.

a) Heißdampfkraftleitungen. Der Wärmeverlust von Heißdampfkraftleitungen vermindert durch den von ihm hervorgerufenen Temperaturabfall in der Zuleitung zur Maschine das ausnutzbare Wärmegefälle des Dampfes und bedingt dadurch einen vermehrten Dampfverbrauch je Leistungseinheit. Je nach der Art der Maschine und der Verwendung des Dampfes nach seinem Austritt (Auspuff-, Kondensations- Anzapf- oder Gegendruckmaschinen mit den verschiedenen Möglichkeiten der Verwendung der Abwärme) ist der ganze Wärmeinhalt des mehrverbrauchten Dampfes oder nur ein Teil davon als verloren in Rechnung zu setzen.

Es besteht die Möglichkeit, für den Betriebsaufwandsfaktor eine Formel aufzustellen, welche die Berechnung des Temperaturabfalls in der Zuleitung nicht nötig macht. Bezeichnet man mit:

---

[1] Cammerer, J. S.: Der Einfluß der Dampfverwertung auf die wirtschaftlichste Isolierstärke. Arch. Wärmew. Bd. 4 (1923) S. 197. Auch die im vorigen Abschnitt erwähnte Steigerung des Wärmewertes für die Verluste von Industrieöfen könnte in der hier gewählten Form genauer dargestellt werden.

ε = den prozentualen Dampfmehrverbrauch der Maschine für 1° C Überhitzungsverlust,

i_a = den Wärmeinhalt des Dampfes am Anfang der Leitung in kcal/kg abzüglich des natürlichen Wärmeinhalts des Speisewassers,

i_n = den noch ausnutzbaren Wärmeinhalt des Dampfes nach Verlassen der Maschine in kcal/kg,

c_p = die spezifische Wärme des Dampfes in der Leitung in kcal/kg°,

dann ergibt sich der Betriebsaufwandsfaktor:

$$b = \frac{0{,}01 \cdot \varepsilon \cdot (i_a - i_n)}{c_p}. \qquad (130)$$

Die spezifische Wärme des Dampfes in der Leitung kann dabei mit ihrem Wert am Beginn der Leitung eingesetzt werden, obwohl streng genommen die spezifische Wärme für die mittlere Temperatur des Dampfes in der Leitung maßgebend ist.

Für den Grenzfall der reinen Kondensationsmaschine ergibt sich der Faktor b laut folgender Zahlentafel 98.

Zahlentafel 98. Dampfmehrverbrauch ε und Betriebsaufwandsfaktor b bei Kondensationsturbinen.

Annahmen:

Natürliche Speisewassertemperatur . . . . . . 10° C

Ausnutzbare Kondensattemperatur . . . . . . 30° C[1]

Dampfüberhitzung in ° C	Dampfmehrverbrauch pro 1° C Überhitzungsverlust (nach Baumann)
0	0,2
80	0,15
160	0,13

Druck in ata	Dampftemperatur in ° C	Betriebsaufwandsfaktor b in %
10	300—400	1,85
20	300—400	1,80
30	300—400	1,76

In den „Richtlinien zur Bemessung von Wärme- und Kälteschutzanlagen (Regelangebote)" des Vereins Deutscher Ingenieure 1931 werden nachstehende Durchschnittswerte für den Betriebsaufwandsfaktor angegeben:

Kondensationsmaschinen . . . . b = 1,60

Gegendruckmaschinen bis 2 atü Gegendruck . . = 2,00

„ 4 atü „ . . = 1,80

„ 6 atü „ . . = 1,60

[1] Ungefährer Mittelwert zwischen Frischwasserkühlung und Rückkühlung.

Außerdem wird dort darauf hingewiesen, daß die Wärmeverluste einer Leitung auch mittelbare Verluste an Kapital mit sich bringen können, z. B. bei Fortleitung heißer Abgase zu einem Abhitzekessel, der infolge des Temperaturverlustes der Gase in der Leitung bei gleicher Ausnutzung der Abgaswärme größere Wärmeaustauschflächen, also höhere Anlagekosten erfordert. Derartige Sonderfälle müssen von Fall zu Fall einer Lösung zugeführt werden.

Es ist ohne weiteres klar, daß der Einfluß der Dampfentwertung durch die Wärmeverluste in der Zuleitung auf die wirtschaftliche Stärke bei der Höhe dieses Betriebsaufwandsfaktors erheblich ist. Zahlenbeispiele vgl. S. 282.

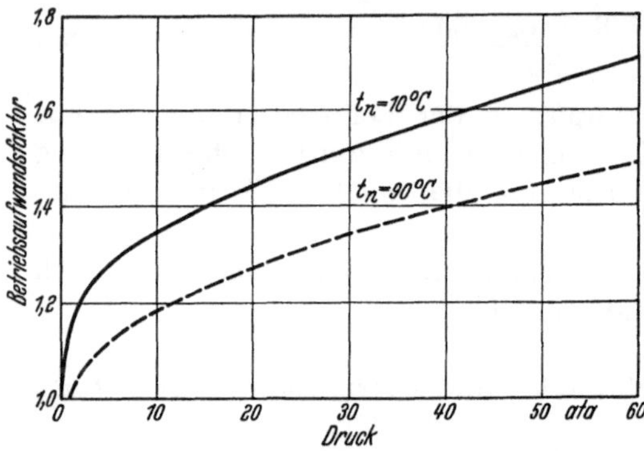

Abb. 109. Betriebsaufwandsfaktor bei Sattdampfleitungen mit Kondensatverlusten.

b) Sattdampfleitungen mit Kondensatverlusten. Verhältnismäßig gering ist der Betriebsaufwandsfaktor im allgemeinen bei Sattdampfleitungen, bei denen sich der Wärmeverlust nur in einer Verminderung der am Ende der Leitung zur Verfügung stehenden Dampfmengen zeigt, ohne sie selbst für den Verbrauchszweck zu entwerten. Die gesamten Betriebsaufwendungen erhöhen sich zwar gegenüber den eigentlichen Wärmeverlusten in der Leitung noch um die Wärmeverluste bei der Weiterführung des Leitungskondensats und um den Kapitaldienst der hierzu nötigen Betriebseinrichtungen. Diese Aufwendungen sind aber bei einem guten Wärmeschutz gering und jedenfalls in keiner nennenswerten Abhängigkeit von der Stärke der Dämmschicht.

Wird jedoch der Wärmeinhalt des Kondensats nicht oder nicht ganz weiter verwendet, so erreicht auch bei Sattdampfleitungen der Betriebsaufwandsfaktor einen nicht unerheblichen Betrag. Hier gilt folgende Gleichung:

$$b = 1 + \frac{t_s - t_n}{r}. \qquad (131)$$

Darin bedeutet:

t_s = die Sättigungstemperatur in °C,
t_n = die Nutztemperatur des Kondensats in °C,
r = die Kondensationswärme von 1 kg Dampf in kcal/kg (s. Zahlentafel 79, S. 225).

Wird die Speisewassertemperatur wieder mit 10° C angenommen und vollständiger Verlust des Leitungskondensats bzw. Verwertung mit 90° C (also bei Druckentspannung) vorausgesetzt, so ergibt sich ein Betriebsaufwandsfaktor gemäß Abb. 109 in Abhängigkeit vom Druck in ata. Man sieht, daß bei hohen Drücken der Betriebsaufwandsfaktor gleich dem von Kondensationsmaschinen werden kann.

Vorstehende Formel berücksichtigt nur den Wärmeinhalt des Kondensats. Bei Ermittlung der Verluste für nichtgesammeltes Kondensat wäre noch der Wert als Wasser und der Qualitätswert zu berücksichtigen. Nach L. Heuser[1] ist der letztere für 1 m^3 etwa gleich dem von 1 l feinstem Zylinderöl. Da nichtausgenutztes Kondensat ein verhältnismäßig seltener Fall ist, sei hier auf diese Zusammenhänge, die besser von Fall zu Fall berücksichtigt werden, nur hingewiesen.

56. Zahlentafeln zur Berechnung der wirtschaftlichsten Dämmstärke.

Wie schon erwähnt, beansprucht die graphische Ermittlung der wirtschaftlichsten Dämmstärke einen großen Zeit- und Arbeitsaufwand. Denn es handelt sich bei den meisten Anlagen um verschiedene Rohrdurchmesser und Temperaturen und man muß für jede wirtschaftlichste Stärke die Aufwendungen bei mindestens 4 bis 5 Stärken berechnen. Stehen außerdem verschiedene Dämmstoffe zur Wahl, so sind zur Aufstellung der Zeichnungen oft 100 und mehr Punkte zu berechnen und zu Kurvenzügen zusammenzufassen. Die Praxis neigt deshalb dazu, ungefähre Erfahrungswerte an Stelle der wirtschaftlichsten Stärken zu setzen. Dies muß aber bei der Vielzahl der beeinflussenden Größen zu bedauerlichen Fehlbemessungen führen. In den Richtlinien für die Bemessung von Wärme- und Kälteschutzanlagen des Vereins Deutscher Ingenieure werden aus diesem Grunde Anhaltswerte mitgeteilt, aus denen die Zahlentafel 99 zusammengestellt ist; dabei wird die wirtschaftlichste Stärke für alle Wärme- bzw. alle Kälteschutzstoffe gleich gesetzt (nicht natürlich die jährlichen Aufwendungen!). Diese zunächst überraschende Vereinfachung liefert sehr brauchbare Richtwerte, die den Ergebnissen von genauen Berechnungen recht nahe kommen und oft mit Nutzen zu verwenden sind.

Trotz dieser Richtwerte braucht die Praxis aber doch auch ein einfaches Verfahren, um Wärmeleitzahl und Preis des Dämmstoffes genau zu berücksichtigen. Verschiedene rechnerische Lösungen[2] haben sich trotz geschickter Behandlung der Aufgabe nicht in die Praxis eingebürgert, da nur leichteste Handhabung den für eine größere Anlage

[1] Heuser, L.: Rationelle Kondensatwirtschaft. Mbl. Berlin. Bez.-Ver. dtsch. Ing. 1926 Nr. 5.

[2] Borschke, E.: Berechnung der wirtschaftlichsten Isolierdicken. Arch. Wärmew. Bd. 9 (1928) S. 119. — Fabry, C.: Die Bestimmung der wirtschaftlichsten Isolierstärke bei Rohrleitungen. Wärme Bd. 55 (1932) S. 163 u. a.

Zahlentafel 99. Wirtschaftlichste Dämmstärken nach den Richtwerten des Vereins Deutscher Ingenieure.

a) Für Kälteschutz.

Lichter Rohrdurchmesser in mm	Temperaturunterschied zwischen Kälteträger und Außenluft in ° C	Wirtschaftlichste Dämmstärke in mm bei einem Kältepreis in RM./1 Million kcal von					
		25		50		250	
		Betriebsstunden je Jahr		Betriebsstunden je Jahr		Betriebsstunden je Jahr	
		4000	8000	4000	8000	4000	8000
50	10	20	30	30	40	60	80
	20	30	40	40	50	80	100
	40	40	50	50	70	100	140
100	10	20	30	30	40	70	90
	20	30	40	40	60	90	120
	40	40	60	60	80	120	160
400	10	30	40	40	60	80	110
	20	40	60	60	80	110	150
	40	60	80	80	100	150	210
Ebene Wand	10	40	60	60	80	130	170
	20	60	80	80	110	170	230
	40	80	110	110	150	230	320

b) Für Wärmeschutz.

Lichter Rohrdurchmesser in mm	Temperaturunterschied zwischen Wärmeträger und Außenluft in ° C	Wirtschaftlichste Dämmstärke in mm bei einem Wärmepreis in RM./1 Million kcal von					
		2,5		5		10	
		Betriebsstunden je Jahr		Betriebsstunden je Jahr		Betriebsstunden je Jahr	
		4000	8000	4000	8000	4000	8000
50	50	10	20	20	30	30	40
	100	20	25	25	40	40	60
	200	25	40	40	60	60	80
	300	30	50	50	70	70	—
	400	40	60	60	80	80	—
100	50	20	25	25	40	40	50
	100	25	40	30	50	50	70
	200	30	50	50	70	70	100
	300	40	60	60	90	90	—
	400	50	70	70	100	100	—
400	50	30	40	40	50	50	70
	100	40	50	50	70	70	90
	200	50	70	70	90	90	120
	300	60	80	80	110	110	—
	400	70	90	90	120	120	—
Ebene Wand	50	50	60	60	80	80	100
	100	60	80	80	100	100	120
	200	80	100	100	120	120	160
	300	90	110	110	140	140	—
	400	100	120	120	160	160	—

notwendigen Zeitaufwand erträglich macht. Diese Bedingung ist für die nachstehende Zahlentafel 100 maßgebend gewesen. Hat man aus ihm die wirtschaftlichste Stärke eines Materials entnommen, so bleibt für die Auswahl des günstigsten Dämmstoffes nur mehr, hierfür den Gesamtaufwand zu errechnen und mit dem der anderen in Betracht kommenden Stoffe zu vergleichen.

Nach dem Vorgang von Hencky ist dabei ohne Rücksicht auf die eigentliche Rechnungsgenauigkeit eine Abrundung nach unten vorgenommen, die den jährlichen Mindestgesamtaufwand um 1% erhöht[1]. Denn die Gesamtaufwandskurve *c* in Abb. 105 verläuft (besonders bei großen Stärken) in der Nähe des Bestwertes außerordentlich flach, so daß man auf diese Weise eine sehr erwünschte und doch wirtschaftlich durchaus zulässige Herabsetzung der Stärke erhält.

Der Gebrauch der Zahlentafel 100 sei zunächst für den Dauerbetrieb gezeigt.

a) Vollständiger Dauerbetrieb. In Zahlentafel 100 sind die verschiedenen, die wirtschaftlichste Stärke beeinflussenden Größen wie folgt eingetragen:

Rohrdurchmesser in Spalte 1 und 2,

Wärmeleitzahl der Dämmschicht in Spalte 3,

Anlagekosten der Dämmschicht zusammengezogen mit jährlichem Kapitaldienstsatz in Spalte 4,

Temperaturunterschied zwischen Rohr und Luft zusammengezogen mit Wärmepreis in Spalte 5.

Spalte 4 und 5 bedürfen einer besonderen Erläuterung.

In Spalte 4 ist das Produkt aus Anlagekosten und Tilgungs- und Verzinsungsfaktor eingetragen, also der jährliche Kapitaldienst, jedoch nicht mit den absoluten Werten, sondern mit der Zunahme je 10 mm Dämmstärke. Die Einführung des Kapitaldienstes in den Rechnungsgang ist nämlich durch den willkürlichen Zusammenhang, der in der Praxis zwischen Anlagekosten und Dämmstärke besteht, einigermaßen schwierig. Man muß deshalb von der Tatsache Gebrauch machen, daß die wirtschaftlichste Stärke in Abb. 105 lediglich von der Änderung des Kapitaldienstes mit der Dämmstärke bestimmt wird, d. h. von der Neigung der Kurve *a*, nicht jedoch von ihren absoluten Werten.

[1] K. Hencky schlägt eine Abrundung von 2% — entsprechend der üblichen Berechnungsgenauigkeit — vor (Mitt. Forschungsheim Wärmeschutz München, Heft 3). Bei der Aufstellung allgemeiner Zahlentafeln erscheint es jedoch untunlich, von vornherein allzu stark von den genauen Werten abzugehen. Man wird dies besser einer Entscheidung von Fall zu Fall überlassen (z. B. bei starker Platzbeschränkung auf Schiffen). Praktisch werden bis zu 5% Abrundung vorgesehen.

Wenn die Preiszunahme nicht über sämtliche Stärken linear ist, kann man die Preiskurve genau genug durch einzelne lineare Stücke ersetzen und in die Zahlentafel zunächst mit jener Preiszunahme eingehen, innerhalb deren Grenzen man die wirtschaftlichste Stärke vermutet. Fällt das Ergebnis dann außerhalb dieser Grenzen so ist mit der für dieses Gebiet zutreffenden Preiszunahme nochmals in die Zahlentafel einzugehen. Aus den beiden Ergebnissen läßt sich stets die richtige Stärke entnehmen.

Dieser Rechnungsgang schließt allerdings folgende Vereinfachung in sich: In der Praxis werden die Kosten einer Dämmschicht, wenn sie nicht für einen bestimmten Rohrdurchmesser angegeben werden sollen, stets allgemein auf den m^2 der äußeren Oberfläche der Dämmschicht bezogen. Die Wirtschaftlichkeitsberechnung nach Abb. 105 baut sich aber für Rohre auf Angaben je lfd. m auf. Eine gewisse Preiszunahme bezogen auf den m^2 äußerer Dämmschichtoberfläche liefert nun je nach den absoluten Werten bei Umrechnung auf den lfd. m Kurven verschiedener Neigung. Wenn man also üblicherweise von dem Qudratmeterpreis ausgeht und die absoluten Werte durch Einführung der Preiszunahme unberücksichtigt läßt, so wird dadurch je nach Rohrdurchmesser, Dämmstärke und der Höhenlage der Preise ein Fehler bedingt. Dieser Fehler bleibt jedoch bei den praktisch wichtigen Dämmstärken innerhalb der Staffelung der Handelsmasse von 10 zu 10 mm und gleicht sich überdies mit der oben zugelassenen Erhöhung des Mindestgesamtaufwandes um 1% teilweise aus. Zahlentafel 100 sei also in diesem Sinne auf folgende Gebiete beschränkt:

Höchste Dämmstärke[1] . . . . 200 mm
Größte Wärmeleitzahl für:
Wärmeschutz . . . . 0,125 kcal/m h°
Kälteschutz . . . . 0,075 kcal/mh°.

Den Tilgungs- und Verzinsungssatz einer Dämmschicht pflegt man mit 20% anzunehmen. Dieser ist auch in den Richtlinien des Vereins Deutscher Ingenieure zugrunde gelegt unter dem Gesichtspunkt, daß die Zeitdauer bis zu Beginn größerer Reparaturen auf etwa 6 bis 7 Jahre geschätzt werden kann und während dieser Zeit der mittlere Verzinsungssatz etwa 5% beträgt. Nach dieser Zeit wird zwar die Lebensdauer der Dämmschicht noch nicht erschöpft sein, an Stelle des Kapitaldienstsatzes

[1] Höhere Dämmstärken kommen nur bei Tiefkühlanlagen, etwa der chemischen Großindustrie in Frage. Wenn derartige Fälle aus der Zahlentafel herausfallen, so wird man eben einen Gesamtaufwand für 250, 300 und 400 mm Dämmstärke berechnen und auf Grund des Ergebnisses seine Entscheidungen schnell treffen können. Auch für kleine Kälteanlagen mit besonders hohem Kältepreis würden sich theoretisch höhere Stärken als 200 mm ergeben können. Aus anderen Gründen (Wert des beanspruchten Platzes, Gewicht, Anlagekosten usw.) ist aber auch hierfür die oberste Grenze 200 mm.

Zahlentafel 100. Wirtschaftlichste Dämmstärke für Rohre, Kessel, Behälter usw. in mm.

Rohrbezeichnung	Rohrdurchmesser in mm	Wärmeleitzahl der Dämmschicht in $\frac{kcal}{m\,h\,°}$	Zunahme der Kosten, bezogen auf 1 m² Dämmschichtoberfläche je 10 mm Dämmstärke × Kapitaldienstquote in RM./m² Jahr	1. Bei Dauerbetrieb (Abschnitt 56a): Wärmepreis × Temperaturunterschied zwischen Wärmeträger und Luft 2. Bei unterbrochenem Betrieb (Abschnitt 56b und c): Wärmepreis × Temperaturunterschied × $\frac{\text{Betriebsstundenzahl}}{8760}$ 3. Bei zusätzlichen Betriebsverlusten (Abschnitt 56d): wie unter 1. oder 2. × Betriebsaufwandsfaktor b											
				200	400	600	800	1000	1500	2000	2500	3000	4000	6000	8000
50	51/57	0,050	0,10	40	50	60	70	70	80	90	100	110	120	140	150
			0,20	30	40	50	60	60	70	70	80	90	100	110	120
			0,30	20	30	40	50	50	60	60	70	80	90	100	110
			0,50	20	30	30	40	40	50	50	60	60	70	80	90
			1,00	10	20	20	30	30	40	40	40	50	50	60	70
		0,075	0,10	40	50	60	70	80	90	100	110	120	130	150	170
			0,20	30	40	50	60	70	70	80	90	100	110	120	140
			0,30	20	30	40	50	60	60	70	80	90	100	110	120
			0,50	20	30	30	40	50	50	60	70	70	80	90	100
			1,00	10	20	20	30	30	40	40	50	50	60	60	70
		0,100	0,10	50	60	70	80	90	100	110	120	130	150	—	—
			0,20	30	50	60	60	70	80	90	100	110	120	—	—
			0,30	30	40	50	60	60	70	70	80	90	100	—	—
			0,50	20	30	40	50	50	60	60	70	80	80	—	—
			1,00	15	20	30	30	40	40	50	50	60	60	—	—
		0,125	0,10	50	60	70	80	90	110	120	130	140	160	—	—
			0,20	40	50	60	70	80	90	100	110	120	130	—	—
			0,30	30	40	50	60	60	70	80	90	100	110	—	—
			0,50	20	30	40	50	50	60	70	70	80	90	—	—
			1,00	15	20	30	30	40	50	50	60	60	70	—	—
100	100,5/108	0,050	0,10	50	60	70	80	90	100	110	120	130	150	170	190
			0,20	40	50	50	60	70	80	90	100	110	120	130	150
			0,30	30	40	50	50	60	70	80	90	100	110	120	130
			0,50	20	30	40	40	50	60	60	70	80	90	100	110
			1,00	15	20	30	30	30	40	50	50	60	60	70	80
		0,075	0,10	50	70	80	90	100	110	130	140	150	170	190	220
			0,20	40	50	60	70	80	90	100	110	120	130	150	170
			0,30	30	40	50	60	70	80	90	100	100	110	130	150
			0,50	20	30	40	50	60	60	70	80	80	90	110	120
			1,00	15	20	30	30	40	50	50	60	60	70	80	90
		0,100	0,10	60	70	90	100	110	130	140	150	160	190	—	—
			0,20	40	60	70	80	80	100	110	120	130	140	—	—
			0,30	30	50	60	70	70	80	90	100	110	120	—	—
			0,50	30	40	40	50	60	70	80	80	90	100	—	—
			1,00	20	30	30	40	40	50	60	60	70	80	—	—
		0,125	0,10	60	80	90	100	110	130	150	160	170	200	—	—
			0,20	50	60	70	80	90	110	120	130	140	150	—	—
			0,30	40	50	60	70	80	90	100	110	120	130	—	—
			0,50	30	40	50	50	60	70	80	90	100	110	—	—
			1,00	20	30	30	40	50	60	60	70	80	90	—	—

Zahlentafel 100. (Fortsetzung.)

Rohr-bezeichnung	Rohrdurchmesser in mm	Wärmeleitzahl der Dämmschicht in $\frac{kcal}{m\,h\,°}$	Zunahme der Kosten, bezogen auf 1 m² Dämmschichtoberfläche je 10 mm Dämmstärke × Kapitaldienstquote in RM./m² Jahr	1. Bei Dauerbetrieb (Abschnitt 56a): Wärmepreis × Temperaturunterschied zwischen Wärmeträger und Luft 2. Bei unterbrochenem Betrieb (Abschnitt 56b und c): Wärmepreis × Temperaturunterschied $\times \frac{\text{Betriebsstundenzahl}}{8760}$ 3. Bei zusätzlichen Betriebsverlusten (Abschnitt 56d): wie unter 1. oder 2. × Betriebsaufwandsfaktor *b*											
				200	400	600	800	1000	1500	2000	2500	3000	4000	6000	8000
200	203/216	0,050	0,10	50	70	80	90	100	120	130	140	160	180	200	—
			0,20	40	50	60	70	80	100	110	120	130	140	160	180
			0,30	30	40	50	60	70	80	90	100	110	120	140	150
			0,50	20	40	40	50	60	70	80	80	90	100	120	130
			1,00	15	30	30	40	40	50	50	60	70	80	90	100
		0,075	0,10	60	80	90	100	110	130	150	160	180	200	—	—
			0,20	50	60	70	80	90	110	120	130	140	160	180	200
			0,30	40	50	60	70	80	90	100	110	120	140	160	170
			0,50	30	40	50	60	70	70	80	90	100	110	130	150
			1,00	20	30	40	40	50	50	60	70	80	90	100	110
		0,100	0,10	60	90	100	110	130	150	170	180	200	—	—	—
			0,20	50	60	80	90	100	120	130	140	150	170	—	—
			0,30	40	50	70	80	90	100	110	120	130	150	—	—
			0,50	30	40	50	60	70	80	90	100	110	120	—	—
			1,00	20	30	40	50	50	60	70	80	80	90	—	—
		0,125	0,10	70	90	110	120	130	150	170	190	—	—	—	—
			0,20	50	70	80	90	100	120	130	150	160	180	—	—
			0,30	40	60	70	80	90	110	120	130	140	160	—	—
			0,50	30	50	60	70	80	90	100	110	120	130	—	—
			1,00	20	30	40	50	60	70	70	80	90	100	—	—
400	402/420	0,050	0,10	60	80	100	110	120	140	150	160	180	200	—	—
			0,20	50	60	70	80	90	110	120	130	140	160	180	—
			0,30	40	50	60	70	80	90	100	110	120	130	150	170
			0,50	30	40	50	60	70	80	80	90	100	110	130	150
			1,00	20	30	30	40	50	60	60	70	80	80	100	120
		0,075	0,10	70	90	110	130	140	160	170	190	—	—	—	—
			0,20	50	70	80	90	100	120	140	150	160	190	—	—
			0,30	40	60	70	80	90	110	120	130	140	160	180	200
			0,50	30	50	60	70	80	90	90	100	120	130	150	170
			1,00	20	30	40	50	60	70	70	80	90	100	110	130
		0,100	0,10	80	100	120	140	150	170	190	—	—	—	—	—
			0,20	60	80	90	100	110	130	150	170	180	—	—	—
			0,30	40	60	80	90	100	120	130	140	150	180	—	—
			0,50	30	50	60	70	80	90	100	110	130	140	—	—
			1,00	20	30	40	50	60	70	80	90	100	110	—	—
		0,125	0,10	80	110	130	150	160	190	—	—	—	—	—	—
			0,20	60	80	100	110	120	140	160	180	190	—	—	—
			0,30	50	70	90	100	110	130	140	160	170	190	—	—
			0,50	40	60	70	80	90	100	110	120	140	150	—	—
			1,00	30	40	50	60	70	80	80	90	100	110	—	—

Zahlentafel 100. (Fortsetzung.)

Rohrbezeichnung	Rohrdurchmesser in mm	Wärmeleitzahl der Dämmschicht in $\frac{\text{kcal}}{\text{m h °}}$	Zunahme der Kosten, bezogen auf 1 m² Dämmschichtoberfläche je 10 mm Dämmstärke × Kapitaldienstquote in RM./m² Jahr	1. Bei Dauerbetrieb (Abschnitt 56a): Wärmepreis × Temperaturunterschied zwischen Wärmeträger und Luft 2. Bei unterbrochenem Betrieb (Abschnitt 56b und c): Wärmepreis × Temperaturunterschied $\times \frac{\text{Betriebsstundenzahl}}{8760}$ 3. Bei zusätzlichen Betriebsverlusten (Abschnitt 56d): wie unter 1. oder 2. × Betriebsaufwandsfaktor *b*											
				200	400	600	800	1000	1500	2000	2500	3000	4000	6000	8000
		0,050	0,10	80	120	140	160	180	—	—	—	—	—	—	—
			0,20	60	80	100	110	130	160	180	200	—	—	—	—
			0,30	40	60	80	90	110	130	140	160	180	—	—	—
			0,50	30	50	60	70	80	90	110	120	130	150	190	—
			1,00	20	30	40	50	60	70	80	90	100	120	140	160
		0,075	0,10	100	130	160	190	—	—	—	—	—	—	—	—
			0,20	70	100	120	140	160	190	—	—	—	—	—	—
			0,30	50	70	90	110	130	160	180	200	—	—	—	—
			0,50	40	60	70	90	100	110	130	150	170	200	—	—
			1,00	30	40	50	60	70	90	100	110	120	140	170	200
	Ebene Wand	0,100	0,10	110	150	180	—	—	—	—	—	—	—	—	—
			0,20	80	110	130	160	180	—	—	—	—	—	—	—
			0,30	60	80	100	120	140	180	—	—	—	—	—	—
			0,50	40	60	80	100	110	130	150	180	200	—	—	—
			1,00	30	40	50	60	70	90	110	120	130	160	—	—
		0,125	0,10	120	170	—	—	—	—	—	—	—	—	—	—
			0,20	90	120	150	180	200	—	—	—	—	—	—	—
			0,30	70	90	120	140	160	200	—	—	—	—	—	—
			0,50	50	70	90	110	120	150	180	200	—	—	—	—
			1,00	30	50	60	70	80	100	120	140	150	180	—	—

tritt aber ein entsprechender Reparatursatz. Besondere Verhältnisse können natürlich auch eine andere Wahl des Kapitaldienstsatzes rechtfertigen, z. B. wenn eine Leitung nur 2 Jahre liegt und man mit einer Wiederverwendung des Dämmstoffes nicht oder nur zu einem gewissen Prozentsatz rechnen kann. Ein kleinerer Kapitaldienstsatz als 20% sollte nur aus ganz besonderen Gründen gewählt werden, da die sich hierfür ergebenden Stärken betrieblich nie angenehm sind, und vermehrte Anlagekosten erfordern. Etwaige formal buchmäßige Abschreibungen sind für wirtschaftlich-technische Berechnungen natürlich nie maßgebend.

In Spalte 5 der Zahlentafel ist das Produkt aus dem Temperaturunterschied und dem Wärmepreis je 1 Million kcal zusammengezogen. Die Betriebsverluste sind allerdings nicht genau proportional der Temperaturdifferenz, wie dies hinsichtlich des Wärmepreises der Fall ist und durch diese Maßnahme vorausgesetzt wird. Die Ungenauigkeit ist jedoch unerheblich wie der Temperaturfaktor der Zahlentafel 60 III, S. 186, zeigt.

Zahlenbeispiel. Der Preis der Dämmschicht sei durch die Lieferfirma wie folgt angegeben:

Dämmstärke in mm	Preis in RM./m²	Preissteigerung in RM./m² je 10 mm Dämmstärke
20	5,90	—,—
40	8,50	1,30
60	11,—	1,25
80	15,50	2,25
100	19,—	1,75

Außerdem seien die übrigen technischen Daten:

Dampftemperatur . . . . 325° C
Lufttemperatur (Maschinenhaus) . . . . 25° C
Rohrdurchmesser . . . . 200/216 mm
Wärmeleitzahl des Dämmstoffes . . . . 0,08 kcal/m h °
Wärmepreis . . . . 5 RM./1 Million kcal
Betriebsart (Dauerbetrieb) . . . . 8760 h/Jahr
Tilgungs- und Verzinsungssatz . . . . 0,25.

Die Preiskurve der Dämmschicht kann man mit genügender Annäherung in zwei Stücke zerlegen, und zwar von 20 bis 60 mm mit einer Preissteigerung von RM. 1,30 je 10 mm Stärke und von 60 bis 100 mm mit einer Preissteigerung von RM. 2,— je 10 mm Stärke. Bei der vorliegenden hohen Temperaturdifferenz von 300° C und dem großen Rohrdurchmesser ist dem einigermaßen Geübten von vornherein klar, daß die wirtschaftlichste Stärke oberhalb 60 mm liegt, so daß nur die Preissteigerung von RM. 2,—/m² je 10 mm Stärke in Frage kommt.

Das Produkt aus Kapitaldienstquote und Preissteigerung je 10 mm Stärke ist:

$$0,25 \cdot 2,0 = 0,5.$$

Da das Produkt aus Wärmepreis und Temperaturdifferenz zwischen Rohr und Luft 1500 beträgt, so findet man in der Zahlentafel eine Stärke von

70 mm.

b) Ununterbrochener Betrieb während eines Teiles des Jahres. Ist der Betrieb zwar Tag und Nacht ununterbrochen, erstreckt sich aber nur über einen Teil des Jahres (mindestens aber laufend über 1 Woche), so bleibt der Rechnungsgang ohne weiteres wie unter a). Man hat lediglich in Spalte 5 nicht das Produkt aus Wärmepreis und Temperaturunterschied einzuführen, sondern dies ist, wie in Zahlentafel 100 angedeutet, nochmals mit dem Verhältnis der tatsächlichen Betriebsstundenzahl zu der bei völligem Dauerbetrieb, 8760 h/Jahr, zu multiplizieren.

Zahlenbeispiel. Es sei eine Kälteleitung mit folgenden Verhältnissen zu schützen:

Soletemperatur . . . . — 30° C
Lufttemperatur . . . . + 20° C
Rohrdurchmesser . . . . 50/57 mm
Wärmeleitzahl der Dämmschicht . . . . 0,05 kcal/m h °
Kältepreis . . . . 120 RM./1 Million kcal
Kapitaldienstsatz 0,20
Betriebsweise . . . . 200 Tage/Jahr

Kosten der Dämmschicht:

Dämmstärke in mm	Preis in RM./m²	Dämmstärke in mm	Preis in RM./m²
50	15,50	100	21,00
80	18,80	150	26,—

Die Preissteigerung je 10 mm Stärke ist bei allen Stärken hinreichend genau 1,— RM./m². In Spalte 4 ist also mit der Zahl 0,2 einzugehen.

Für Spalte 5 hat man folgenden Wert zu bilden:

$$120 \cdot 50 \cdot \frac{200 \cdot 24}{8760} = 3300.$$

Es findet sich dann eine wirtschaftlichste Stärke von

90 mm.

c) Täglich unterbrochene Betriebsweise. Auch bei täglich unterbrochener Betriebsweise kann man die wirtschaftlichste Dämmstärke fast stets gemäß vorstehendem Absatz b) rechnen, also wie wenn die Betriebsstunden pausenlos zusammenhängen würden. Die wirtschaftlichste Stärke ist ja nicht Selbstzweck, sondern soll nur zu den günstigsten jährlichen Gesamtaufwendungen führen. Prüft man beispielsweise Fall 1, S. 266, nach, so ergibt sich, daß die wirtschaftliche Verschlechterung bei Ausführung von 90 mm, die sich bei Anwendung des Rechnungsganges für fortlaufenden Betrieb ergibt (Kurve *c* der Abb. 107), nur 2% des günstigsten Gesamtaufwandes beträgt; denn die Kurve *c'* erreicht bei 90 mm den Gesamtaufwand 9,95 RM./m Jahr, während ihr Mindestwert bei 75 mm 9,75 RM./m Jahr ist. Selbst wenn in einem besonders ungünstigen Fall die wirtschaftlichste Stärke um 30% zu groß ausfällt, so ist die Wirtschaftlichkeit nie um mehr als um 3% verschlechtert.

In den Richtlinien des Vereins Deutscher Ingenieure zur Bemessung von Wärme- und Kälteschutzanlagen wird deshalb lediglich als Faustregel erwähnt, daß man für 8stündigen Tagesbetrieb die wirtschaftlichste Stärke bei 50 mm Rohrdmr. um 10 mm kleiner, bei 300 mm Rohrdmr. ebenso groß wie für zusammenhängenden Betrieb wählen soll.

Will man die nach dem Gesagten zuweilen etwas zu groß ausfallenden Dämmstärken vermeiden, so ist der einfachste Weg der, nach Ermittlung der beschriebenen angenäherten wirtschaftlichsten Stärke noch die Gesamtaufwendungen — also Punkte der Kurven *a*, *b*, *d*, *e* in Abb. 107 — für eine 10 und 20 mm geringere Stärke zu berechnen. Aus Abb. 107 läßt sich entnehmen, daß man

für 80 mm Stärke etwa 9,80 RM./m Jahr,

für 70 mm Stärke etwa 9,77 RM./m Jahr

finden würde, so daß man 70 mm ausführen wird, was in Übereinstimmung mit der genauen graphischen Ermittlung ist[1].

[1] Die Abb. 107 und 108 sind aus der 1. Auflage des Buches übernommen, bei der die Zahlentafeln 60 aus den VDI-Regeln und die damit in Übereinstimmung gebrachten Tafeln 75 und 76 noch nicht vorlagen. Nach diesen würde die Rechnung geringfügige Änderungen der Kurven ergeben.

Um die Entscheidung zu erleichtern, wann es der Mühe wert ist, eine ergänzende Rechnung bei geringeren Stärken anzuschließen, seien folgende Grenzen angegeben:

Wärmepreis . . . . > 10 RM./1 Million kcal
Preiszunahme, bezogen auf 1 m^2 Dämmschichtoberfläche je 10 mm Stärke $\times$ Kapitaldienst $\geqq 0{,}2$.

d) Besondere Betriebsverluste. Die Berücksichtigung besonderer Betriebsverluste in Zahlentafel 100 geschieht einfach in der Weise, daß in Spalte 5 die entsprechenden Werte nach Ziffer a, b oder c, welche den Wärmepreis, den Temperaturunterschied und die Benutzungsdauer zusammenfassen, auch noch mit dem Betriebsaufwandsfaktor b gemäß Abschnitt 55 multipliziert werden.

Zahlenbeispiel. Kondensationsturbine ohne Abdampfverwertung. Es seien die gleichen Annahmen wie bei Zahlenbeispiel auf S. 280 zugrunde gelegt, lediglich mit der Abänderung, daß es sich um eine Kondensationsturbine mit einem

$$\text{Dampfdruck} = 15 \text{ ata}$$

handelt. Nach Zahlentafel 98 ist der Betriebsaufwandsfaktor für diesen Fall

$$b = 1{,}82$$

und man hat in der Haupttafel der wirtschaftlichsten Stärke in Spalte 5 mit dem Produkt

$$1{,}82 \cdot 1500 = 2730$$

einzugehen und findet dann für die wirtschaftlichste Stärke

$$90 \text{ mm}.$$

57. Die Wirtschaftlichkeit eines Wärmeschutzes bei Mauerwerk von Feuerungen und Öfen.

a) Kesseleinmauerungen. Die Frage der Wirtschaftlichkeit des Wärmeschutzes von Kesselmauerwerk hat E. Schulte[1] unter Mitbenutzung der ausführlichen Versuche von E. Prätorius untersucht.

Der Wärmeschutz von Dampfkesseleinmauerungen ist wirtschaftlich nicht so aussichtsreich wie der von Rohrleitungen oder Kesseln: Der Grund liegt teils in der geringeren Temperatur des Objekts (infolge der Schutzwirkung des normalen Kesselmauerwerkes betragen die Oberflächentemperaturen nur etwa 50 bis 100°), teils in den Schwierigkeiten einer Dämmung großer ebener Flächen. Grundsätzlich spricht jedoch auch hier für die Anwendung einer Wärmeschutzschicht die Tatsache, daß sie nur eine einmalige Aufwendung erfordert und keinerlei Wartung bedarf.

Nach eingehenden Versuchen werden durch Leitung, Konvektion und Strahlung eines Kessels im Dauerzustand etwa 2 bis 4% der im Brennstoff enthaltenen Wärme verloren, je nach der Kesselbauart, dem Temperaturverlauf in den Heizzügen und dem Verhältnis von Rostfläche

[1] Schulte, E.: Isolierung der Dampfkesseleinmauerung. Mitt. Forschungsheim Wärmeschutz München, Heft 7.

zur Mauerwerkfläche. Nach amerikanischen Angaben[1] kann der Prozentsatz zwischen 3% bei stark belasteten großen Kesseln und 15% bei schlecht belasteten Kleinkesseln schwanken. Als normaler Wert werden hier 4% angegeben. Die deutschen Angaben sind also etwas knapper, beziehen sich aber nur auf vollbelastete Kessel.

Die Verluste zerfallen in drei Teile:

Verluste durch das Mauerwerk,

Verluste durch die Eisenteile (Kesselböden, Stutzen, Flanschen, Armaturen, Feuertüren usw.),

Verluste durch die Fundamente.

E. Prätorius fand für einen Steinmüllerkessel von 243 m^2 Heizfläche und 7 m^2 Rostfläche im Dauerbetrieb einen Gesamtverlust von 3%, wovon ein Betrag von 51% auf das Mauerwerk, 37% auf die Eisenteile und 12% auf die Grundfläche entfallen. Im Mittel kann man nach Schulte als Verlust durch das Mauerwerk für die meisten Kesseltypen etwa 1% der dem Kessel zugeführten Wärme einsetzen, wovon durch einen Wärmeschutz etwa 30% gespart werden können, also 0,3% des Brennstoffes. Man wird bei nachträglicher Dämmung etwa mit den 6fachen Anlagekosten der jährlichen Ersparnisse rechnen müssen.

Aussichtsvoller werden die Verhältnisse bei unterbrochener Betriebsweise, bei welcher in den Betriebspausen ohne Dämmung große Wärmeverluste durch die teilweise Auskühlung des Mauerwerks entstehen. Besonders bei Steilrohrkesseln sind die fraglichen Beträge sehr hoch. Bei 600 m^2 Heizfläche wird während des Betriebes etwa gespeichert:

Feuerfestes Mauerwerk	15580000 kcal
Ziegelmauerwerk	10664000 kcal
Eisenteile	820000 kcal
Wasser- und Dampfraum	5334000 kcal
insgesamt	32398000 kcal

Dieser Betrag kann durch weitgehenden Ersatz des Ziegelmauerwerkes durch Dämmsteine auf etwa

24700000 kcal

herabgedrückt werden. Prätorius fand an den untersuchten Steinmüllerkesseln, daß bei 8stündiger Betriebszeit der Gesamtverlust an die Umgebung auf etwa 9% der zugeführten Wärme steigen kann. Der Anteil des Mauerwerks wird allerdings hierbei prozentual geringer. Immerhin kann man im Jahresdurchschnitt je nach Kesselbauart mit einem Wärmeverlust des Mauerwerks von 2,6 bis 2,7% rechnen. Durch einen Wärmeschutz können etwa 0,7 bis 0,9% des zugeführten Brennstoffes erspart werden[2].

[1] Wärme 1925, S. 471. Referat E. Kuhn aus Power 1925, 7. Juli. Hier wird sogar der durch Dämmschichten ersparbare Wärmeverlust mit 70% angegeben.

[2] Über die Abkühlverluste verschiedener Bauarten von Kesseln berichtet ausführlich Ebel: Arch. Wärmew. Bd. 7 (1926) Heft 8.

Schulte empfiehlt grundsätzlich die Anbringung einer Dämmschicht bei Neuaufstellung eines Kessels vor allem für die Stirnwand von Steilrohrkesseln, da die Kosten eines geschützten und eines nichtgeschützten Mauerwerks bei gleicher Wärmedurchlässigkeit etwa gleich sind. Zu einer nachträglichen Anbringung von Dämmschichten, die aus Festigkeitsgründen dann wohl mit einer Blechverkleidung versehen werden müssen, wird man sich allerdings wegen der Kohlenersparnis allein auch bei unterbrochenem Betrieb meist nicht entschließen können. Bei Neuanlagen wird man dies aber um so eher tun, als man durch Verwendung von Dämmstoffen wesentlich an Fundamentkosten sparen kann. Eine Blechverkleidung hat außerdem noch den Vorteil der Abdichtung des Mauerwerks, wodurch die Abgasverluste um 2 bis 4% herabgedrückt werden können.

Hinsichtlich der Bemessung der Stärke der Dämmschicht an Stellen mit sehr hohen Temperaturen vgl. die Ausführungen über die Rückwirkung der Dämmschicht auf die Lebensdauer des feuerfesten Mauerwerks bzw. über die Temperaturbeständigkeit der Dämmschicht S. 77f. Bemerkt sei noch, daß man vielfach für Kesseleinmauerungen Dämmsteine höherer Festigkeit verwenden wird, bei denen zwar die Wärmeersparnisse etwas geringer sind, die jedoch einen festeren Verband ergeben, gegen Wärmespannungen unempfindlicher sind und unter Umständen sogar einen Außenschutz durch eine Ziegelvormauerung oder eine Blechverkleidung entbehrlich machen können.

b) Industrieöfen. Eine möglichst weitgehende Anwendung von Wärmeschutzstoffen bei Industrieöfen (meist gebrannte Formstücke oder lose geschüttete Stoffe, s. S. 76) hat neben großen wärmewirtschaftlichen Vorteilen noch andere ausschlaggebende Verbesserungen im Gefolge. Allgemein wird eine Verkürzung der Anheizzeit — oft auch der eigentlichen Arbeitszeit — und eine viel gleichmäßigere Temperaturverteilung im Ofen erzielt. Dazu kommen noch je nach der Aufgabe des Ofens technologische Vorzüge. So ergab sich z. B. nach einem amerikanischen Bericht bei gasbeheizten Messingschmelzöfen:

Verminderung des Zinkverbrauches,
erhöhte Lebensdauer der Schmelztiegel,
bessere Streckbarkeit und Bearbeitbarkeit des Messings.

An einem 450 kg Rennerfeld-Elektroofen wurde durch die Dämmung nicht nur die Leistungsfähigkeit um 33% erhöht und der Heizbedarf um 15,5% vermindert, sondern die Herstellung gewisser hochlegierter Stähle überhaupt erst möglich gemacht. Aus solchen Erfahrungen erklärt sich die große Verbreitung der hochtemperaturbeständigen Dämmsteine, die während der letzten Jahre in den beteiligten Industriekreisen der ganzen Welt zu beobachten ist. Denn der Preis für Dämmstoffe ist je m^3 Mauerwerk nicht viel höher als der der bisher gebräuchlichen Schamottesteine.

Hier kann nur noch einiges zur Frage der wärmewirtschaftlichen Bemessung gesagt werden, nachdem der wichtigste Gesichtspunkt der Temperaturbeständigkeit der Anlage schon an früherer Stelle behandelt wurde.

Bei annähernd durchlaufendem Betrieb besteht der Nutzen der Dämmschichten in der Verminderung der Wärmeverluste im Betrieb und in der Verringerung des Baugewichtes.

Bei Öfen, die satzweise arbeiten, also z. B. bei Glühöfen, die nach jedem Arbeitsgang teilweise auskühlen, kommen zu den „Wandverlusten im Betrieb" — womit die Wärmeabgabe an die Umgebung in der Aufheizzeit und in der eigentlichen Betriebszeit bezeichnet seien — noch die „Speicherverluste". Beide Verluste zusammen überwiegen bei nichtgedämmten Öfen mit 60 bis 80% des Ofenwärmebedarfs die Werkstoffwärme erheblich. Die Speicherverluste hängen entscheidend vom Raumgewicht der Ofenbaustoffe ab, so daß die Anwendung von Dämmsteinen sehr große Vorteile bietet. Wenn möglich, sollen sämtliche Seiten- und Rückwände sowie das Gewölbe völlig aus Dämmsteinen hergestellt werden[1]. Glaubt man auf tragendes Mauerwerk nicht verzichten zu können, so sind Innendämmschichten Außendämmschichten vorzuziehen. Bei letzteren können im Falle sehr kurzer Betriebszeiten sogar erhöhte Speicherverluste durch Zunahme der Speicherwärme im feuerfesten Mauerwerk entstehen. Bei Innendämmschichten müssen die Steine mit dem tragenden Mauerwerk in Verband gesetzt werden.

Auch Türen sollten aus Dämmsteinen von 380 mm Stärke hergestellt werden. Bei Hängedecken ermöglicht die Verwendung von Dämmsteinen leichte Tragkonstruktionen. Nur die Öfenherde, auf denen Glühgut lagert, können aus Festigkeitsgründen nicht völlig aus Dämmsteinen hergestellt werden, so daß man sich mit einer Außendämmung begnügen muß. Nachstehende Gegenüberstellung von Versuchsergebnissen an einem alten und einem nach diesen Gesichtspunkten neu gemauerten Herdwagenglühofen kennzeichnet die Wichtigkeit eines Wärmeschutzes durch die die Wärmeverluste auf rund die Hälfte herabgedrückt werden:

Wärmeverteilung	Alter Ofen in %	Neuer Ofen in %
Nutzwärme . .	34	56
Wandverluste .	16	17
Speicherung . .	50	27

In dieser Gegenüberstellung ist nicht die Gesamtbilanz des Brennstoffes gegeben, zu der noch die sehr wichtigen Abgasverluste gehören würden, sondern der eigentliche

[1] Die Ausführungen dieses und des folgenden Absatzes sind großenteils der Arbeit von E. Senfter: Feuerfeste Isolierbausteine als Baustoffe neuzeitlicher Glühöfen (Mitt. Wärmestelle Ver. dtsch. Eisenhüttenleute Nr. 215) entnommen.

Wärmebedarf des Ofens selbst, so daß die Teilwärmeverluste in ihrer wahren Bedeutung in Erscheinung treten[1].

Für die wirtschaftlichste Bemessung der Wandstärken bei Industrieöfen lassen sich allgemeine Zahlentafeln nicht aufstellen[2]. Die Preiszusammenhänge sind sehr verwickelt und nur erfahrenen Ofenbaufirmen für deren Ausführungsformen bekannt. Genaue Berechnungen scheitern auch bei einschichtigen Öfen vielfach an der Erfassung der Betriebsverhältnisse (unregelmäßig unterbrochener Betrieb mit Öffnen der Türen, Einbringung von kaltem Gut usw.) bei mehrschichtigen Wänden an den mathematischen Schwierigkeiten. Es wurde deshalb schon auf S. 158 auf die Bedeutung von Modellversuchen an Stelle rechnerischer Ermittlungen hingewiesen. Dazu kommt, daß die Wirtschaftlichkeit einer Bauweise nicht immer durch Berücksichtigung der Wärmeverluste jeder Art und des Kapitaldienstes erschöpfend behandelt ist, daß also die Betrachtungsweise von Hottinger-Gerbel nach Abb. 105 Erweiterungen unter betrieblichen Gesichtspunkten bedarf. So gibt L. Beuken[3] ein Beispiel dafür, daß eine schnelle Auskühlung die Ausnutzungsmöglichkeit eines Ofens erheblich verbessert, ohne den Energieverbrauch wesentlich zu erhöhen. Beuken untersuchte nach seiner Modellmethode[4] elektrische Industrieöfen, die mit Nachtstrom in 7 Stunden bis 1000° aufgeheizt während 1 Stunde auf dieser Temperatur gehalten und dann bei natürlicher Kühlung auf 350° Endtemperatur gebracht werden sollen. Diese Endtemperatur ist gewählt, weil bei ihr keramische Erzeugnisse ohne Schaden entnommen werden können. Die Wand bestand aus 6,5 cm starken hochtemperaturbeständigen Dämmsteinen und einer Außenschicht aus loser Kieselgur, deren Stärke verändert wurde.

Bei der verhältnismäßig kurzen Anheizzeit spielen die Speicherverluste die ausschlaggebende Rolle, während die Wandverluste nach außen zurücktreten. Infolgedessen nimmt der Energieverbrauch für eine Aufheizung mit zunehmender Dämmstärke kaum ab (für eine Charge von 150 kg/m² von 9,3 kW/m² bei 2 cm Kieselgurstärke auf 8,75 kW/m² bei 10 cm Stärke) während die Abkühlzeit stark anwächst

---

[1] A. Schack weist in der auf S. 79 erwähnten Arbeit auf die außerordentliche Bedeutung der Verluste durch Öffnungsstrahlung an Spalten der Türen und an zeitweise offenen Türen — wenn im Ofen gearbeitet werden muß — hin. Diese Öffnungsstrahlung kann in besonders ungünstigen Fällen die Verluste durch die festen Raumbegrenzungen übersteigen, verdient also gegebenenfalls die größte Beachtung, doch ist sie hier nicht zu behandeln.

[2] Als Beispiel einschlägiger Arbeiten sei außer den hier benutzten noch genannt. Repky, H.: Ermittlung günstigster Wanddicken von Industrieöfen. Arch. Wärmew. Bd. 9 (1928) S. 145.

[3] Beuken, L.: Isolierstärke elektrischer Industrieöfen für Nachtstrombetrieb. Elektrowärme Bd. 7 (1937) S. 115.

[4] Vgl. S. 158.

(von 26 Stunden auf 71 Stunden). Hier empfiehlt es sich also, den Ofen nur schwach zu dämmen, wenn die damit verbundene ungewöhnlich hohe Außentemperatur in Kauf genommen werden kann. Auch Schack hat schon darauf hingewiesen, daß zwar durch eine Verringerung der Wandstärke der Gesamtverlust, bestehend aus Speicherung und Wandverlust, nicht vermindert werden kann, daß aber eine Ersparnis an Anlagekapital eintritt, wenn die Betriebszeit so kurz ist, daß die Wand bei weitem nicht in den Wärmegleichgewichtszustand kommt. Nach Schack beginnt die Wärmeabgabe die Speicherverluste zu überwiegen, wenn der Kennwert

$$\frac{s^2}{4\,a\,t} < 0{,}4 \tag{132}$$

ist. Hierbei ist

s = die Stärke der Wand in m,
t = die Zeit seit Beginn der Temperaturänderung in h,
a = die Temperaturleitzahl in m^2/h.

Liegt also dieser Kennwert erheblich über 0,4, so ist eine Verringerung der Wandstärke in Betracht zu ziehen.

Die hier behandelten Fälle, die die Notwendigkeit besonderer Überlegungen zeigen sollen, dürfen aber nicht etwa den Eindruck hervorrufen, als ob bei Industrieöfen allgemein geringe Dämmstärken in Frage kämen. Im Gegenteil erfordern die Betriebszeiten meist Dämmstärken von 150 bis 250 mm, ja die mit Rücksicht auf die Temperaturbeständigkeit gezogenen zulässigen Höchstgrenzen liegen oft weit unter der wirtschaftlich günstigsten Stärke.

Über die Auswirkungen der geometrischen Verhältnisse auf den Energieverbrauch liegt in der auf S. 25 erwähnten Arbeit von V. Paschkis eine nützliche Studie vor. Aus ihr seien folgende Einzelheiten angeführt:

1. Bei zweischichtigen Wänden ist die feuerfeste Innenschicht so schwach wie irgend möglich zu machen. Denn sogar im Dauerzustand der Wärmeströmung, noch mehr im nichtstationären Zustand wachsen die Verluste mit einer Verstärkung der Schamotteschicht. Dies gilt bei den üblichen Schamottestärken sowohl für den Hohlquader wie für zylindrische Öfen.

2. Ist die Stärke der Innenschicht wegen der begrenzten Temperaturbeständigkeit der Dämmschicht mit dieser verknüpft, so werden auch bei Dauerbetrieb die Verhältnisse sehr ungünstig. Denn eine Verstärkung der Dämmschicht verlangt gleichzeitig eine stärkere Innenschicht. Damit steigt aber die Wärmedurchgangsfläche der Dämmschicht, was den Nutzen der Verstärkung der Dämmschicht herabsetzt. Beim Hohlquader überwiegt der Nachteil schließlich, so daß es für bestimmte Stärken beider Schichten schließlich einen Mindestwert der Wärmeverluste gibt, der aber nicht zu verwechseln ist mit dem wirtschaftlichen

Mindestwert der Gesamtaufwendungen. Bei zylindrischen und kugeligen Öfen tritt ein solcher Mindestwert nicht auf, doch wird hier die Wärmeverlustkurve sehr flach, was natürlich die praktisch richtigen wirtschaftlichsten Stärken ebenfalls herabsetzt.

3. Für Dauerbetrieb ist bei zweischichtigen Öfen mit temperaturabhängigen Schichtstärken wenn möglich der Zylinder zu wählen, weil er bei gleicher Stärke der Innenschicht stärker geschützt werden kann. Dies gilt oft auch dann noch, wenn mit Rücksicht auf die zu erhitzenden Körper der Grundkreis des Zylinders der dem Quader umschriebene Kreis sein muß. Je länger der Zylinder ist, um so stärker ist er dem Quader überlegen.

4. Die Wärmeverluste im Beharrungszustand sind beim Hohlquader in der Hauptsache abhängig von der Größe der Innenfläche des Ofens, weniger aber von der Ofenform (langgestreckt oder mehr würfelförmig).

58. Die wirtschaftlichste Dämmstärke bei Neuanlagen, insbesondere bei Kühlräumen.

Der bisherige Berechnungsgang der wirtschaftlichsten Stärke ließ die Möglichkeit zunächst außer acht, durch die Bemessung der Dämmschicht die Abmessungen der Anlage selbst wirtschaftlich zu beeinflussen. Er bezog sich also streng genommen nur auf bereits bestehende Anlagen. Nähere Betrachtungen zeigen, daß die auf diese Weise ermittelten Stärken jedoch auch für Neuanlagen stets anwendbar sind oder mindestens den Ausgangspunkt der Ermittlungen bilden.

Die Auswirkung der Dämmstärke auf eine Wärmeerzeugungsanlage hängt von der Größe des Rohrleitungsnetzes ab, außerdem auch von dem Belastungsgrade der Anlage, da die Wärmeverluste fast unabhängig hiervon sind, so daß ihr prozentualer Anteil an der Gesamtwärmeerzeugung bei geringer Belastung entsprechend größer ist. Folgende Zusammenstellung gibt einen ungefähren Überblick über diesen Anteil für Vollast:

in Kraftwerken[1] . . . . etwa 2%
in Hüttenwerken . . . . bis 5%
in der chemischen Industrie . . . 6 bis 8%.

Durch eine von dem vorstehend geschilderten Rechnungsgang abweichende Dämmstärke wird man daher in wirtschaftlicher Weise nur Wärmemengen ersparen können, die meist wesentlich geringer als 0,5% der Gesamtenergie sind. Eine Rückwirkung der Bemessung der Dämmschichten auf die Wärmeerzeugungsanlage bei Vollast ist daher ausgeschlossen.

[1] Nach Tröger (Z. VDI 1927 S. 1902) beträgt sogar der Wärmeverlust der Rohrleitungen im Großkraftwerk Klingenberg nur 0,9% der Vollast.

Auch eine Änderung der üblichen wirtschaftlichsten Stärke mit Rücksicht auf den Einfluß des Wärmeschutzes auf den wirtschaftlichsten Durchmesser einer Rohrleitung, kommt kaum je in Frage. In den seltenen Sonderfällen, bei denen eine diesbezügliche Nachprüfung angebracht erscheint, gibt Zahlentafel 100 auch die notwendigen Unterlagen für die Berechnung des wirtschaftlichsten Durchmessers, gleichgültig, ob man sich dabei einer graphischen Ermittlung bedient oder einer rechnerischen, z. B. nach den Formeln von O. Dennecke[1]. Man entnimmt dann aus den Zahlentafeln zunächst die normalerweise vorteilhafteste Ausführung der Dämmschicht und braucht nur für eine entsprechend höhere Stärke (eine niedrigere kommt nicht in Betracht) nochmals die Rechnung zu überprüfen, um zu sehen, ob hierfür die Ergebnisse noch günstiger werden.

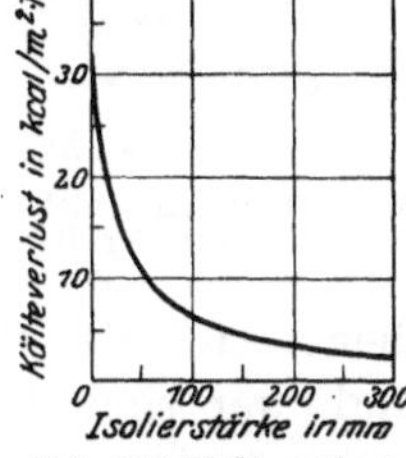

Abb. 110. Kälteverlust in Abhängigkeit von der Dämmstärke.

Anders liegen die Verhältnisse bei Kälteanlagen. Hier können die Verluste durch die Dämmschicht 20 bis 50% der Leistung der Maschine beanspruchen. Nachstehend seien deshalb zwei typische Fälle durchgerechnet.

In beiden Fällen handele es sich um die Wanddämmung von Kühlräumen, die einen Temperaturunterschied gegenüber der Außenluft von 20° C besitzen mögen. Die Wandbauweise bestehe aus 25 cm starkem Ziegelmauerwerk und der Dämmplatte ($\lambda = 0{,}04$) mit Verputz.

Die Abb. 110 zeigt die Größe des Wärmedurchganges in Abhängigkeit von der Dämmstärke beginnend mit 34 kcal/m²h bei nicht geschütztem Mauerwerk bis herab zu 2,47 kcal/m²h bei 300 mm Dämmstärke. Das Verhältnis der Wärmeverluste in diesen beiden Grenzfällen beträgt also etwa 1:14.

Der Umfang der Anlage sei dadurch gekennzeichnet, daß als praktisch übliche Dämmstärke 100 mm und eine Gesamtleistung der Kältemaschine in dem Fall I von 5000, in dem Fall II von 250000 kcal/h zugrunde gelegt wird. Nimmt man nun an, daß für die kleine Anlage 50% der erzeugten Leistung auf die Kälteverluste gerechnet werden müssen, bei der großen Anlage 20%, so würde sich aus der gewählten Leistung eine Wandfläche von etwa 96 m² im ersten Fall und von 5130 m² im zweiten Fall berechnen unter Voraussetzung einer 6- bzw. 16stündigen täglichen Arbeitszeit der Maschine. Als Wandfläche würde hier natürlich nur jener Teil der Räume zu betrachten sein, der wirklich für einen Kälteaustausch in Frage kommt, nicht etwa die Wandfläche zwischen zwei gekühlten Räumen, die man zwar auch meist, wenn auch weniger stark,

[1] Dennecke, O.: Die Berechnung der Kraftleitungen für Sattdampf und Heißdampf. Wärme 1924 S. 451; 1925 S. 45.

dämmen wird (für den Fall von Betriebsunterbrechungen in dem einen Raum), durch die aber normalerweise kein Kälteaustausch stattfindet.

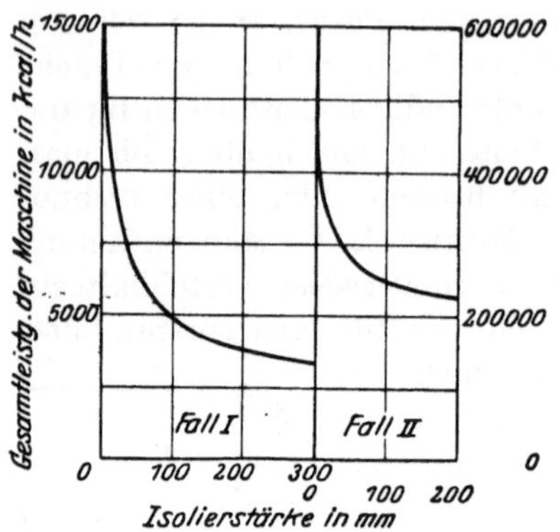

Abb. 111. Maschinenleistung in Abhängigkeit von der Dämmstärke.

Abb. 111 zeigt dann die Abhängigkeit der Gesamtkälteleistung von der Dämmstärke, beginnend mit 15600 bzw. 460000 kcal/h bei fehlendem Kälteschutz, bis herab zu 3450 bei 300 mm bzw. 228000 bei 200 mm Dämmstärke.

Es ergibt sich also, daß die nötige Kälteleistung der Maschinenanlage durch den Kälteschutz sehr stark beeinflußt wird.

Abb. 112 und 113 berechnet zunächst die normale wirtschaftlichste Stärke nach G e r b e l, aus dem Kapitaldienst für die Dämmschicht — Kurve *a* — und den Kälteverlusten, und zwar sind die Kälteverluste an die Umgebung in ihrer Abhängigkeit von der Dämmstärke mit zwei Kurven *b* bzw. *b'* eingezeichnet, wovon die Kurve *b* lediglich den

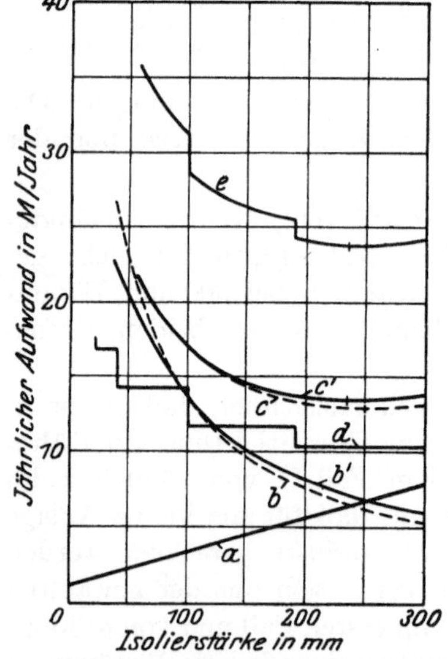

Abb. 112. Die wirtschaftlichste Dämmstärke bei einer kleinen Kälteanlage.

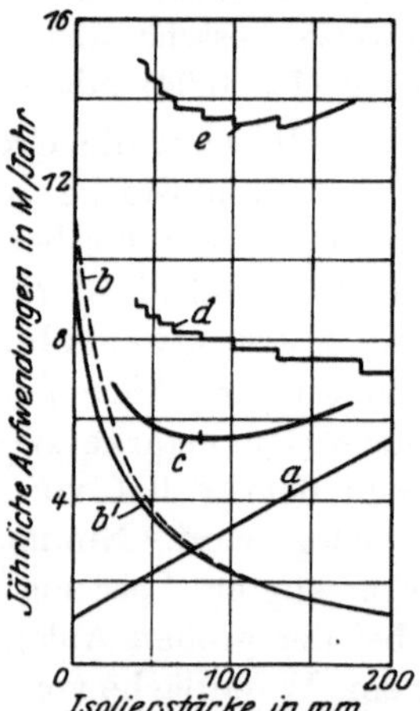

Abb. 113. Die wirtschaftlichste Dämmstärke bei einer großen Kälteanlage.

mittleren Kältepreis einer Maschinenanlage von 5000 bzw. 250000 kcal/h für alle Dämmstärken zugrunde legt, während die Kurve *b'* die Änderung des Kältepreises mit der Größe der Maschine und damit mit der Dämmstärke berücksichtigt. Hierdurch tritt eine Verschiebung der Minima der Kurven der Gesamtaufwendungen *c* bzw. *c'*, d. h. eine kleine Abnahme der wirtschaftlichsten Stärke ein, die im Fall I 20 mm beträgt, im Fall II ohne Belang ist. Der Tilgungs- und Verzinsungssatz der Maschinenanlage ist dabei mit 20%, der der Dämmschicht mit dem verhältnismäßig hohen Betrage von 40% eingesetzt.

Als Kurve *d* ist in den beiden Diagrammen nun auch noch der jährliche Kapitaldienst für die Maschine, bezogen auf 1 m² Wandfläche, eingezeichnet. Ihr Einfluß auf die wirtschaftlichste Stärke hängt natürlich davon ab, welche Staffelung der Maschinenleistung praktisch möglich ist. Kleinere Unterschiede können ja nicht zur Auswirkung kommen. In der Abbildung ist für die Anlage I oberhalb der Leistung von 2500 kcal/h die Möglichkeit einer Staffelung von 2500 kcal/h, unterhalb von 1000 kcal/h angenommen, für die Anlage II oberhalb der Leistung von 300000 kcal/h eine Staffelung von 25000 unterhalb von 10000 kcal/h. Bekanntlich wird man zwar nicht diese Staffelung für die ganze Anlage durchführen können, da die Kompressorgrößen nicht so oft unterteilt werden können. Man kann aber die Kosten für die Rohrleitungen und für den Verdampfer usw. dem genauen Bedarf anpassen und dies macht etwa $^2/_3$ der Gesamtkosten aus.

Addiert man nun den Kapitaldienst für die Maschine je m² Wandfläche zu den übrigen Kurven, so bekommt man eine neue Kurve des Gesamtaufwandes *e* mit Knicken entsprechend der Staffelung der Maschinengröße.

Als Ergebnis der beiden Beispiele läßt sich folgendes feststellen:

1. Die wirtschaftlichsten Stärken von Kühlräumen sind bei kleinen Anlagen viel größer als sie in der Praxis üblich sind. Bei großen Anlagen treffen die gebräuchlichen Stärken etwa zu.

2. Bei kleinen Anlagen ist bei der Umrechnung der Kälteverlustkurven in RM./Jahr die Abhängigkeit des Kältepreises von der Dämmstärke bzw. der Größe der Maschine an sich zu berücksichtigen. Da man aber die sich ergebenden außerordentlich hohen Stärken praktisch doch nie ganz verwirklichen wird, so kann diese Abhängigkeit allgemein für die Berechnung außer acht gelassen werden.

3. Bei kleinen Anlagen ergibt sich eine Erhöhung der wirtschaftlichsten Stärke durch Einbeziehung des Kapitaldienstes für die Maschinenanlage im allgemeinen nicht. Bei großen Anlagen ist dieser Gesichtspunkt zu beachten. Allerdings ist bei der heutigen Handhabung auch bei kleinen Anlagen insofern eine gewisse Rückwirkung der Größe der Maschinenlage auf die Wirtschaftlichkeit der Dämmschicht vorhanden, als die zur Zeit übliche Bemessung der Dämmschicht eine Abrundung der tatsächlich wirtschaftlichsten Stärke darstellt, die, an sich schon unzulässig hoch, unter diesem Gesichtspunkt zu einer noch weiteren Verschlechterung des wirtschaftlichen Effektes führt. Wie groß z. B. in Abb. 112 die Ersparnisse durch wirtschaftliche Bemessung würden, geht daraus hervor, daß der Unterschied im jährlichen

Gesamtaufwand gegenüber der handelsüblichen Stärke von 100 mm selbst noch bei Abrundung des genauen rechnerischen Wertes auf 200 mm 4,6 RM./m² Jahr ist. Das würde bei der betrachteten Anlage von etwa 96 m² Wandfläche eine unnötige übliche jährliche Ausgabe von RM. 440,— bedeuten, also einen Betrag, der immerhin etwa 45% der Gesamtanlagekosten der Dämmschicht beträgt.

Wenn also festzustellen ist, daß die bei kleineren Kühlanlagen üblichen Stärken kaum die Hälfte der wahren wirtschaftlichen Stärken sind, so darf doch auch nicht der erhebliche Platzbedarf dieser theoretischen Stärken unberücksichtigt bleiben. Besonders beim Einbau von Kühlräumen in schon bestehende Bauten setzt die verminderte Raumausnutzung oft eine enge Grenze. Auch nehmen gewisse allgemeine Baukosten (Dachkonstruktion, Erdaushub, äußere Wandfläche, Geländeerwerb) mit der Dämmstärke merklich zu und sind mit etwa 0,06 RM. je cm Dämmstärke und 1 m² Wandfläche zum jährlichen Kapitaldienst zu schlagen. An der grundsätzlichen Forderung, mit der bisherigen Praxis zu brechen, kann jedoch auch dadurch nichts geändert werden, und es erscheint dringend notwendig, beim Bau von Kältemaschinen und -anlagen von vornherein eine entsprechende Bemessung der Dämmschicht im Auge zu behalten, da sonst ihre spätere Ausführbarkeit in Frage gestellt ist.

59. Verbesserung schlechter vorhandener Dämmschichten.

Sehr oft steht die Frage zur Entscheidung, ob es wirtschaftlich gerechtfertigt ist, eine vorhandene alte Dämmschicht[1] durch einen neuzeitlichen Wärmeschutz zu ersetzen oder wenigstens eine Verstärkung vorzunehmen. Selbstverständlich sind die Verhältnisse sehr verschieden und Voraussetzung einer genauen Wirtschaftlichkeitsbetrachtung ist die Messung der Wärmeleitzahl der vorhandenen Dämmschicht oder wenigstens seine Schätzung auf Grund des Raumgewichts (vgl. die Zahlentafeln und Diagramme des Abschnittes 22, S. 96). Von Einfluß sind ferner naturgemäß Wärmepreis und jährliche Betriebsstundenzahl. Nachstehende Zahlentafel gibt für einen sehr niedrigen Wärmepreis, wie er etwa bei Braunkohlengruben vorliegt, und einen sehr hohen, wie er sich bei ungünstiger Frachtlage eines Werkes und veralteten Kesselanlage stellt (Wärmepreise S. 267), sowie für völligen Dauerbetrieb (8760 Stunden im Jahr) und täglich 10stündiger Betriebszeit[2] (3000 Stunden im Jahr) die Wärmeersparnisse eines modernen Wärmeschutzes unter sonst mittleren Verhältnissen:

[1] Bemerkt sei, daß vielfach Anlagen aus der Inflationszeit außerordentlich unwirtschaftlich sind. Dem Verfasser sind Wärmeleitzahlen im Betrieb bis zu 0,19 kcal/m h° bekannt geworden.

[2] In der Berechnung sind der Einfachheit halber nur die Wärmeverluste während des Betriebes einander gegenübergestellt.

Zahlentafel 101.

Rohrdurchmesser	150/159 mm
Rohrtemperatur	300° C
Lufttemperatur	20° C
Stärke der alten Dämmschicht	50 mm
Wärmeleitzahl der alten Dämmschicht	0,130 kcal/m h°
Stärke der neuen Dämmschicht[1]	80 mm
Wärmeleitzahl der Dämmschicht	0,075 kcal/m h°.

Es betragen dann die Wärmeverluste je lfd. m und Stunde

bei der alten Dämmschicht	380 kcal/m h
bei der neuen Dämmschicht	170 kcal/m h

und es wird

Wirtschaftlichkeit von Neudämmung.

Wärmepreis in RM./1 Million kcal	Jährliche Ersparnis in RM. je 1 m² äußerer Oberfläche durch Neudämmung bei einer Betriebsstundenzahl von		Zeitdauer in Jahren zur Deckung der Anlagekosten der Neudämmung durch ihre Ersparnisse bei einer Betriebsstundenzahl von	
	8760 h	3000 h	8760 h	3000 h
2	3,68	1,26	3,8	11,1
10	18,4	6,30	0,76	2,2

Die Anlagekosten einer Dämmschicht pflegen je 1 m² äußerer Oberfläche berechnet zu werden und sind in dem gewählten Beispiel gleich den Kosten je lfd. m. Bei der angegebenen Wärmeleitzahl der Neudämmung kann man mit etwa 12 bis 16 RM./m², im Mittel also mit 14 RM./m² rechnen, und hieraus findet sich die Zeitdauer bis zur Abdeckung der Dämmkosten.

Für eine so einschneidende Betriebsmaßnahme wie die Erneuerung einer an sich unbeschädigten Dämmschicht wird wohl nur dann ein genügender Anreiz geboten sein, wenn die Kosten in etwa 2 bis 3 Jahren schon eingebracht sind. Bei mittleren Wärmepreisen wird diese Maßnahme für Dauerbetrieb also meist gegeben sein, für täglich unterbrochenen Betrieb jedoch seltener zutreffen.

Statt völliger Neudämmung kann man, besonders bei geringer Stärke des vorhandenen Wärmeschutzes eine Verstärkung in Frage ziehen. Aus Platzgründen wird dabei meist eine Auflage von höchstens 40 mm möglich sein. Im vorerwähnten Beispiel würde eine Verstärkung auf 80 mm mit dem neuen Material stündlich eine Wärmeersparnis von rd. 140 kcal/m h bringen, also etwa 67% der Ersparnisse bei völliger Neudämmung. Da eine Verstärkung aber immer verhältnismäßig teuer kommt, weil erhebliche Teile der Anlagekosten (z. B. Stellung

[1] Für den niedrigen Kohlenpreis würden 80 mm Stärke unwirtschaftlich sein. Es würden schon 60 mm völlig genügen. Man hat jedoch auch bei so extrem niedrigen Preisen im allgemeinen aus betriebstechnischen Gründen mit mittleren Stärken zu rechnen. Umgekehrt würde der hohe Wärmepreis unter Umständen mehr als 80 mm Stärke rechtfertigen. Für den beabsichtigten Vergleich sind diese Gesichtspunkte unerheblich.

von Gerüsten, Zurichten der Leitung, Bandagierung und Lackierung der Oberfläche usw.) die gleichen wie bei vollständiger Erneuerung sind, so wird man mit Anlagekosten nicht unter der Hälfte der Neudämmung rechnen können. Man sieht hieraus, daß angesichts der fast gleichen Wirtschaftlichkeit der Neudämmung mit Rücksicht auf den höheren Betriebswert der Anlage der Vorzug zu geben ist.

Unbedingt völlige Neudämmung ist in den Fällen anzuraten, in denen der alte Wärmeschutz teilweise schadhaft und ein Teil der Leitung

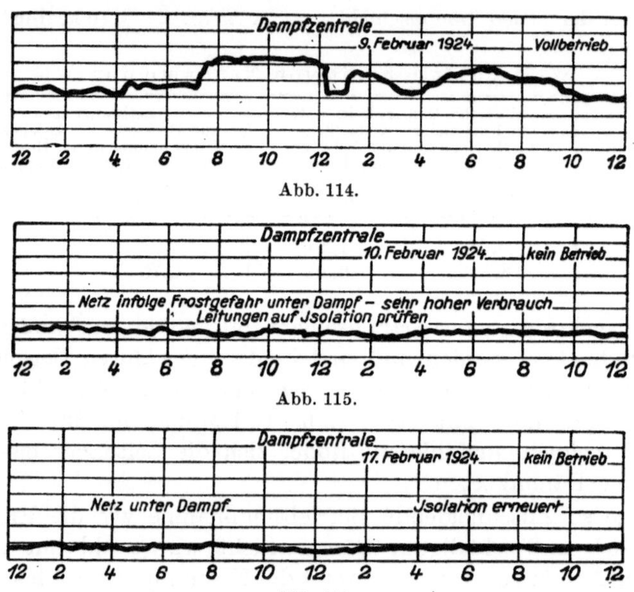

Abb. 114.

Abb. 115.

Abb. 116.

Abb. 114—116. Dampfverbrauch in einem Betrieb bei normaler Belastung und im Rohrnetz allein bei veralteter und bei neuer Dämmung.

entblößt ist. Nach Abschnitt 38 erspart ein neuzeitlicher Wärmeschutz bei nicht zu niedrigen Temperaturen etwa 90 bis 95% der Wärmeverluste im nackten Zustande der Leitung, so daß, wenn nur 10% der Leitung ohne Schutz sind, dadurch allein schon Wärmeverluste entstehen, die ebenso groß bzw. doppelt so groß sind, als die Gesamtverluste nach Neudämmung der Anlage überhaupt.

In Übereinstimmung mit diesen theoretischen Berechnungen ist ein interessanter Betriebsversuch in einem Aufsatz von F. Gerhardt[1] in dem obenstehende drei Betriebsdiagramme wiedergegeben sind.

Abb. 114 stellt die Normaldampferzeugung dar bei vollem Betrieb. Aus Abb. 115 ist zu ersehen, wie groß die Verluste sind, die durch die

[1] Gerhardt, F.: Die Bedeutung der Dampfmessung im Betriebshaushalt. Siemens-Z. 1926 S. 42.

Zuleitungen allein verloren gehen, wenn sämtliche Verbrauchsstellen abgeschaltet waren. Nach durchgreifender Erneuerung des Wärmeschutzes ergab sich das Diagramm Abb. 116, bei welchem die Leerlaufsverluste auf rd. die Hälfte herabgesetzt wurden.

Vorstehende Ausführungen weisen gleichzeitig auf die Notwendigkeit hin, der laufenden Instandhaltung des Wärmeschutzes eine entsprechende Beachtung zu schenken.

60. Beeinflussung der Gesamtwärmeverluste von Dampfleitungen für Heizzwecke durch die Wahl der Dampfart.

Im Gegensatz zur Fortleitung von Dampf für Krafterzeugung, für die nur überhitzter Dampf in Frage kommt, hat man bei der Übertragung von Dampf für Heizzwecke, die Wahl, den Dampf durch die Leitung als Sattdampf oder als überhitzten Dampf strömen zu lassen. Wärmewirtschaftlich unterscheiden sich diese beiden Arten von Wärmeträger folgendermaßen:

Bei Sattdampf bringen die Wärmeverluste keine Temperaturänderung hervor — eine solche findet vielmehr nur entsprechend der Druckänderung statt —, sondern einen Kondensatanfall, der, abgesehen vom Verlust an Dampfmenge, zur Verwertung der im Kondensat enthaltenen Wärme besondere Vorrichtungen erfordert oder der bei Nichtverwertung des Kondensats einen zusätzlichen Wärmeverlust bedeutet. Bei überhitztem Dampf tritt kein Verlust an Dampfgewicht ein, dagegen eine Temperaturverminderung, die für Heizzwecke ohne weitere Auswirkungen ist, da man in den Apparaturen meist nur Sattdampf zu haben wünscht. Man kann also den Dampf am Beginn der Leitung soweit überhitzen, daß er beim Einströmen in die Verbrauchsapparate sich gerade auf Sattdampftemperatur abgekühlt hat und vermeidet so entweder besondere Vorrichtungen für die Verwertung von Kondensat oder die Wärmeverluste, die bei nicht vollständiger Ausnützung des Kondensats von Sattdampf entstehen würden. Andererseits bedingt jedoch die höhere Temperatur des überhitzten Dampfes einen größeren Wärmeverlust der Leitung.

Man hat deshalb die Vor- und Nachteile der beiden Arten von Wärmeträgern gegeneinander abzuwägen[1]. Im folgenden seien die Verhältnisse für den Fall der Nichtverwendung oder nur teilweisen Ausnutzung der Kondensatwärme untersucht.

Als Grundlage des Vergleichs zwischen den Verlusten bei den beiden Arten von Wärmeträgern wird zweckmäßig der reine Wärmeverlust an die Umgebung bei Verwendung von Sattdampf des entsprechenden

[1] So hat z. B. K. Hencky: Die wirtschaftliche Fortleitung und Verteilung von Dampf auf große Entfernungen. Z. VDI Bd. 69 (1925) S. 492, für ein bestimmtes Zahlenbeispiel ein anschauliches Diagramm aufgestellt.

Druckes gewählt. Auf dieser Grundlage kann dann einerseits der zusätzliche Verlust bei Sattdampf durch nicht ausgenutzte Kondensatwärme, andererseits der Mehrverlust an Wärme durch die hohen Temperaturen bei überhitztem Dampf gerechnet werden. Für den Kondensatverlust ist schon in Gleichung (131) ein „Betriebsaufwandsfaktor b" aufgestellt worden; der die Wertsteigerung angibt, die eine an die umgebende Luft verlorene Kalorie infolge dieser Kondensatwärmeverluste erfährt[1].

In gleicher Weise läßt sich auch bei Verwendung von überhitztem Dampf ein „Betriebsaufwandsfaktor b'" aufstellen, der die infolge der höheren Temperaturen sich ergebenden Mehrverluste gegenüber Sattdampf ausdrückt. Für ihn gilt, wenn man die Wärmeverluste direkt proportional dem Temperaturunterschied zwischen Wärmeträger und Luft setzt, die Beziehung:

$$b' = \frac{\frac{t_{ü} + t_s}{2} - t_2}{t_s - t_2}. \quad (133)$$

Darin ist:

$t_{ü}$ = die Temperatur des überhitzten Dampfes am Beginn der Leitung,
t_2 = die Lufttemperatur der Umgebung in °C.

Unter Benutzung dieses Betriebsaufwandsfaktors b läßt sich dann durch die Gleichsetzung der Gleichungen (131) und (133) die zulässige Höchsttemperatur des überhitzten Dampfes am Beginn der Leitung, bei welcher gerade Gleichheit zwischen den Aufwendungen für die verlorene Kondensatwärme und den erhöhten Wärmeverlusten bei überhitztem Dampf besteht, nach folgender Beziehung ableiten:

$$t_{ü} = (t_s - t_2) \cdot (2 \cdot b - 1) + t_2. \quad (134)$$

Vorstehende Gleichung läßt also für jeden Dampfdruck ohne weiteres angeben, wie hoch die Dampfüberhitzung am Beginn der Leitung höchstens werden darf, um gegenüber Sattdampf mit Kondensatverlusten noch wirtschaftlich zu sein. Zahlentafel 102 gibt diese zulässige Dampfüberhitzung oder mit anderen Worten den zulässigen Temperaturabfall in der Leitung in Abhängigkeit vom Druck gegenüber Nichtverwertung des Kondensats ($t_n = 10°$ C) bzw. Verwertung unter Druckentspannung ($t_n = 90°$ C, vgl. S. 272). Lufttemperatur 20° C.

Zahlentafel 102. Wirtschaftliche Überhitzungsgrenze des Dampfes.

Druck in ata	Überhitzung des Dampfes über Sattdampftemperatur in °C bei		Zulässige Anfangstemperatur des überhitzten Dampfes in °C bei	
	$t_n = 10°$	$t_n = 90°$	$t_n = 10°$	$t_n = 90°$
1,5	34,5	7	145,5	118
2	41	11	161	131
3	53	19	186	152
5	74	32	225	183
10	111	58	290	237
15	142	82	339	279
20	170	103	381	314

[1] Bei völliger Kondensatausnutzung ist also der Betriebsaufwandsfaktor $b = 1$.

Ob die wirtschaftlich zulässige Überhitzung des Dampfes zur vollständigen Deckung der Wärmeverluste der Leitung an die Umgebung ausreicht, ohne daß in der Leitung Kondensat ausfällt, hängt ab von:

Rohrdurchmesser,
Dämmstärke,
Wärmeleitzahl des Wärmeschutzes,
Länge der Leitung,
stündliche Gewichtsmenge des Wärmeträgers,
Dampfdruck.

Für eine gedrängte Übersicht seien folgende Annahmen zugrunde gelegt:

Lichter Rohrdurchmesser . . . . 50, 200 und 400 mm
Wärmeleitzahl der Dämmschicht . . . . . . 0,08 kcal/m h °C
Wirtschaftlichste Dämmstärken[1] . . . . . . mittlere Werte
Strömungsgeschwindigkeit des Dampfes . . . 25 m/sec.

Von besonderem Einfluß ist die Dampfgeschwindigkeit, da die zulässige Leitungslänge etwa im gleichen Verhältnis wächst. Zahlentafel 103 gibt die unter diesen Annahmen berechnete Leitungslänge.

Zahlentafel 103. Wirtschaftliche Leitungslänge für überhitzten Dampf.

Dampfdruck in ata	Wirtschaftliche Grenzlänge in m bei überhitztem Dampf mit einer Strömungsgeschwindigkeit von 25 m/sec und einem Rohrdurchmesser von					
	50		200		400 mm	
	$t_n = 10°$ C	$t_n = 90°$ C	$t_n = 10°$ C	$t_n = 90°$ C	$t_n = 10°$ C	$t_n = 90°$ C
1,5	41	10,5	329	82	830	210
2	56	20	500	166	1270	420
3	101	46	796	362	2220	1014
5	187	106	1605	911	4400	2500
10	460	318	3545	2450	9680	6760
15	727	564	6120	4780	16800	13100
20	992	819	8370	6940	23000	19000

Der wirtschaftliche Nutzen der Verwendung von überhitztem Dampf steigt also mit dem

Dampfdruck,
Rohrdurchmesser.

Er nimmt ab mit der Ausnutzungsmöglichkeit des Kondensats.

Zusammenfassend läßt sich also sagen, daß die vollständige Nichtausnutzung des Kondensats derartig große zusätzliche Wärmeverluste bedeutet, daß der Verwendung von überhitztem Dampf fast unter allen Verhältnissen bei weitem der Vorzug zu geben ist. Bei Ausnutzung des

[1] Sie sind selbstverständlich im vorliegenden Fall sowohl für Sattdampf wie überhitzten Dampf gleich, weil ja die zusätzlichen Kondensatverluste gleich den Mehrverlusten infolge der Dampfüberhitzung sein sollen. Man kann sie ferner der Einfachheit halber auch für die beiden Fälle $t_n = 10°$ C und $t_n = 90°$ C gleicherweise verwenden.

Kondensats unter Entspannung wird man etwa einen Druck von 3 bis 5 ata als die Grenze betrachten können, oberhalb derer mit wesentlichen Ersparnissen durch überhitzten Dampf zu rechnen ist.

Natürlich müssen bei allen Berechnungen zusätzliche Wärmeverluste von Flanschen, Ventilen, Rohraufhängung usw. mitberücksichtigt werden[1]. Deren gleichwertige Länge ist also beispielsweise von den Werten der Zahlentafel 103 abzuziehen, um die tatsächliche Leitungslänge zu erhalten.

Vorstehende Betrachtungen sind für ununterbrochene Betriebsweise aufgestellt. Bei täglich unterbrochenem Betrieb wird die Wirtschaftlichkeitsgrenze des überhitzten Dampfes etwas herabgedrückt, weil den größeren Auskühlungsverlusten bei überhitztem Dampf keine Kondensatverluste bei Sattdampf gegenüberstehen.

Zum Schluß sei auf folgende in der Praxis vielfach in Verbindung mit dem behandelten Problem stehende Aufgabe hingewiesen. Oft steht von Haus aus stark überhitzter Dampf zur Verfügung, bei dem unter ordnungsgemäßer Dämmung die Temperatur am Ende der Leitung noch wesentlich über Sattdampftemperatur liegen würde. Ein Teil der Überhitzungswärme ist also überflüssig. Es ist dann aber selbstverständlich die einzig wirtschaftlich in Frage kommende Maßnahme die, diese Überhitzungswärme in einem Dampfkühler am Anfang der Leitung zur Erzeugung von zusätzlichen Dampfmengen nutzbar zu machen, nicht aber, wie man dies überraschenderweise nicht selten in der Praxis antrifft, die Überhitzungswärme durch Verwendung billiger Dämmstoffe und sehr knapp bemessener Stärken zu verschwenden. Die auf letztere Weise verlorenen Wärmemengen stellen meist, wie die Durchrechnung zahlreicher Beispiele ergab, jährlich Beträge dar, welche die Anlagekosten für den Dampfkühler schon in 1 Jahr leicht um das 10fache übersteigen[2].

F. Vergebung und Belieferung von Aufträgen.

61. Die Vorschriften des Vereins Deutscher Ingenieure.

Die Vergebung und Ausführung von Aufträgen ist in Deutschland durch gemeinsame Beratungen der erzeugenden und verbrauchenden Industrie unter der Leitung des Vereins Deutscher Ingenieure in zwei Veröffentlichungen festgelegt worden, die vom VDI-Verlag Berlin zu beziehen sind.

Die „Regeln für die Prüfung von Wärme- und Kälteschutzanlagen" 1930 enthalten Grundformeln und Rechentabellen zur Ermittlung der Wärme- und Kälteverluste durch Dämmschichten sowie Vereinbarungen über die Gewährleistungen der Stoffeigenschaften und die anzuwendenden Meßverfahren. Die Rechentafeln entsprechen den in diesem Buch wiedergegebenen (S. 175f.).

---

[1] Siehe Fußnote 1 S. 297.

[2] Eine Besprechung verschiedener Dampfkühlerarten findet sich in der Arbeit von K. Hencky laut Fußnote S. 295.

Die „Richtlinien zur Bemessung von Wärme- und Kälteschutzanlagen (Regelangebote)“ 1931 geben Vordrucke für Regelangebote von Fertigarbeiten und Materiallieferungen, sowie Zahlentafeln und Diagramme für die wirtschaftlichsten Dämmstärken und die jährlichen Gesamtkosten. Außerdem eingehende Lieferbedingungen in technischer und kaufmännisch-wirtschaftlicher Hinsicht, die heute allgemein in der Industrie zugrunde gelegt werden.

Auf Einzelheiten ist im vorliegenden Buch bereits an entsprechender Stelle Bezug genommen. Die wichtigsten Festlegungen für Gewährleistungen sind nachstehend in eine übersichtliche Zahlentafelform

Zahlentafel 104. Gewährleistungen für Wärme- und Kälteschutz.

Art der Gewährleistung	Zulässige Toleranz in %	Mindest-Toleranz	Konventionalstrafen bei Überschreitung der Toleranz
I. Güte von Dämmstoff und Ausführung.			
Grundsätzlich maßgebend ist die Wärmeleitzahl, die genau nachprüfbar ist und von der alle technischen und wirtschaftlichen Ergebnisse abhängen. Es sind 4 Arten von Wärmeleitzahlen nötig:			
1. Bei Materiallieferungen: Wärmeleitzahl des Dämmstoffes			Bei Überschreitung bis + 10 % Minderung nach den Richtlinien des VDI, dann nach Wahl des Bestellers Minderung oder Neulieferung
für Schichtdicken kleiner als 3 cm	± 10 %	0,006 kcal/m h°	
für Schichtdicken größer als 3 cm	± 5 %	0,003 kcal/m h°	
2. Bei Fertigarbeiten:			
a) Homogene Dämmschichten: Betriebswärmeleitzahl = Wärmeleitzahl einschl. Ausführungsunsicherheiten	desgl.	desgl.	Überschreitung bis + 15 % Minderung nach den Richtlinien des VDI, dann Minderung oder Nachbesserung nach Wahl des Bestellers. Ist Nachbesserung dem Besteller nicht zuzumuten, kann Neulieferung verlangt werden
b) Dämmschichten mit verschiedenartigen Teilen in Richtung der Wärmeströmung hintereinander: Gleichwertige Betriebswärmeleitzahl = Wärmeleitzahl eines gleichwirksamen homogenen Stoffes derselben Stärke . . .	desgl.	desgl.	
c) Dämmschichten mit verschiedenartigen Teilen nebeneinander: Mittlere gleichwertige Betriebswärmeleitzahl = Wärmeleitzahl eines gleichwirksamen homogenen Stoffes derselben Stärke.	desgl.	desgl.	
3. Bei Lohnarbeiten ohne Materiallieferung	Sondervereinbarung		
Ausnahme: Bei Kühlraumdämmungen ist die Betriebswärmeleitzahl des Materials zugrunde zu legen			

Zahlentafel 104. (Fortsetzung.)

Art der Gewährleistung	Zulässige Toleranz in %	Mindest-Toleranz	Konventionalstrafen bei Überschreitung der Toleranz
II. Betriebswerte.			
Alle Betriebswerte können aus der Wärmeleitzahl errechnet, aber nicht wie diese genau nachgemessen werden, ohne die Betriebsverhältnisse dem Versuch anzupassen. Gewährleistungen hierfür sollen daher nur ergänzende Orientierungswerte zur Angabe der Wärmeleitzahl sein, wenn sie technisch nötig sind.			
1. Wärme- und Kälteverluste:			entsprechend der nachgewiesenen Betriebswärmeleitzahl
a) ohne Einbauten (z. B. Ventile)	± 10%	entsprechend Änderung der Wärmeleitzahl von 0,006 kcal/m h°	
b) einschließlich Einbauten (Nachweis nur durch Temperatur-Abfallsmessung)	wie bei Temperaturabfall in nachstehender Ziffer II, 2		
2. Temperaturabfall: Der Temperaturabfall hängt nicht nur von der Dämmschicht, sondern auch von Betriebsgrößen ab			
a) bei Gasen und Dämpfen			
unter 10°	ohne Gewährleistung	—	
bis 20°	± 20%	—	
über 20°	± 15%	—	
b) bei Flüssigkeiten			
unter 5°	ohne Gewährleistung	—	
bis 10°	± 20%	—	
über 10°	± 15%	—	
III. Sonstige Stoffeigenschaften.			
1. Raumgewicht	es sind die vorkommenden Grenzwerte anzugeben	keine	nach Sondervereinbarung
2. Spezifische Wärme		keine	
3. Druckfestigkeit (übliche Angabe: Grenzwerte)	± 10%	keine	
4. Temperaturbeständigkeit (Erweichungspunkt)	± 10%	keine	
5. Formbeständigkeit (Gewährleistung durch allgemeine Zusage der Haltbarkeit)	—	—	
6. Chemische Beeinflussung, z. B. Unschädlichkeit für Eisen, Kupfer, Widerstandsfähigkeit gegen atmosphärische Einflüsse, Geruchsunschädlichkeit	—	—	

Zahlentafel 104. (Fortsetzung.)

Art der Gewährleistung	Zulässige Toleranz in %	Mindest-Toleranz	Konventionalstrafen bei Überschreitung der Toleranz
IV. Wenig geeignete Gewährleistungen. Praktisch sind folgende Angaben nicht nachprüfbar oder hängen vor allem von den Betriebsbedingungen ab. Gegebenenfalls müssen diese genau festgelegt werden.			
1. Wärmeersparniszahl gegenüber nichtgedämmtem Zustand	—	—	—
2. Oberflächentemperatur und Vermeidung von Schwitzwasser . . .	—	—	—
3. Verhinderung des Einfrierens von Leitungen.	—	—	—
V. Abmessungen und Mengen.			
1. Materiallieferungen: a) Wassergehalt von pulverförmigen Stoffen	bei Verladung 17,5 Gew.-%, bei Verwendung 22 Gew.-%	keine	Zurückweisung
Wassergehalt sonstiger Stoffe .	5 Gew.-%	keine	Zurückweisung
b) Bruch (bis 5% wird als Lieferung anerkannt)	15%	keine	Zurückweisung
c) Lineare Abmessungen	2%	2 mm	Zurückweisung bei 6% Mindermaß = mindestens 6 mm
2. Fertigarbeiten: Dämmstärke . . .	3%	2 mm	bei Unterschreitung wird auf 5 mm nach unten abgerundet, bei Unterschreitung um mehr als 10%, mindestens aber um 5 mm kann Nacharbeiten verlangt werden
VI. Allgemeines. Dauer der Gewährleistung bei Materiallieferung 3 Monate, bei Fertigarbeiten 2 Jahre. Nachweis von Überschreitungen obliegt dem Besteller, die Kosten einer neutralen Stelle gehen zu Lasten des unterliegenden Teils. Mängel nach Nachbesserung oder Neulieferung berechtigen den Besteller vom Vertrag zurückzutreten und Entfernung der Dämmschicht zu verlangen. Entscheidung bei Streitfällen durch Schiedsgericht. Teilweise Abänderung der Technischen Lieferbedingungen soll nicht vorgenommen werden.			

gebracht. Da Wärme- und Kälteschutz für viele öffentliche und industrielle Dienststellen, die sich mit der Vergebung der Aufträge befassen müssen, nur eine Aufgabe neben anderen ist, so daß ihr nur beschränkte Zeit gewidmet werden kann, so seien nachstehend noch einige Erläuterungen gebracht, die eine rasche Einarbeitung erleichtern.

62. Die zweckmäßigste Art der Vergebung von Wärmeschutzanlagen.

Die Auswahl der Wärmeschutzstoffe hat im allgemeinen von wirtschaftlichen Gesichtspunkten auszugehen, d. h. man stellt den Dämmstoff fest, der den geringsten jährlichen Gesamtaufwand für Betrieb und Kapitaldienst benötigt. Nur wenn besondere betriebstechnische Forderungen vorliegen, kommt die Wahl eines Stoffes geringerer Wirtschaftlichkeit in Frage. So wird beispielsweise bei Leitungen im Erdreich, die starker Durchfeuchtungsgefahr ausgesetzt sind, gern gebranntes Kieselgurmaterial genommen, obwohl es im Wärmeschutz nicht die gleich günstigen Werte wie andere Stoffe erreicht, weil es die größte Widerstandsfähigkeit gegen Feuchtigkeit besitzt.

Die Grundlagen, die zu einer richtigen Entscheidung notwendig sind, sind in den vorstehenden Abschnitten gegeben worden. Man wird daraus entnehmen können, daß es ebenso falsch ist, Aufträge unter dem kaufmännischen Gesichtspunkt der größtmöglichen Billigkeit bei der Erstellung zu vergeben wie umgekehrt betriebstechnisch übertriebene Forderungen (beispielsweise an die mechanische Festigkeit) zu stellen.

a) Unsachgemäße Vergebungsgrundlagen. Wärmeersparniszahl: Die älteste Vergleichsgrundlage ist die sog. „Wärmeersparniszahl“. Aus Abschnitt 38 ist zu ersehen, wie wenig geeignet diese Größe zur Kennzeichnung der Güte eines Stoffes ist, weil man bei einer bestimmten Dämmstärke und bestimmter Güte je nach Temperatur, Rohrdurchmesser und Aufstellungsort sehr verschiedene Werte erhalten kann. Außerdem bedeutet die Bezugsgröße, der Wärmeverlust im nichtgedämmten Zustand, einen nicht nachprüfbaren und sehr groben Maßstab. Zum Beispiel stellt eine Ersparnis von 20% an den Wärmeverlusten durch einen bestimmten Dämmstoff oft nur eine Steigerung der Wärmeersparniszahl um 1% dar.

Wärmedurchgangszahl. In der Kühltechnik pflegt man für Kühlräume vorzuschreiben, daß der stündliche Kälteverlust je Flächen- und Temperatureinheit einer Wand, also die Wärmedurchgangszahl, 0,3 kcal/m^{2}h° nicht überschreiten darf. Eine derartige Fassung ist zur überschlägigen Berechnung der notwendigen Größe der Kältemaschine bequem, jedoch für Auswahl und Bemessung der Dämmschicht falsch, weil diese Wärmedurchgangszahl für alle Wandteile verlangt wird, gleichgültig, ob der jeweils zwischen Innen- und Außenluft herrschende Temperaturunterschied und damit die Beanspruchung der Dämmschicht größer oder kleiner ist. Hier ist ausschließlich der Gesichtspunkt der Wirtschaftlichkeit oder der bestimmter betrieblicher Forderungen (z. B. Vermeidung von Schwitzwasser) am Platze.

Der gleiche Fehler wird vielfach auch bei Wärmespeichern, bei denen eine Wärmedurchgangszahl zwischen 0,5 und 1,0 vorgeschrieben wird, begangen. Hier gibt es niemals betriebstechnische Forderungen, die die wirtschaftliche Bemessung und Stoffauswahl unmöglich machen würden. Eine mit einem allzu hohen Kapitaldienst ersparte Wärmeeinheit ist ebenso ein unnötiger Verlust wie eine zu hoch zugelassene Wärmeabgabe.

Die vorstehenden Festlegungen haben weiterhin den Nachteil, daß sie neben der Güte des Dämmstoffes auch die Wärmeübergangszahl und, bei Kühlräumen, die Wärmeleitzahlen der Wandbaustoffe in die Gewährleistung einbeziehen, so daß der Vergleich von Angeboten verschiedener Firmen unsicher wird, wenn nicht alle Rechengrößen gemeinsam vorgeschrieben werden.

Betriebswerte. Bevor der Wärmeflußmesser eine einfache, genaue und überall anwendbare Nachprüfung der Wärmeleitzahlen an der fertigen Anlage erlaubte, wurden vielfach Abnahmeversuche vorgeschrieben, die heute überflüssig sind, weil etwa gewünschte Betriebswerte dort, wo es nötig ist, besser in die Gewährleistung der Wärmeleitzahl eingeschlossen werden.

Hierher gehören die Vorschriften eines bestimmten Wärmeverlustes oder des Temperaturabfalls in einer Rohrleitung. Wie in Abschnitt 45, S. 226, gezeigt wurde, ist der Temperaturabfall von vielen Größen abhängig, deren Messung im Betrieb fast nie mit der erforderlichen Genauigkeit möglich ist, so daß Irrtümer um einige 100% durchaus nicht zu den Seltenheiten gehören. Dazu kommt die Schwierigkeit, die zusätzlichen Wärmeverluste von Flanschen, Rohraufhängung, Ventilen usw. in der Gewährleistungsberechnung richtig mit anzusetzen bzw. bei der Messung rechnerisch auszuscheiden. Der Temperaturabfall gestattet nicht einmal einen ungefähren Überblick über die Güte des Dämmstoffes. Sind Durchmesser und Geschwindigkeit des Wärmeträgers groß, so kann sich auch bei Dampf und bei schlechter Dämmung der Abfall auf Hunderten von Metern nur zu 2 bis 3° ergeben. Im gegenteiligen Fall können selbst bei vorzüglichstem Wärmeschutz 150 bis 200° verloren gehen.

Ähnlich verhält es sich bei der für Wärmespeicher oft geforderten Gewährleistung eines bestimmten Druck- oder Temperaturabfalls innerhalb 24 Stunden. Es gibt in der Praxis niemals ein vollkommen dichtes Ventil, so daß also Mindestvoraussetzung eines Abnahmeversuches das vollständige Abflanschen des Wärmespeichers wäre, das aus betriebstechnischen Gründen fast nie durchgeführt werden kann. Schon durch kleine Undichtheiten der Ventile entstehen Verluste, die ein Vielfaches der eigentlichen Wärmeverluste sind.

Da aber nicht geleugnet werden kann, daß derlei Angaben für den Betriebsingenieur oft erwünscht sind, so sollen derartige Betriebswerte als zusätzliche Gewährleistung zur Wärmeleitzahl hinzugefügt werden.

b) Richtig aufgebaute Wettbewerbsvorschriften und Lieferungsbedingungen. Wettbewerbsvorschriften. Folgender Weg genügt allen theoretischen und praktischen Forderungen und mindert für den Lieferanten und Abnehmer die Rechenarbeit auf ein erträgliches Maß herab. Er entspricht dem Schema der Regelangebote des Vereins Deutscher Ingenieure, das für mittlere und kleine Anlagen vereinfacht werden kann.

1. Der Lieferant wird aufgefordert, seinen zweckmäßigsten Dämmstoff bei den günstigsten Stärken anzubieten. Gleichzeitig ist neben der selbstverständlichen Gewährleistung der Wärmeleitzahl auch der Wärmeverlust, bei täglich unterbrochenem Betrieb auch der Anwärme- und Auskühlverlust, für die hinsichtlich Temperatur und Durchmesser kennzeichnenden Rohre aufzugeben unter Festlegung der gleichen Ausgangsverhältnisse (Lufttemperatur, Windanfall usw.). Zu diesem Behufe muß dem Lieferanten werkseitig außer den betriebstechnischen Größen (Dampftemperatur, Rohrdurchmesser usw.) auch die jährliche Betriebsstundenzahl, der angenäherte Wärmepreis und die gewünschte Kapitaldienstquote angegeben werden.

2. Die einlaufenden Angebote, die sich bei Angabe der allgemeinen Quadratmeterpreise selbst bei größten Anlagen auf die Berechnung der Wärmeverluste von 5 oder 6 Rohren beschränken können[1], werden werkseitig in der Weise verglichen, daß man für die wichtigsten Teile den jährlichen Gesamtaufwand bildet durch Addition der Wärmeverluste, umgerechnet in RM. je m und Jahr einerseits und des Kapitaldienstes für Abschreibung und Verzinsung der Anlagekosten andererseits. Es ist dann jenes Angebot das wirtschaftlichste, bei welchem der jährliche Gesamtaufwand am geringsten ausfällt, selbstverständlich entsprechende betriebstechnische Eignung des Dämmstoffes vorausgesetzt. Gegebenenfalls ist letztere Bedingung entsprechend mit in Rechnung zu setzen (z. B. Reparaturfähigkeit, Wiederverwendbarkeit des Stoffes, Feuchtigkeitsbeständigkeit, Druckfestigkeit usw.). Dabei kann sich ergeben, daß ein weniger guter Stoff, der besonders billig ist, für niedrige Temperaturen wirtschaftlich überlegen ist, während ein hochwertiger, aber teuerer bei hohen Temperaturen den Vorzug verdient. Will das Werk den genauen Wärmepreis bekanntgeben, so kann der jährliche Gesamtaufwand natürlich schon von der Lieferfirma errechnet werden.

Lieferbedingungen. Über Einzelheiten der Lieferungsbedingungen vgl. obige Zahlentafelaufstellung aus den Regeln und Richtlinien des Vereins Deutscher Ingenieure und diese selbst. Die Grundlage einer Gewährleistung in wärmetechnischer Hinsicht ist stets die Betriebswärmeleitzahl und das Betriebsraumgewicht. Die angegebenen

[1] Vgl. z. B. die in Abb. 106 hervorgehobenen Punkte, die mit guter Annäherung sämtliche Kurven zeichnen und damit die wirtschaftlichsten Stärken für alle Temperaturen und Rohrdurchmesser entnehmen lassen.

zulässigen Spielräume und Vertragsstrafen sollten keinesfalls eine Verschärfung erfahren, da sie im wohlerwogenen Interesse des Abnehmers festgesetzt sind, indem allzuweit gehende Bedingungen, deren Erfüllung durch den heutigen technischen Stand nicht möglich ist, nur zu einer Ausschaltung gerade der verantwortungsbewußten Lieferer führen. Über etwaige Zusatzgewährleistungen (Wärmeverlust, Temperaturabfall, Druckfestigkeit, Feuchtigkeitsbeständigkeit, chemische Eigenschaften usw.) vgl. das unter 62a) Gesagte.

Die Abnahmeversuche werden im Betrieb mit dem Wärmeflußmesser (vgl. S. 150) vorgeschrieben unter Benutzung von Thermoelementen für die Temperaturmessungen. Bei Materiallieferung kann die Nachprüfung durch einen Laboratoriumsversuch erfolgen.

63. Die Feststellung der möglichen Gewährleistungen durch Lieferwerke.

Nur bei reinen Lieferungen ohne Verarbeitung kann der Hersteller für seine Gewährleistungen ausschließlich von Laboratoriumsmessungen ausgehen. Legt er dabei Gutachten wissenschaftlicher Forschungsstellen zugrunde, so genügt natürlich eine einzelne Untersuchung nicht, um alle möglichen Güteschwankungen durch Herstellungs- und Rohstoffunterschiede aufzuklären. Gewährleistungen von Betriebswärmeleitzahlen können mit wenig Ausnahmen[1] nur auf Grund zahlreicher Abnahmeversuche in der Praxis abgegeben werden, welche die notwendigen Zuschläge zur Berücksichtigung des konstruktiven Aufbaues erkennen lassen, z. B. für Fugen, Unterstrich und Abglättung, Hartmäntel, Absteifungsglieder usw.[2].

Zahlentafel 105.

Mittlere Temperatur der Dämmschicht in °C	Rohrtemperatur in °C	Wärmeleitzahl des günstigsten Laboratoriumsversuches in kcal/m h °	Mittelwerte der Betriebsversuche in kcal/m h °	Unterschied der Wärmeleitzahl in %
50	etwa 80	0,052	0,065	25
100	„ 160	0,058	0,069	19
200	„ 350	0,071	0,078	10

[1] Beispielsweise bei Wärmeschutzmassen. Immerhin ist auch hier der Einfluß der Verarbeitung und des Wasserzusatzes (vgl. S. 108) wenigstens durch einige Betriebsmessungen zu studieren.

[2] Der große Einfluß schlechter Verarbeitung sei an dem Beispiel gebrannter Kieselgurformstücke gezeigt, die mit Wärmeschutzmasse angesetzt, verfugt und abgeglättet werden. Wird das Ausstreichen der Fugen unterlassen oder mangelhaft ausgeführt, so erhöhen die entstehenden Luftschichten die Betriebswerte außerordentlich. Verfasser fand in 3 Fällen 15 bzw. 40 bzw. 50% Gewährleistungsüberschreitungen!

Abb. 117 und Zahlentafel 105 erläutern das Verhältnis von Laboratoriums- zu Betriebsmessungen. Der in Frage stehende Dämmstoff (Leichtgipsformstücke) darf hinsichtlich Herstellung, Rohstoff und Verarbeitung als besonders günstig angesprochen werden. In die Abb. 117 sind die Versuche zweier Institute (ausgezogene und gestrichelte Linien) eingetragen, durch die das Herstellungsverfahren sorgfältig erprobt worden war. Ferner sind eine große Anzahl von Betriebsmessungen eingezeichnet, die unter den verschiedensten Bedingungen zusammen mit den belieferten Werken bzw. zum Teil von diesen selbständig ermittelt wurden (Kreise bzw. Kreuze). Die Betriebswerte liegen fast durchwegs

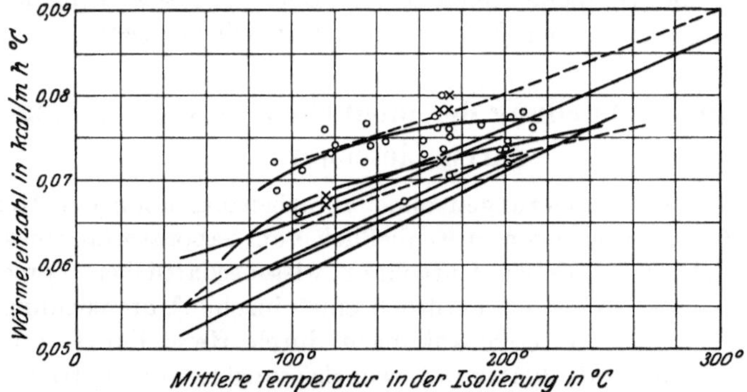

Abb. 117. Laboratoriums- und Betriebsversuche an einem Dämmstoff (Leichtgipsformstücke).

in der oberen Hälfte des Streufeldes der Laboratoriumsversuche. Trotz dieser ausgesprochen günstigen Verhältnisse ergibt sich die Notwendigkeit merklicher Zuschläge zu den Ergebnissen der wissenschaftlichen Forschungsstellen. Bemerkt sei, daß die Gleichmäßigkeit eines Erzeugnisses dauernde Änderungen der Rohstoffmischungen und des Herstellungsverfahrens verlangen kann, um unvermeidliche Änderungen in der Rohstoffbeschaffenheit auszugleichen. Dies stellt an die Versuchsmöglichkeiten und technische Organisation der Dämmstoffhersteller erhebliche Anforderungen.

Da nach den Vorschriften der VDI-Regeln für die Gewährleistung der Wärmeleitzahl nur ein Spielraum zugelassen wird, der von der Meßgenauigkeit in Anspruch genommen wird, so muß der Lieferer den Spielraum, den er für Güteschwankungen bei Herstellung und Verarbeitung benötigt, selber feststellen und seine Gewährleistung um den entsprechenden Betrag über dem wahren mittleren Wert für seine Erzeugnisse festsetzen. Abb. 118 zeigt am Beispiel einer Leichtkieselgurmasse, wie hier vorgegangen werden sollte. Es ist dort die Verteilungskurve der möglichen Wärmeleitzahlen dieser Masse ermittelt. Zu diesem Behufe wird die Wärmeleitzahl (für eine bestimmte Temperatur) auf der Abszissenachse in einzelne Intervalle unterteilt; im vorliegenden

Fall geschah dies von 0,002 zu 0,002 kcal/m h°. In der Mitte jeden Intervalles wird die Häufigkeit der in ihm beobachteten Fälle, also die Anzahl in Prozent der insgesamt vorliegenden Messungen eingetragen. Es entsteht eine Kurve, die der sog. Gaußschen Verteilungsfunktion ähnelt, die für zufällige Abweichungen vom wahrscheinlichsten Wert maßgebend ist[1]. Die Kurve der Abb. 118 ist nur etwas unsymmetrisch. Ein restlos gleichmäßiger Stoff würde sich durch einen Punkt mit der Häufigkeit 100% darstellen. Im vorliegenden Falle zeigt sich: häufigste Wärmeleitzahl 0,0707 kcal/m h°, mittlere Wärmeleitzahl (mit gleichgroßer Abweichungsmöglichkeit beiderseits) 0,0703 kcal/m h°.

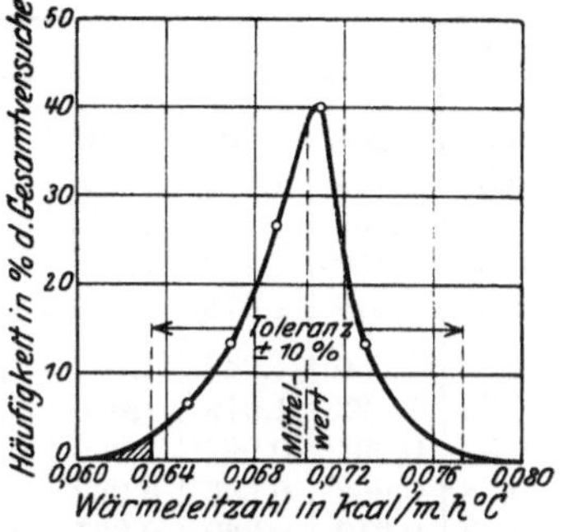

Abb. 118. Häufigkeitskurve der Wärmeleitzahl einer Kieselgurmasse.

In den notwendigen Gewährleistungsspielraum braucht man natürlich nicht die äußersten Grenzen, also die sehr seltenen Fälle einzuschließen. Man richtet sich vielmehr nach dem Risiko das als zulässig betrachtet werden darf. Trägt man in Abb. 118 einen Spielraum von $\pm 10\%$ um den mittleren Wert ein, so sieht man, daß diese Grenze hier recht vorsichtig gesteckt ist, weil nur äußerst kleine Endflächen zwischen Verteilungskurve und Abszissenachse durch die Spielraumgrenze abgeschnitten werden.

Streng genommen müßte bei Aufstellung der Häufigkeitskurve eines Dämmstoffes berücksichtigt werden, daß auch die Meßfehler der Prüfweise sich nach einer ähnlichen Häufigkeitskurve verteilen, wodurch die wahre Häufigkeit einer bestimmten Wärmeleitzahl, also jeder Punkt der wahren Kurve über einen entsprechenden Bereich auseinandergezogen wird. Die Folgerungen hieraus sind nicht ohne Wichtigkeit, vor allem ist die „scheinbare" Häufigkeit des wahrscheinlichsten Wertes viel geringer als die wirkliche. Bislang ist jedoch lediglich für die Prüfwaage (S. 145) eine derartige Untersuchung durchgeführt worden[2].

[1] Vgl. K. Daeves: Auswertung statistischer Unterlagen für Betriebsüberwachung und Forschung (Großzahlforschung). Z. VDI 1923 S. 645. Als neuere Arbeit, in der unter anderem ein Auswertungsverfahren zur Ermittlung der wirksamsten Faktoren für besondere Gütewerte beschrieben ist, vgl. A. Beckel u. K. Daeves: Ein neues Hilfsmittel der Großzahlforschung. Stahl u. Eisen Bd. 54 (1934) S. 1305.

[2] Cammerer, J. S.: Über die meßtechnischen Voraussetzungen eines hochwertigen Wärmeschutzes in der Praxis. Wärme- und Kältetechnik Bd. 40 (1938) Heft 2.

Anhang.

I. Tafeln der natürlichen Logarithmen.

Zahlentafel 106. Die natürlichen Logarithmen von $N = 0{,}300$ bis 0,939.
(Sämtliche Logarithmen sind negativ.)

N	0	1	2	3	4	5	6	7	8	9
0,30	1,204	1,201	1,197	1,194	1,190	1,187	1,184	1,181	1,178	1,174
0,31	1,171	1,168	1,165	1,162	1,158	1,155	1,152	1,149	1,146	1,143
0,32	1,139	1,136	1,133	1,130	1,127	1,124	1,121	1,118	1,115	1,112
0,33	1,109	1,106	1,103	1,100	1,097	1,094	1,091	1,088	1,085	1,082
0,34	1,079	1,076	1,073	1,070	1,067	1,064	1,061	1,058	1,056	1,053
0,35	1,050	1,047	1,044	1,041	1,038	1,036	1,033	1,030	1,027	1,024
0,36	1,022	1,019	1,016	1,013	1,011	1,008	1,005	1,002	1,000	0,997
0,37	0,994	0,992	0,989	0,986	0,984	0,981	0,978	0,976	0,973	0,970
0,38	0,968	0,965	0,962	0,960	0,957	0,955	0,952	0,949	0,947	0,944
0,39	0,942	0,939	0,937	0,934	0,931	0,929	0,926	0,923	0,921	0,919
0,40	0,916	0,914	0,911	0,909	0,906	0,904	0,901	0,899	0,896	0,894
0,41	0,892	0,889	0,887	0,884	0,882	0,879	0,877	0,875	0,872	0,870
0,42	0,868	0,865	0,863	0,860	0,858	0,856	0,853	0,851	0,849	0,846
0,43	0,844	0,842	0,839	0,837	0,835	0,832	0,830	0,828	0,826	0,823
0,44	0,821	0,819	0,816	0,814	0,812	0,810	0,807	0,805	0,803	0,801
0,45	0,799	0,796	0,794	0,792	0,790	0,787	0,785	0,783	0,781	0,779
0,46	0,777	0,774	0,772	0,770	0,768	0,766	0,764	0,761	0,759	0,757
0,47	0,755	0,753	0,751	0,749	0,747	0,744	0,742	0,740	0,738	0,736
0,48	0,734	0,732	0,730	0,728	0,726	0,724	0,722	0,720	0,717	0,715
0,49	0,713	0,711	0,709	0,707	0,705	0,703	0,701	0,699	0,697	0,695
0,50	0,693	0,691	0,689	0,687	0,685	0,683	0,681	0,679	0,677	0,675
0,51	0,673	0,671	0,669	0,667	0,666	0,664	0,662	0,660	0,658	0,656
0,52	0,654	0,652	0,650	0,648	0,646	0,644	0,642	0,641	0,639	0,637
0,53	0,635	0,633	0,631	0,629	0,627	0,625	0,624	0,622	0,620	0,618
0,54	0,616	0,614	0,612	0,611	0,609	0,607	0,605	0,603	0,601	0,600
0,55	0,598	0,596	0,594	0,592	0,591	0,589	0,587	0,585	0,583	0,582
0,56	0,580	0,578	0,576	0,574	0,573	0,571	0,569	0,567	0,566	0,564
0,57	0,562	0,560	0,559	0,557	0,555	0,553	0,552	0,550	0,548	0,546
0,58	0,545	0,543	0,541	0,540	0,538	0,536	0,534	0,533	0,531	0,529
0,59	0,528	0,526	0,524	0,523	0,521	0,519	0,518	0,516	0,514	0,513
0,60	0,511	0,509	0,508	0,506	0,504	0,503	0,501	0,499	0,498	0,496
0,61	0,494	0,493	0,491	0,489	0,488	0,486	0,485	0,483	0,481	0,480
0,62	0,478	0,476	0,475	0,473	0,472	0,470	0,468	0,467	0,465	0,464
0,63	0,462	0,460	0,459	0,457	0,456	0,454	0,453	0,451	0,449	0,448
0,64	0,446	0,445	0,443	0,442	0,440	0,439	0,437	0,435	0,434	0,432

Zahlentafel 106. (Fortsetzung.)

N	0	1	2	3	4	5	6	7	8	9
0,65	0,431	0,429	0,428	0,426	0,425	0,423	0,422	0,420	0,419	0,417
0,66	0,416	0,414	0,412	0,411	1,409	0,408	0,406	0,405	0,403	0,402
0,67	0,400	0,399	0,398	0,396	0,394	0,393	0,392	0,390	0,389	0,387
0,68	0,386	0,384	0,383	0,381	0,380	0,378	0,377	0,375	0,374	0,373
0,69	0,371	0,370	0,368	0,367	0,365	0,364	0,362	0,361	0,360	0,358
0,70	0,357	0,355	0,354	0,352	0,351	0,350	0,348	0,347	0,345	0,344
0,71	0,343	0,341	0,340	0,338	0,337	0,335	0,334	0,333	0,331	0,330
0,72	0,329	0,327	0,325	0,324	0,323	0,322	0,320	0,319	0,317	0,316
0,73	0,315	0,313	0,312	0,311	0,309	0,308	0,307	0,305	0,304	0,302
0,74	0,301	0,300	0,298	0,297	0,296	0,294	0,293	0,292	0,290	0,289
0,75	0,288	0,286	0,285	0,284	0,282	0,281	0,280	0,278	0,277	0,276
0,76	0,275	0,273	0,272	0,271	0,269	0,268	0,267	0,265	0,264	0,263
0,77	0,261	0,260	0,259	0,257	0,256	0,255	0,254	0,252	0,251	0,250
0,78	0,248	0,247	0,246	0,245	0,243	0,242	0,241	0,240	0,238	0,237
0,79	0,236	0,234	0,233	0,232	0,231	0,229	0,228	0,227	0,226	0,224
0,80	0,2231	0,2219	0,2207	0,2194	0,2182	0,2169	0,2157	0,2144	0,2132	0,2120
0,81	0,2107	0,2095	0,2083	0,2070	0,2058	0,2046	0,2034	0,2021	0,2009	0,1997
0,82	0,1985	0,1972	0,1960	0,1948	0,1936	0,1924	0,1912	0,1900	0,1888	0,1875
0,83	0,1863	0,1851	0,1839	0,1827	0,1815	0,1803	0,1791	0,1779	0,1767	0,1756
0,84	0,1744	0,1732	0,1720	0,1708	0,1696	0,1684	0,1672	0,1661	0,1649	0,1637
0,85	0,1625	0,1614	0,1602	0,1590	0,1578	0,1567	0,1555	0,1543	0,1532	0,1520
0,86	0,1508	0,1497	0,1486	0,1474	0,1462	0,1450	0,1439	0,1427	0,1416	0,1404
0,87	0,1393	0,1381	0,1370	0,1358	0,1347	0,1335	0,1324	0,1313	0,1301	0,1290
0,88	0,1278	0,1267	0,1256	0,1244	0,1233	0,1222	0,1210	0,1199	0,1188	0,1177
0,89	0,1165	0,1154	0,1143	0,1132	0,1121	0,1109	0,1098	0,1087	0,1076	0,1065
0,90	0,1054	0,1043	0,1032	0,1020	0,1009	0,0998	0,0987	0,0976	0,0965	0,0954
0,91	0,0943	0,0932	0,0921	0,0910	0,0899	0,0888	0,0877	0,0867	0,0856	0,0845
0,92	0,0834	0,0823	0,0812	0,0801	0,0791	0,0780	0,0769	0,0758	0,0747	0,0737
0,93	0,0726	0,0715	0,0704	0,0694	0,0683	0,0672	0,0661	0,0651	0,0640	0,0629

Zahlentafel 107. Die natürlichen Logarithmen von $N = 1,0$ bis 4,0.

N	0	1	2	3	4	5	6	7	8	9
1,0	0,0000	0,00995	0,01980	0,0296	0,0392	0,0488	0,0583	0,0677	0,0770	0,0862
1,1	0,0953	0,1044	0,1133	0,1222	0,1310	0,1398	0,1484	0,1570	0,1655	0,1740
1,2	0,1823	0,1906	0,1989	0,207	0,215	0,223	0,231	0,239	0,247	0,255
1,3	0,262	0,270	0,278	0,285	0,293	0,300	0,307	0,315	0,322	0,329
1,4	0,336	0,344	0,351	0,358	0,365	0,372	0,378	0,385	0,392	0,399
1,5	0,405	0,412	0,419	0,425	0,432	0,438	0,445	0,451	0,457	0,464
1,6	0,470	0,476	0,482	0,489	0,495	0,501	0,507	0,513	0,519	0,525
1,7	0,531	0,536	0,542	0,548	0,554	0,560	0,565	0,571	0,577	0,582
1,8	0,588	0,593	0,599	0,604	0,610	0,615	0,621	0,626	0,631	0,637
1,9	0,642	0,647	0,652	0,658	0,663	0,668	0,673	0,678	0,683	0,688

Zahlentafel 107. (Fortsetzung.)

N	0	1	2	3	4	5	6	7	8	9
2,0	0,693	0,698	0,703	0,708	0,713	0,718	0,723	0,728	0,732	0,737
2,1	0,742	0,747	0,751	0,756	0,761	0,765	0,770	0,775	0,779	0,784
2,2	0,788	0,793	0,797	0,802	0,806	0,811	0,815	0,820	0,824	0,829
2,3	0,833	0,837	0,842	0,846	0,850	0,854	0,859	0,863	0,867	0,871
2,4	0,875	0,880	0,884	0,888	0,892	0,896	0,900	0,904	0,908	0,912
2,5	0,916	0,920	0,924	0,928	0,932	0,936	0,940	0,944	0,948	0,952
2,6	0,956	0,959	0,963	0,967	0,971	0,975	0,978	0,982	0,986	0,989
2,7	0,993	0,997	1,001	1,004	1,008	1,012	1,015	1,019	1,022	1,026
2,8	1,030	1,033	1,037	1,040	1,044	1,047	1,051	1,054	1,058	1,061
2,9	1,065	1,068	1,072	1,075	1,078	1,082	1,085	1,089	1,092	1,095
3,0	1,099	1,102	1,105	1,109	1,112	1,115	1,118	1,122	1,125	1,128
3,1	1,131	1,135	1,138	1,141	1,144	1,147	1,151	1,154	1,157	1,160
3,2	1,163	1,166	1,169	1,172	1,176	1,179	1,182	1,185	1,188	1,191
3,3	1,194	1,197	1,200	1,203	1,206	1,209	1,212	1,215	1,218	1,221
3,4	1,224	1,227	1,230	1,233	1,235	1,238	1,241	1,244	1,247	1,250
3,5	1,253	1,256	1,258	1,261	1,264	1,267	1,270	1,273	1,275	1,278
3,6	1,281	1,284	1,286	1,289	1,292	1,295	1,297	1,300	1,303	1,306
3,7	1,308	1,311	1,314	1,316	1,319	1,322	1,324	1,327	1,330	1,332
3,8	1,335	1,338	1,340	1,343	1,345	1,348	1,351	1,353	1,356	1,358
3,9	1,361	1,364	1,366	1,369	1,371	1,374	1,376	1,379	1,381	1,384
4,0	1,386	1,389	1,391	1,394	1,396	1,399	1,401	1,404	1,406	1,409

II. Schrifttum.

Bei der Aufstellung des nachstehenden Verzeichnisses wurden ältere Aufsätze, soweit sie inhaltlich überholt sind, ausgeschieden bis auf einige wenige, die ein besonderes Interesse für die historische Entwicklung beanspruchen dürfen. Auch die Arbeiten bekannter Autoren wurden dann fortgelassen, wenn sie außerdem in einem zusammenfassenden Werk enthalten sind, das alle wichtigen Ergebnisse vermittelt. Nur wenn die Originalaufsätze auch für sich genommen noch eine Bedeutung besitzen, wurden sie zusätzlich aufgeführt. Sonst sei auf die Schrifttumsangaben im Text des vorliegenden Buches verwiesen.

Das Schrifttum über Wärmeschutz im Bauwesen blieb unberücksichtigt, soweit es nicht auch für den industriellen Wärmeschutz von wesentlicher Bedeutung ist. In dieser Hinsicht kann auf das nachstehend unter Ziff. 3 aufgeführte Buch des Verfassers verwiesen werden.

Von der Aufnahme ausländischer Arbeiten wurde ebenfalls abgesehen, da sie im angegebenen deutschen Schrifttum verarbeitet sind und vielfach nur schwer zu beschaffen wären.

1. Bücher.

1. Balcke, H.: Wärme- und Kälteschutztechnik. Halle: Knapp 1936.
2. ten Bosch, M.: Die Wärmeübertragung. Berlin: Julius Springer 1936.
3. Cammerer, I. S.: Die konstruktiven Grundlagen des Wärme- und Kälteschutzes im Wohn- und Industriebau. Berlin: Julius Springer 1936.
4. — Die deutschen Patente des Wärme- und Kälteschutzes. Heft 1: Klasse 47f. München: J. Pfeiffer 1936.
5. — Tabellarium aller wichtigen Größen für Wärme-, Kälte- und Schallschutz. Herausgeg. von der Vereinigten Korkindustrie A.G. Berlin: August Hirschwald 1937.
6. Deutsche Prioformwerke, Köln: Prioformhandbuch. Berlin: Julius Springer 1925.
7. — Wärme- und Kälteschutz in Wissenschaft und Praxis. 1928.
8. Esser, W. u. O. Krischer: Die Berechnung der Anheizung und Auskühlung ebener und zylindrischer Wände. Berlin: Julius Springer 1930.
9. Gerbel, M.: Die wirtschaftlichste Stärke einer Isolierung. Berlin: VDI-Verlag 1921.
10. Gröber, H. u. S. Erk: Die Grundgesetze der Wärmeübertragung. Berlin: Julius Springer 1933.
11. Grünzweig u. Hartmann (Ludwigshafen): Wärme- und Kälteverluste isolierter Rohrleitungen und Wände. Berlin: Julius Springer 1928.
12. Hencky, K.: Die Wärmeverluste durch ebene Wände. München: Oldenbourg 1921.
13. Hencky, K. u. Osc. Knoblauch: Anleitung zu genauen technischen Temperaturmessungen. München: Oldenbourg 1926.

14. Hütte: Des Ingenieurs Taschenbuch, 25. Aufl., Bd. I, 4. Abschn.: Wärme. Berlin: W. Ernst & Sohn 1925.
15. Jürges, W: Der Wärmeübergang an einer ebenen Wand. Beiheft 19 zum Gesundh.-Ing. 1924.
16. Koch, W.: Über die Wärmeabgabe geheizter Rohre bei verschiedener Neigung der Rohrachse. Beiheft 22 zum Gesundh.-Ing. 1927.
17. Krczil, Fr.: Kieselgur, ihre Gewinnung, Veredlung und Anwendung. Stuttgart: Ferdinand Enke 1936.
18. Krischer, O.: Der Einfluß von Feuchtigkeit, Körnung und Temperatur auf die Wärmeleitfähigkeit körniger Stoffe. Die Leitfähigkeit des Erdbodens. Beiheft 33 zum Gesundh.-Ing. 1934.
19. Piening, W.: Die Wärmeübertragung an kalten Flächen bei freier Strömung unter Berücksichtigung der Bildung von Schwitzwasser. Beiheft 31 zum Gesundh.-Ing. 1933.
20. Schack, A.: Die industrielle Wärmeübertragung. Stahleisen. Düsseldorf: 1929.
21. Schmidt, E.: Wärmestrahlung technischer Oberflächen bei gewöhnlicher Temperatur. Beiheft 20 zum Gesundh.-Ing. 1927.
22. Verein Deutscher Ingenieure: Regeln für die Prüfung von Wärme- und Kälteschutzanlagen. Berlin: VDI-Verlag 1930.
23. — Richtlinien zur Bemessung von Wärme- und Kälteschutzanlagen. Berlin: VDI-Verlag 1931.
24. — Regeln für Meßverfahren bei Abnahmeversuchen. I. Teil: Regeln für Temperaturmessungen. Berlin: VDI-Verlag 1936.

2. Sonderzeitschrift für Wärme- und Kälteschutz.

25. Wärme- und Kältetechnik. Mühlhausen (Thür.): Verlag technischer Literatur Rich. Markewitz.

3. Laufend erscheinende Veröffentlichungen.

Forschungsarbeiten auf dem Gebiete des Ingenieurwesens, herausgeg. vom Verein Deutscher Ingenieure (VDI-Verlag).

26. Heft 63/64. Nusselt, W.: Wärmeleitfähigkeit von Wärme-Isolierstoffen. 1909.
27. Heft 78. Eberle, Chr.: Versuche über den Wärme- und Spannungsverlust bei der Fortleitung gesättigten und überhitzten Wasserdampfes. 1908.
28. Heft 98/99. Wamsler: Die Wärmeabgabe geheizter Körper an Luft. 1911.
29. Heft 130. Poensgen, R.: Ein technisches Verfahren zur Ermittelung der Wärmeleitfähigkeit plattenförmiger Stoffe. 1912.
30. Heft 288. Rinsum, W. van: Die Wärmeleitfähigkeit von feuerfesten Steinen bei hohen Temperaturen, sowie von Dampfrohr-Schutzmassen und Mauerwerk unter Verwendung eines neuen Verfahrens der Oberflächentemperaturmessung. 1920.
31. Heft 353. Eucken, A.: Die Wärmeleitfähigkeit keramischer feuerfester Stoffe. 1932.

Mitteilungen des Forschungsheimes für Wärmeschutz E.V., München (Selbstverlag).

32. Heft 1. Hencky, K. u. I. S. Cammerer: Forschungsergebnisse über den Wärmeschutz und dessen praktische Bedeutung für die Industrie. 1921.
33. Heft 2. Cammerer, I. S.: Der Wärmeverlust isolierter Rohrleitungen. 1922.
34. Heft 3. Hencky, K.: Praktisch wichtige Forschungsergebnisse über den Wärmeschutz. 1923.
Schmidt, E.: Ein neuer Wärmeflußmesser und seine praktische Bedeutung in der Wärmeschutztechnik. 1923.

35. Heft 4. Cammerer, I. S.: Über den Zusammenhang zwischen Struktur und Wärmeleitzahl bei Bau- und Isolierstoffen und dessen Beeinflussung durch den Feuchtigkeitsgehalt. 1924.
Schmidt, E. u. Großmann: Untersuchungen über den Wärmeschutz von Baukonstruktionen.
36. Heft 5. Schmidt, E.: Die Wärmeleitzahl von Stoffen auf Grund von Meßergebnissen. 1924.
Wrede, K.: Kurventafeln zur Berechnung des Wärmeverlustes und Temperaturabfalles von isolierten Rohrleitungen. 1924.
37. Heft 6. Knoblauch, O.: Wärmedurchgang durch pulverförmige Körper im luftverdünnten Raume. 1925.
Wrede, K.: Die Wärmeersparniszahl und der Wärmeverlust nichtisolierter Anlagen. 1925.
38. Heft 7. Schulte, E.: Isolierung der Dampfkesseleinmauerung. 1926.
Raisch, E.: Über die Berechnung der Wärmeleitzahl poröser Körper. 1926.
39. Heft 8. Raisch, E. u. K. Schropp: Die thermoelektrische Temperatur- und Wärmeflußmessung. 1930.

Mitteilungen der Wärmestelle des Vereins deutscher Eisenhüttenleute, Düsseldorf (Selbstverlag).

40. Nr. 24. Abkühlungsverluste bei Wärmefernleitungen für Heizzwecke. 1921.
41. Nr. 42. Wirtschaftlich günstigster Wärmeschutz der Wärmeleitungen. 1922.
42. Nr. 51. Schack, A. u. K. Rummel: Die Anwendung der Gesetze des Wärmeübergangs und der Wärmestrahlung auf die Praxis.
43. Nr. 96. Schack, A.: Geräte und Verfahren zu Temperaturmessungen.
44. Nr. 155. Schack, A.: Entwicklungsfragen des Ofenbaues und -betriebes unter besonderer Berücksichtigung der Wärmöfen. 1931/32.
45. Nr. 215. Senfter, E.: Feuerfeste Isolierbausteine als Baustoffe neuzeitlicher Glühöfen. 1934/35.
46. Nr. 224. Kofler, Fr.: Über Undichtheiten, Wärmeschutz und Beaufschlagung von Siemens-Martin-Kammern. 1931/32.

4. Aufsätze.

47. Beckmann, W.: Die Wärmeübertragung in zylindrischen Gasschichten bei natürlicher Konvektion. Forschung 1931 S. 165.
48. Borschke, E.: Wirtschaftlichste Isolierstärke. Arch. Wärmew. 1928, S. 117.
49. Bruckmayer, Fr.: Bestimmung des Wärmeschutzes von Hohlsteinen durch elektrische Modellversuche. Gesundh.-Ing. 1937 S. 157.
50. Cammerer, J. S.: Der Wärmeverlust von Rohrleitungen im Erdreich. Arch. Wärmew. 1932 S. 29.
51. — Über die Erwärmung von Wohnräumen im Sommer. Wärmew. Nachr. 1934 S. 71.
52. — Der Wärmeschutz von organischen Baustoffen unter den praktischen Verhältnissen. Gesundh.-Ing. 1936 S. 261.
53. — Wärmeschutz mit elektr. Hilfsheizung im Bauwesen und bei industriellen Anlagen. Zbl. Bauverw., 15. April 1936.
54. — Der tatsächliche Wärmeschutz von Baustoffen. Wärme 1936 S. 752.
55. — Ergebnisse neuerer Untersuchungen über den Wärmeschutz von Baustoffen. Ihre Bedeutung für die Neufassung der DIN-Regeln 4701. Heizg. u. Lüftg. 1937 S. 33.
56. — Eine neue Prüfwaage für Kieselgurwärmeschutzmassen. Arch. Wärmew. 1936 S. 279.
57. — Erfahrungen mit einer Prüfwaage für Kieselgurwärmeschutzmassen. Z. VDI Bd. 81 (1937) S. 338.

58. Cammerer, J. S.: Die Messung der Luftfeuchtigkeit durch Thermoelemente in ruhender Luft. Meßtechn. 1937 S. 21.
59. — Der Feuchtigkeitsgehalt organischer Baustoffe in der Praxis. Gesundh.-Ing. 1937 S. 173.
60. Cammerer, I. S. u. W. Christian: Die Wärmewirkung der Sonnenstrahlung auf Bauten. Wärmew. Nachr. 1934 S. 116.
61. — — Die in Wohnräumen eindringende Sonnenwärme. Wärmew. Nachr. 1935 S. 121.
62. Cammerer, I. S. u. W. Dürhammer: Untersuchungen über den notwendigen Mindestwärmeschutz von Hauswänden in Deutschland. Wärmew. Nachr. 1934 S. 46.
63. Cammerer, I. S. u. H. Krause: Grundlagen für wirtschaftlichen Wärmeschutz. Der Einfluß der klimatischen Verhältnisse in Deutschland auf den Heizbedarf und den wirtschaftlichen Wärmeschutz von Wohn- und Industriebauten. Arch. Wärmew. 1933 S. 117.
64. Christian, W.: Die Wärmeverluste von unmittelbar im Erdreich verlegten Rohrleitungen. Wärme- u. Kältetechn. 1937 Heft 3.
65. Dennecke, O.: Die Berechnung der Kraftleitungen für Sattdampf und Heißdampf. Wärme 1924 S. 451.
66. — Die Berechnung der Kraftleitungen für Sattdampf und Heißdampf. Zahlenbeispiel für die Berechnung von Kraft-Dampfleitungen. Wärme 1925 S. 45.
67. Dürhammer, W.: Bemessung und Bewertung der Wärmeschutzstoffe im Heizungsfach. Heizg. u. Lüftg. 1937 S. 81—84.
68. Gistl, R.: Kork und Torf in der Wärme- und Kälteschutztechnik. Gesundh.-Ing. 1937 S. 276.
69. Goerke, H.: Betriebseignung von Wärmeschutzmitteln. Arch. Wärmew. 1935 S. 51.
70. Golla, H. u. H. Laube: Wärmeleitfähigkeitsmessungen an feuerfesten Materialien. Tonind.-Ztg. 1930 Nr. 91—93.
71. Hencky, K.: Ein einfaches praktisches Verfahren zur Bestimmung des Wärmeschutzes verschiedener Bauweisen. Gesundh.-Ing. 1919 S. 437.
72. — Die wirtschaftliche Fortleitung und Verteilung von Dampf auf große Entfernungen. Z. VDI 1925 S. 492.
73. Hoffmann, W.: Wärmeübertragung und Diffusion. Forsch. Ing.-Wes. 1935. S. 293.
74. Jürges, W.: Einige wichtige Ursachen für das Versagen von Kleinkühlanlagen. Z. ges. Kälteind. 1934 S. 59.
75. Jürges, W. u. O. Reichard: Bau- und Isoliertechnisches von Kühlräumen. Gesundh.-Ing. 1928 S. 650.
76. — — Die Ursachen des muffigen Geruches in Kühlanlagen. Gesundh.-Ing. 1928 S. 304.
77. Krischer, O.: Der Einfluß von Feuchtigkeit, Körnung und Temperatur auf die Wärmeleitfähigkeit körniger Stoffe. Gesundh.-Ing. 1934 S. 33.
78. — Berechnung der Wärmeverluste im Erdreich verlegter Rohrleitungen. Heizg. u. Lüftg., 1936 Heft 7.
79. — Das Temperaturfeld in der Umgebung von Rohrleitungen, die in die Erde verlegt sind. Gesundh.-Ing. 1936 S. 537.
80. Mull, W. u. H. Reiher: Der Wärmeschutz von Luftschichten. Beiheft 28 zum Gesundh.-Ing. Reihe 1, 1930.
81. Raisch, E.: Kritische Betrachtungen der Prüfverfahren für Wärmeleitzahlen. Arch. Wärmew. 1927 S. 133.
82. — Wärmestrahlung und ihre Bedeutung in der Wärmeschutztechnik. Chem.-techn. Z. 1928 Nr. 8.

83. Raisch, E.: Die Luftdurchlässigkeit von Baustoffen und Baukonstruktionsteilen. Gesundh.-Ing. 1928 Heft 30.
84. — Neuere Prüfverfahren des Forschungsheimes für Wärmeschutz. Arch. Wärmew. 1929 Heft 11.
85. — Verfahren zum Messen der Wärmeleitzahl von Metallen. Forsch. Ing.-Wes. 1932 Heft 4.
86. — Wärmeschutz von Dampfkesseln und Rohrleitungen für hochüberhitzten Dampf. Z. VDI 1935 Heft 9.
87. Raisch, E. u. K. Schropp: Prüfung der Temperaturbeständigkeit von Wärmeschutzmitteln, insbesondere von gebrannten Kieselgursteinen. Gesundh. -Ing. 1931 Heft 39.
88. Raisch, E. u. H. Steger: Die Luftdurchlässigkeit von Bau- und Wärmeschutzstoffen. Gesundh.-Ing. 1934 Heft 42.
89. Raisch, E. u. W. Weyh: Die Wärmeleitfähigkeit von Isolierstoffen bei tiefen Temperaturen. Z. ges. Kälteind. 1932 Heft 6.
90. — — Die Wärmeleitzahl von Kieselguraufstrichmassen in Abhängigkeit vom Raumgewicht und Wasserzusatz. Gesundh.-Ing. 1933 Heft 43.
91. Raiß, W.: Die niedrigsten Außentemperaturen für die Berechnung des Wärmebedarfes von Gebäuden. Heizg. u. Lüftg. 1936 Heft 11.
92. Redenbacher, W.: Die Wärmeleitfähigkeit des gewachesenen Erdbodens. Diss. München 1917.
93. Schmidt, E.: Die Messung von Wärmeverlusten im Betrieb. Arch. Wärmew. 1924 S. 9.
94. — Über die Anwendung der Differenzrechnung auf technische Anheiz- und Abkühlungsprobleme. Föppl-Festschrift, S. 189/89. Berlin 1924.
95. — Wärmeschutz durch Aluminiumfolie. Z. VDI 1927 S. 1395.
96. Schmidt, E. u. Joh. Werneburg: Wärmeflußmesser für hohe Temperaturen. Z. VDI 1934 S. 11.
97. Scholz, E.: Berechnung der Anheizzeit isolierter Dampfleitungen. Wärme 1934 S. 869.
98. Schropp, K.: Die Temperaturen techn. Oberflächen unter dem Einfluß der Sonnenbestrahlung und der nächtlichen Ausstrahlung. Gesundh.-Ing. 1931 Heft 50.
99. — Untersuchungen über die Tau- und Reifbildung an Kühlrohren in ruhender Luft und ihr Einfluß auf die Kälteübertragung. Z. ges. Kälteind. 1935 Heft 5.
100. — Die Vorgänge beim Kälteaustausch zwischen festen Körpern und Luft und Maßnahmen zu dessen Verringerung. Wärme- u. Kältetechn. 1936 Heft 12.
101. Weyh, W.: Wärmeersparnis durch Flanschisolierung. Arch. Wärmew. 1935 Heft 6.
102. — Die Berechnung des Wärmeaustausches von Bodenflächen geheizter oder gekühlter Räume mit dem Erdreich. Wärme- u. Kältetechn. 1936 Heft 11.